物理学和哲学

哲学论文集第四卷

PHYSICS AND PHILOSOPHY

PHILOSOPHICAL PAPERS

VOLUME 4

—— 著 ——

［奥］保罗·费耶阿本德

Paul Feyerabend

—— 编 ——

［美］斯特法诺·盖太

Stefano Gattei

［以］约瑟夫·阿加西

Joseph Agassi

—— 译 ——

郭元林

中国科学技术出版社

·北 京·

著作权合同登记号：01-2024-3992

© Cambridge University Press 2016

图书在版编目（CIP）数据

物理学和哲学 /（奥）保罗·费耶阿本德
（Paul Feyerabend）著；（美）斯特法诺·盖太
（Stefano Gattei），（以）约瑟夫·阿加西
（Joseph Agassi）编；郭元林译 . -- 北京：中国科学
技术出版社，2024. 9. -- ISBN 978-7-5236-1003-9

Ⅰ. O4-02

中国国家版本馆 CIP 数据核字第 20244BX137 号

策划编辑	鞠　强　关东东	
责任编辑	鞠　强　关东东	
正文设计	中文天地	
封面设计	中文天地	
责任校对	邓雪梅	
责任印制	马宇晨	

出　　版	中国科学技术出版社	
发　　行	中国科学技术出版社有限公司	
地　　址	北京市海淀区中关村南大街16号	
邮　　编	100081	
发行电话	010-62173865	
传　　真	010-62173081	
网　　址	http://www.cspbooks.com.cn	

开　　本	787mm×1092mm　1/16	
字　　数	470千字	
印　　张	29.75	
版　　次	2024年9月第1版	
印　　次	2024年9月第1次印刷	
印　　刷	北京盛通印刷股份有限公司	
书　　号	ISBN 978-7-5236-1003-9 / O·226	
定　　价	88.00元	

献给与费耶阿本德心心相通的朋友和同事——佩拉（Marcello Pera）

本书出版受到国家哲学社会科学基金项目

"费耶阿本德哲学研究"（17BZX007）和天津市哲学社会科学基金重点项目

"费耶阿本德的科学知识论研究"（TJZX16-002）资助

内容简介

  本作品集聚焦于费耶阿本德的量子物理学哲学，它是一个巨大的温床，孕育产生了其最富有争议的思想的关键论点。这些作品写于 1948 年至 1970 年，这段时间是其第一个创作丰产时期。这些早期作品非常重要，之所以如此，有两个主要原因。第一，它们记录了费耶阿本德对量子物理学及其解释之哲学蕴意的深切关注。在随后的二十年中，这些思想几乎没有受到关注。第二，这些作品为费耶阿本德批判波普尔（Karl Popper）和库恩（Thomas Kuhn）提供了至关重要的背景。费耶阿本德的早期研究在《反对方法》（*Against Method*）的第一版中达到了顶峰，但极少有学者认识到这一点。这些作品阐明了费耶阿本德在其最著名和最具争议的论题中的所有关键论点，例如，不可通约性论题、增生和韧性原理及他的特殊形式的相对主义；而且，在更具体的量子力学方面，它们也同样如此。

编者简介

　　盖太（Stefano Gattei）是意大利卢卡制度、市场和技术高级研究所（IMT Institute for Advanced Studies，Lucca）助理教授，也在位于美国宾夕法尼亚州费城的化学遗产基金会（the Chemical Heritage Foundation，Philadelphia，Pennsylvania）担任爱德尔斯坦（Sidney Edelstein）研究员。他对当代科学哲学问题有广泛研究（如波普尔的批判理性主义、库恩、理论变化的和概念变化的动力学、不可通约性论题、相对主义等），此外，他对天文学和宇宙学近代早期发展的历史（特别是开普勒和伽利略）也有大量研究。他著有《库恩的语言转向和逻辑实证主义的遗产》（*Thomas Kuhn's Linguistic Turn and the Legacy of Logical Positivism*，2008）和《波普尔的科学哲学：无根基的理性》（*Karl Popper's Philosophy of Science：Rationality Without Foundations*，2009）两部著作，并在学术刊物上发表了若干论文。

　　阿加西（Joseph Agassi）是以色列特拉维夫大学（Tel Aviv University）和加拿大约克大学（York University）的荣誉退休教授。他著有约 20 部著作，编有约 10 本书；另外，他在学术刊物上发表了 500 多篇论文，内容涉及人文学科、多种多样的自然科学和社会科学、法律和教育。

中文版序一

费耶阿本德论量子力学基础的早期著作
——从物理学哲学到方法论无政府主义的漫长曲折之路

盖太　阿加西

　　费耶阿本德（1924—1994）虽是第二次世界大战的幸存者，并获得铁十字勋章（Iron Cross），但在 1945 年向西撤退时，被苏军击中，手部和腹部受伤。子弹损伤了他的脊髓神经，致其瘫痪了一些时日，后来他拄着拐杖回到维也纳。他本打算学习物理学、数学和天文学，但是最终却选择在维也纳大学奥地利历史研究所学习历史学和社会学。然而，他对历史学并不满意，很快就转向理论物理学，经常与其他同学"入侵哲学讲座和哲学研讨班"。[1]后来，他回忆那时他持有激进的实证论观点："科学是知识的根基；科学是经验的；非经验的东西要么是逻辑，要么是废话。"[2]这幅相当熟悉的科学图像是由维也纳学派建构的。在 20 世纪二三十年代，因为世纪之交的科学危机动摇了旧的根基，一组对科学感兴趣的哲学家和对哲学感兴趣的科学家创立了维也纳学派，他们追随维特根斯坦（Ludwig Wittgenstein），以《逻辑哲学论》（*Tractatus Logico–Philosophicus*）为思想基础，

---

1. Paul K. Feyerabend（费耶阿本德），*Killing Time*（《消磨时光》），Chicago–London：The University of Chicago Press（芝加哥－伦敦：芝加哥大学出版社），1994，p. 68。

2. 同上。在 1978 年，费耶阿本德描述自己那时是"极端实证论者"（raving positivist），请参见：Paul K. Feyerabend（费耶阿本德），*Science in a Free Society*（《自由社会中的科学》），London：New Left Books（伦敦：新左派书社），1978，p. 112。

为科学大厦寻求新的根基。[3]

　　1948 年 8 月，在蒂罗尔州（Tyrol）阿尔卑巴赫（Alpbach）小镇举办了奥地利学院学会（Austrian College Society）国际暑期研讨会［即后来的欧洲阿尔卑巴赫论坛（European Forum Alpbach）］。在这次会议上，他遇到了波普尔（Karl Popper，1902—1994）。波普尔是《研究的逻辑》（*Logik der Forschung*，1935）的作者，当时主要因两卷本著作《开放社会及其敌人》（*The Open Society and Its Enemies*，英文版出版于 1945 年）而知名。后一著作把知识论的关键思想应用到政治理论中。波普尔主张科学增长是通过如下方式来实现的：不断尽力提出关于世界的大胆猜想，严格检验这些猜想，并从受到的反驳中学习。波普尔坚决拒绝归纳法，论证赞成这样一种科学方法：它以严格的演绎推理为特征，并补充了为更好地追求科学知识进步的目标而引入的规则。

　　后来，费耶阿本德对那次会议有如下回忆：

　　　　我钦佩波普尔的自由风格、无拘无束、对那些在多种意义上赋予会议记录重要性的德国哲学家的轻蔑态度、幽默感……用简单的新闻语言重述笨拙问题的能力。他有自由的心灵，快乐地表达其思想，毫不在意"专业人士"（professionals）的反应。[4]

　　回到维也纳，他原打算提交一篇物理学论文，但又转向哲学，在克拉夫特（Viktor Kraft）的指导下完成博士论文《基础命题的理论》（*Zur The-*

　　3. 正如波普尔关于自己的著作《知识论的两个基本问题》所言："我的著述是一种知识论，或者更确切地说，是一种方法论。它是那个时代的产儿，是那个危机（尽管主要是物理学危机）的产儿。它断言危机的永恒性。如果它是对的，那么，危机就成为高度发展的理性科学的常态。"请参见波普尔于 1936 年 6 月 30 日写给弗里德尔（Egon Friedell）的信——引自：Karl R. Popper（波普尔），*The Two Fundamental Problems of the Theory of Knowledge*（《知识论的两个基本问题》），edited by Troels Eggers Hansen（汉森编），translated by Andreas Pickel（皮克尔译），New York：Routledge（纽约：劳特里奇出版社），2009，p. 487，fn. 5。

　　4. *Science in a Free Society*（《自由社会中的科学》），cit.（引文），p. 115。此外，请参见：*Killing Time*（《消磨时光》），cit.（引文），pp. 71–72。

orie der Basissätze，1951）。[5]为了翻译维特根斯坦的著作，安斯科姆（Elizabeth Anscombe）来到维也纳以提升德语水平，她借给他《哲学研究》（*Philosophical Investigations*）的校样。他阅读后，发表了几篇关于维特根斯坦的德文论文。二者会面长谈。最后，他计划随维特根斯坦在剑桥进行研究。维特根斯坦愿意收他为门徒，但是，在费耶阿本德到达英格兰之前，维特根斯坦就去世了。他的下一个选项是伦敦政治经济学院（London School of Economics）：在这里，他准备在波普尔的指导下研究量子力学哲学。

在伦敦经济学院，费耶阿本德经常参加波普尔的星期二讲座和研讨班。毫无疑问，不论是从把他训练为哲学家的角度来看，还是从作为他1960年后的批判对象来看，波普尔及其批判理性主义哲学对他的哲学思想的发展产生了最为重要的影响（纵然，费耶阿本德不断提出各种各样的相反主张，而且还相当刻薄、蔑视）。当时，他坚决倡导波普尔的观点。

波普尔的批判理性主义回答了两个认识论问题："康德问题"（Kant's problem），即科学和非科学的划界问题（我们通过什么标准来决定哪一种假说是科学假说？）；[6] "休谟问题"（Hume's problem），即归纳问题（它有许多不同的表述，其中，波普尔选择的表述是——我们如何从经验中获得理论知识？）。第一个问题的传统答案是，所有（而且只有）被证明的理论属于科学；第二个问题的答案是，经验证实理论。波普尔的答案却不同。首先，他认为，那些能够经受实验检验的假说（检验力图反驳假说）是科学的。其次，他说，从经验中学习正是通过发现与假说相冲突的经验来反驳假说的活动：通过不断提出说明性假说，然后用实验来反驳它们，我们从经验中学习，从而逐步接近真理。

标准的归纳主义观点认为经验产生科学假说；与此相反，在波普尔看来，假说或猜想先于经验，而且受经验检验。这是证伪主义，是波普尔批

---

5. 在20世纪40年代末和50年代初，费耶阿本德是克拉夫特学派（Kraft Kreis，以克拉夫特为核心的哲学学派，克拉夫特是唯一仍然留在维也纳的前维也纳学派成员）的学生领袖。尤霍斯（Béla Juhos）、霍利切尔（Walter Hollitscher）、赖特（Georg Henrik von Wright）、安斯科姆（Elizabeth Anscombe）和维特根斯坦自己都是客座教授。

6. 这很奇怪，因为康德认为理所当然的是：所有而且仅仅被证明了的断言是科学的。后来，波普尔借助于康德关心人类知识界限来解释他的称呼。

判理性主义的第一个核心要素。

批判理性主义的第二个核心要素涉及传统的方法论层面：支配检验的演绎逻辑规则要由方法论规则（方法论规则是选择或决定的结果）来补充。波普尔评论说："逻辑或许可以为决定陈述是否可检验提供标准，但是，它必定与'任何人是否尽力检验陈述'这样的问题无关。"[7]方法论规则与可证伪性（作为一种划界标准）密切相连，但是，这种联系不是逻辑的一部分。相反，为了确保这种标准自身的适用性来建构方法论规则：如果波普尔提出可证伪性的唯一理由是其成功性，那么，采用方法论规则只是因为它们有利于追求知识目标（即知识增长）。

波普尔批判理性主义的第三个要素（对于费耶阿本德哲学来说，可能是最重要的要素）是强调批判作为进步的原动力。一切都处于无限的试错过程当中，都应当接受检验：

> 原则上，科学活动永无止境。如果有人在某一天断定科学陈述不再需要进一步的检验，而且能够把它们看作是最终被证实的陈述，那么，他已经退出了科学活动。[8]

总之，波普尔的哲学包含三个主要要素：证伪、约定和批判。至少，直到 20 世纪 60 年代中期，费耶阿本德一直公开热情地支持和运用全部这三个要素。在他 20 世纪 70 年代前发表的许多作品中——从论文《物理学和本

---

7. Karl R. Popper（波普尔），*The Logic of Scientific Discovery*（《科学发现的逻辑》），London–New York：Routledge（伦敦－纽约：劳特里奇出版社），1959，§ 11。

8. 同上。这是波普尔针对其所称的"弗里斯三难困境"（Fries' trilemma，即在为知识提供坚实基础的斗争中，在独断论、无限倒退论证和心理主义之间做出抉择）提出的解决办法："诚然，我们所依赖的基本陈述（我们决定把它们接受为令人满意的、受到充分检验的陈述）具有独断的特征；但是，这仅就我们可以停止继续通过进一步的论证（或进一步的检验）为它们辩护而言是如此。然而，这种独断论是无害的，因为如果有需要，能够很容易进一步来检验这些陈述。我承认，在原则上，这也会使得演绎推理链变得无限长。但是，这种'无限倒退'（infinite regress）也是无害的，因为在我们的理论中，无疑也不用它来试图证明任何陈述。最后，就心理主义来说，我再次承认：决定接受一个基本陈述（并对它感到满意）与我们的经验有因果联系，特别是与我们的感觉经验有因果联系。然而，我们没有试图用这些经验来为基本陈述辩护。经验能诱发做出决定，从而接受或拒绝一个陈述，但是，不能用它们来为基本陈述辩护——只不过是'拍桌子'"（*ibid.*，§ 29）。面对知识基础问题的"戈尔迪之结"（Gordian knot），波普尔快刀斩乱麻，认为知识总是假说性的——知识不要求基础，只要求批判态度。

体论》（Physics and Ontology，1954）到关于玻姆的《现代物理学中的因果性和概率》（*Causality and Chance in Modern Physics*，1960）、克拉夫特的《认识论》（*Erkenntnislehre*，1963）及波普尔的《猜想与反驳》（*Conjectures and Refutations*，1965）的评论，更不用说他的神奇著作《没有基础的知识》（*Knowledge Without Foundations*，1961），他都使用了证伪主义这一工具。费耶阿本德追随波普尔注意到：科学进步是前苏格拉底哲学拒绝教条主义和采用批判方法的结果。费耶阿本德强调批判的关键作用，这可能是其对知识和哲学的多元论理解的核心成分。同样重要的是，他区分了自然和约定（这适用于方法论问题），他主张这种区分是其在观察语言及其解释的实用性约束之间所做区分的另一种形式。[9] 此外，费耶阿本德追随波普尔，采用规范的方法论观点（这与维也纳学派的自然主义相反）。在论文《说明、还原和经验论》（"Explanation，Reduction，and Empiricism"）1962 年的原版（在文中，他提出"不可通约性"概念）中，他提及波普尔（因为波普尔非常坚决地提出这样的观点——科学方法应当给我们提供规范的规则）后补充说：

> 今天，最为重要的是要捍卫科学方法论的这种规范解释，支持合理的要求，即使实际的科学实践沿着完全不同的路线前进。这非常重要，因为许多当代科学哲学家似乎用极其不同的眼光来看待其任务。对于他们来说，实际的科学实践是他们赖以开始前进的材料；方法论只是在反映了这种实践的程度上，才被认为是合理的。[10]

---

9. 关于方法论中的约定要素，费耶阿本德受其博士研究生导师克拉夫特（克拉夫特也影响了波普尔）影响。

10. Paul K. Feyerabend（费耶阿本德），"Explanation，Reduction，and Empiricism"（《说明、还原和经验论》），in Herbert Feigl and Grover Maxwell，eds.（费格尔和麦克斯韦编），*Scientific Explanation，Space，and Time：Minnesota Studies in the Philosophy of Science*，Vol. Ⅲ（《科学说明、空间和时间：明尼苏达科学哲学研究》第三卷），Minneapolis：University of Minnesota Press（明尼阿波利斯：明尼苏达大学出版社），1962，pp. 28–97：p. 60。这篇论文重印于费耶阿本德的《实在论、理性主义和科学方法：哲学论文集》（第一卷，剑桥大学出版社）（*Realism，Rationalism and Scientific Method：Philosophical Papers*，Vol. 1，Cambridge：Cambridge University Press，1981，pp. 44–96）。但是，重印版与原版在许多地方有差别，删掉了上述引文段落。从 20 世纪 70 年代后期开始，费耶阿本德主张拒绝规范认识论，支持科学哲学中涌现出来的描述学派；在后期著作中，他只是回归开方法论药方，甚至断言伦理学应当成为真理的标尺。

　　1953 年夏季（那时，波普尔为了使费耶阿本德作为其助教继续工作，不得不申请额外的资金），费耶阿本德离开伦敦经济学院，回到维也纳。第二年，他发表了其许多论述量子力学哲学的论文中的第一篇。这些论文是他与波普尔在伦敦一起研究的第一批成果。在这些论文（绝大部分被收录在本卷论文集中）中，费耶阿本德通常持有这样的观点：所谓量子理论"哥本哈根解释"（Copenhagen Interpretation）所获得的统治地位是不恰当的。他特别想要论证说明——既没有也不能证明下面的观点：这种解释是微观物理学问题的通用解决方法；或者，它的倡导者能够合理地认为其是无懈可击的。正如本卷论文集和第一卷论文集《实在论、理性主义和科学方法》第二部分所表明的，他（与波普尔一起）捍卫诸如德布罗意（Louis de Broglie）、玻姆（David Bohm）和维吉尔（Jean-Pierre Vigier）等"隐变量"（hidden-variables）理论家假定存在一种未被观察到的（决定论的）结构，而且这种结构成为决定量子力学层次对象（明显是非决定论的）行为的基础。同时，他认为波普尔早期对哥本哈根正统学说的批判在某种程度上是有限的，相当肤浅。在波普尔看来，哥本哈根解释是实证论哲学观的结果：玻尔（Niels Bohr）和海森堡（Werner Heisenberg）因这种观点而喜爱实证论哲学家（如马赫），并把他们自己的理论不是看作猜想，而看作仅是一种纯经验的经济描述。相反，费耶阿本德论述到：哥本哈根理论家把他们的观点看作是一种唯一与当前实验观察结果相容的观点，并对其进行了很好的论证。他为他们的量子理论的工具论解释辩护。然而，他最终主张：被观察到的实验结果自身需要受到挑战。在这样做的过程中，他利用量子情形来力争重新思考方法论规则，并提出一种这样的多元论检验模型：理论之间相互比较，理论与经验对照（在波普尔那里，已经能够发现这种思想）。

　　费耶阿本德经常强调需要对量子力学进行实在论解释：量子物理学家不应把他们自己限制于预测测量结果，而应当旨在对测量之间的过程进行解释。这意味着应当用普遍适用的概念来阐述理论，而不是用那些仅在特

定实验条件下适用的概念来阐述理论。[11] 费耶阿本德最终在方法论论证的
基础上为其实在论偏好辩护：实在论方法激发探寻理论和说明，因为它激
发力图超越观察和测量结果，发现关于未被观察到的对象和过程的假说，
从而促进进步。仅仅通过赞同科学实在论——波普尔也赞同这种实在论，
（附带一句）正是这种原因，促使他把书名《研究的逻辑》（*Logik der For-
schung*，英文为 *The Logic of Research*）改为《科学发现的逻辑》（*The
Logic of Scientific Discovery*，1959）——科学家就能采用一种充分一致地
发挥科学理论潜能的方法论（即一种实在论，它不是把理论解释为经验的
总和，而是解释为关于独立于心灵的实在的真正猜想）。这种实在论也把
科学观察报告中使用的术语与理论术语放在相同的认识论层次：观察作为
理论（即假说）。[12]

　　在其职业生涯紧张的前二十年中，费耶阿本德专心研究量子力学的基
础。他发表了一系列论文，后来，这些论文构成他的哲学论文集第四卷的全
部和第一卷内容的三分之一以上。这些论文表明他热切关注（这种关注在其
一生中都从未消退，尽管他后来极少研究其早期的物理学哲学）量子理论及
其哲学解释的哲学意义，它们为最终促成《反对方法》（*Against Method*）的
哲学研究提供至关重要的背景。确实，虽然他在物理学基础领域中的早期研
究没有产生持久影响，而且很大程度上被研究他的学者忽视了，但是，他关
于量子力学的作品和其充分发展的科学哲学思想之间有着密切联系。他的哲
学思想极有可能在一定程度上受到对量子力学关注的激发，被其逐步发展的
量子物理学认识所塑造，特别是受到科学家（如玻姆和玻尔）的影响。

　　费耶阿本德论证支持科学多元论，这深受玻姆影响。在 1957 年至 1958

---

　　11. 请参见论文《互补性》（Complementarity，1958；本卷论文集第 5 章）。

　　12. 请参见——Paul K. Feyerabend（费耶阿本德），"Problems of Empiricism"（《经验论的问题》），
in Robert G. Colodny, ed.（科勒德尼编），*Beyond the Edge of Certainty*：*Essays in Contemporary Science
and Philosophy*（《超越确定性的边界：论当代科学和哲学》），Englewood Cliffs, NJ：Prentice–Hall（新
泽西州，恩格尔伍德克利夫斯：普林蒂斯霍尔出版社），1965, pp. 145–260："我的一般观点源自玻
姆和波普尔的著作以及与二者的讨论。能够在玻姆的辩证哲学和波普尔的批判理性主义中发现'理
论多元论应当是知识的基础'这种思想。然而，在我看来，只有在后者的框架内，它才能得到发展，
未受到不适当限制。"（p. 153）。

年，玻姆与费耶阿本德在英国布里斯托大学（University of Bristol）是同事。玻姆提出量子物理学的一种替代学说——尽管他从未使费耶阿本德确信其可行性，但是，由于他挑战了正统观点，因而量子物理学家共同体武断地排斥他（和几位其他学者），这给费耶阿本德留下了极为深刻的印象。费耶阿本德还在量子理论自身中（特别是在玻尔关于它的阐释中）识别出保守独断的要素。

玻姆 1952 年的量子物理学阐释是决定论的：根据这种阐释，粒子具有明确确定的位置。[13] 他拒绝冯·诺依曼（John von Neumann）所提倡的公认观点，提出量子力学的一种替代理论（这种理论能够作为一个起点来重新建构量子力学的基础）。这引发了一些讨论，但受到爱因斯坦、泡利（Pauli）和海森堡的批判，几乎没有赢得支持者：特别是在 20 世纪 20 年代，德布罗意提出类似的构想，因受到批判而放弃了；维吉尔基于德布罗意和玻姆的思想提出了量子力学的随机解释。玻姆被物理学家共同体边缘化。[14]1957 年，在布里斯托（Bristol）举办的科尔斯顿科学家和哲学家论坛（Colston Symposium of scientists and philosophers）（费耶阿本德参与会议组织）中，玻姆受到罗森菲尔德（Léon Rosenfeld，玻尔从前的学生）的无情攻击。罗森菲尔德论证反对的正是这种观念——能够存在任何诸如量子力学替代解释的东西。他声称，能够赋予任何物理理论的解释都是独一无二的。此外，他还提出：量子力学未解决的问题将通过扩展当前的量子力学理论得到解决，而不是通过发展诸如玻姆的隐变量理论来解决。

在那种情况下，费耶阿本德亲眼见证了量子力学基础（关于这种基础，他自己持保留态度）的替代方案是如何被顶尖物理学家武断抛弃的，这促

13. David Bohm（玻姆），"A Suggested Interpretation of the Quantum Theory in Terms of 'Hidden' Variables"（《构想一种关于量子理论的隐变量解释》），Parts Ⅰ and Ⅱ（第一和第二部分），*Physical Review*（《物理评论》），85，2，1952，pp. 166–179 和 180–193。它被描述为"隐变量"理论，是因为它给现行理论补充了变量，从而使其成为决定论理论。

14. 在麦卡锡主义时代（McCarthyism），玻姆因为其从前与共产党有联系而在普林斯顿大学（Princeton University）被停职了。他认识到自己在美国学术界没有前途，就去了巴西，在圣保罗大学（University of São Paulo）获得教职。因此，他在三方面（科学、政治和地理）受到孤立。维吉尔也终生都是共产主义事业的积极支持者。

使大家对在物理学中猜想所起的作用和希求替代方案展开讨论。这对费耶阿本德产生了持久影响：在后来的出版物中，他经常把罗森菲尔德对玻姆的反应援引为量子物理学中独断态度的一个例证。[15]

在布里斯托会议之后，费耶阿本德指出量子物理学中的某些要素是保守的，而且是科学进步的障碍。在实证论和他看作量子力学的概念保守主义之间，他看到了联系。他把观察的实证论观点（不能质疑或修改它）作为科学中的稳定因素来批判。与此相似，他也批判量子物理学家，因为他们认为经典概念尽管适用性受到限制，但是却不可修改。1958 年，费耶阿本德把量子力学（特别是玻尔的阐述）明确确定为现代科学中实证论立场的基本例证。几年之后，他比较了玻尔和爱因斯坦的科学研究方法：爱因斯坦通过提出大胆的新假设和发明新概念来发展新理论；而玻尔构建新理论，却基本上是通过尽可能坚持旧理论的定律和概念，使用对应原理以便使得经典定律在量子领域继续有效，限制经典概念的有效性，而不是取代它们。[16]

然而，从 20 世纪 60 年代早期开始，费耶阿本德使自己越来越远离了其早期的这一主张——量子力学令人困惑的特征是由于实证论立场：不是实证论哲学，而是物理学理由促使物理学家以他们的方式来发展量子力学。玻尔有很好的理由以自己的方式来发展其量子物理学思想，他远非保守的科学家。费耶阿本德提出，量子不确定性是几个假说（即量子假说、光和物质的二象性以及能量守恒和动量守恒，它们受到实验的支持，因而被公认为科学事实）的结果，放弃不确定性将要求违背已被接受的实验结

---

15. 这次会议文集的出版情况是：Stephan Körner, ed.（科纳编），*Observation and Interpretation*：*A Symposium of Philosophers and Physicists*（《观察与解释：哲学家和物理学家论坛》），London：Butterworths（伦敦：巴特沃斯出版社），1957。这次会议于 1957 年 4 月 1—4 日召开，几个月之后，玻姆到英国布里斯托尔大学物理系任职，成为费耶阿本德的同事。二者经常在一起讨论物理学和哲学，随后几年，费耶阿本德支持玻姆，认为需要发展当前量子力学理论的替代理论。

16. 费耶阿本德反对玻尔的互补性原理和对应原理，因为玻尔把它们看作是坚持经典力学概念和定律的方式，而不是发展新理论的方式。请分别参见：Paul K. Feyerabend（费耶阿本德），"An Attempt at a Realistic Interpretation of Experience"（《尝试对经验进行实在论解释》），*Proceedings of the Aristotelian Society*（《亚里士多德学会会报》），58，1958，pp. 143–170（reprinted in *Realism*，*Rationalism and Scientific Method*：*Philosophical Papers*，Vol. 1（重印于《实在论、理性主义和科学方法：哲学论文集》第一卷），cit.（引文），pp. 17–36）；"Peculiarity and Change in Physical Knowledge"（《自然知识的特性和变化》）（本论文集第 10 章）。

果，不能期望替代理论（如果可能）取得成功。他认识到自己没有理由在方法论基础上来批判量子物理学，这促使他后退一步，而且，已经证明这是他走向科学哲学无政府主义的决定性一步。

20世纪60年代中期，费耶阿本德再次改变了其量子力学观。正如他后来所回忆的，这种改变是他与魏茨扎克（Carl Friedrich von Weizsäcker）在1965年汉堡（Hamburg）会议上讨论的结果。费耶阿本德谈到：

> 魏茨扎克对量子理论的兴起给出了历史阐释，这丰富得多，也令人满意得多。我认识到：我正在谈论的仅仅是一个梦。正如齐奥塞斯库（Ceaucescu）想要在其国家保持秩序，所以，他拆毁了小屋，建起了混凝土大厦。当魏茨扎克开始描述量子理论发展时，他只是指向那些小屋，因为存在如此多的小步骤要进行。玻尔说："当你进行研究时，你不能受任何规则（甚至不矛盾规则）的束缚。研究者必须有完全的自由。"因此，正如他后来向我说明的那样，我认识到：我的论证很好；但是，当你想要处理犹如自然（或人）那样丰富的事物时，很好的论证没有意义。[17]

费耶阿本德最早在论文《反对方法：无政府主义知识论纲要》（"Against Method：Outline of an Anarchistic Theory of Knowledge"，1970）中表述了其无政府主义。后来，这篇论文在1975年扩展为著作，名称没有变。这

---

17. 请参见：Joachim Jung（荣格），"Paul K. Feyerabend：Last Interview"（《费耶阿本德：最后的访谈》），in John Preston，Gonzalo Munévar，and David Lamb，eds.（普瑞斯顿、穆内瓦和拉姆编），*The Worst Enemy of Science? Essays in Memory of Paul Feyerabend*（《科学的最坏的敌人：纪念费耶阿本德论文集》），New York–Oxford：Oxford University Press（纽约—牛津：牛津大学出版社），2000，pp. 159–168：p. 162。在《反对方法》第二版（*Against Method*，London：New Left Books，1988）中，费耶阿本德总结了自己从魏茨扎克那里得到的收获："他说明量子力学如何来自具体的研究，但是，我却基于方法论的理由而抱怨忽视了重要的替代理论。支持我抱怨的论证非常充分……但是，我突然明白了这一点——不考虑具体环境强加方法论，将成为一种障碍，而不是一种帮助：如果一个人试图解决问题（不论是科学问题还是别的问题），那么，就必须赋予他完全的自由，不能用任何要求和规范（不管在私下研究中构想出它们的哲学家或逻辑学家看来，这些要求和规范可能是多么合理）来限制他。要求和规范必须受到研究的检验，而不是借助于理性理论来检验……因此，我转变为'无政府主义'（anarchism），魏茨扎克教授是主要原因——尽管当我在1977年这样告诉他时，他一点也不高兴"（p. 283）。

种无政府主义被浓缩在非常著名的"怎么都行"（anything goes）这一口号中。[18]
然而，这并不意味着科学根本没有方法论：在其巨著中，费耶阿本德强调所有
规则和标准都有其局限性，而不是完全拒绝规则和标准。不存在普遍的方
法论规则：对于科学中的任何方法论原则，都存在其可能被违反的情况。

　　费耶阿本德反思量子物理学可能为其走向方法论无政府主义铺平了道
路。1965 年与魏茨扎克相遇，只不过是在早已开启的漫长思想发展过程中
的一个节点（不管根据费耶阿本德自己的回忆，它有多么重要）。在 1958
年，费耶阿本德声称量子力学建基于站不住脚的实证论；而在 20 世纪 60 年
代早期，他却主张这种批判是无效的：有很好的物理论证来阐释量子力学
的发展方式。到 1962 年，费耶阿本德认识到不可能在纯哲学基础上来有效
批判量子力学。然后，他捍卫正统的哥本哈根解释，反对当时被看作是肤浅而
无效的哲学批判。然而，他后来论证说：现行量子力学理论的物理论证无论多
么充分，它们都不能排除在新基础上发展量子物理学替代理论的可能性。[19]

―――――――――

　　18. Paul K. Feyerabend（费耶阿本德），*Against Method：Outline of an Anarchistic Theory of Knowledge*（《反对方法：无政府主义知识论纲要》），London：New Left Books（伦敦：新左派书社），1975，p. 28。

　　19. 在费耶阿本德论述玻尔的作品中，能够追踪其量子力学思想的转变轨迹。首先，在 20 世纪
50 年代早期，他认为玻尔为"正统"（orthodox）量子力学提供了最强的阐释，因此，他把玻尔选作
其批判的焦点。在 50 年代后期，费耶阿本德把玻尔看作实证论科学家的典范，把玻尔的量子力学阐
释视作误入歧途的实证论哲学产物。后来，从 60 年代早期开始，他使自己疏离了这些观点，但是，
仍然反对其认为是玻尔思想中的保守要素。费耶阿本德把对应原理视作一种通过尽可能坚持旧理论
（而不是发展新基础）来建构新理论的方式：他认为，量子物理学家（包括玻尔）没有非常努力地为
量子物理学寻求替代阐释和新的基础。然后，在 60 年代后期，特别是在分为两部分的论文《论新近
对互补性的批判》（"On a Recent Critique of Complementarity"），*Philosophy of Science*（《科学哲学》），
35，4，1968，pp. 309–331 和 36，1，1969，pp. 82–105；重印为 "Niels Bohr's World View"（《玻尔的
世界观》），in *Realism，Rationalism and Scientific Method：Philosophical Papers*，Vol. 1（见《实在论、
理性主义和科学方法：哲学论文集第一卷》），pp. 247–297 中，费耶阿本德称赞玻尔为"有创造力的
物理学家"，称赞对应原理为独创性的方法论原理。费耶阿本德拥护玻尔，反对波普尔（波普尔批判
量子力学是实证论的），并反对如下事实：量子力学仅仅提供关于测量结果的预测，没有描述在量
子层次发生的实际过程。波普尔论证说：量子物理学的某些令人困惑的特征（包括不确定性和互补
性）依赖于对概率概念的误解。为了处理这些问题，波普尔在费耶阿本德代表自己宣读的一篇论文
中提出概率的倾向解释：在 1957 年的布里斯托尔科尔斯顿论坛上，论述了这种解释的第一版本——
请参见：Karl R. Popper（波普尔），"The Propensity Interpretation of the Calculus of Probability，and the
Quantum Theory"（《概率演算的倾向解释和量子理论》），in Stephan Körner，ed.，*Observation and Interpretation*（见科纳编，《观察与解释》），cit.（引文），pp. 65–70。

　　因此，在很大程度上，可以把费耶阿本德通向哲学无政府主义的漫长而曲折之路看作是其研究量子物理学的结果。另外，他日益意识到量子力学的发展历史是复杂的，这促使他收回其早期的一些规范性断言，更多注意科学哲学中的历史关联性。在 20 世纪 70 年代，他听从维特根斯坦的格言，[20]"扔掉了梯子"。这使他爬得更高，能够以更广阔的视野来思考科学及其历史，放弃在量子力学基础领域有所建树的任何雄心，从而成为方法论的无政府主义者，最终成为达达主义者。他作为物理学哲学家职业生涯的终结，促使他开启了作为一般科学哲学家的成功之路。

2020 年 9 月

---

　　20. 请参见——Ludwig Wittgenstein（维特根斯坦），*Tractatus Logico–Philosophicus*（《逻辑哲学论》）[1921]，London：Kegan Paul，Trench，Truebner & Co.（伦敦：保罗、特伦奇、特鲁布内尔及公司），1922，§ 6.54："可以这样说，任何人如果理解了我，那么……他爬上梯子之后，必须扔掉梯子。"

中文版序二

穆内瓦（Gonzalo Munévar）[1]

《物理学和哲学》是最新出版的费耶阿本德的著作，其涵盖了作者早期的物理学哲学作品（绝大多数作品探讨量子物理学哲学问题）。该卷论文集的编者是盖太和阿加西，他们收集编纂了费耶阿本德从 1948 年到 1970 年所写的大量论文、书中的章节、评论和百科全书词条。在费耶阿本德还是年轻的物理专业大学生时，他就写出这些论文中最早的一篇。然而，这些论文非常清楚地表明：他已经极为精通科学哲学，而且科学哲学对他在出生地维也纳的思想发展有很大影响。确实，他发表本论文集中的第一篇论文时，年仅 24 岁。

盖太和阿加西还专门为此书撰写了导论，概述了量子物理学的发展史及相关哲学争论，这非常有益，使读者易于理解书中相当难懂的内容。此外，值得牢记的一点是：本卷论文集的最大贡献也许是使我们有可能理解费耶阿本德的思想如何演进到这一步——他开始阐述其杰作《反对方法》的"方法"。

这卷论文集并未囊括其全部量子物理学哲学作品。例如，其中一些已经在其之前的著作集中出版了。即便如此，如果想要了解这位伟大的科学哲学家的思想贡献，本卷论文集也提供了绝佳的"舞台"。

---

1. 穆内瓦教授是费耶阿本德研究专家，而且是费耶阿本德曾经指导过的博士研究生。他现在是美国劳伦斯科技大学（Lawrence Technological University）荣誉退休教授，受译者邀请专门为中译本书写此序。

　　尤其可以这样来看待本书的第一部分。本书共包括三部分，第一部分篇幅最长，是论文和书中的章节。我的这篇序文主要涉及这部分，尽管其他两部分也有重要价值。在第二部分中，费耶阿本德与他人现场讨论的文字记录特别有趣。在第三部分中，费耶阿本德描述、刻画了物理学史上几个重要科学家，引人入胜。在第一部分的论文和书的章节中，费耶阿本德一再批判量子物理学。首先，他反对量子物理学的主要理由是，它不合理地接受了实证论哲学。费耶阿本德确实提及海森堡几乎朴素地接受了逻辑实证论的观点。可是，我们必须小心，要认识到费耶阿本德经常对玻尔接受实证论表示怀疑。甚至可以论证得出如下结论：他最终发现玻尔更合意得多。我将在本序的结尾部分再探讨这一点。

　　早期特别困扰费耶阿本德的是，量子理论家依赖于操作主义原理。我们举一个例证，海森堡的不确定性原理——对亚原子粒子某一种性质（如位置）测量得越精确，就会使对其另一种性质（这里是动量）的测量越不精确。操作或许构成量子物理学理论中基本陈述的意义。除此以外，物理学没有告诉我们关于世界的任何东西。这种情境与实在论一起困扰着费耶阿本德，因为他提出它与伽利略以来的近代科学进程极其不相符合。他进而批判下面这种观念：我们不能期望从科学（特别是不能从物理学）中获得世界图像。

　　操作（如测量）不仅为量子物理学能够处理的要素创设本体论，而且也为其创生意义。这种对意义的强调造成了与毫无希望的实证论哲学进行联合。然而，科学的历史表明：力图给我们提供世界图像的理论可以导向新的要素和新的程序。因此，在力图给我们提供真实世界图像的新理论中，基本陈述（如关于颜色的基本陈述）不再可能起那样的作用。他力图证明科学中意义的条件随科学进步而发生改变（因为它们依赖于我们应用的理论），在这方面，读者将能思考他的许多例证。

　　于是，引入新理论可能导致我们能够经验新种类的对象。正如我们在过去几个世纪中看到的，当新理论统治科学实践时，就可能把所有原来构成科学实践起点的要素（如观察）"下移到实在的较低层次"（本书英文版第 53 页）。

对于这种思维方式而言，量子物理学却使自身成为例外的理论，因为它排除产生新世界图像的科学。它对玻尔的互补性原理进行实证论解释，而根据这种解释，波动解释和粒子解释相互互补，但不能被统一成一个单一的共同的解释。在实验中，单一光源（或电子源）投射屏幕，在二者之间设置双缝；每次投射，你只能得到一种答案，这取决于你开启的是单缝还是双缝。如果你开启单缝，屏幕将显示单缝正后方的"撞击"（hits）累积，也就是说，你得到一个"粒子"（particle）答案；但是，如果你同时开启双缝，那么你将看到干涉模式，换言之，你得到一个"波动"（wave）答案。因此，你的答案取决于你问的问题的种类。相反，如果要问光"实际上"（in reality）究竟是波还是粒子，这个问题是没有意义的。在量子物理学中，你所做的测量的种类决定了你能得到的答案的种类。没有理论（也不能有理论）再来告诉你产生不同测量结果的某种共同机制。

关于对应原理和不确定性原理，量子物理学家倾向于把探寻（比如）"隐变量"（hidden variables）视作科学上无益的事情。在费耶阿本德早期的波普尔学派时期（前《反对方法》时期），他提出许多聪慧而引人深思的思想来支持继续探求实在论解释，例如，有大量的论述支持其前同事玻姆。费耶阿本德坚持这样的观点：普遍理论是可能的世界图像，它们能够说明所发生的一切现象。

在这些论文的大部分中，费耶阿本德认为科学假说能被用来描述世界，但是，在量子物理学家（与实证论者具有令人担忧的亲缘关系）看来，科学假说仅能被用来预测。预测的精确性决定哪一个物理理论是最好的。

然而，费耶阿本德指出：预测失败不必反驳理论。我们可能没有（比如）适当划分一个机械系统；或者，我们可能接受了相关力的错误假设；等等。确实，伽利略赞美哥白尼坚持地球运动的理论，即使他的理论与最显明的观察有严重冲突。这里，我们能够看到转向强历史方法，而这种方法在几年之后的《反对方法》中发展到顶峰。在《反对方法》中，费耶阿本德告诉我们：（如果我们认真对待亚里士多德学派的这一观念——在正常条件下，正常观察者关于其所观察的事物将会给出可靠的报告）明显反驳地球可能运动的事实，实际上却是本身受理论影响的"自然"（natural）解释的结果。因此，我们看到从塔顶落下的石头垂直下落到塔底。这种"事实"（fact）反驳地球运动，因为地球会拖动塔随之一起运动。如此看来，我们的"自然"解释不是唯一可能的解释。在不同的解释视角下，运动是合成的，即使我们仅看见其运动的垂直分量，但石头实际是沿抛物线下落的。

在这些论文中，我们开始看到以更加抽象简洁的形式来借助于历史方法，这种方法极具颠覆性，使得费耶阿本德在《反对方法》中的论证极为有力。在这些论文中，费耶阿本德告诉我们：伽利略试图用他的望远镜来支持哥白尼的理论，但是，他的望远镜受到不少问题的困扰（例如，许多观察者的观察报告不同于伽利略的观察报告）。最终，光学理论应用于望远镜，不同的更高效的望远镜将有助于伽利略支持哥白尼。但是，那些辅助科学当时还没有产生，发展它们需要花费时日。令人奇怪的是，费耶阿本德指出：如果把哥白尼的理论和望远镜分开来思考，那么，前者处于"经验"（empirical）麻烦之中，后者也如此。然而，一起思考它们，却相互支持。

现在，玻尔告诉我们："完整阐释同一客体，可能需要挑战独一描述的不同观点"（本书英文版第 52 页）。他关注说明微观现象和描述这些现象的理论。费耶阿本德承认玻尔的观点是一致的，而且，它导向非常重要的结果。因为玻尔的方法在关键之处不同于实证论哲学，所以，即使它有时似乎认可实证论，也不能抛弃它。例如，他承认"范畴"（categories）和"感知形式"（forms of perception）组织我们的经验，从而组织我们的思想。这种承认是重要的，我们将在后文重点讨论这一点。然而，玻尔坚持这样的主张：任何成功的对微观现象的实在论阐释必须包含基础量子力学（至少作为一种近似）。此外，二元性必定是这种理论的一个基本特征。正如他所说的，"不能在下面二者之间做出明确的区分：一是客体的独立行为，二是客体与决定参照系的测量工具之间的相互作用"（本书英文版第64 页）。那种相互作用就是玻尔所称的"现象"（phenomenon）。

在我看来，玻尔所说的"现象"与实证主义者所说的"现象"（phenomena）有很大不同，因为后者常常只是意指感知。确实，正如费耶阿本德所指出的，玻尔显然否认自己是实证论者。费耶阿本德补充说，那些熟悉玻尔思想和工作的人也不愿这样来指责他。

我想评论一下费耶阿本德的一种发展趋向，即越来越接受玻尔的这种发展趋向。这种趋向出现在这些论文和书的章节所涵盖的时期之后（即1970 年之后，在这一年他开始准备他的主要著作《反对方法》），然后长期持续。首先，我将谈到，这种越来越接受玻尔的趋向对我自己研究工作所产生的影响。费耶阿本德在创作《反对方法》的那些年月，他是我在加州大学伯克利分校（the University of California at Berkeley）攻读博士学位的论文指导教师。确实，我在他的名著《反对方法》出版的那一年（1975年）毕业。在我的博士论文中，以演化与境中的脑为基础，我发展了一种关于感知和智能的相对主义。例如，具有不同颜色感知的生物直接不同地看世界，如果那些不同的颜色感知为它们提供了对抗环境的相似的成功度，那么，说"一种感知真、其他感知假"就是专断的。没有诸如"世界真实是某样"这种东西。感知依赖于脑和"世界"（world）之间的相互作用。相同的推理将适用于关于世界的智能观念。不同智能物种的脑可以以非常不同的方式很好地构想世界。正如费耶阿本德向我指出的那样，我的演化相对主义类似于玻尔的观点。在基本层次，依据我们与世界之间的那种相互作用来"揭示"（revealed）世界（玻尔的互补性原理）。既然费耶阿本德高度评价我的博士论文，并给我以博士论文为基础写成的书作序，[2]那么，这种与玻尔的类比就表明他高度赞同量子物理学家的思想。

你能把不同的脑考虑为与世界相互作用时得到不同的回应。在其去世后出版的著作《征服丰富性》（*Conquest of Abundance*）中，费耶阿本德告

---

2. 请参见我的著作《根本的知识》（*Radical Knowledge*，Hackett，1981）。

诉我们：在探究世界（或存在）时，科学家得到了一种精细结构的回应，这种回应包含夸克、轻子、时空框架等。但是，他说："这种回应是存在对那种方法的反应方式，还是这种回应属于存在，独立于任何方法"（英文版第 246 页），这没有决定性的证据。实在论是第二选择，而且，他发现这种选择并不合理。

2021 年 4 月

致谢

我们感谢格拉茨娅（Grazia Borrini Feyerabend）和其他的版权拥有者（请参见第xxv～xxvii页），他们允许重印本卷中再版的各种作品。维特斯腾（John R.Wettersten）翻译了原以德文发表的文章的初稿（本书第1—4、8、10、12和24章），黑尔布伦（John L. Heilbron）和鲁纳（Concetta Luna）认真修改了译文，而且还提出许多有益的建议，我们对他们表示感谢！

在准备本书的整个漫长的过程中，格拉茨娅一直在支持和帮助我们，热情友善，慷慨大度。盖太在整理和研究费耶阿本德遗稿的过程中，康斯坦茨大学哲学档案馆（Philosophisches Archiv der Universität Konstanz）管理员帕拉科宁斯（Brigitte Parakenings）提供了许多帮助。科勒德尔（Matteo Collodel）非常友好地为本书提供了一些难得的材料。达马托（Ciro D'Amato）耐心地重画了书中的全部插图。科尔维（Roberta Corvi）、法雷尔（Robert P. Farrell）、普雷斯顿（John M. Preston）和唐纳（Carlo Tonna）与盖太讨论了关于费耶阿本德这些年间著述颇丰的许多问题。对这里提及的所有人，我们都表示衷心感谢！

盖太（Stefano Gattei）

美国费城化学遗产基金会（Chemical Heritage Foundation，Philadelphia，USA）

意大利卢卡制度、市场和技术高级研究所（IMT Institute for Advanced Studies，Lucca，Italy）

阿加西（Joseph Agassi）

以色列特拉维夫大学（Tel Aviv University，Israel）

加拿大多伦多约克大学（York University，Toronto，Canada）

导论

从原则的立场来看，统计量子理论令我不满意的是其对待任何（个体）实在情形（据信其存在，不管观察或证实有任何行动）完整描述的态度，因为在我看来，这种描述是所有物理学的纲领性目标。

——爱因斯坦

问题不是我们是否可以用高度学术化的巧妙论证来继续持有一种站不住脚的观点，而是我们在物理学中应该批判而理性地思考，还是应该拥护而辩解地思考。

——波普尔

只要你意识到下面这些问题，你就将面对一种形而上学：在哥本哈根学派理论中你将面对什么，你将如何不得不小心翼翼。形而上学家通常是非常独断的，但当他们相信其形而上学是真实的时候，甚至会更加独断。

——费耶阿本德[1]

---

1. 上述三段引文的出处分别是：Albert Einstein（爱因斯坦），"Reply to Criticisms"（《对批判的答复》），in Paul A. Schilpp（ed.），*Albert Einstein：Philosopher-Scientist*（施耳普编，《爱因斯坦：哲学家-科学家》），Evanston，IL：The Library of Living Philosophers（伊利诺伊州，埃文斯顿：在世哲学家文库），1949，pp. 663-688：p. 667；Karl R. Popper（波普尔），*Postscript to The Logic of Scientific Discovery*（《〈科学发现的逻辑〉续篇系列》），edited by William W. Bartley Ⅲ（巴特利三世编），vol. Ⅲ：*Quantum Theory and the Schism in Physics*（第三卷：《量子理论和物理学中的分裂》），London：Hutchinson（伦敦：胡金森），1982，p. 150；and Paul K. Feyerabend's second letter to Kuhn（费耶阿本德写给库恩的第二封信），in Paul Hoyningen-Huene（霍宁恩-慧因），"Two Letters of Paul Feyerabend to Thomas S. Kuhn on a Draft of *The Structure of Scientific Revolutions*"（《费耶阿本德写给库恩的两封信：讨论〈科学革命的结构〉草稿》），*Studies in History and Philosophy of Science*（《科学史和科学哲学研究》），26，1995，pp. 353-387：p. 380。

本书专门聚焦于物理学，更具体说是聚焦于量子力学。所有文章初次发表的时间范围在 1948 年至 1970 年，这是费耶阿本德创作的第一阶段，同时也包含了其最精致的作品，首篇即他最早发表的未署名的论文（早于其提交的博士论文），出现在奥地利学院的出版物（Veröffentlichungen des Österreichischen College）中。这些文章之所以非常重要，至少有两个原因。首先，它们记录了他密切关注量子理论及其解释的哲学蕴意（他的这种关注终生没有消失，但是，在其随后二十年的出版物中，所占篇幅甚少）。其次，它们提供了有关费耶阿本德批判波普尔［始于论文《说明、还原和经验论》（"Explanations，Reduction，and Empiricism"，1962）］和库恩［《对专家的安慰》（"Consolations for the Specialist"，1970）］的关键性背景。确实，对这里再版的他的这些物理学作品，人们并不怎么熟悉，但是了解它们，对理解他所关注的那些更熟悉的问题来说还是必要的，因为那些问题不久就成为其后期创作的中心问题。费耶阿本德学者虽然很少研究他的这些早期作品，但是，它们体现了引导其从 20 世纪 50 年代初到 60 年代末期间研究工作的旨趣（concern），该研究工作在其最著名的著作《反对方法：无政府主义知识论纲要》（*Against Method*：*Outline of an Anarchistic Theory of Knowledge*，1970）第一版中达到顶峰，并把他导引到有关其最熟悉且极富争论性主题（例如，他的不可通约性主题、增生和韧性原理以及奇特的相对主义）的所有关键性问题中。

除了如下三种特例外，本论文集囊括了他其余全部的早期物理学哲学作品：前三卷论文集中已经收录的作品；他的博士学位论文（未出版，应该以原文或译文的形式单独一卷来出版）；在他去世后，发表于《牛津哲学指南》（*The Oxford Companion to Philosophy*，1995）上的两个简短的词条，我们未能得到其再版许可。我们使人们——对于学者、哲学家和哲学史家都是一样的——容易读到他的绝大部分物理学作品，这会促进更好地全面理解其思想遗产。为了达致这一目标，我们在此提供某些历史、哲学和科学等方面的背景资料，这些资料可以帮助了解其思考的与境，有助于理解其批判的目标，更有助于看清它们在构造其后期著作关键要素中所起的作用。

19 世纪（经典）物理学的基础理论把物理世界的构成分为两个截然不同的类别。一类是物质材料：化学元素，每种元素由独特不变的原子构成；各种化合物，即由原子化合而构成的分子；宏观物体，由这些分子聚集而形成——正如牛顿（Isaac Newton）、欧拉（Leonhard Euler）、道尔顿（John Dalton）、柯西（Augustin-Louis Cauchy）及其追随者所描述的。电磁场属于另一类，它携带能量，像光波一样辐射，有可见的，也有不可见的——正如法拉第（Michael Faraday）、麦克斯韦（James Clerk Maxwell）、玻因廷（John Henry Poynting）、赫兹（Heinrich Hertz）及其追随者所描述的那样。据信储存了场能的以太是连接这两个不同类别的桥梁。法拉第及其追随者（包括爱因斯坦）抛弃了以太；而且，爱因斯坦宣称物质就是聚集的能量。这开启了相对论物理学（遵循爱因斯坦的相对性原理的物理学，而不是遵循伽利略的相对性原理的物理学）的时代。

导致经典物理学崩溃的另一途径来源于一个独立的前沿研究，该前沿研究直到 1925 年才与相对性原理联系起来。1800 年，夫琅禾费（Joseph von Fraunhofer）发现了光谱线（即这一事实：每种元素辐射和吸收的光不同）。然而，1859 年，基尔霍夫（Gustav Kirchhoff）指出：表征每种元素的发射和吸收的比率不是取决于元素，而是仅仅取决于辐射（或吸收）的原子的温度。许多物理学家尝试发现那种"取决于"（dependence）究竟是什么，在一些尝试失败之后，普朗克（Max Planck）于 1900 年 10 月提出了一个符合实验证据的假设性公式。然后，他为那个公式提供了说明，其中假定：场中的总能量由分立的能量构成，每个量子的能量大小正比于相关波的频率。[2]1905 年，爱因斯坦提出这样的假说：所有的辐射都仅以分立的能量包（他把这种分立的能量包命名为光子）的形式存在（当时，普朗克认为该假说疯狂得要命）。根据经典电磁理论，"当光照射金属时，许多金属发射电子（光电效应）"这一事实能归因于光的能量传递给金属中

2. Max Planck（普朗克），"Über das Gesetz der Energieverteilung im Normalspektrum"（《论正常光谱中的能量分布定律》），*Annalen der Physik*（《物理学年鉴》），309，1901，pp. 553–563。

的电子，这种发射率应当取决于照射金属的光的振幅或强度。相反，实验结果却证明：只有当光达到或超过一个临界频率时，电子才能发射出来；低于临界频率时，金属不发射电子。爱因斯坦提出能量仅以分立的量来交换，这完全与普朗克早前有关能量和频率关系的发现相符。[3] 光波的振幅表明光携带的总能量，但是，其频率（或波长）表明单个光子所携带的能量。爱因斯坦说："单个光子是单个电子发射的原因。"

xiii

上述的事情发生在 1905 年。1913 年，理论又迈出了大胆的一步。以汤姆逊（Joseph J. Thompson）及其学生卢瑟福（Ernest Rutherford）的工作为基础，玻尔（Niels Bohr，他是卢瑟福的学生）公布了一项关于氢原子结构的革命性研究，该研究指出：原子的绝大部分位于其紧密的中心带正电荷的核上，带负电的单个电子在围绕核的圆周轨道上运动。[4] 索末菲（Arnold Sommerfeld）改进了玻尔模型，使其与相对性原理相容，从而得到作为外部磁场效应的椭圆轨道[5]——电子被电力吸引在其围绕原子核的轨道上（这就是所谓的卢瑟福－玻尔行星模型，或旧量子理论），类似于在我们的太阳系中，引力把行星吸引在其围绕太阳的轨道上。然

---

3. Albert Einstein（爱因斯坦），"Über einen die Erzeugung und Verwandlung des Lichtes betreffenden heuristischen Gesichtspunkt"（《关于光的产生和转化的一个启发性观点》），*Annalen der Physik*（《物理学年鉴》），322，1905，pp. 132–148。

4. Niels Bohr（玻尔），"On the Constitution of Atoms and Molecules，Part Ⅰ"（《论原子和分子的构成，第一部分》），*Philosophical Magazine*（《哲学杂志》），26，1913，pp. 1–25. 这篇论文是论原子和分子的构成三部曲中的第一部，其他两部分别是："On the Constitution of Atoms and Molecules，Part Ⅱ：Systems Containing Only a Single Nucleus"（《论原子和分子的构成，第二部分：仅包含单个原子核的系统》），*Philosophical Magazine*（《哲学杂志》），26，1913，pp. 476–502；and "On the Constitution of Atoms and Molecules，Part Ⅲ：Systems Containing Several Nuclei"（《论原子和分子的构成，第三部分：包含几个原子核的系统》），*Philosophical Magazine*（《哲学杂志》），26，1913，pp. 857–875。

5. Arnold Sommerfeld（索末菲），"Zur Theorie der Balmerschen Serie"（巴尔末系理论），*Sitzungsberichte der mathematisch–physikalischen Klasse der K. B. Akademie der Wissenschaften zu München*（《巴伐利亚王家慕尼黑科学院数学物理学部会议报告》），1915，pp. 425–458；and "Die Feinstruktur der Wasserstoff–und der Wasserstoff–ähnlichen Linien"（《氢系和类氢系的精细结构》），*Sitzungsberichte der mathematisch–physikalischen Klasse der K. B. Akademie der Wissenschaften zu München*（《巴伐利亚王家慕尼黑科学院数学物理学部会议报告》），1916，pp. 459–500。这些论文的修订版发表在《物理学年鉴》（*Annalen der Physik*，51，1916，pp. 1–94 and 125–167），后来又收录在其著作《原子结构和光谱线》（*Atombau und Spektrallinien*，Braunschweig：Vieweg，1919）中。

而，与我们的太阳系不一样，玻尔的原子有分立的轨道：电子的能量仅仅能以某些固定的量出现，它们对应于某些固定的轨道，吸收光子使得电子跃迁到更高能级的轨道，发射光子致使电子跃迁到更低能级的轨道。与经典电磁理论相反，原子内运动的电子除非从高能级轨道运动到低能级轨道，否则，它们没有辐射。这种运动被称为量子跃迁：电子不允许在轨道之间运动，但是，它们能够在一个轨道上消失，同时出现在另一个轨道上。虽然新量子理论抛弃了这些跃迁，[6]但是，它们流传到今天，激发了科幻作家的想象。

关于这些跃迁，最奇怪的事情莫过于存在这样的事实——下面两种理论密切相关，但仍然是分离的：普朗克和爱因斯坦谈到场能量的量子化，而玻尔论及吸收和发射这些量子的物质。这两种思想的统一始于爱因斯坦 1918 年的吸收和发射理论（在激光产生之前，该理论一直被忽视了）。这种情形最令人费解的方面是该理论的核心公式，即普朗克公式 $E=h\nu$（E 是光子的能量，h 是普朗克常数，ν 是光波的频率），它把光子的能量与光波的波长联系起来。1924 年，德布罗意（Louis de Broglie）运用相对论思想提出：不仅能量场而且物质粒子（如电子）都具有波的特征，与光子非常相像。[7]他把爱因斯坦的质能公式（$E=mc^2$）与普朗克公式（$E=h\nu$）结合起来，从而得到 $mc^2=h\nu$。因为对于每个光子来说，都有 $\nu=c/\lambda$ 这样的关系，所以，他推导得出 $\lambda=h/mc$，而且还假定这一等式也适用于以速率 v 运动的粒子，进而得到 $\lambda=h/p$。在检验这一想法的过程中，戴维森（Clinton Davisson）和戈尔末（Lester Germer）发现电子束的行为像波前一样，能够显示干涉图样。这看起来如此怪诞，以至爱因斯坦不得不强调应认真对待他们的工作。随着德布罗意的研究，波粒二象性在基础物理学中成为普适性质。问题是，这将会导致什么结果？这意味着什么呢？最简单的答案为：

（xiv）

---

6. Erwin Schrödinger（薛定谔），"Are There Quantum Jumps?"（《存在量子跃迁吗？》），*The British Journal for the Philosophy of Science*（《英国科学哲学杂志》），3，1952，pp. 109–123。

7. Louis de Broglie（德布罗意），*Recherches sur la Théorie des Quanta*（《量子理论研究》），PhD dissertation（博士学位论文），Université de Paris（巴黎大学），1924。它发表于《物理年鉴》（*Annales de Physique*，3，1925，pp. 22–128）。

粒子是场能量的集结物质。该答案的麻烦之处是：波动理论允许像粒子一样的能量集结物没有稳定性。然而，公认的信息却是：每种粒子都有其独特的稳定度。另一个最简单的答案正好相反：粒子是实在的，促成其量子特征的是波，是波引导其如此行动。这就是德布罗意的导频波（pilot wave）理论。该理论的困难可能要小一些，因为在这种情况下，粒子不必耗散，但是，波应该耗散却没有耗散。

在 1925—1926 年，研究有了突破性进展，诞生了两种经典量子理论：海森堡（Werner Heisenberg）、玻恩（Max Born）和约尔丹（Pascual Jordan）的矩阵力学，[8] 薛定谔的电子方程。[9] 两种理论都精确描述了（光发射或吸收的）量子跃迁（quantum transition）过程中的能量传递（energy transfer）。大多数物理学家适应矩阵力学比较缓慢，因为其抽象，所用数学也不熟悉；相反，他们欢迎薛定谔的波动力学，因为对其方程更熟悉，且它抛弃了所有的量子跃迁和不连续性，尽管它所描述的波是一种新的物质波，且这种物质波在经典力学中也没有相似的对应者，只是不久前由德布罗意所引入的一个概念。

薛定谔取得成功是因为他把玻尔理论里的电子看作一种驻波——具有固定端点的振动，如乐器的振动——并得到这样的事实：这种波是谐波，即振动弦的高倍频率是基频（base frequency）的倍数。他的方程的新奇之处在于他证明了：在量子力学中，依赖于频率的共振就是能量守恒定律，

---

8. Max Born and Pascual Jordan（玻恩和约尔丹），"Zur Quantenmechanik"（《论量子力学》），*Zeitschrift für Physik*（《物理学杂志》），34，1925，pp. 858–888；Max Born, Werner Heisenberg and Pascual Jordan（玻恩、海森堡和约尔丹），"Zur Quantenmechanik Ⅱ"（《论量子力学 Ⅱ》），*Zeitschrift für Physik*（《物理学杂志》），35，1926，pp. 557–615。

9. Erwin Schrödinger（薛定谔），"Quantisierung als Eigenwertproblem"（《量子化作为本征值问题》），*Annalen der Physik*（《物理学年鉴》），384，1926，pp. 361–376。在这篇论文中，他提出了现在所称的薛定谔方程，并推导出独立于时间的系统的波函数，而且还证明它为类氢原子（诸如玻尔在他自己的模型中所描述的原子）提供了正确的能量本征值。后来，他以相同题目发表了该论文的三个续篇（*Annalen der Physik*，384，1926，pp. 489–527；385，1926，pp. 437–490；and 386，1926，pp. 109–139），其中，在第二个续篇中，他证明他的方法与海森堡的方法等价。在最后一个续篇中，他引入了该波动方程的复数解，这标志着量子力学从实数发展为复数，而且再没有退回到实数。然而，这种等价只是部分的：矩阵力学解释的任何东西，波动力学也能解释，但是，反过来却不成立，因为波动方程也适用于连续系统。

因为普朗克等式把光子频率与其能量等同起来。于是，薛定谔把玻尔理论里的电子看作一种"物质波"（matter-wave），其理论的差别之处在于"每种波都有一种固定的能量量子"：在振动弦中，能量随着振动强度（其振幅）的变化而变化，但是，在量子力学中，能量取决于频率。海森堡的矩阵力学是通过深奥晦涩的计算来发现能量的，相比之下，关于原子事件，薛定谔方程的计算简易得多，所获得的形象（visualization）也更加熟悉。接着，薛定谔发表了一个证明，证明矩阵力学和波动力学具有等价的结果：从数学方面看，它们是同一种理论。泡利（Wolfgang Pauli）用矩阵力学计算出氢原子能级的矩阵，他提倡把薛定谔方程用作矩阵力学内计算的捷径（即被称为矩阵对角化的转换方法）。

xvi

　　量子力学的矩阵形式体系的提倡者们还面临如下的问题：波函数在该理论中起什么作用？对于这个问题，玻恩提出了一种新思想：波不具有能量，而具有概率——量子力学本质上是统计的。[10] 然后，海森堡坚持认为不连续的量子跃迁（quantum transition）赋予他的力学形式具有超越薛定谔力学形式的优势。随后发生的激烈争论表明：关于原子事件的两类解释都不能令人满意。双方都开始探寻一种更令人满意的理论，而且始于根据他们自己的偏好来解释量子力学方程。

　　该理论各种形式的一个明显缺点是：它在牛顿的框架内有效，而不是在爱因斯坦的框架内有效。狄拉克（Paul Dirac）试图对此进行补救，他提出薛定谔方程的一个变形，该变形符合相对性原理的要求。约尔丹用被称为"变换理论"（transformation theory）的统一方程（这些方程构成现在所谓的正统量子力学的基础）把此变形应用于物质和场。[11] 然后，任务就变

---

　　10. Max Born（玻恩），"Zur Quantenmechanik der Stoßvorgänge"（《碰撞过程的量子力学》），*Zeitschrift für Physik*（《物理学杂志》），37，1926，pp. 863-867；以及 38，1926，pp. 803-827。

　　11. Paul A. M. Dirac（狄拉克），"The Physical Interpretation of the Quantum Dynamics"（《量子动力学的物理解释》），*Proceedings of the Royal Society of London A*（《伦敦皇家学会公报 A》），113，1926，pp. 621-641；Pascual Jordan（约尔丹），"Über eine neue Begründung der Quantenmechanik"（《论量子力学的新基础》），*Zeitschrift für Physik*（《物理学杂志》），40，1926，pp. 809-838，and "Über eine neue Begründung der Quantenmechanik，Ⅱ"（《论量子力学的新基础，Ⅱ》），*Zeitschrift für Physik*（《物理学杂志》），44，1927，pp. 1-25。

成探寻这些方程的物理意义，即追寻用波或粒子（或同时用二者）来表明物理对象性质的能力。这被称为量子电动力学——它雄心勃勃，力图囊括经典效应和量子效应，容纳波和粒子。

接着是该理论中哲学上最具开创性的部分，即海森堡不等式或海森堡不确定性原理：在任一给定时刻，Δp 乘以 Δq 大于或等于 h——换句话说，测量一个粒子动量的不精确值乘以测量其位置的不精确值正比于普朗克常数，即在这两个变量中，如果一个变量的不精确性越小，那么，另一个变量的不精确性就越大。[12] 海森堡为该原理提供了一种推导和一种流行解释，但两者都太不精确，因而没有价值。另外，最直接的推导方法是接受把物质粒子作为某种波的思想，因为不精确性出现在一般的波动理论中。[13]

不确定性关系具有深远的蕴意。首先，海森堡提倡操作主义，即这样的原理：在科学中，每个概念只有能用实验来测量它，它才有意义，以致原则上不能测量的东西就没有科学意义。因此，既然一个粒子同时的位置和动量的数值规定其路径，那么，该粒子路径的不确定性意味着其路径概念没有意义。然而，操作主义是站不住脚的，自从伽利略和牛顿以来，近代物理学的一个基本假设是：实在世界独立于我们而存在，不管我们是否观察它。但在海森堡看来，诸如电子轨道或粒子轨道这些概念，如果我们没有观察它们——而且直到我们观察它们时为止，它们在世界上就不存在。

海森堡还为因果性（即未来事件的决定性）引申出深奥的意蕴。薛定

---

12. Werner Heisenberg（海森堡），"Über den anschaulichen Inhalt der quantentheoretischen Kinematik und Mechanik"（《量子理论的运动学和力学的直观内涵》），*Zeitschrift für Physik*（《物理学杂志》），43，1927，pp. 172–198。"观察者效应"（observer effect）（根据这种效应，测量影响被测量的物体）不在讨论之中。海森堡走得更远，他提出下面的论题：在量子层次，这种效应不能消解到某一极限以下——在实验中如此，甚至在思想中也是这样：不确定性原理是一切波粒二象性系统的量子物体所固有的性质。换言之，海森堡假定，不确定性原理表明量子系统的一种基本性质，这种性质永远不能从科学中去除。玻尔认为这摧毁了我们和世界之间的传统屏障，而且把它看作是量子力学的重要哲学意义。

13. Óscar Ciaurri and Juan L. Varona（蔡武瑞和瓦罗纳），"An Uncertainty Inequality for Fourier–Dunkl Series"（《关于傅里叶 - 邓科尔级数的一个不确定性不等式》），*Journal of Computational and Applied Mathematics*（《计算数学及应用数学杂志》），233，2010，pp. 1499–1504。

谔早前已尝试为他的方程提供一种解释，这种解释认为电子波代表电子在绕核轨道上的电荷密度。在他的解释（reading）中，每个电子充满整个宇宙，但是，其绝大部分出现在合理的小区位。玻恩证明薛定谔方程的波函数不是代表电荷密度或物质密度，而是代表粒子区位的概率。于是，在玻恩的解释中，量子力学的结果不是精确决定的，而是统计上的。海森堡迈出更大的一步，挑战简单的因果性观念：在实在世界中，未来不是预先确定的，甚至电子轨道也不是预先确定的。

薛定谔力图对此进行反驳。量子理论断言：在一个光子撞击某一可穿透的细丝时，前者可能穿过后者，也可能不穿过后者，两种情况的概率相等。假如当且仅当那个光子穿过那个可穿透的物体时，它触发枪杀死一只猫。假如所有这一切发生在一个密闭不透明的箱子里，那么，根据海森堡的观点，直到我们打开那个箱子看那只猫为止，那只猫都是半活半死的状态。薛定谔说：这是荒谬的。　　　xviii

在1927年著名的科摩（Como）演讲中，玻尔阐明了他的互补性原理：在量子理论阐释中，该原理把波和粒子看作是同等不可回避的，波和粒子二者的图像互补。它们相互排斥，可是，对于完整描述量子事件而言，它们都是必不可少的；不确定性原理阻止它们同体化和相互冲突。通过选择波图像或粒子图像，科学家影响实验结果，从而在我们关于"如其真实所是"（as it really is）的自然的所知中施加某种限制。[14] 互补性、不确定性、薛定谔波函数的统计解释一起构成量子力学的正统解释，即众所周知的"哥本哈根解释"（Copenhagen interpretation）。[15] 1927年10月，在布鲁塞

---

14. Niels Bohr（玻尔），"The Quantum Postulate and the Recent Development of Atomic Theory"（《量子假设和原子理论最近的发展》），*Nature*（《自然》），121，1928，pp. 580–590；reprinted in Niels Bohr，*Atomic Theory and the Description of Nature：Four Essays*（重印在玻尔的《原子理论和自然的描述：四篇论文》），Cambridge：Cambridge University Press（剑桥：剑桥大学出版社），1934，pp. 52–91。

15. 费耶阿本德说"不存在所谓的'哥本哈根解释'这种东西"（请参见本书第6章）。确实，玻尔和海森堡没有就量子力学数学形式体系解释的所有细节达成一致。"哥本哈根解释"是批判者采用的一个标签，用来指涉玻尔的互补性思想、海森堡关于不确定性关系的解释及玻恩关于波函数的统计解释。有时，他们对此再添加玻尔在1920年提出的对应原理：在巨大量子数极限情形下，用（旧）量子理论描述的系统行为符合经典物理学。

尔（Brussels）召开的索尔维（Solvay）会议上，其支持者走得更远，以至宣布量子力学是完整的，它所依赖的假说不再需要任何修改。1930 年，狄拉克严格而权威的著作《量子力学原理》（*The Principles of Quantum Mechanics*）首次出版（第四版出版于 1958 年），而且在后来几十年中，为该理论提供了标准表述。从哲学上看，它的观点是相对清楚的。狄拉克拒绝问关于电子轨道的问题，因为从原理方面看，理论和实验都不能回答这样的问题。他也承认：该理论的中心原理（即叠加原理）并没有成为一个简单明了的陈述（p. 9，常常用例子来描述）。

量子理论抛弃了经典物理学的两个重要公理。首先，它把基本物质粒子和能量处理为场。其次，它拒绝一切"重复而可预测的"（clockwork）自然图像：根据量子力学，关于物理系统未来行为的问题，只能统计地来回答；海森堡的不确定性原理用概率取代了经典物理学严格的因果性。

物理学家以各种各样的方式对这些新理论做出反应。一些物理学家认为，为了大大扩展量子力学所提供的认识，抛弃因果性需要付出的代价仿佛并不大。然而，正如冯·诺依曼（John von Neumann）不久论证指出的，这却需要付出无法避免的代价。在其 1932 年的《量子力学的数学基础》（*Mathematical Foundations of Quantum Mechanics*，原版是德文版）中，他为量子力学发展了一个数学框架，即作为希尔伯特空间（Hilbert spaces）中特殊线性算符的数学框架。（例如，用两个对应算符的不可对易性来解释海森堡的不确定性原理。）冯·诺依曼的研究允许他面对决定论－非决定论这个基本问题，在该书中，他劝止研究者不要寻求一个因果系统来构成现存量子力学系统的基础，因为这会以某种方式来改变此量子力学系统。（这种寻求被认为是寻求隐变量，他的论证很快受到反驳。请参见下文。）冯·诺依曼关于其（所谓的）证明写道："因此，不像经常以为的那样，它不是一个量子力学再解释的问题。为了使关于基本过程的另一种描述而不是统计描述成为可能，目前的量子力学系统不得不客观上是虚假的。"[16] 物理学家和科学哲学家几乎普遍接受了冯·诺依曼的主张，而且心甘情愿。[17]

　　然而，那个问题依旧存在，并用下面的措辞来表达：量子力学是完整的吗？它适用于单个粒子，还是仅仅适用于由单个粒子组成的系综？[18] 爱因斯坦对概率不满意（更为重要的是，现有理论把"自然独立于实验者而存在"看作是理所当然的），他探寻一种理论来把粒子行为描述为精确决定的。这个研究的任务是发现全面而非统计的自然规律。就现状来说，他认为玻恩解释的量子力学是令人满意的，但是，他否认它是最终的结论。换句话说，他认为量子力学是不完整的。争论异常激烈。争论的一个论题是：在两个不同的地点和时间精确测量一个粒子，可以得出关于其过去路径的结论。海森堡对此论题不屑一顾，宣称科学关心的只是预测而不是回溯（retrodiction）。有人可能反对，因为人们对恐龙的兴趣证明这是错误的；但是，海森堡的辩护者可能有下面的回答：这是经典物理学适用的宏观世界，因而与量子世界无关。

　　1935 年，波普尔的杰作《研究的逻辑》（*Logik der Forschung*）出版，并主张把科学看作可经验检验的理论（即可反驳的理论）集合。为了努力把量子力学呈现为可检验的，波普尔尝试通过设计一个可以超越海森堡原理所允许的精确性限制的实验来反驳它。海森堡、爱因斯坦和其他人在波普尔的设计中发现了错误，因为在该设计中，电子通过一个障碍物（barri-

xx

---

　　16. John von Neumann（冯·诺依曼），*Mathematische Grundlagen der Quantenmechanik*（《量子力学的数学基础》），Berlin：Springer（柏林：施普林格出版社），1932；English translation by Robert T. Beyer（英文版由贝耶翻译），*Mathematical Foundations of Quantum Mechanics*（《量子力学的数学基础》），Princeton，NJ：Princeton University Press（新泽西州，普林斯顿：普林斯顿大学出版社），1955，p. 325。

　　17. 例如，请参见玻恩："无法引入这样的隐藏参量：利用它们把非决定论描述转变为决定论描述。因此，一个未来的理论如果要是决定论的，那么，它就不能是目前理论的修改形式，而必定是本质上不同的。"［（*Natural Philosophy of Cause and Chance*《原因和概率的自然哲学》），Oxford：Oxford University Press（牛津：牛津大学出版社），1949，p. 109］。

　　18. 这指涉这样的事实：单个电子与自身干涉；在显示干涉图样的电子束中，不同电子之间的相互作用是可以忽略的。

er），从而降低了其位置或动量的精确度。[19] 此后不久，爱因斯坦、波多尔斯基（Boris Podolsky）和罗森（Nathan Rosen）提出了一个类似的实验：在其中，用粒子取代了那个障碍物，初始粒子与它的障碍物之间的碰撞效应是可测量的。[他们的论证以"EPR 悖论"（EPR paradox）为大家熟知。][20] 他们论证指出，不确定性原理禁止关于那两个粒子的某些精确测量。因为

19. Karl R. Popper（波普尔），*Logik der Forschung：Zur Erkenntnistheorie der modernen Naturwissenschaft*（《研究的逻辑：现代自然科学的认识论》），Vienna：Springer（维也纳：施普林格出版社），1935，pp. 172–181；English translation（英文版），*The Logic of Scientific Discovery*（《科学发现的逻辑》），London：Hutchinson（伦敦：哈金森出版社），1959，pp. 236–246；see also Appendix * XI，especially pp. 444–445（另外，请参见附录XI，特别是 pp. 444–445）。波普尔的思想实验可以由爱因斯坦、波多尔斯基和罗森的思想实验推导而来，想象一个带小孔的胶片，电子穿过此小孔，而且假定胶片的位置和动量保持不变。波普尔的错误——首先被魏茨扎克（Carl Friedrich von Weizsäcker）（参见 Popper and von Weizsäcker's exchange in "Zur Kritik der Ungenauigkeitsrelationen"（波普尔和魏茨扎克在《不确定性关系的批判》中的交流），*Die Naturwissenschaften*（《自然科学》）22，1934，pp. 807–808）、海森堡（见私人信件）和爱因斯坦 [参见一封信《爱因斯坦、波多尔斯基和罗森实验》（"The Experiment of Einstein，Podolsky，and Rosen"）]，重印在《科学发现的逻辑》的附录XII中，引文参见该书 pp. 457–464）注意到——在于忽略了下面的事实：在传递（transition）中，电子被"弄污（smeared）"了，而且不可预测。因此，波普尔收回了他的思想实验，后来到了20世纪80年代，他（有时与物理学家合作）又提出了一些改进形式。在2000年年初，波普尔的思想实验引人注目地出现在发表于理论物理学杂志的几篇论文中，引起热烈讨论，从而使其在当代关于量子物理学的哲学争论中成为开放的问题之一。事实上，争论的不只是实在论：与爱因斯坦、波多尔斯基和罗森 [以及维吉尔（Vigier）、玻姆和贝尔（Bell）] 为伍，波普尔强烈反对"标准解释具有结论性和完整性"这种主张。在他看来——正如在他之后的费耶阿本德看来——这种主张非常令人厌恶，因为它与在《研究的逻辑》中所阐释的具有批判态度的实在论相冲突。他的目标不是要"为量子力学提供一种判决性实验，而仅仅是为其（主观主义的）哥本哈根解释（他们把它称为'标准解释'）提供一种判决性实验" ["Popper versus Copenhagen"（波普尔对阵哥本哈根），*Nature*（《自然》），328，1987，pp. 675]。雷德黑德（Michael Redhead）说："波普尔仔细论证的批判赢得许多令人钦佩的权威物理学家支持。他强调状态准备（state preparation）与测量之间的区别，设法更清晰地理解不确定性原理的真实意义，特别是带头反抗哥本哈根主义者独断的镇静哲学，从而在量子力学哲学方面做出了伟大贡献。纵然他的论证细节有缺陷，但并不意味着他的总体影响不是极其有益的" ["Popper and the Quantum Theory"（《波普尔和量子理论》），in Anthony O'Hear（ed.），*Karl Popper：Philosophy and Problems*（见额亥厄编《波普尔：哲学和问题》），Cambridge：Cambridge University Press（剑桥：剑桥大学出版社），1995，pp. 163–176：p. 176]。

20. Albert Einstein，Boris Podolsky，and Nathan Rosen（爱因斯坦、波多尔斯基和罗森），"Can Quantum-Mechanical Description of Physical Reality be Considered Complete?"（《物理实在的量子力学描述能被认为是完整的吗？》），*Physical Review*（《物理评论》），47，1935，pp. 777–780。玻尔的答复——Niels Bohr（玻尔），"Can Quantum-Mechanical Description of Physical Reality be Considered Complete?"（《物理实在的量子力学描述能被认为是完整的吗？》），*Physical Review*（《物理评论》），48，1935，pp. 696–702——没有使爱因斯坦、波多尔斯基和罗森信服。请参见他的"对批评的答复"（Reply to Criticisms），引文特别参见 pp. 666–674。

该理论允许从关于一个粒子特征的测量结果推导出关于另一个粒子的结论（而且反之亦然），即使两个粒子之间的距离非常遥远，也能进行相关测量。在这个假想的实验中，两个粒子快速远离，但相关性质却是精确的——观察者能选择通过仅观察第二个粒子来发现第一个粒子的位置，并能选择通过仅观察第一个粒子来发现第二个粒子的动量。这样，观察者将发现两个粒子的精确位置和动量，这没有违反该理论，但违反了不确定性原理。因此，EPR 悖论没有反驳该理论，而是仅仅证明（或宣称证明）该理论是不完整的。

玻尔答复爱因斯坦、波多尔斯基和罗森。他重申——至少两次——如下主张：关于量子对象特征测量的不确定性是由于"如果符合这些目标，那么，就不可能控制量子对象对测量工具的反应"。[21] 换句话说，玻尔断言 EPR 思想实验不可行。他在支持该主张方面的论证，不像在反对爱因斯坦的实在论观点方面的论证那样多。

到 1939 年，绝大多数年轻的理论物理学家确信爱因斯坦的反对只是起因于对 19 世纪物理学显明确定性的怀旧。然而，1945 年以来，一些物理学家又开始批判正统的哥本哈根观点，论证指出，量子力学的统计性质意味着它仅仅真正适用于粒子系综。那么，问题是，研究能走得更远，并找到（精确或近似）符合于量子力学的因果理论吗？这就是隐变量的问题。最有名的隐变量理论是由美国物理学家和哲学家玻姆（David Bohm）提出的。[22]1952 年，他进一步细化了德布罗意四分之一世纪前提出的导频波（pilot-wave）理论。这表明冯·诺依曼著名的证明有缺陷。正如玻姆所呈现的，他设法避免那个证明的那些预设（presupposition）。海森堡迅

xxii

21. Bohr（玻尔），"Can Quantum-Mechanical Description of Physical Reality be Considered Complete?"（《物理实在的量子力学描述能被认为是完备的吗？》），引文见 p. 697。玻尔的答复重印在他的 "Discussion with Einstein on Epistemological Problems in Atomic Physics"（《与爱因斯坦讨论原子物理学中的认识论问题》），in Schilpp（ed.），*Albert Einstein：Philosopher-Scientist*（参见施耳普编《爱因斯坦：哲学家 - 科学家》），引文见 pp. 199–241。

22. 在其第一部著作《量子理论》[*Quantum Theory*（New York：Prentice-Hall，1951）]中，玻姆为哥本哈根解释辩护，但是，此后不久，他否定了自己先前的观点，成为隐变量理论的主要辩护者之一。

速回应：那个理论是形而上学的，因而不相关。此回应明显是拯救性的权宜之计：虽然玻姆的回应可能是不相关的，但是，这却使得爱因斯坦关于量子理论的因果完整之梦再度变得可能了。玻姆区分量子粒子和导控其运动的隐藏的导频波：无论这些波是否存在，它们表示了隐变量的可能性，从而使得量子力学的原理有点变得不怎么可靠持久。

玻姆主张：[23] 尽管有冯·诺依曼的论证，但是，仍需要关于亚量子物理学的理论猜测。他集合了物理、历史和哲学三方面的论证来支持这种主张。根据他的观点，关于亚量子世界的替代理论将给出可观察的不同结果（特别是有关极高能量或原子核内部结构的结果）。在描述他自己可能的亚量子理论纲要时，玻姆运用了海森堡已经拒绝的那种说明模型。他把量子世界的波/粒子比作云或潮汐波，从而用模糊边缘代表转瞬即逝的构形，连续形成、消解和穿越能量基底（或"场"）。因此，能再一次把正统量子理论的统计学处理为一种熟悉的不排除因果性的统计学。最后，玻姆建议重新思考 17 世纪以来全部物理理论所依赖的某些假设：在他看来，正如爱因斯坦在相对论中拒绝牛顿的一些假设一样，我们也不得不拒绝关于空间和几何学的笛卡尔假设，从拓扑学中得到新的概念。

EPR 思想实验看起来不可行。1957 年，玻姆和阿哈罗诺夫（Yakir Aharonov）提出它的一种可行的变体。[24] 然而，形势不是非常明朗，1964 年，贝尔（John S. Bell）帮助驱散了由玻尔、海森堡和冯·诺依曼制造的许多迷雾。[25] 弗雷歇（Maurice Fréchet）于 1935 年发表了一个定理［即弗

23. David Bohm（玻姆），*Causality and Chance in Modern Physics*（《现代物理学中的因果性和概率》），London：Routledge & Kegan Paul（伦敦：劳特里奇和保罗出版社），1957。

24. David Bohm and Yakir Aharonov（玻姆和阿哈罗诺夫），"Discussion of Experimental Proof for the Paradox of Einstein，Rosen，and Podolsky"（《关于 EPR 悖论实验证明的讨论》），*Physical Review*（《物理评论》），108，1957，pp. 1070–1076。

25. "玻姆详细说明如何确实能把参量引入非相对论的波动力学，利用这种力学能把非决定论描述转化为决定论描述。在我看来，更重要的是，能够消除正统理论的主观性（即必须借助于'观察者'）。"这段话，请参见：John S. Bell（贝尔），"On the Impossible Pilot Wave"（《论不可能的导频波》），*Foundations of Physics*（《物理学基础》），12，1982，pp. 989–999；重印在 John S. Bell（贝尔），*Speakable and Unspeakable in Quantum Mechanics*：*Collected Papers on Quantum Philosophy*（《量子力学中可说的和不可说的：量子哲学论文集》），Cambridge：Cambridge University Press（剑桥：剑桥大学出版社），1987，pp. 159–168：p. 160。

雷歇不等式（Fréchet's inequalities）]，[26] 贝尔使用该定理的一个简化形式 [被称为贝尔不等式（Bell's inequalities）]。爱因斯坦、波多尔斯基和罗森把一个推测用于其思想实验，贝尔则把下面这些假设应用于有关此推测的量子情形：（因果临近的）局域假设和实在论（物理系统独立于其观察者）假设。这些假设合起来被称为"局域实在论"或"局域隐变量"。他证明没有局域隐变量物理理论能够解释量子力学的所有成功预测。[27] 所以，局域实在论假设证明量子力学是不完整的。在一篇旧论文（稍后发表于 1966年）中，贝尔提出不可能性证明：隐变量是不可能的，因为冯·诺依曼证明包含概念错误（它依赖于一个不可应用于量子理论的假设：可观察量总和的概率加权平均值等于每个单独可观察量的平均值的总和）。[28] 与爱因斯坦、薛定谔、德布罗意和玻姆一起，贝尔拒绝量子理论的标准解释，强调要注意下面的事实：经验证据根本没有强迫我们放弃实在论。总之，由于贝尔的澄清阐明，EPR 思想实验得以进行，实验结果证实了这个不可信的量子预测，而爱因斯坦和玻尔都已经认为该预测是不可能的。这被称为量子纠缠：两个纠缠的粒子无论多么遥远，一个粒子测量变量的选择限制另一个粒子测量变量的选择。

xxiv

　　这就是本卷论文集的物理学和哲学争论背景。费耶阿本德对物理科学——特别是天文学、力学和量子理论——的兴趣非常浓厚。青少年时期，他在维也纳实科中学（Realgymnasium）学习，学习了拉丁语、英语和科学。他的物理教师托马斯（Oswald Thomas）是一位著名的天文学家，

---

26. Maurice Fréchet（弗雷歇），"Généralisations du théorème des probabilités totales"（《总概率定理的推广》），*Fundamenta Mathematicae*（《数学基础》），25，1935，pp. 379–387。

27. John S. Bell（贝尔），"On the Einstein–Podolsky–Rosen Paradox"（《论爱因斯坦－波多尔斯基－罗森悖论》），*Physics*（《物理学》），1，1964，pp. 195–200；重印在 John S. Bell（贝尔），*Speakable and Unspeakable in Quantum Mechanics*（《量子力学中可说的和不可说的》），cit.（引文），pp. 14–21。

28. John S. Bell（贝尔），"On the Problem of Hidden Variables in Quantum Theory"（《论量子理论中的隐变量问题》），*Reviews of Modern Physics*（《现代物理评论》），38，1966，pp. 447–452；重印在 John S. Bell（贝尔），*Speakable and Unspeakable in Quantum Mechanics*（《量子力学中可说的和不可说的》），cit.（引文），pp. 1–13。上面所提及的缺陷已于 1935 年被赫尔曼（Grete Hermann）发现，但是，直到贝尔再发现为止，几十年来，她的反驳却几乎不为人所知。那个所谓的定理具有很大影响。

因其通俗天文学著作而知名。他的著作在奥地利和德国被广泛阅读，激发了人们对物理学的兴趣，特别是对天文学的兴趣。费耶阿本德在父亲的帮助下，"用自行车和旧衣架建造了一架望远镜"，并"成为瑞士太阳研究所的正式观察者"。[29]

> 对物理学和天文学的专业方面和更普通的方面，我都感兴趣，但是，我没有区分它们。对我而言，爱丁顿（Eddington）、马赫（Mach，他的《力学》和《热学理论》）和丁格勒（Hugo Dingler，他的《几何基础》）都是科学家，他们自由地从其学科的一极跳到另一极。[30]

战后，他回到维也纳，打算学习物理学、数学和天文学。然而，他选择学习历史学和社会学，但很快就对它们感到不满意了，重新回到理论物理学。他的老师是特林（Hans Thirring）、普尔兹布拉姆（Karl Przibram）和埃伦哈夫特（Felix Ehrenhaft）。埃伦哈夫特是一位批判者，批判物理学中一切正统理论；许多物理学家认为他是骗子。费耶阿本德非常欣赏他对偶像的大胆攻击。他作为学生想必是成功的，因为在 1948 年和 1949 年，他被准许参加在阿尔卑巴赫（Alpbach）举办的奥地利学院学会（Austrian College Society）暑期国际研讨班。1948 年，他在那儿遇到波普尔，并给其留下很好的印象，从而在其帮助下，获得了去英格兰留学的奖学金。在到达英格兰之前，费耶阿本德于 1949 年目睹了一场极为期盼的交锋，这场交锋发生在埃伦哈夫特和"正统理论"（the orthodoxy）的代表者之间。多年后，他在《自由社会中的科学》（*Science in a Free Society*）中这样写道：

> 埃伦哈夫特简略阐释了其发现，并补充了关于物理学状况的一般评论。他转向坐在前排的罗森菲尔德（Rosenfeld）和普利斯（Pryce），

---

29. Paul K. Feyerabend（费耶阿本德），*Killing Time*（《消磨时光》），Chicago–London：The University of Chicago Press（芝加哥—伦敦：芝加哥大学出版社），1995，p. 29。

30. Ibid.（同上），p. 30。

得意扬扬地总结道："先生们，现在"——"你们能说什么呢？"他立刻回答说："你们用你们那所有美好的理论都根本无言以对。必须呆坐在那儿！必须闭嘴！"

不出所料，讨论异常激烈，持续了数日，特林和波普尔站在埃伦哈夫特一边，反对罗森菲尔德和普利斯。面对那些实验，后者的所作所为有时就像伽利略（Galileo）的一些对手面对望远镜时想必会表现出来的那样。他们指出结论不能由复杂现象推导出来，需要细致分析。[31]

费耶阿本德继续写道：当时，这种热烈的讨论对他几乎没有影响。

我们中没有谁准备放弃理论，或者否认其优势。我们成立了一个拯救理论物理学的社团（Club for the Salvation of Theoretical Physics），开始讨论简单的实验。得到的结果是：理论和实验的关系比在课本（甚至在研究论文）中所显示的要复杂得多。……我们继续喜好抽象，好像我们已经发现的困难不是表现事物的本性，而是能被某种灵巧独创的手段来消除，纵然这种手段还有待发现。只是过了很长时间以后，埃伦哈夫特的课程才被完全理解，我们当时的态度以及整个学界的态度给我提供了一种关于科学理性本性的极佳说明。[32]

很长时间以后——在参加波普尔在伦敦经济学院（磨炼批判敏锐性的最好学校）举办的讲座和研讨班之后——埃伦哈夫特的课才被完全理解，然后，费耶阿本德开始发表关于量子力学哲学的作品。他发现哥本哈根解释绝不应该占据统治地位，还发现下面这种看法是不可信的：科学家和科

---

31. Paul K. Feyerabend（费耶阿本德），*Science in a Free Society*（《自由社会中的科学》），London：New Left Books（伦敦：新左派书社），1978，p. 111；另外，请参见 *Killing Time*（《消磨时光》），cit.（引文），pp. 65–67。

32. Paul K. Feyerabend（费耶阿本德），*Science in a Free Society*（《自由社会中的科学》），cit.（引文），p. 111。

学哲学家都把这种解释看作是最后定论。他的早期作品是与波普尔合作研究创造的成果，其关于量子理论哲学解释的非正统观点是《研究的逻辑》（1935）第 7 章关注的内容，更是英文版后记（波普尔当时的研究成果）

和波普尔发表于 20 世纪 50 年代的其他作品的研究焦点。[33] 在其最早的出版物中，费耶阿本德聚焦于量子理论，并把量子理论作为哲学思辨、经验研究和数学创造共同促使物理理论发展的最有趣的典范。在挑战哥本哈根解释的正统地位和提倡量子力学的实在论解释中，他站在波普尔——以及爱因斯坦、德布罗意、玻姆和维吉尔——一边。量子力学的正统解释者（特别是"逻辑"实证主义者）设法剔除其形而上学特征，使其仅仅成为一

33. 在一本波普尔的《研究的逻辑》中，费耶阿本德对全书（特别是对涉及概率和量子力学的章节）做了大量注解。后来，他有机会阅读《〈科学发现的逻辑〉续篇》系列（*Postscript to The Logic of Scientific Discovery*）手稿。在《研究的逻辑》出版 30 年后，《〈科学发现的逻辑〉续篇系列》对其进行全部修改，以三卷本形式出版。《〈科学发现的逻辑〉续篇系列》的前两卷于 20 世纪 50 年代中期有了长条校样，第三卷在 50 年代末期有了这种校样。在已出版的那个版本中，前两卷集中研究实在论和非决定论——本书收集的论文反复讨论了其中的两个关键问题，第三卷聚焦于量子悖论和波普尔关于概率的倾向（propensity）解释（这种解释被应用于量子物理学的解释中）。请参见他的 *Postscript to The Logic of Scientific Discovery*（《〈科学发现的逻辑〉续篇》系列），edited by William W. Bartley，Ⅲ（巴特利三世编），vol. 1：*Realism and the Aim of Science*（第一卷：《实在论和科学的目标》），vol. 2：*The Open Universe：An Argument for Indeterminism*（第二卷：《开放的宇宙：支持非决定论的论证》），and vol. 3：*Quantum Theory and the Schism in Physics*（第三卷：《量子理论和物理学中的分裂》），London：Hutchinson（伦敦：胡金森），1982–1983。第三卷的中心主题由波普尔在柯尔斯顿研究会（Colston Research Society）第九次论坛上讲述过，本次论坛在布里斯托尔（Bristol）举办，费耶阿本德也参加了。请参见费耶阿本德的哲学论文集第一卷（PP1，pp. 207–218）和第四卷第 16 章：费耶阿本德在这里引入了那个传统的论点——观察是有理论偏见的，而且是不可避免的——该论点是其后来作品的中心论点。费耶阿本德的研究工作与波普尔的研究工作紧密相连，除了后者的《科学发现的逻辑》第 8 章和第 9 章（*The Logic of Scientific Discovery*，London：Hutchinson，1959，chs. 8–9），还请参见他的论文："The Propensity Interpretation of the Calculus of Probability，and the Quantum Theory"（《概率演算的倾向解释及量子理论》），in Stephan Körner and Maurice H. L. Pryce（eds.）（科纳和普利斯编），*Observation and Interpretation：A Symposium of Philosophers and Physicists*（《观察和解释：哲学家和物理学家专题论文集》），New York：Academic Press Inc.，Publishers（纽约：学术出版社），and London：Butterworths Scientific Publications（伦敦：巴特沃斯科学出版社），1957，pp. 65–70 and 88–89；"The Propensity Interpretation of Probability"（《概率的倾向解释》），*The British Journal for the Philosophy of Science*（《英国科学哲学杂志》），10，1959，pp. 25–42；以及 "Philosophy and Physics：The Influence on Physics of Some Metaphysical Speculations on the Structure of Matter"（《哲学和物理学：关于物质结构的一些形而上学思辨对物理学的影响》），*Atti del XII Congresso Internazionale di Filosofia*（Venezia，12–18 Settembre，1958）[《第十二届国际哲学会议论文集》（威尼斯，1958 年 9 月 12—18 日）]，Venice：G. F. Sansoni（威尼斯：三桑尼），1960，vol. 2，pp. 367–374。

种预测工具，不再要求研究者把原子世界解释为独立于观察和实验的世界。［莱辛巴赫（Reichenbach）走得更远，以至从科学理论中排除了发生于观察之间的事件，并把这些事件称为"现象间"（inter-phenomena）。］费耶阿本德公开疏远大多数逻辑实证主义者。[34]

　　最为重要的是，正统物理学家对待量子理论缺陷的态度给费耶阿本德留下了深刻的印象。他们承认下面这些说法：为了处理一些新的发现，它必将经历某些决定性变化；为了描述新的事实，未来的新理论将引入新的概念。虽然如此，但他们坚持认为现有理论的基本要素将保持不变。该理论的基本结构并不需要改变，任何修改都不会影响其非决定论框架。相比之下，在费耶阿本德看来，哥本哈根解释只是量子形式体系的一种可能解释。他支持多元主义方法，而库恩提倡科学研究共同体内要墨守成规，二者正好相反。因此，费耶阿本德就开始支持"隐变量"理论家（如玻姆，费耶阿本德很欣赏他。那时，他们二人都在布里斯托大学任教）。他认为只有实在论解释才能揭示科学理论的革命潜能。

xxvii

　　玻姆呼吁人们注意微观物理学的某些方面，他认为这些方面是有问题的，而绝大多数物理学家却认为它们没有问题。这是一种思想冲突，引起了费耶阿本德的兴趣。在哲学和科学中（更不用说，在一般的学者共同体内），经常有这样的假设：在科学内部，理论（几乎）是由事实单独决定的，以致思索和创造所起的作用有限。但是，玻姆的问题（以及后来贝尔的问题）表明：科学和人文学科之间的声名狼藉的界线正是由于这种错误的科学图像所致。玻姆反对下面这种公认的观点：

　　　　互补性（而且是它独自）解决了微观物理学的一切本体论问题和概念问题，这种解决方法具有绝对有效性。留给未来物理学家唯一的事情就是发现和解答方程，以便对其他方面很好理解的事件作

---

34. 费耶阿本德嘲笑莱辛巴赫的现象间（interphenomena）论点。请参见他的 "Reichenbach's Inter-pretation of Quantum Mechanics"（《莱辛巴赫的量子力学解释》），*Philosophical Studies*（《哲学研究》），9，4，1958，pp. 47–59；该论文重印于 *PP1*（《哲学论文集》第一卷），pp. 236–246。

出预测。[35]

所以，"量子力学的哥本哈根解释是实验结果容许的唯一可能的解释"这种主张是完全具有欺骗性的。费耶阿本德在 1960 年写给库恩的几封信中说到了这一点，而这些信件是在阅读库恩于 1962 年出版的《科学革命的结构》（ *The Structure of Scientific Revolutions* ）的初稿过程中写成的。在这种情况下，问题是历史重构，不是物理理论的解释，但是，论证却完全相同；在他的这些信件中，经常提及量子物理学：

> 你所写的不仅是历史，是被掩饰为历史的意识形态……能把观点说得很明确，有可能用这样的方式来写历史，以至读者总是意识到其意识形态或观点，总是意识到历史事实的另类解释的可能性。换言之，历史能用这种方式来写，以至事实的东西和合理的东西显现为两种明显不同的事物。……我最为反对的是你呈现你的这种信念的方式：你没有把它呈现为一种需要，而把它呈现为是历史事实明显结果的某种东西。[36]

根据波普尔的思想，实验没有强加从量子理论得到的那些奇怪的结果，探讨物理学的错误哲学方法却这样做了。这种哲学方法就是实证主

---

35. Feyerabend（费耶阿本德）, "Professor Bohm's Philosophy of Nature"（《玻姆教授的自然哲学》）, *The British Journal for the Philosophy of Science*（《英国科学哲学杂志》）, 10, 1960, pp. 321–338; reprinted in *PP1*（重印于《哲学论文集》第一卷）, pp. 219–235: p. 219。

36. Paul Hoyningen–Huene（霍宁恩－慧因）, "Two Letters of Paul Feyerabend to Thomas S. Kuhn on a Draft of *The Structure of Scientific Revolutions*"（《费耶阿本德写给库恩讨论〈科学革命的结构〉草稿的两封信》）, *Studies in History and Philosophy of Science*（《科学史和科学哲学研究》）, 26, 1995, pp. 353–387, cit.（引文）, p. 355; 另外，请参见 pp. 356, 360, 367–368 和 379–380。在另一封信中，费耶阿本德没有像库恩那样把哥本哈根解释描述为一种范式，而是描述为"当使这摆脱了超越经验的任何东西时，仍保留了从前范式（经典理论）的东西……他们不是简单地把另一个理论添加到过去的理论上，而这另一个理论将来某时再被又一个理论所取代……从现在起，我们已进入一个科学活动的新时代：将不再有革命，而只有累积"（同上，p. 379）。此外，请参见 Paul Hoyningen–Huene（霍宁恩－慧因）, "More letters by Paul Feyerabend to Thomas S. Kuhn on Proto–Structure"（《费耶阿本德写给库恩讨论〈科学革命的结构〉草稿的其他信件》）, *Studies in History and Philosophy of Science*（《科学史和科学哲学研究》）, 37, 2006, pp. 610–632。

义，波普尔声称：玻尔和海森堡受到传统实证主义者（如马赫）和新实证主义者（"逻辑"实证主义者，包括维也纳学派的成员）的诱惑。他们的理论不是逻辑真的，而是假说，是错误的。费耶阿本德不同意波普尔的这些观点。他断言：哥本哈根理论家认为，仅仅他们的观点与实验的观察结果相容，并对此有一些完美的物理论证。此外，他为他们的工具论解释提供了一种辩护。然而，他最终论证赞同下面这种要求：观察到的实验结果自身受到挑战，所以，运用量子理论的案例（正如在其他与境中，他借助伽利略的案例或丰富的科学史中的其他案例）来迫使重新思考研究者遵守（或宣称遵守）的方法论规则。简言之，我们在这里发现了费耶阿本德的多元论检验模型。[37] 在该模型中，理论相互比较，理论也与经验比较："当讨论检验问题和经验内容时，我们必须涉及的方法论单元是由一整套理论构成的，而且，这些理论部分重叠、事实充分但互不一致。"[38] 他　xxix
提出：在其他方面，将不再有更多的跨学科的论证或判断，批判、评价

---

37. 不要把费耶阿本德在其早期作品中提倡的理论多元论（科学进步是由同时出现的大量竞争理论来促进的）与其后期的方法论多元论（科学没有独特的方法，因此，怎么都行）相混淆。普瑞斯顿（John Preston）写道："理论多元论（即费耶阿本德的多元论方法论）意欲成为所有科学研究的唯一的方法论。它倡导理论增生，但不倡导理论评价方法的增生"（*Feyerabend*：*Philosophy*，*Science and Society*（《费耶阿本德：哲学、科学和社会》），Cambridge：Polity Press（剑桥：政体出版社），1997，p. 139）。

38. Feyerabend（费耶阿本德），"How to Be a Good Empiricist：A Plea for Tolerance in Matters Epistemological"（《如何成为一个好的经验论者：请求在认识论的事情上要宽容》），in Bernard Baumrin（ed.）（鲍姆林编），*Philosophy of Science*：*The Delaware Seminar*，vol. 2（《科学哲学：特拉华研讨会文集》第二卷），New York：Interscience（纽约：跨科学出版社），1963，pp. 3–39；reprinted in PP3（重印于《哲学论文集》第三卷），pp. 78–103：p. 92。这仅仅是扩展了波普尔在《科学发现的逻辑》和其他地方已经阐述的思想。在论文《说明、还原和经验论》（Explanation，Reduction，and Empiricism）的 1962 年的原初版本中，费耶阿本德欣然承认了这一点［in Herbert Feigl and Grover Maxwell（eds.）（费格尔和麦克斯韦编），*Scientific Explanation*，*Space and Time*（《科学说明、空间和时间》），Minneapolis：University of Minnesota Press（明尼阿波利斯：明尼苏达大学出版社），1962，pp. 28–97：pp. 31–32］；后来，他又收回了上述承认——在波普尔要人们注意它之后。请参见：Popper（波普尔），*Objective Knowledge*：*An Evolutionary Approach*（《客观知识：一种演化方法》），Oxford：Clarendon Press（牛津：克拉伦登出版社），1972，p. 205；and Feyerabend（费耶阿本德），"Explanation，Reduction，and Empiricism"（《说明、还原和经验论》），in *PP1*（《哲学论文集》第一卷），pp. 44–96：p. 47，footnote 6（脚注 6）。这意味着波普尔从未提倡一元论模型。根据这种模型，单一理论受"经验"（experience）检验。虽然，费耶阿本德几乎没有在任何段落中把这一论点与波普尔联系起来，但是，许多费耶阿本德的学者却认为他的这一论点与波普尔有关。

和说明将不再是真正的哲学言说（discourse）的目标。因此，留给哲学家的全部任务就是描述逻辑、语法（即各种言说的第一原理）以及他们植根于其中的多种多样的语言游戏和生活形式。哲学批判将不再关涉内容，而是关涉标准应用；正如费耶阿本德所言，留下的全部就是"对专家的安慰"。[39]

盖太

阿加西

---

39. Paul K. Feyerabend（费耶阿本德），"Consolations for the Specialist"（《对专家的安慰》），in Imre Lakatos and Alan Musgrave（eds.）（拉卡托斯和马斯格雷夫编），*Criticism and the Growth of Knowledge*（《批判与知识的增长》），Cambridge：Cambridge University Press（剑桥：剑桥大学出版社），1970，pp. 197–230；此外，请参见他的 "Kuhns *Struktur wissenschaftlicher Revolutionen*：Ein Trostbüchlein für Spezialisten?"（《库恩的〈科学革命的结构〉：安慰专家的小册子？》），in Paul K. Feyerabend（费耶阿本德），*Der wissenschaftstheoretische Realismus und die Autorität der Wissenschaften*（《科学理论的实在论和科学的权威》），Braunschweig：Vieweg（布伦瑞克：费维格出版社），1978，pp. 153–204。

编者按

费耶阿本德自己编辑了两卷论文集，并于 1981 年出版；1987 年，他又出版了另一卷论文集。在他去世后第五年，即 1999 年，普瑞斯顿（John Preston）编辑了费耶阿本德的第三卷论文集。特普斯特拉（Bert Terpstra）从出版社看到了费耶阿本德最后的（未完成的）手稿，他又补充了许多之前发表过的探讨这些主题的文章。对这些书做如下简化标识：

PP1　*Realism*，*Rationalism and Scientific Method*：*Philosophical Papers*（《实在论、理性主义和科学方法：哲学论文集》），vol. 1（第一卷），Cambridge：Cambridge University Press（剑桥：剑桥大学出版社），1981.

PP2　*Problems of Empiricism*：*Philosophical Papers*（《经验论问题：哲学论文集》），vol. 2（第二卷），Cambridge：Cambridge University Press（剑桥：剑桥大学出版社），1981.

FR　*Farewell to Reason*（《告别理性》），London：Verso/New Left Books（伦敦：维索/新左派书社），1987.

PP3　*Knowledge*，*Science and Relativism*：*Philosophical Papers*（《知识、科学和相对主义：哲学论文集》），vol. 3（第三卷），edited by John M. Preston（普瑞斯顿编），Cambridge：Cambridge University Press（剑桥：剑桥大学出版社），1999.

CA　*The Conquest of Abundance*：*A Tale of Abstraction versus the*

Richness of Being（《征服丰富性：抽象的神话与存在的丰富性》），edited by Bert Terpstra（特普斯特拉编），Chicago-London：The University of Chicago Press（芝加哥——伦敦：芝加哥大学出版社），1999.

费耶阿本德讨论特定的争论，并细致分析与当代物理学相关的问题，这些内容分散于其作品的不同地方，而且形式多种多样，有书、期刊文章、书的章节、书评和文章评论。以前的论文集涵盖了科学哲学的多种问题，与此不同，本书集中收集了费耶阿本德的物理学（特别是量子力学）哲学论文。编辑该论文集有两个意图。首先，编者意在为学界提供费耶阿本德关于物理学的最基本的文集，包括原来用德文发表的几篇论文（其中有费耶阿本德最早发表的未署名的作品），现在首次把它们译成英文出版。其次，本书未包含他从前论文集中已收录的相关文献（第 7 章除外，请参见下述的文献出处）。下面，列出本书未收录的最重要文献的名录：

"On the Quantum-Theory of Measurement"（《论测量的量子理论》），in Stephan Körner and Maurice H. L. Pryce（eds.）（科纳和普利斯编），*Observation and Interpretation*：*A Symposium of Philosophers and Physicists*（《观察和解释：哲学家和物理学家专题论文集》），New York：Academic Press Inc.，Publishers（纽约：学术出版社），and London：Butterworths Scientific Publications（伦敦：巴特沃斯科学出版社），1957，pp. 121-130；reprinted in *PP1*，Part 2，Ch. 13（重印于《哲学论文集》第一卷，第二部分，第 13 章）（pp. 207-218）。该论文的初版是德文版："Zur Quantentheorie der Messung"（《论测量的量子理论》），*Zeitschrift für Physik*（《物理学杂志》），vol. 148，no. 5（October 1957）（第 148 卷，第 5 期，1957 年 10 月），pp. 551-559.

"An Attempt at a Realistic Interpretation of Experience"（《尝

试对经验进行实在论解释》），*Proceedings of the Aristotelian Society*（《亚里士多德学会学报》），New Series（新系列），vol. 58（第 58 卷）（1957—1958），pp. 143—170；reprinted in *PP1*，Part 1，Ch. 2（重印于《哲学论文集》第一卷，第一部分，第 2 章）（pp. 17—36）。

"Reichenbach's Interpretation of Quantum Mechanics"（《莱辛巴赫关于量子力学的解释》），*Philosophical Studies*（《哲学研究》），vol. 9，no. 4（June 1958）（第 9 卷，第 4 期，1958 年 6 月），pp. 47—59；reprinted in *PP1*，Part 2，Ch. 15（重印于《哲学论文集》第一卷，第二部分，第 15 章）（pp. 236—246）。

"On the Interpretation of Scientific Theories"（《论科学理论的解释》），in *Atti del XII Congresso internazionale di filosofia：Venezia，12—18 settembre 1958，vol. V：Logica，gnoseologia，filosofia della scienza，filosofia del linguaggio*（《第十二届国际哲学会议论文集：威尼斯，1958 年 9 月 12—18 日，第五卷：逻辑、认识论、科学哲学、语言哲学》），Florence：G. C. Sansoni（佛罗伦萨：三桑尼），1960，pp. 151—169；reprinted in *PP1*，Part 1，Ch. 3（重印于《哲学论文集》第一卷，第一部分，第 3 章）（pp. 37—43）。

"Das Problem der Existenz theoretischer Entitäten"（《理论实体的存在问题》），in Ernst Topitsch（ed.）（唐丕奇编），*Probleme der Wissenschaftstheorie：Festschrift für Victor Kraft*（《科学理论的问题：克拉夫特纪念文集》），Vienna：Springer（维也纳：施普林格出版社），1960，pp. 35—72；English translation by Daniel Sirtes and Eric Oberheim（英文版由塞特斯和奥博海姆翻译），"The Problem of the Existence of Theoretical Entities"（《理论实体的存在问题》），in *PP3*，Ch. 1（《哲学论文集》第三卷，第 1 章）（pp. 16—49）。

"Professor Bohm's Philosophy of Nature"（《玻姆教授的自然哲学》）（review of David Bohm，*Causality and Chance in Modern Physics*（评玻姆的《现代物理学中的因果性和概率》），Foreword by Louis de

Broglie（德布罗意作序），London：Routledge & Kegan Paul（伦敦：劳特里奇和保罗公司），and Princeton，NJ：Van Nostrand Reinhold（新泽西州普林斯顿：范·诺斯特兰德·瑞因霍德公司，1957），*The British Journal for the Philosophy of Science*（《英国科学哲学杂志》），vol. 10，no. 40（February 1960）（第10卷，第40期，1960年2月），pp. 321–338；reprinted in *PP1*，Part 2，Ch. 14（重印于《哲学论文集》第一卷，第二部分，第14章）（pp. 219–235）。

"On a Recent Critique of Complementarity：Part I"（《论近来对互补性的批判：第一部分》），*Philosophy of Science*（《科学哲学》），vol. 35，no. 4（December 1968）（第35卷，第4期，1968年12月），pp. 309–331，and "On a Recent Critique of Complementarity：Part II"（《论近来对互补性的批判：第二部分》），*Philosophy of Science*（《科学哲学》），vol. 36，no. 1（March 1969）（第36卷，第1期，1969年3月），pp. 82–105；reprinted together in *PP1*，Part 2，Ch. 16，under the title "Niels Bohr's world view"（两部分重印于《哲学论文集》第一卷，第二部分，第16章，标题是"玻尔的世界观"）（pp. 247–297）。

"Zahar on Mach，Einstein and Modern Science"（《扎哈尔论马赫、爱因斯坦和现代科学》），*The British Journal for the Philosophy of Science*（《英国科学哲学杂志》），vol. 31，no. 3（September 1980）（第31卷，第3期，1980年9月），pp. 273–282；reprinted in *PP2*，Ch. 6，under the title "Mach，Einstein and the Popperians"（重印于《哲学论文集》第二卷，第6章，标题是《马赫、爱因斯坦和波普尔学派》）（pp. 247–297）。

"Realism and the Bohr–Rosenfeld Condition"（《实在论和玻尔－罗森菲尔德条件》），Appendix（1981）to "Consolations for the Specialist"［《对专家的安慰》附录（1981）］，in *PP2*，Ch. 8（《哲学论文集》第二卷，第8章）（pp. 162–167）。

"Mach's Theory of Research and Its Relation to Einstein"（《马赫的研究理论及其与爱因斯坦的关系》），*Studies in History and Philosophy of Science*（《科学史和科学哲学研究》），vol. 15，no. 1（March 1984）（第 5 卷，第 1 期，1984 年 3 月），pp. 1-22；reprinted in *FR*，Ch. 7（重印于《告别理性》第 7 章）（pp. 192-218）。

"Quantum Theory and Our View of the World"（《量子理论和我们的世界观》），*Stroom*：*Mededelingenblad Faculteit Natuur-en Sterrenkunde*（《流：物理和天文学院公报》），vol. 6，no. 28（1992）（第 6 卷，第 28 期，1992 年），pp. 19-24；reprinted in *CA*，Part 2，Ch. 3（重印于《征服丰富性》第二部分，第 3 章）（pp. 161-177）。

这一系列著作中仍未收录的相关作品还有如下两种：费耶阿本德哲学博士学位论文《基础命题的理论研究》（*Zur Theorie der Basissätze*）（维也纳大学，1951 年，未出版）；关于玻尔和马赫的两个非常短的词条，它们于他去世后在宏德李希（Ted Honderich）编辑的《牛津哲学指南》（*The Oxford Companion to Philosophy*）中发表，初版于 1995 年（各自参见 pp. 98 和 516），再版于 2005 年（各自参见 pp. 102 和 549），均由牛津大学出版社出版。

关于费耶阿本德作品的完整目录，请参见由科勒德尔（Matteo Collodel）及时更新的网站 www.collodel.org/feyerabend/，其中，文献按时间顺序排列并附有说明。

本卷收集的文章在篇幅、目的和风格这些方面差异很大：它们的特征反映了其写作时代和原初的背景。正是由于这些原因，把它们组织整理成三部分：①原始论文和书的章节；②在会议文集中的评论和讨论；③百科全书词条。在每部分中，作品按时间顺序排列。在本书中，作品照原版重印。编者校改限于默默改正印刷错误，以及为统一起见而轻微修改标点符号。一些参考文献（主要参考费耶阿本德的再版作品）和在正文（或脚注）中编辑所做的一些别的校改用大括号做了明确标注（唯一的例外是第

15 章，在这里，费耶阿本德本人在正文中就使用了大括号）。

为了便于参考原版出版物，本书把原版页码放在方括号内用上标黑体字标注出来。全部注释都用脚注。尾注被转换为脚注之后，添加其原版页码——放在方括号内，用上标黑体字标注。

本卷所收作品的出处

1. "Der Begriff der Verständlichkeit in der modernen Physik"（《现代物理学中的可理解性概念》），in *Veröffentlichungen des Österreichischen College*（《奥地利学院学报》），Vienna：Österreichischen College（维也纳：奥地利学院），1948，pp. 6–10.

2. "Physik und Ontologie"（《物理学和本体论》），*Wissenschaft und Weltbild：Monatsschrift für alle Gebiete der Forschung*（《科学和世界观：万物研究月刊》），vol. 7，nos. 11–12（November–December 1954）（第 7 卷，第 11—12 期，1954 年 11—12 月），pp. 464–476.

3. "Determinismus und Quantenmechanik"（《决定论和量子力学》），*Wiener Zeitschrift für Philosophie，Psychologie，Pädagogik*（《维也纳哲学、心理学和教育学杂志》），vol. 5，no. 2（1954）（第 5 卷，第 2 期，1954 年），pp. 89–111.

4. "Eine Bemerkung zum Neumannschen Beweis"（《关于冯·诺依曼证明的评论》），*Zeitschrift für Physik*（《物理学杂志》），vol. 145，no. 4（August 1956）（第 145 卷，第 4 期，1956 年 8 月），421–423.

5. "Complementarity"（《互补性》），*Proceedings of the Aristotelian Society，Supplementary Volumes*（《亚里士多德学会学报》补卷），vol. 32（1958）（第 32 卷，1958 年），75–104.

6. "Niels Bohr's Interpretation of the Quantum Theory"（《玻尔的量子理

论解释》），in Herbert Feigl and Grover Maxwell（eds.）（费格尔和麦克斯韦编），*Current Issues in the Philosophy of Science：Symposia of Scientists and Philosophers，Proceedings of Section L of the American Association for the Advancement of Science，1959*（《科学哲学前沿问题：科学家和哲学家专题论文集，美国科学促进会 L 分部学报，1959 年》），New York：Holt，Rinehart & Winston（纽约：霍尔特、瑞因哈特和温斯顿），1961，pp. 371–390.

附在上述论文之后的是费耶阿本德的另一篇文章："Rejoinder to Hanson"（《对汉森的答复》），ibid.（同上），pp. 398–400.

7. "Problems of Microphysics"（《微观物理学问题》），in Robert G. Colodny（ed.）（科勒德尼编），*Frontiers of Science and Philosophy*（University of Pittsburgh Series in the Philosophy of Science，vol. 1）[《科学和哲学前沿》（匹兹堡大学科学哲学丛书，第 1 卷）]，Pittsburgh，PA：University of Pittsburgh Press（宾夕法尼亚州匹兹堡：匹兹堡大学出版社），1962，pp. 189–283.

本文有一个初步的（几乎是完整的）波兰文译本："O Interpretacij Relacyj Nieokreslonosci"（"On the Interpretation of the Uncertainty Relations"）（《论不确定关系的解释》），*Studia Filozoficzne*（《哲学研究》），vol. 19，no. 4（1960）（第 19 卷，第 4 期，1960 年），pp. 21–78.

本文的一部分（§§4–11）重印于 *PP1*，Ch. 17（《哲学论文集》第一卷，第 17 章），有少许改动，标题是 "Hidden Variables and the Argument of Einstein，Podolsky and Rosen"（《隐变量及爱因斯坦、波多尔斯基和罗森的论证》）（pp. 298–342）. xxxiv

8. "Über konservative Züge in den Wissenschaften，insbesondere in der Quantentheorie，und ihre Beseitigung"[《科学（特别是量子理论）中的保守特征及其消除》]，in *Club Voltaire：Jahrbuch für kritische Aufklärung*（《伏尔泰俱乐部：批判研究年鉴》），vol. 1（第 1 卷），edited by Gerhard Szczesny（什琴斯尼编），Munich：Szczesny Verlag（慕尼黑：什琴斯尼出版社），

1963，pp. 280–293.

9. *Problems of Microphysics*（《微观物理学问题》），The Voice of America（美国之音）. Forum Philosophy of Science Series，no. 17（科学哲学论坛系列第 17 期），Washington：U. S. Information Agency（华盛顿：美国新闻署），1964.

10. "Eigenart und Wandlungen physikalischer Erkenntnis"（《自然知识的特性和变化》），*Physikalische Blätter*（《物理学报》），vol. 21，no. 5（May 1965）（第 21 卷，第 5 期，1965 年 5 月），pp. 197–203.

11. "Dialectical Materialism and the Quantum Theory"（《辩证唯物论和量子理论》），*Slavic Review*（《斯拉夫评论》），vol. 25，no. 3（September 1966）（第 25 卷，第 3 期，1966 年 9 月），pp. 414–417.

12. "Bemerkungen zur Verwendung nicht–klassischer Logiken in der Quantentheorie"（《论非经典逻辑在量子理论中的应用》），in Paul Weingartner（ed.）（维恩卡特纳编），*Deskription，Analytizität und Existenz：Forschungsgespräche des internationalen Forschungszentrums für Grundfragen der Wissenschaften Salzburg，drittes und viertes Forschungsgespräch*（《描述、分析性和存在：萨尔茨堡国际研究中心科学基本问题研讨会，第三届和第四届研讨会》），Salzburg–Munich：Anton Pustet（萨尔茨堡—慕尼黑：安通·普斯特特出版社），1966，pp. 351–359.

13. "On the Possibility of a Perpetuum Mobile of the Second Kind"（《论第二类永动机的可能性》），in Paul K. Feyerabend and Grover Maxwell(eds.)（费耶阿本德和麦克斯韦编），*Mind，Matter，and Method：Essays in Philosophy and Science in Honor of Herbert Feigl*（《心灵、物质和方法：敬献给费格尔的哲学和科学文集》），Minneapolis：University of Minnesota Press（明尼阿波利斯：明尼苏达大学出版社），1966，pp. 409–412.

14. "In Defence of Classical Physics"（《捍卫经典物理学》），*Studies in History and Philosophy of Science*（《科学史和科学哲学研究》），vol. 1，no. 1（May 1970）（第 1 卷，第 1 期，1970 年 5 月），pp. 59–85.

15. Review of Alfred Landé，*Foundations of Quantum-Mechanics*：*A Study in Continuity and Symmetry*（New Haven，CT：Yale University Press，1955）（《评兰德的〈量子力学基础：连续性和对称研究〉》）（康涅狄格州纽黑文：耶鲁大学出版社，1955 年），*The British Journal for the Philosophy of Science*（《英国科学哲学杂志》），vol. 7，no. 28（February 1957）（第 7 卷，第 28 期，1957 年 2 月），pp. 354–357.

16. "Discussions with Léon Rosenfeld and David Bohm（and others）"（《与罗森菲尔德和玻姆等人的讨论的摘录》），excerpts from Stephen Körner and Maurice H. L. Pryce（eds.），*Observation and Interpretation*：*A Symposium of Philosophers and Physicists*（摘录于科纳和普利斯编《观察和解释：哲学家和物理学家的专题论文集》），New York：Academic Press Inc.，Publishers（纽约：学术出版社），and London：Butterworths Scientific Publications（伦敦：巴特沃斯科学出版社），1957，pp. 48–57，112–113，138–147，and 182–186.

17. Review of John von Neumann，*Mathematical Foundations of Quantum Mechanics*（《评冯·诺依曼的〈量子力学的数学基础〉》），translated by Robert T. Beyer（贝耶译）（Princeton，NJ：Princeton University Press，1955）（新泽西州普林斯顿：普林斯顿大学出版社，1955 年），*The British Journal* xxxv *for the Philosophy of Science*（《英国科学哲学杂志》），vol. 8，no. 32（February 1958）（第 8 卷，第 32 期，1958 年 2 月），pp. 343–347.

18. Review of Hans Reichenbach，*The Direction of Time*（《评莱辛巴赫的〈时间方向〉》）（Berkeley-Los Angeles：University of California Press，1956）（伯克利—洛杉矶：加州大学出版社，1956 年），*The British Journal for the Philosophy of Science*（《英国科学哲学杂志》），vol. 9，no. 36（February 1959）（第 9 卷，第 36 期，1959 年 2 月），pp. 336–337.

19. "Professor Landé on the Reduction of the Wave Packet"（《兰德教授论波包收缩》），*American Journal of Physics*（《美国物理学杂志》），vol. 28，no. 5（May 1960）（第 28 卷，第 5 期，1960 年 5 月），pp. 507–508.

20. "Comments on Grünbaum's 'Law and Convention in Physical Theory'"（《评格伦鲍姆的 "物理学理论中的定律和约定"》）, in Herbert Feigl and Grover Maxwell（eds.）（费格尔和麦克斯韦编）, *Current Issues in the Philosophy of Science*：*Symposia of Scientists and Philosophers*, *Proceedings of Section L of the American Association for the Advancement of Science*, *1959*（《科学哲学前沿问题：科学家和哲学家专题论文集，美国科学促进会 L 分部学报，1959 年》）, New York：Holt, Rinehart & Winston（纽约：霍尔特、瑞因哈特和温斯顿）, 1961, pp. 155–161.

21. "Comment on Hill's 'Quantum Physics and Relativity Theory'"（《评希尔的 "量子物理学和相对论"》）, ibid.（同上）, pp. 441–443.

22. Review of Norwood R. Hanson, *The Concept of the Positron*：*A Philosophical Analysis*（《评汉森的〈正电子概念：哲学分析〉》）（New York：Cambridge University Press, 1963）（纽约：剑桥大学出版社，1963 年）, *The Philosophical Review*（《哲学评论》）, vol. 73, no. 2（April 1964）（第 73 卷，第 2 期，1964 年 4 月）, pp. 264–266.

23. Review of Hans Reichenbach, *Philosophic Foundations of Quantum Mechanics*（《评莱辛巴赫的〈量子力学的哲学基础〉》）（Berkeley–Los Angeles：University of California Press, 1965）（伯克利—洛杉矶：加州大学出版社，1965 年）, *The British Journal for the Philosophy of Science*（《英国科学哲学杂志》）, vol. 17, no. 4（February 1967）（第 17 卷，第 4 期，1967 年 2 月）, pp. 326–328.

24. "Naturphilosophie"（《自然哲学》）, in Alwin Diemer and Ivo Frenzel（eds.）（迪莫和弗楞策尔编）, *Das Fischer Lexikon*：*Enzyklopädie des Wissens*, vol. 11：*Philosophie*（《费舍尔词典：知识百科全书，第 11 卷：哲学》）, Frankfurt am Main：Fischer Bücherei（美因河畔法拉克福：费舍尔书社）, 1958, pp. 203–227.

25. "Philosophical Problems of Quantum Theory"（《量子理论的哲学问题》）（1964）, Philosophisches Archiv der Universität Konstanz（康士坦茨

大学哲学档案），*Paul Feyerabend Nachlaß*（《费耶阿本德遗著》）（PF 11–12–3），38 pages（38 页）.

与后面几章一样，此文本打算是由爱德华兹（Paul Edwards）编辑的《哲学百科全书》（*The Encyclopedia of Philosophy*）中的一个词条，但 1967 年出版该百科全书时未收入该词条。请参见：Chapter 12，footnote 1（第 12 章，脚注 1）.

26. "Boltzmann，Ludwig"（《玻尔兹曼》），in Paul Edwards（ed.）（爱德华兹 编），*The Encyclopedia of Philosophy*（《哲学百科全书》），New York–London：Macmillan（纽约—伦敦：麦克米伦），1967，vol. 1（第 1 卷），pp. 334–337.

27. "Heisenberg，Werner"（《海森堡》），ibid.（同上），vol. 3（第 3 卷），pp. 466–467.

28. "Planck，Max"（《普朗克》），ibid.（同上），vol. 6（第 6 卷），pp. 312–314.

29. "Schrödinger，Erwin"（《薛定谔》），ibid.（同上），vol. 7（第 7 卷），pp. 332–333.

目　录

第一部分　论文和书的章节
（1948—1970）

❶
现代物理学中的可理解性概念（1948）

3

[6]（针对薛定谔教授的论文《自然科学世界观的独特性》，在维也纳学院学会哲学和物理学科学研究小组讨论后，所写的一篇反题论文。）[1]

在现代物理学中，人们常说：理解哲学家用外部世界概念所意指的内容是完全不可能的。相反，人们却主张：某种规则性强迫这位物理学家紧紧抓住现象，从其心灵图像中清除那些显示未指涉现象的一切要素。这种纯粹描述的态度已经以实证论而闻名，并且很快在大多数哲学家中间败坏了声誉。因此，我们不得不尝试为这种独特方法及其认识论假设的基础提供一种描述。

我们可以用两种方法来展开。首先，我们可以让物理学和哲学一起来发表各自的意见，倾听随之涌现的讨论。然而，我不相信由此能产生许多有益的结果，这主要是因为：在过去的一个世纪中，两个学科中都发生了非常重要的概念变化。

下面将要论述的第二种方法更加间接，并引入日常生活（确实，它是精确科学和哲学的共同出发点）中极为常见的概念。我们用[2]"可理解的／抽象的"（intelligible/abstract）这对概念来取代"真实的外部世界／现象"（real external world/phenomenon）那对概念（它们通过哲学术语表示了我们的困难），看看由此出现什么结果。首先，是"可理解性"（intelligibility）这一概念自身。在自然科学中，我们总是寻求把一切可感觉现象分解

4

---

1. Erwin Schrödinger（薛定谔），"Die Besonderheit des Weltbildes der Naturwissenschaften"（《自然科学世界观的独特性》），*Acta Physica Austriaca*（《奥地利物理学学报》），1，1948，pp. 201–245；英文译为"On the Peculiarity of the Scientific World–View"（《论科学世界观的独特性》），in Erwin Schrödinger（薛定谔），*What is Life? And Other Scientific Essays*（《生命是什么？及其他科学论文》），Garden City：Doubleday（花园城：道布尔迪出版社），1956，pp. 178–228。

为简单的视觉模型，这样做是为了使其机制成为可理解的。这种模型说明了宏观规则性，但它们自身没有要求任何进一步的说明（explanation）。如果我们希望以这种方式来进行，那么，它们是直接清晰的、显而易见的、生动的。从这一点我们已经能够看出：可理解性概念经常差不多与生动性（vividness）概念相一致。然而，在绝大多数情况下，这不仅关乎是否能把这个或那个模型图像化（picture）（我们将用Ⅰ来表示它）；而且，这本质上关乎这个或那个模型遵循什么规律（用Ⅱ来表示）。所以，例如，一把椅子，在Ⅰ的意义上，它是生动的，因为当我们把它挪到房间中的不同位置时，它的尺寸发生了变化。诚然，以这种方式来研究椅子并不常见，但是，这种操作过程能被观察，能被测量，总而言之，能被图像化。然而，在第二种意义上，生动的视觉图像（rendition）还意味着：我们期望被图像化的物体像我们习以为常的物体那样运动。对于古希腊原子论者来说，这种生动的视觉图像非常原始地预设能把万事的发生追溯到碰撞；然而，就经典力学而言，则预设能把万事的发生追溯到吸引力质量的运动。在前一种情形中，这是一种通过物体在直接环境中的行为而变得似乎是合理的模型；在后一种情形中，这是一种源自行星轨道的规则性的概念（conception），而这种概念早已经被理解了。根据第一种观点，行星运动及其所遵循的规律似乎是不能理解的、荒谬的，因而从一开始，他们就设法用干预介质的张力性质来取代它。那时出现的大量理论（牛顿对此毫无贡献）是一种有趣的心理标志，标志着如何可能掌握图像化这种概念。关于宇宙中的作用力，"超距作用具有荒谬性"那种权威意见（dictum）没有告诉我们任何东西。今天，我们对其有非常好的认识。相反，它告诉我们关于那些人思维方式的事情，他们不能想象超出推、拉或压之外的作用力，因为这些是那时在直接环境中仅仅认识到的几种力。独立于此，牛顿分析了行星运动的关系，并确定那个定律：通过添加匀速因子，能从此定律简单地推导出全部行星轨道。这是今天已经以实证论闻名的思维方式的第一次实践应用。

5　　　相比之下，看看18世纪和19世纪的物理学是非常有益的：这些物理学用模型具体地分析和分解从反面思考的现象。这是天体力学的时代，在某种程度上，超距作用变得似乎是合理的：他们甚至寻求把直接显明的现象（例如，台球从墙上的弹性反弹）追溯到结构复杂的超距作用力。拉普拉斯（Laplace）的毛细管压力理论就是最好的例证，该例证说明：可理解性概念在什么程度上受到变化的支配；一个理论图像化失败能被用作反对其内容的论据是如何微乎其微的——某些物理学家仍然[8]提出这种论据用来反对现代自然科学的发展。

总结如下：

"可理解的"（intelligible）是任何这样的规则性：我们因长期使用而已经习惯于它，其结构从自身来理解。因此，首先，是当地环境的规则性；其次，是我们直接可接近的遥远环境的规则性（天体力学）。

到 19 世纪末，他们甚至试图在天体力学的基础上来为原子规则性获得模型。但是，从一开始，我们就能说：除了应用（启发方面重要的）连续性原理外，这种方法无论如何都不能是认识论上合理的；最终，成功只是一种偶然之事。因为在这种情形中，我们期望：原子行为与我们迄今已习惯的世界客体行为一模一样；我们的桌子、椅子和浴缸作为一个整体所服从的规律也可以解释谱线的发射，或者可以解释原子核的结构关系。如果在其全部意义上来看这种假说，那么，即使从长远看，有某些偏离（即使用最大善意，也无法对这些偏离有非常简单的理解），我们也不会感到意外。

但是，现在就这种方法自身来说：

首先，我们通过测量元素密度来获知原子量。分子的速度，也许还有分子的粗略结构（球形、椭球形、哑铃形）是根据热力学和气体的分子理论而得出的。汤姆逊实验确定了如下事实：每个原子所包含的正电量和负电量相等。我们从电吸引定律认识到排斥力的必要性。类比于行星轨道的规则性，玻尔构建了一个模型：在该模型中，旋转电子的离心力起到所需排斥力的作用。到此为止，一切都非常清楚满意。然而，只要我们根据经典定律进一步思考原子中运动的条件，这马上就变成有待讨论的问题：首

6

先，每个非匀速运动的电荷都是一个电磁辐射源；其次，根据能量守恒定律，辐射过程产生运动损失，以致原子因连续发射而最终崩溃。

与此相反，我们却具有：

1. 原子的稳定性。

2. 谱线的锐度（sharpness）。

因此，这个模型看起来是无用的。但是，现在连续性原理开始尝试拯救辅助假说：

（a）无可否认，电子绕核运转；但是，它不能同时发出辐射。

（b）它仅仅在某些轨道上做圆周运动（量子化原理的结果），所以，它没有行星沿任意形状轨道运动的能力。

（c）发射和吸收过程在电子方向上产生突然变化，这种变化——尽管不限于任何特定轨道——导致电子非连续地跃迁到下一个能级。

[9] 上述（a）、（b）和（c）三点中的每一点都取消一个经典定律。这个模型诚然还是清楚的，但只是在I的意义上如此。它更像一个鬼屋，而不像一栋大厦。

我们看看这究竟是怎么回事：将必须变革经典模型方法，直到其荡然无存。[最后的残余：索末菲（Sommerfeld）的云集电子（smeared electron）（Wimmelelektron）。][2]

这引出了下面的问题：经典定律的这种预期是否必定是一条通向满意的原子结构观念的适当路径呢？我们在此是否没有站在一个原则上是新的领域（这个新领域不能用来自桌椅世界的图像来理解）的面前？首先简单地记录那些规则性，而没有把它们归因于一个结构载体"原子"（atom），这不是方法论上更有效吗？这是现代物理学的主张（position）。我们可能发现它不令人满意，正如笛卡尔主义者（Cartesian）发现直接的超距作用

---

2. 云集电子（Wimmelelektron）好像是费耶阿本德杜撰的一个术语。斯塔克（Johannes Stark）在其文章《电子运动的因果性》[请参见 "Die Kausalität im Verhalten des Elektrons"，*Annalen der Physik*（《物理年鉴》），6，1930，pp. 681–699：pp. 681，684–686，以及其他位置] 中使用 Wimmelbewegung（云集运动）指称布朗运动（Brownian motion）。"smeared"表示云集的意思，非常契合费耶阿本德对这个术语的使用。

不令人满意一样，但是，此后不久他们认为他们理解了这些规则性。现在，正如那时一样，我们正在讨论一个过渡期，而在此过渡期结束之时，我们将认为一种不同的思维方式是清楚的、可理解的。但在那种情形中，正如在目前的情形中一样，为了允许新规则的涌现，必须坚决清除先前思维方式的一切要素。这就是今天的实证论的主张。它使得"对明天将显现为可理解的联系进行系统阐述"成为可能。

其行动路线是激进的——"原子"不是这个东西或那个东西，而是某一领域中已知现象的总和。对此，将用这种方式来理解：元素的现象差异导致初步的原始分类（第一种周期系统）。更精细的研究理所当然地预设了基质（substrate）的特性，从而允许我们发现把核壳作为比较的主要特征，而根据这一特征能给那一系列基本结构单元（building block）进行排序。用这种方式进行分类，这些元素从它们的谱线及其在磁场中的行为等方面得到分析。由此，一系列规则性显现出来，并被指定给具有相应原子序数的元素。于是，所有这些这些规则性的总和就是"X 原子"（the atom X）。

某些量是从这些定律自身得到的，它们本身很大程度上独立于变化的外部条件（用数学语言来说：独立于随意的变换），而且自身继续保持这种不变性，即使先前物理学的结构单元已经历了一些变化。这类量的一个有名例子是广义相对论中的间隔（interval）。这可能看起来很像空间和时间坐标变换（其至今仍有独立于速度的意义）打开了各种不可预测性之门。甚至这儿就有一个量，它确实不是直接可观察的，而结果证明它是完全独立于速度和引力形变的。这表明我们的感知（perception）对象不能成为最终的不变量（invariant），因而也不适合成为一切自然定律的恒定代表（representation）。

一旦我们为我们自己阐明了这些关系（它们绝大多数只是可数学公式化的），那么我们就认识了[10]一种简单性，这种简单性与经典图像中的简单性属于完全不同的种类。我们的经历像一个漫游者的经历：在多次游历之后，他恰好看到迄今为止完全未知又令他惊叹的区域。我们根据其内在规则性来认识新领域，因而，相比于我们假如构建棒钩（sticks and hooks）模型（在几次操作之后，这种模型注定要导致停滞）的情况而言，我们已经取得了更大进步。无可否认，把已知的关系移植到新发现的领域，这在各处总是可能的；而且，在实践上——为了连续性（即便利性）的目的——人们将一开始就那样进行工作。但是，不存在能永久确保这种方法成功的原理。因为所谓的"自然力统一"（unity of natural forces）仅仅持续存在于一个给定的世界观中，它可能被任何新的发现否证。

仍有两个问题需要探讨：

（1）原子过程的因果决定性问题；

（2）形而上学构建的可能性问题。

关于（1），它也能用这种方式改述如下：因果性在原子层次上适用吗？根据前面的讨论，答案是明确的：如果用因果性来意指一种关系——这种关系允许可测量粒子的运动相互依赖，或者依赖某些力，那么，在某种程度上，不能在原子中间发现这种关系；之所以如此，不是因为在这种情形中没有定律，而是仅仅因为不再能协调可测量粒子的图像与从宏观领域中认识到的图像（representation）。或者，更明确地说：不存在必须绝对精确定位质点的位置，因为质点和位置不再是绝对必要的描述概念。那种严格联系（在大尺度上，我们称之为因果性）存在于某些数学量之间，不再存在于我们感知的对象（粒子 A 和粒子 B）之间。如果我们认为那些粒子是绝对必要的，那么，无可否认，量子理论为了一种原始而生动的说明而产生的所有问题就出现了。

关于（2）：根据迄今所说，把新发现的不变性（invariance）迁移到实在事物，并在此基础上建立形而上学，从现在起就不存在困难了。因为根据（1），所谓的外部世界的不可知性就不适用了。如果我们聚焦于可测量粒子，那么，不可否认，弄明白如何建构外部世界就会有问题。然而，如果我们使用新概念，那么，我们应当也在这个语境中言说外部世界。确实，对此作出决定已经是哲学自身的任务了。

❷

物理学和本体论（1954）

一

[464] 各个时代的哲学家和科学家为他们自己确立的一个目标就是认识世界，使得有可能在世界图像的基础上，用满意的方式来说明（至少）其最重要的现象。努力获知这种世界图像的历史有三个明确独立的阶段：神话阶段、形而上学阶段和自然科学阶段。我们必须把形而上学阶段的开端回溯到爱奥尼亚（Ionic）自然哲学家时代，在那个时代，我们第一次开始为建构说明世界的特殊系统而探寻独立于传统的理由（reason）。后来，以柏拉图的《蒂迈欧篇》（*Timaeus*）和亚里士多德为代表，出现了向更抽象的神话阶段的形式回归。[465] 我们将在后文谈论这个话题。然而，仅仅在最近才开始了科学阶段，并且始于所谓的物理学革命。这种物理学革命对于哲学的意义——不仅对于其学说（teaching）内容的意义，而且对于所用方法的意义——怎么强调都不够。因此，在这篇文章中，我首先聚焦于这个第三阶段。

二

对于下列所述而言，看到后面这一点具有重要意义：自从柏拉图和亚里士多德以来，哲学中一直流行着一种偏见（从现在起，把这种偏见称为本体论偏见）。根据本体论偏见，知识必然与确定性关联。另外，假定仅仅确定的断言（claim）才言说了关于世界某种东西，因此，我们必须用命题来系统阐述世界，而且，命题的真理性永保有效，因而怀疑被永远清除了。关于存在的陈述是绝对真的。我们可怀疑其真理性的陈述没有关涉存在，即使它们能够为作为预测有趣现象的工具提供很好的服务。

本体论偏见导致原初单一的尝试分裂（division），而这种原初单一的尝试却要创造单一而满意的世界图像。前苏格拉底哲学（Presocratics）仍然借助于有关一种陈述有效性的相同论证来讨论宇宙学描述的有效性和有用性，而且这种陈述是关于世界基本组成部分的。经验论证和猜想（speculation）携手并进。要求绝对真理仅仅成为提供世界图像的陈述，一旦如此，那么，我们在如下两方面之间就会有明确区分：一方面是"纯粹的"（mere）描述或"意见"（opinion）——它们是不确定的，没有表达知识，因而没有涉及存在；另一方面是知识。通过一起运用实验和猜想，我们可以得到意见。但是，为了获得知识，我们需要不同的方法。

　　这些方法由柏拉图和亚里士多德开创，并由其追随者进一步发展。知识的一个组分是理智直观———种直接的能力，一种直接的洞察力，洞察构成世界进程基础之原理。知识产生于理智直观，是绝对确定的。理智直观尤其适合于哲学家，向它回归使哲学比其他学科（也许，数学是唯一的例外）更显突出。哲学家如世界真实所是的样子来看世界。从而，哲学和科学的分离是明显的，并永远划清了界线：哲学作为自主学科而诞生，它不仅独立于科学思考，而且坚持认为它是唯一能够提供世界图像的学科；但是，随它一起共存的还有本体论偏见、绝对确定的断言（claim）的思想和如下假设：只有这类断言是"本体论相关的"（ontologically relevant），即只有它们给我们显示一幅世界图像，而且这幅图像如世界"真实"（really）所是的样子。知识（指向实在）与意见（适合于预测）之间的冲突在托马斯·阿奎那（St. Thomas Aquinas）那儿明显突显出来。在《神学大全》（*Summa* Ⅰ，32）中，他要求人们注意两种不同的阐释事物的方法。

　　　第一种方法是人们用适当的方式来证明某种原理。因此，在宇宙学中，人们有适当的理由相信天空运动是均匀的。根据第二种方法，人们没有提出用适当方式为原理建立根基的理由，[466]而是表明：当假定原理时，其结果与事实相一致。所以，在天文学中，人们使用本轮和偏心圆假说，因为在这个假说的基础上，确实能够描绘可观察的天空运动现象。但是，这不是科学论证，因为在另一个假说的基础上，或许，同样确实能够描绘它们。

柏拉图 - 亚里士多德传统的所有哲学家也都持有实证论的科学哲学。这意味着：根据他们的观念，科学定律是进行预测的适当工具。但是，科学定律的存在不允许我们推断出一个关于世界真实结构的结论。理由：那些定律不是绝对确定的。

三

实证论科学哲学的第二种形式能被回溯到贝克莱（Berkeley）。导致贝克莱否认科学陈述（在他那儿，首先是牛顿力学定律）的本体论关联的那些思考，与其意义理论密切相关。[1]根据这种理论，一个描述性表达当且仅当（用明确方式）表示一个思想或一个思想复合体时，它才是有意义的。一个语句当且仅当由刚刚定义的那类有意义的表达和逻辑符号根据语法规则组合而成时，它才是有意义的。但是，牛顿力学的语句包含诸如"力"（force）、"绝对运动"（absolute motion）等表达，可是，没有思想与之对应。由此，我们能得出两个不同的结论。（a）给定类型的一般定律是没有意义的，因为它们包含"荒谬的、不可理解的表达"（absurd and unintelligible expressions）——正如贝克莱所言。[2]（b）这些定律的意义不同于我们倾向于初步假定的意义。捍卫（a）主张的哲学家将不否认物理定律的有用性。所以，贝克莱再三强调牛顿定律是"数学假设"，它们允许用极好的方式进行预测。[3]但是，他否认它们教给我们关于世界某种东西：它们是有用的预测工具——但是，它们是无意义的语句，没有描述性内容。

今天，特别是凭借下面这些哲学家和物理学家的权威，这种有关物理定律本性的观点已经成为哲学信条：例如，哲学家维特根斯坦（Wittgenstein），[4]

12

---

[476] 1. 关于下述内容，请参见波普尔（K. R. Popper）的优秀论文："Berkeley as a Precursor of Mach"（《贝克莱作为马赫的先驱》），*The British Journal for the Philosophy of Science*（《英国科学哲学杂志》），Ⅳ /13。在《唯物论和经验批判主义》（*Materialism and Empirio-Criticism*）中，列宁强调贝克莱哲学和近代实证论之间存在密切关系。

2. *Principles*（《人类知识原理》），32。

3. *De Motu*（《论运动》），66。

4. 请参见：Schlick（石里克），"Die Kausalität in der gegenwärtigen Physik"（《当前物理学中的因果性》），*Die Naturwissenschaften*（《自然科学》），XIX，1931。

物理学家赫兹（H. Hertz）、[5]弗兰克（Ph. Frank），[6]尤其是玻尔（Niels Bohr），[7]以及几乎所有在某种程度上对量子理论进步作出贡献的那些物理学家。这算是证明了如下观点：必须把量子力学的形式体系"看作一种工具，这种工具让我们推断预测一种确定的（或统计的）性质。"[8]

因此，实证论科学哲学或"形式主义"（formalistic）科学哲学今天已到处流行。传统哲学家贬低科学，因为他们认为他们拥有掌握实在知识的密钥；实证论者已经丧失了认识"实在"（reality）的希望，他们认为实在知识问题是一个假问题，并使自己满足于拥有在一定程度上让他们做预测的工具。实证论者和传统哲学家在其他方面无论多么相互敌对，但是，他们在下面这一点上是一致的：我们不能期望从科学（特别是从物理学）中获得任何世界图像。[9]下面就集中批判这种主张。

四

我首先批判实证论形式（即贝克莱形式）的科学哲学，这种哲学尤其在马赫（E. Mach）那里发现了一位卓越的拥护者。为了明确展示这种批判，我[467]使用了一幅图，它描绘赫兹所展示的形式主义理论，而且非常清晰。[10]这幅图表明：实证论形式的科学哲学也是从一种确切的（definite）"存在"（that which is）理论开始，即从一种确切的本体论开始，从关于事物（感觉资料，日常世界中的物体，经典情形）的一种本体论开始，而且应当进行关于事物存在的预测。为了从一开始就保持描述尽可能具有一般性，我把这些事物命名为要素。因此，那些更喜欢图解的人可能容易思考感觉资料、简单的感受（feeling）——总之，可能容易思考在观察中主观

5. *Mechanik*（《力学》），"Einleitung"（《导论》），p. 1。

6. *Das Kausalgesetz und seine Grenzen*（《因果规律及其限度》），Ⅰ。

7. "Causality and Complementarity"（《因果性和互补性》），*Dialectica*（《辩证法》），7/8。

8. *Loc. cit.*（同上），p. 314。

9. 二者一致的东西还有很多。许多物理学家缺乏哲学原理，当他们开始哲学思考时，坚持唯心论形而上学（Y−功能，作为知识功能），从而在哲学家中间产生满腔热情的追随者，这些追随者掌握了那些物理学家的坏哲学，但并没有掌握他们的好的物理学（他们一点也不理解它）。于是，就出现这样的哲学判断：它们如此富有意味地以"今天的物理学说……"来开始。

10. *Loc. Cit*（同上）。

呈现的一切现象。

与要素本体论相关的是一种特定的意义理论。根据这种意义理论，一个表达当前仅当指涉一个要素（或者它属于这类逻辑表达）时，它才有意义。根据形式主义者提倡的那种哲学，把描述符号指定（assignment）给要素被看作是合理的，这或者是因为约定，或者是由于符号的本质。当语句中有意义的描述符号看上去以特定方式与逻辑表达联系起来时，语句就具有意义。我们把这种语句命名为基本语句。因此，一个理论具有如下功能。我们有一系列基本语句 E_1、E_2、……、E_n；把该理论映射到这些基本语句后，我们得到一系列其他的基本语句 F_1、F_2、……、F_n。我们通过检查生成语句所描述的情形是否实际如此来检验该理论的有用性（请参见下列草图）。

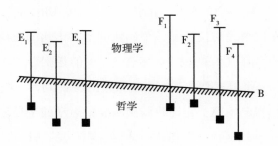

发现要素之间的有用联系，这是物理学的任务。如果要素之间的联系（a）是简单的，并且（b）带来正确的预测，那么，这些联系就是有用的。确定基本语句表达的意义及要素的性质，这是哲学的任务。这种任务必须在物理学家开始工作前完成。因为在物理学家能创造工具（instrument）（给定一些基本语句，这些工具产生别的基本语句）前，他需要知道哪些语句是基本语句——这意味着什么是要素，什么不是要素。整个本体论必须已经被确定。因此，不能从物理理论中推论出在这些理论创立前未知的任何结果。边界 B 是不可穿越的。物理学和哲学这两个领域之间没有出现任何交流。实证论理论与传统哲学共有这一特征。

对于所描述的理论而言，上述这个确定是关键性的。如果这一点（即

14

发明一个新理论促使我们假定存在新的要素，而与起初所假定的要素相比，在某些条件下，这些新要素属于完全不同的范畴）变得明确无疑，那么，会有如下三个结果：（1）尽管有原初的假设，科学理论仍是本体论相关的；（2）因此，本体论建构不是哲学家能独立于科学家来完成的事情；（3）随着科学的进步，意义的条件（确实，这些条件与给定的本体论相关）也发生变化——什么是有意义的，取决于我们所应用的理论——总之，不能有关于意义的明确（永远有效）的哲学标准：意义的标准是描述性的，而不是规范性的。

下面，让我们思考能够突破边界 B 的方式。

（1）让我们假定要素是被观察的行星位置。基本语句的形式是 $(\alpha\delta)(P, T) = (a, d)$，其中，$(\alpha\delta)$ 是一个函子（赤经，赤纬），[468] 其值是数对；P 是一个确切的单个行星的位置（一个确切的要素）；T 是一个时刻。要素出现在一个确切位置（一个确切的基本语句的正确性）的标准是 (K_1)：在好的条件下（好的视力，等等），可信观察者的一致陈述。当全部条件满足时，一个要素就在观察者所报告的位置上。

现在，我们假定发现了允许我们预测要素运动的定律。一个例子是开普勒定律（Kepler's laws）。假如我们知道一颗行星在某一时刻的位置，那么，借助于这些定律，我们经过双重变换（从地心系到日心系，再回到地心系）就能预测它的位置。如果观察者足够信任定律，那么，就可能发生下面的事情：让我们假定——根据 K_1，P 在 T_1、T_2、T_3、T_4 时的位置如下图所示。弧 b 表示以定律为基础计算出来的轨道。在这种情况下，观察者将把在 T_3 时刻的发散归因于未知条件，这意味着：他们将在系统错误的基础上把位置 P 移动到 T_3，然而，事实上，行星在位置 S。但是，这意味着：从现在起，我们不再用初始赋予要素的意义来谈论要素。其原因如下：既然在位置 S，根据 K_1，不存在行星的确定位置，那么，也就没有要素。然而，我们说某物经过 S。于是，从现在开始，我们不仅谈到要素，而且还谈到其他客体（行星，或者在目前情形下，我们想要给它们命名的无论什么名称）。换言之，一系列简单定律诱使我们来扩展我们的本体论。我们不再直接对预测要素的轨道感兴趣，而是关心预测新建构客体的轨道。

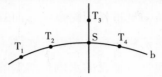

（2）如果我们的思考转移到引力理论，这将变得更加清楚。根据这种理论，行星存在会对邻近物质（material）产生干扰效应。对于一系列其他方面显得可靠的光点运动观察，可能拒绝承认其相关性（relevance），因为不能证明物质存在（presence）的可观察效应。于是，在这种情况下，光点被直接解释为远距离质量（mass）的光效应，而且，重要的是这些质量的运动和[470]如下问题：我们直接的解释是否基于错误呢？因此，与我们采用的理论一起，我们的标准范围（根据这些标准，我们确定在特定的位置发生了什么）和由此确定的客体的复杂性都扩大了。但是，这将产生如下结果：首先，只要满足条件 C_1、C_2、……、C_n，我们就认为一个客体存在。这与其他的条件无关。后面，我们讲到系统错误（假象），尽管没有满足条件 C_1、C_2、……、C_n——这表明：从现在起，如果我们必须在"客体"这个词正确（而不是在假象）的意义上讲到它，那么就要求满足其他的条件。这种新客体与先前思考的客体的关系可以借助于一个心理学例证来得到最佳阐明：让我们假定一个试验主体（experimental subject，ES）做光观察。对于这个人而言，在桌子的光幻觉和真实的桌子之间不存在差别，因为他能把握的仅有的客体是光印象。这些光印象是我们的试验主体的要素。于是，此试验主体发现他自己与力求确定行星位置之间关系的观察者处于相同的境况。现在，也允许试验主体具有要素的触觉印象。然后，他很快将感受一种新的客体（视觉—触觉客体）。先前的要素仅仅是这些客体显现的方式。[11] 此刻，在真实客体和幻觉（或表象）之间存在

16

---

11. "这些客体显现的方式"这种用语以及这里引入的一般的"观察方式"追溯到特拉尼克加尔—拉斯姆森（E. Tranekjaer-Rasmussen）。请参见：*Virkelighed og beskrivelse*（《事实与描述》），Copenhagen（哥本哈根），1954；"Psychologie und Gesetzerkenntnis"（《心理学和规则认识》），*Gesetzt und Wirklichkeit*（《规则和现实》），ed. Moser（莫瑟编），1948，91ff。

的差别是相关的。对于试验主体而言，视觉—触觉客体是完全不同意义的一种新客体，正如对于从未见过任何鳄鱼的人而言，鳄鱼是一种完全不同意义的新客体。确实，能把鳄鱼放入与已知客体（河流、乡村）的合理关系之中。但是，不能把视觉—触觉的水倒在幻觉的玻璃杯中。另外，由此得出结论认为：本体论变化（与定律的引入密切相关）远比其初次显现更加持久得多。除了手边的要素外，还发现新要素（除了视觉印象外，还发现触觉印象），但实际情况并非如此。提出理论有时导致出现下面这样的事实：原初起作用的所有要素被下移到实在的较低层次。实在不再是行星的视觉位置，而是有引力的行星自身。这不仅导致丰富化，而且导致本体论的重置。

（3）这蕴含着对科学计算的解释理论的一种批判，而其中，卡尔纳普（Carnap）就捍卫此解释理论。[12] 他区分科学计算中的基本表达和非基本表达。基本表达是下面这类表达：依照句法正确地组成的语句（包含作为唯一描述表达的基本表达）的真值能由观察来决定。让我们在非基本的计算表达基础上来定义基本表达（诸如"红的""硬的"等表达）。于是，每当我们指明基本表达的语义时，就会产生对那个系统的解释。在一个特例中，我们这样来解释牛顿理论：把"行星的观察位置"（observed planet location）（即在第四节开头所说明的意义上的一个要素）指定给"行星位置"（planet position）（它被定义为行星的地心坐标）。只要那一切给定了，那么，为了检验该理论，我们就仅需要再次追踪那些要素的运动。但是：

（a）开普勒定律很好地描述了那些要素的运动。然而，这些定律与牛顿理论矛盾（因为仅仅在太阳无限重和行星质量可忽略的情况下，它们才是有效的）。

（b）由于系统扰动和给定的解释［只要把某一要素（某一光点）指定给"行星 P 的地心坐标"这一表达，那么，该表达就获得了意义］，因此，那些要素的运动经常不同于行星地心坐标的运动，而二者本应该相同。这

12. *Foundations of Logic and Mathematics*（《逻辑和数学的基础》），in *International Encyclopedia of United Science*（见《统一科学国际百科全书》），Vol. I/3, 64。

表明指定比我们起初可能想的要更加复杂。

（c）不断新发现系统错误（扰动），而致使系统错误产生的原因有观察仪器的缺陷和大气影响等。这表明指定（assignment）不能一劳永逸地固定下来，而是它必须根据系统错误的知识来改变。但是，指定首先应赋予计算表达一个意义，从而赋予整个理论一个意义！否则，我们仅具有（取决于我们采用的观点）一个未被解释的计算，其符号是毫无意义的。另外，从一种指定转换为另一种指定，并为这种转换辩护，这如何可能？这难道没有表明一种理论必须具有独立于那种给定指定的一种意义吗？从而，这难道没有表明认为基本表达的语义解释首先为它提供了一种意义是错误的吗？

确实，我们不能否认任何功能（function）的指定。让我们思考我们如何能教给一个外行那个理论。我们教给他那些计算，计算所依据的规则，还向他说明计算中的陈述与哪些观察相联系。例如，我们告诉他："通过追踪这个光点在天空中的轨迹，你能确定水星的地心坐标。"我们用这个陈述断言：光点观察代表了一种普遍可靠的确定水星地心坐标的方法；但并未断言："水星地心坐标"这一表达通过与给定光点相联系而获得一种意义。因此，光点运动之于地心坐标，正如对客体的感知之于客体自身——一般而言，感知陈述（我们能由感知陈述转换到客体描述）提供给我们可靠的方法来发现客体和确定其性质（触手可及的性质）；但由于总可能出现感知假象（illusion），因此，绝不能把它看作构成了客体，甚至不能把它看作部分地构成了客体。我们用下面这种说法来表达这种关系：感知（要素）陈述（简言之，整个所谓的利用观察对计算做出的解释）具有实用功能，而不具有语义功能。总而言之，它为确定计算中某些陈述的真值提供了可靠的帮助，但是，不能认为它构成了计算表达的意义。[13]

18

---

13. 一些哲学家已经认识到（c）中所提到的条件，但不想放弃把语义功能（function）归结为使基本表达指定给要素，因而，他们把这种指定改变为概率指定（通过所谓的还原语句来迂回）。但是，他们由此仅得到一种表面的改善。因为存在一些可想象的条件，在这些条件下：某一光点由于某一给定行星的地心坐标而消失，这是完全不可能的。概率指定受到帕普（A. Pap）特别辩护。

如果不处理对我们的阐述的一种可能批判，那么，我们就不能结束本节。这种批判如下。让我们假定（在第一种情形中这样说）：某物体运动经过 S，尽管在位置 S 没有看见（即确定）要素。让我们假定：在牛顿理论中，科学家对行星位置感兴趣，而不是对光点感兴趣。然而，这样做，只是表面上提出一种新的本体论。因为这些语句（没有指涉要素）没有独立的意义。它们是缩略语。[472]假若把它们全部拼写出来，那么，它们与我们一开始讨论的那些假说就具有相同形式。正如它们一样，这些语句仅仅说明：当别的要素在任何给定时间存在（present）时，哪些要素产生。它们的意义通过这种与要素的关系来穷尽。然而，仅仅要素存在。

有两种方式来回应这种异议。首先，正如在第四节第 3 点中，我们在这里假定：所有科学陈述的意义是通过其与要素的关系来赋予的。它们能具有一种独立于给定指定的意义，假若果真如此，那么，上述论证就失败了。但是，这正是所发生的，正如在第四节第 3c 点所提出的。由此得到这样的结论：每种"翻译形式"（translated version）（参见第 3b 点）都注定要失败；我们必须把科学陈述（特别是存在陈述，像它们初看时自身所显现的样子）当作这样的陈述——它们把一些事物的运动、变化等传达给我们，而这些事物在系统阐述定律前所支持的本体论中却是毋庸置疑的。其次，如果用假说来产生基本陈述，那么，对于基本陈述自身，我们为什么不应当尝试同样的呢？于是，得出如下结论：要素没有起到被归结于它们的作用，确实不存在基本成分。能避免这种结论的唯一方式是使用基本陈述（而对于基本陈述来说，这种分析从一开始就似乎是无用的）——绝对确定的基本陈述，所谓的基本语句[14]或确定（determination）。[15]科学的实证论在早期依赖这种陈述。在传统哲学中，认为一般原理具有绝对永固的安全性，同时，许多实证论者（依照他们的科学归纳主义理论）也把绝对

---

14. 请参见：A. J. Ayer（艾耶尔），*Basic Propositions*（《基本命题》）；*Philosophical Analysis*（《哲学分析》），ed. Black（布莱克编）。

15. 请参见：B. v. Juhos（尤霍斯），"Theorie empirischer Sätze"（《经验语句的理论》），*Archiv für Rechts–und Sozialphilosophie*（《法哲学和社会哲学档案》），XXXVII/1；M. Schlick（石里克），"Das Fundament der Erkenntnis"（《认识基础》），*Erkenntnis* Bd. III（《认识》第III卷）。

安全性置入基本语句中。两者都迷恋安全性理想。[16]

五

在上一节中，我举例说明我们必须把本体论相关性（relevance）归于物理理论的陈述。这些理论（根据其措辞和意义）蕴含着存在这样的客体：在提出这些理论前，它们是毋庸置疑的；它们不同于与理论无关的客体，这种不同不仅是根据它们的外观（像狗不同于猫一样），而且是范畴上不同（正如桌子的幻觉不同于真实的桌子）。现在，我们想证明：绝大部分物理科学的发展允许我们从物理理论中清除全部的物理本体论。因此，从现在起，关于哲学本体论，就不是少说，而是根本就不用说了。

为了使这种断言有道理，我们必须区分物理科学中的各种语句形式。我们把两种最重要的语句形式命名为规则性断言（regularity claims）和普遍理论（universal theories）。规则性断言的一个例子是陈述"物质热胀"的语句。普遍理论的一个例子是牛顿理论。规则性断言表明：在一个给定某些条件的系统中，发生了什么。规则性断言没有相互联系，但也不应该相互矛盾。要是我们在一个系统中发现一种新的规则性（如导电性），那么，我们则把它添加到已知的规则性中。于是，我们就说我们发现了该系统的一种新性质。规则性断言教给我们物理系统的性质。[473]由此推断不出这些系统自身如何构成。不能用物理方式来说明为什么它们正好具有这些性质。因此，只要我们在物理学中（或者，广而言之，在科学中）仅拥有规则性断言，那么，对于以这种方式运行的系统的性质，哲学本体论就必定会绞尽脑汁。物理学就仍然处于伽利略时代的境况。显然，其最重要的原理之一（因果性原理）对系统有意义，而不是对这些系统的性质有意义。因此，在这样的时代，它的辩护就不能以物理学为基础，而是基于一般的哲学思考来接受。哲学和科学共同承担获得世界图像的任务。科学提供描述，哲学猜想事物的本质。但是，这些猜想（speculation）过分模糊，

---

16. 在我的博士学位论文《论基本语句的理论》（*Zur Theorie der Basissätze*，Wien，1951）中，对绝对安全的基本语句的思想有详细批判。

从而不能为物理学所描述的过程提供一种说明。

相反，普遍理论（如牛顿力学）具有完全不同的结构。首先，提到理论时，存在误解，因为不能把牛顿力学方程立刻直接应用于正在研究的系统。为了以牛顿力学为基础来预测一个系统的行为，我们需要此系统的模型（即把该系统划分为本质的组成部分，以及这些部分的作用力的细节）。如果给定某一精确度，那么，各种模型都有可能同样适合于预测：不管我们是以球体质点开始，还是以因内聚力而聚在一起的球体组成部分开始，都能同样很好地预测太阳系中的行星运动。现在，让我们假定我们在一个系统中发现了一种新现象。只要我们在手边仅有规则性断言，那么，我们将尝试更精确地确定这种现象，并尝试用一种新的规则性断言来描述它。但是，拥有一种普遍理论赋予我们其他责任。它迫使我们分析此系统并证明：如果我们（a）把某一模型当作基础，（b）以一种普遍理论为基础来预测该模型的行为，（c）把该模型的最终形式翻译成正常语言（即我们正常用来描述该系统的正常语言），那么，这种现象是可预测的。关于系统的不同的观察到的规则性，如果通过以统一的方式来说明它们，那么，这种普遍理论就在这些现象之间建立了联系。它说明：为什么正是这些规则性有意义，以及如何能用其系统阐述来说明每个事件的突现。因此，一种普遍理论是一种可能的世界图像，而且，为了认识这些系统（迄今为止，我们利用规则性断言来描述其行为）是如何真正产生的，我们只是必须确保这种理论是正确的。由此得到如下结论：从现在起，所有哲学问题（其对象是物理系统的特性）都被分成两个分问题（它们不再明确是哲学问题）：（a）给定的普遍理论 T 的真理问题，此问题由物理学来决定；（b）T 正确描述的世界情形是什么样的，这是逻辑—数学问题。例如，因果问题分成下面两个分问题：（a）量子理论的真值；（b）量子理论的结构。最后这个问题被冯·诺依曼的研究很好地解决了。[17]

---

17. 在这方面，请参见我的论文："Determinismus und Quantenmechanik"（《决定论和量子力学》），*Wiener Zeitschrift für Philosophie，Psychologie und Pädagogik*（《维也纳哲学、心理学和教育学杂志》），1954（重印于本书第 3 章）。

[474] 如果一个普遍理论是假的，那么，就出现了一种异常情形，而且这种情形经常被现代物理学哲学家完全误解了。让我们看看这种在粒子运动的经典理论被反驳后随处可见的现象。显然，沿连续轨道运动的粒子的经典图像不能说明微观领域内的表象（appearance）。但是，一如既往，能够在经典理论的基础上用可能的最佳精确度来预测行星运动。由此可见，当假定物质由沿连续轨道运动的分立粒子构成时，我们确实没有犯简单的错误。从威尔逊云室（Wilson chamber）中的运动组成部分这一假设中，我们得到相同的结论。在这里，似乎物质的粒子特性就直接呈现我们眼前！但另外，在此情形中，我们忘记了我们正在用一种非常熟悉但非常复杂的解释（在这种解释中，经典力学定律起了本质的作用）来支持这个结论。然而，正是这些定律却不再由我们随意使用了！正如从前一样，我们能使用它们来在一个广泛的领域中预测现象，这倒是真的。但是，"它们不再普遍有效"这一事实阻止我们从它们中得到本体论结果。我们能说的全部就是：在某些条件下，物质粒子显现为致密粒子；但是，我们不能说它们是致密粒子。（确实，在某些条件下，波也能显现为粒子。）例如，想想从遥远的地方看海面上的波峰。于是，一个被反驳的普遍理论允许我们说：在某些条件下，物理系统如何显现给我们；它不允许关于这种系统的特性有进一步的结论。这种从一个理论到另一个理论转换的状态被玻尔的互补性原理一劳永逸地确定了——尽管这个新理论（它必定要取代经典理论）已经存在（或至少大体上存在），即量子理论已经存在。因此，我们不用认真对待新的世界图像、新理论，而是以典型的实证论方式紧紧抓住经典的方面（在这种情况下，它们代表贝克莱的感觉材料），并否认能够认识量子力学系统的特性。仅仅因为新理论的倡导者没有坚持该理论，却更多地去坚持其实证论哲学，所以，就出现了新理论的其他特征和困难。但是，在这里，我没有足够的篇幅来说明这些特征和困难是如何出现的。

22

六

我们迄今所提出的论证（这些论证批判实证论者，而且证明他们的本体论在科学进步过程中很久就已被取代）必定导致传统哲学倡导者（他们宣誓忠于本体论偏见）提出如下反对观点：物理学至今提供的是普遍理论。普遍理论是可能的世界图像，换言之，根据其形式，它们能为发生于宇宙中的每种表象提供说明。分析一个世界图像将揭示世界的特性，这必定已经是公认的。但是，只要我们没有肯定此世界图像（把它提供出来，只是为了分析）是正确的，那么，我们就不能由它得出关于世界的结果（consequence）。分析一个假象不能向我们说明有关实在的任何东西。结果证明，物理学必须提供的绝大多数理论，即世界的过去的图像都是假象。谁向我们保证我们目前没有再次成为错误的受害者呢？

答案是没有人能给我们这种保证。但是，由此得出如下结论：[475] 我们现在应当更审慎地系统阐述我们的理论；正如一些物理学家所劝告我们的，18 我们应当插入诸如"似乎……"（apparently）或"好像……"（it seems，that...）之类的从句。这种程序将使完成自然科学家最重要的任务（即纠正理论）变得不可能了。那些毫无断言的理论不能相互矛盾。那些不做任何尝试的理论也不能被纠正。因此，我们不得不运用我们的理论，好像我们完全确信其正确性；我们不得不言说，好像世界真如我们的理论所说的那样而构造；而且，我们千万不要允许我们自己从下面的话语中获得一丝一毫的聪明劲："当然，理论将不起作用，但是，让我们看看，看我们能走多远！"因为那将轻视纠正的可能性。总而言之，我们不得不把物理理论（正如它们自身初次出现时的样子）理解为关于世界的陈述。

物理学家不被允许的——用警告性从句来包围他们的理论——好像是

---

18. 请参见：von Neumann（冯·诺依曼），*Mathematische Grundlagen der Quantenmechanik*（《量子力学的数学基础》），p. 224［英文版：English translation by Robert T. Beyer（贝耶译），*Mathematical Foundations of Quantum Mechanics*（《量子力学的数学基础》），Princeton：Princeton University Press（普林斯顿：普林斯顿大学出版社），1955，p. 420。费耶阿本德对此书英文版的评论作为本论文集的第17章重印］。

哲学家被允许的；确实，它好像是至关重要的。哲学家知道：物理学家的陈述没有被看作是必然的，它们具有假说的特征。由此得出"它们不能被用作描述世界的成分（即世界图像的成分）"这样的结论吗？把此问题分成两个分问题：（a）假说能具有描述功能吗？（b）假说能够是真的吗？第一个问题无疑是要肯定回答。因为一个陈述的描述功能不依赖于该陈述的真值，而且，一个陈述即使缺乏描述功能，它也不能被反驳。对第二个问题的回答有不同情况，随我们理解它的方式而定。用合理的方式把一个假说定义为"真的"（true），这无疑是可能的。这种可能性是科学方法应用的前提。这些方法正是在于：假定一个理论（一个陈述）是真的，然后，看看我们能用它走多远。但是，从这种方法正好得出如下结论：我们从来不能确信一个假说的真实性。但是，"只有某些陈述是本体论相关的"这种对立的思想难道不是产生于一种过分简单的思想吗？即产生于赫拉克利特（Heraclitus）最强烈批判过的一种思想吗？这种思想是：参照知识，能够把世界锁定。世界是秩序井然的建筑物（宇宙），那些认识它的人始终能够充分考察它。因此，如果已经考察了宇宙，而且我们自己确信没有什么逃脱了我们的注意，那么，某些知识就在手边。自然科学的进步难道没有证明——"这种思想是朴素幼稚的，它具有一种基于本体论偏见的完整的本体论"吗？在传统的本体论和从物理理论中得出的本体论之间的冲突中，我们现在应当如何做出决定？这里，我们必须只是追随我们的兴趣。我们必须比较两种本体论的成就。一方面是自然科学的普遍理论，它们给我们显示虚幻的联系，而且，在不断的进步中，引导我们发现世界的新特征，进入世界的新层次，在这些层次上，现在抛弃的领域仍能成为第一级近似，这些近似足够精确，使我们有可能在我们的观念中发现错误；它们也足够普遍，从而能够回答关于物理宇宙的全部相关问题，而这些问题从前是留给哲学及其思辨的。另一方面是关于世界的模糊而空洞的猜想，传统哲学[476]把它们（与其确定性标志一起）提供给我们。由此应当得出如下显而易见的结论：如果某时真正获得这种安全性，那么，将意味着知识的终结——在什么程度上，这将意味着人类在地球上的终结，还有待观

24

察。因为（有人可能说）知识及其成就是人类本质的功能之一。

七

　　论点总结：（1）古代哲学家的目标是获得一种统一的世界图像，而且这种世界图像能服务于说明我们世界中的现象。（2）他们以相同的方式来运用经验（科学）思考和哲学思考。（3）本体论偏见导致科学（它提出假说）与哲学（它能够获得绝对确定的知识）的分裂（division）。（4）科学的实证论理论导致相同的分裂，即使其哲学未被如此细致地系统阐述过。两者在假说中仅仅看到了预测工具。（5）只要物理学仅有规则性断言可供其使用，那么，在某种程度上就是这样。但是，随着普遍理论的涌现，它获得描述手段（表明世界图像的普遍性和说明力），而且它们是细致得多的描述手段。（6）这种普遍理论是现代世界图像：为了理解我们周围事件的进程，我们创造越来越多的现代世界图像。

❸
决定论和量子力学（1954）

一

[88]让我们想象用力学系统 S（如一块怀表）做如下实验：我们让 S 处于某种状态 Z（给怀表上紧发条，使其指针指向某一位置），然后，不再干涉它。S 或者将保持那种状态，或者将以某种方式变化。在我们的例子中：发条将使怀表的齿轮运动，从而将使指针旋转至不同位置。在某一段时间 T 后，出现了新状态 Z_1。现在，我们能尝试恢复状态 Z：我们再一次给怀表上紧发条，并使指针指向其在状态 Z 的位置。如果我们不干涉此系统，可能出现两种情况：过 T 时段后，再次出现了 Z_1；或者，过 T 时段后，指针指向了不同位置，出现了 Z_2。在第一种情况中，我们将猜想我们已经发现了一种规则性。我们能这样来描述这种规则性：状态 Z 引起状态 Z_1。然而，在第二种情况中，我们将如何处理，这是不确定的。对于决定论者来说，以如下方式来论证好像是合理的：状态 Z_2 有确定的原因，但是，我们不知道此原因。确实，我们以为我们使系统 S 恢复到相同的状态 Z。实际上，情况并非如此。如果我们仔细观察，我们将发现：我们的初始状态 Z′ 略微不同于我们复位的状态 Z″；然而，这种差异如此之小，以致我们没有注意到这种差异，从而认为在两个时间出现了相同的状态 Z。由于我们的观察手段不精确，因此，如果两个状态的差异很小，那么，我们就认为它们是相同的。但是，一切都取决于这种差异！确实，我们后来得知：Z_1 源自 Z′，Z_2 源自 Z″。Z_1 由 Z 引起，[89]这确实是事实——因为根据刚才论述的观点，Z 是状态的一种析取，而在这种析取下，Z_1 的原因也出现了。但是，Z_1 不是 Z 的结果，因为除 Z_1 外，Z 还能产生其他结果，如 Z_2。

让我们借助怀表的例子来阐明此论证：当我们再次完全给怀表上紧发条，并使指针恢复到相同位置，过 T 时段后，将仍有可能出现另一状态，像第一次发生的一样。这不会令人吃惊。例如，我们能提出如下假设：怀表的操纵机械有时减弱，以致每次搏动没有移动周围的齿轮。在 T 时段内，发生这个的频率取决于初始位置的极小差异、怀表在某一时间间隔内所受到的损耗以及发条的疲劳度。我们在此还能提到：影响操纵机械的因素随温度而发生变化，因此，两种情况中的温度差异必定导致操纵机械频率等的差异。所以，当我们想使怀表恢复到其初始状态时，我们只是再次上紧发条并使指针恢复到原初位置，这是不够的。我们还必须确保保持给定的状态相同。如果真是这样，那么，在 T 时段后，与第一次尝试中相同的状态将会再现。

二

如果我们试图更抽象地理解我们刚才用图例说明的内容，那么，我们看看下面的步骤。我们常常通过说一个系统具有某某特征来描述其状态：例如，上述怀表被上满发条，时间显示 1:30。在物理学中，确切测量结果的标征（indication）取代系统性质的标征。于是，物理学中的状态标征具有如下形式：在时间 t，测量量 A 得到值 a，测量量 B 得到值 b，等等。（在上述怀表的例子中：发条的张力如此如此大，指针与那条 6 点和 12 点连线形成这个角度或那个角度，等等。）让我们把这些陈述缩略为 $[(Aa, Bb, \cdots; t)]$。[90] 为了简易之目的，让我们假定：通过标征仅仅两个测量结果来描述系统 S。我们使其处于状态 $[(Aa, Bb; t)]$，然后确定状态 $[(Aa', Bb'; t+T)]$。我们使其恢复第一状态，在时间间隔 T 后，我们得到 $[(Aa'', Bb''; t'+T)]$，在上述两个表达式中，$a' \neq a''$ 或 $b' \neq b''$，或者 $a' \neq a''$ 且 $b' \neq b''$。我们把以这种方式运行的系统命名为**非决定系统**（undetermined system）。在非决定系统的情况中，我们通常假定：存在一系列可测量的量 Q_1、Q_2、$\cdots$、Q_n（它们的值是时间的随机函数——我们用上标区分不同的函数），以致 $[(Aa, Bb; Q_1^{i_1}q_1, Q_2^{i_2}q_2, \cdots, Q_n^{i_n}q_n; t)]$ 总是导致出现 $[(Aa', Bb'; Q_1^{i_1}q_1', Q_2^{i_2}q_2', \cdots, Q_n^{i_n}q_n'; t+T)]$。我们把 Q_i 称为作用于系统的力，把可测量的量和力具有如上描述关系的系统称为**确定系统**

（definite system）。假如能够使用某些定律来计算一些 Q_i 值（如 Q_1、…、Q_t 的值）的时间过程，而且，假使其余的 Q_i 仅仅依赖于时间、它们的初始值、A 和 B 的初始值以及 Q_1 到 Q_t 的初始值，那么，我们把 S（通过 A 和 B）归类为非完整描述的，并把类 $[(Q_1, Q_2, …, Q_t)]$ 归类为 S 描述的扩展（extension）。我们把其余 Q_i（它们的可测量量也能是时间的随机函数）组成的类称为 S 描述的**完整**（completion）。确定系统（其测量值是扩展）被称为**完整系统**（complete system）。

现在，我们能赋予严格决定论假设如下物理意义：**对于每个非决定系统（indeterminate system）而言，存在完整或扩展（或者两者），从而使其成为一个决定系统（determined system）（K 假设）。**

三

弄明白 K 假设的性质，这很重要。让我们想象某人按如下程序来工作：他检析系统 S，并确定相同的初始状态没有导致形成相同的最终状态。他说："所以，由此得出：事实上，初始状态（我认为是相同的）是不相同的。确实，我已确保可测量量 A、B、……、L 有相同的值。但是，事实上却没有出现相同的最终状态，[91]这表明一定存在其他的可测量量 M、N、……，它们如此隐蔽，以至我还没有发现它们，但是，它们在我认为相同的状态中具有不同的值。"我们把如此界定的这些可测量量命名为"隐参量"（hidden parameter）。我们能用如下方式来总结他的论证：虽然系统恢复到相同的初始状态，但是，从这个初始状态却产生出各种不同的最终状态。他由此得出如下结论：事实上，毕竟初始状态不是相同的。不能确定经验差异——这是真的，这是由于我们观察工具粗劣所致。实际上，存在隐参量，它们还不是已知的，其在初始状态的差异导致最终状态的差异。在这些条件下，K 假设会有什么结果呢？很容易看到有如下结果：每当相同的初始状态导致不同的最终状态时，我们都得到结论认为毕竟初始状态是不相同的，如果是这样，那么 K 假设是无法被反驳的。因为在这种情况下，我们只是把导致相同最终状态的那些状态称为是初始相同的。

28

关于世界中事物的运行方式，K 陈述不再有任何言说，它仅仅表明：在什么条件下，我们把初始状态称为是"相同的"（identical）。

因此，我们必须以不同的方式来处理。我们不是把最终状态的差异作为初始状态差异的标准，而是必须把它们看作探寻初始状态差异的一种机会。这意味着：所谓的隐参量不能通过借助于最终状态偏离给定初始状态（我们认为它是清楚明白的）的偏离类（class）来定义；而是我们应当尝试用事实的方式来描述它们，用实验来产生它们。在这种情况下，我们已经说明了偏离［我们不是仅仅用不同方式（通过改变其名称）来描述它］，同时，我们已经保证：K 假设不是一种无趣的语言约定，而是一种经验陈述。[1] 于是，我们把 K 假设重新表述为 **K′ 假设**：[92] 对于任何非决定系统而言，存在一种独立的可证明的完整或扩展（或二者），从而使其成为决定系统。然而，当我们系统阐述这样的一个原理时，我们遇到了另一个困难：此原理言说了关于实在的某一内容（这是真的），但是，我们不知道如何能反驳它。也就是它具有如下形式："对于每个 x，存在一个 y，以致……"。因此，如果我们遇到一个这样的系统：它的运行如此不规则，以致从一个初始确定的状态再三产生不同的最终状态；此外，如果探寻独立而可确定的完整或扩展（expansion）失败了，那么，我们不能得出这样的结论：不存在这种相配者（coordinates）——因为它们事实上能通向一种真正的隐存在。

29

四

于是，如果量子理论家向我们说明不存在因果性，而且还声称有关于这种论点的证明，那么，他们除了通过"存在因果性"这种陈述来理解 K′ 假设外，还必须理解别的。因为从所概括的说明中得到如下结论：不能证

---

1. 为了确立因果原理的绝对确定性，许多哲学家使用了我们批判的这种方法。但是，他们忽略了下面这一点——只有以失去此原理给我们带来的好处为代价，他们才能这样做；[92] 只是因为在全部条件下，我们能把任何（也许是不可观察的）事件假定为一个给定事件的决定因素，所以，"每个事件都是完全决定的"这一陈述是真的，如果果真如此，那么，此陈述仅仅反映了我如何以名称噱头在行事，而关于自然，它什么也没有说。

明 K' 的虚假性。当我们说不存在因果性时，反驳了原子理论中的什么陈述？为了理解此问题，我们首先必须更仔细地审视出现在物理学中的各种规则性。例如，让我们思考如下陈述：一切受热物体膨胀。此陈述能被用来预测和说明具体情形中出现的膨胀。它被单一的反例反驳——可能引发的问题仅仅是"我们的实验是否精确"。也可通过如下方式来直接说明一个给定物体的膨胀：运用"在某些条件下，一切物体都会膨胀"这一陈述，并确定这些条件确实适用。

让我们举例，把上述这个陈述与牛顿的机械系统运动理论进行比较。该理论的内容如下：如果 Ⅰ、Ⅱ、Ⅲ、Ⅳ 等是一个系统的组成部分，K_1、K_2 等是影响它们的力，[93] p_1、p_2……是它们中心的动量，那么，$p_1=K_1$、$p_2=K_2$ 等。根据关于初始情况、初始速度、力及其在时间过程中变化的知识，我们能计算任何这类系统的后续运动。关于这种系统，经常提到的一个例子是行星系统：根据关于行星在某一特定时刻的位置和速度的知识，我们能预测它们的其余运动。在行星系统的例子中，我们也看到，划分组成部分是没有清楚明确的程序的。我们可以把行星和太阳当作系统的组成部分，也可以把行星和通过吸引力结合在一起的两个太阳半球当作组成部分，或者，我们可以不选择一颗行星，而是选择一颗更小的球体及其周围的球壳。在某些情形中，这种图像甚至是适当的，例如，如果我们想描述潮汐现象，就是如此。因此，我们能把牛顿理论当作一种**理论模式**，在它的帮助下，我们能描述机械系统：时而用一种方式来描述，时而用另一种方式来描述，这依赖于我们想要处理的问题，依赖于我们预测所需的精确程度。当我们发现一个机械系统没有像理论所描述的那样来运行时，我们不能基于此经验来宣布理论被反驳了。理论与观察的不一致也可能由如下事实引起：我们没有用适当的方式划分机械系统的组成部分，或者，我们提出了关于影响其组成部分的力的虚假假设。再回想怀表的例子：通过象征性地把发条认为是恒常作用力，把其操纵机械认为是具有某些摩擦系数的制动装置（确实，下面这些是公认的：恒常力如果影响在黏性介质中运动的物体，那么，会使这些物体在末期产生非加速运动），等等，我们能

30

尝试描述其运行。如果怀表没有像我们以这种描述和机械定律共同为基础而假定的那样运行，那么，其原因可能在于如下事实：[94] 我们所构想的怀表内部结构图像过分简单了；或者，力学是错误的。为了以牛顿力学为基础来说明一个机械系统的运行，我们不得不提出关于此系统结构的假设，或者换句话说，我们不得不建立此系统运行方式的模型。

五

为了得到"模型"（model）概念的一个恰当定义，让我们由下面的思考开始：让 A_1、A_2、A_3……是一系列可测量的量，它们的值由观察或由观察与计算的合取来确定。这些量不必处于任何可感知的联系之中。这些量中的一些是由同一方法来确定的（诸如月球的速度和木星的速度）。我们把这种量组成的类称为测量类（measurement class）。让 M 是所有量组成的类（数量无限的类），让 N_j 是 M 的某一子类。我们用陈述"$W(A_j, t) = a_i$"来表达：在时间 t，量 A_i 具有值 a_i。使 $N_j!(t) \equiv \pi_i[W(A_i, t)=a_i]$，在此式中，i 遍历 A_i（它们是 N_j 的组成部分）的所有下标；而且，使 $N_j!(\Delta; t) \equiv \pi_i[a_i+\Delta \geqslant W(A_i, t) \geqslant a_i-\Delta]$。当且仅当满足如下条件时，我们把 P 称为关于理论 H 的 Δ 状态（Δ-state with reference to the theory H）：

（a）存在一个 j，使得 $P=N_j$；

（b）在 a_i 明确可变的给定边界内，对于每个 T，存在 P!(t) & H<P!(t+T)；

（c）不存在 P′，使得 P′ ⊂ P & P′ ≠ P，而且（b）对 P′ 有效；

（d）P!(Δ; T + T)，由此，a_i 是在时间 t + T 的预测值；

（e）在 P 中，没有元素的值通过应用（b）类的方程来计算。

而且，我们把空间区域（测量在其中完成）及包含于其中的元素命名为系统，系统的状态用精确度 Δ 来测量。

因此，我们能独立定义"关于 H 的 Δ 状态"（Δ-state with reference to H），而不用参照任一确定系统。

另外，如果我们有一个由运动的物质部分组成的单位 S（如怀表），那

31

么，我们通常把这个单位称为一个系统，并问其组成部分将来如何运动。因此，有某些量从一开始就是显而易见的——例如，在怀表的例子中，指针与 6 点和 12 点连线所构成的角。或许，这些量已经构成一个 Δ 状态——在这种情况下，我们把这个系统称为 Δ（向内和向外）封闭的。也许，更精细的细节要被思考，而且，只有这种细节才构成一个 Δ 状态。于是，我们把此系统称为向内开放的系统，但它是可锁定的。下面这些也可能是实际情况：不能发现 Δ 状态，但有一类量满足从（a）到（e）的那些条件，由此，代替（b）条件的是 P!（t）&H &π_i [W（G_i, t）=g_i（t）]< P!（t+T），G_i 类代表原初描述的一个完整，但不是代表其一个扩展。[95]因此，S 是向外开放的。让 G/ 是 G 类。我们把 P & G/ 称为 S 关于 H 的一个 Δ 模型（Δ-model of S relative to H）。在经典力学中，G_i 大多是从外部影响系统的力。

Δ 状态没有包含系统中可精确测量的所有量。没有包含于其中的一些量依赖于关于某一理论 H 的 Δ 状态的元素，它们可以在此基础上来定义。例如，在经典力学中，把一个粒子相对于一个特定中心的旋转冲量当作 n [r ṙ]。其他的量属于其他状态（例如，温度不属于力学状态）；而且，其他的量又降至精确限度以下（例如，在恒星天文学中，任何恒星的行星的空间坐标）。因此，如果对于每个 Δ 和每个系统而言，存在 S 关于 H 的一个 Δ 模型 PG/（它满足下列条件），那么，我们把理论 H 称为关于测量类的 L 类是穷尽的。让 K 是一类量，而且，这类量以如下方式来构成：从 L 的每个测量类中，我们至少选择一个量；但是，为了确定关于 H 的一个 Δ 状态，测量所有那些量无论如何都是必需的。于是，K 的每个元素也是 P 的一个元素，或者，它可以基于 P 的元素来定义。

因此，可以把决定论主张表述如下：**能把测量量组成的类分为测量类，而且，能把测量类组成的类同样又分为子类 L_1、L_2……（由此，L_1 ⑥ L_2 ⑥……与所有测量类组成的类一致——假定量在测量类中有确定的分布），以至对于每个 L_1，存在一个穷尽理论。**

这种主张与 K′ 共同具有不可反驳性。然而，我们还能问这样的问题：关于从前给定的由量组成的类 L_1，某一理论 U 是穷尽的，还是非穷尽的？

能用纯数学证明来决定此问题的答案。

　　首先，我们必须注意到：对于上面刚刚提出的那个问题，有平凡的答案和非平凡的答案——关于测量类组成的一个类 L，一个理论可能是非穷尽的，因为在 L 中至少存在一个这样的测量类：关于它的元素，H 没有任何陈述。例如，关于下面一类量，经典力学是非穷尽的：在某一位置，这类量也包含电磁场强度的作用力。但是，让我们假定：把全部测量类理解为测量类的基（basis），而关于基的元素，理论自身有所陈述——这意味着由理论的全部可观察类组成的类。我们能证明：关于由其可观察类组成的类，量子理论不是穷尽的，即在量子理论的基础上，用任何精确度来预测该理论的每个可观察量在某一时刻的值，这是不可能的。

六

　　[96]让我们用如下问题来处理这个新的表述：K′ 假设是否为真？K′ 假设包含对完全任意量的指涉（reference）。如果我发现了一个热力学量，而且这个量使我能说明力学系统（如怀表）运行中的不规则性，那么，K′ 假设就被满足了。另外，在回答此问题（关于由其可观察类组成的类，一个理论是否是穷尽的？）时，却不允许有这种自由。确实，我们在这里也能（再次使用经典力学的例证）尽一切可能来说明系统的元素的运动。但是，元素自身的运动总是通过指明位置和动量的坐标来描述，并借助于力学基本方程来预测。借助于模型，我们想要使某一系统的运行成为可说明的，无论这样的模型多么综合，此系统的元素的运动总是被看作通过指明位置和动量的坐标来完整描述。因此，明确界定的边界是为发现新参量而设置的。（为了说明元素的运行，把新的不可思议的特征归属给元素，这难道是不可能的吗？这种程序将随它引起向新的理论转变，从而忽视下面的问题：关于其可观察量，经典力学是否是穷尽的？）我们看到此问题的新表述在一个重要的方面不同于旧表述[2]——旧表述问：世界是否被创造，以至

---

　　2. 赫尔曼（G. Hermann）在其著作《量子力学的自然哲学基础》（*Die naturphilosophische Grundlagen der Quantenmechanik*，Berlin 1935）中忽略了这一差别，但此著作在其他方面极佳。

K′假设有效？我们已经证明：对于这个问题，我们将绝不能找到足够的经验证据。新表述问：如果世界满足量子理论的假设，如果用来扩展的量仅仅是量子理论的可观察量，那么，K′假设是否被满足了呢？能够证明：必须用"不"（no）来回答此问题。

七

在我以简缩形式介绍该证明前，[97] 关于常用来证明此陈述的思考，我仍然不得不做一些评论。这些思考如下：为了体验关于我们外部世界运行的某种东西，我们必须考虑观察。这些观察干扰被观察的系统，或者，更精确地说，在一个系统中观察量 B 使得下面的陈述变得站不住脚了：此系统仍保持量 A 具有值 a 的状态。因此，我们关于系统的知识从来都不能是完整的。因而，我们也不能满足 K′ 假设，纵然引入 K′ 中的量也许可能实际存在。此论证中引人注目的东西是其免除责任（carefreeness）。首先，我们必须注意到观察总是在干扰。于是，如果我们说量子理论中的事件不是因果决定的，而经典理论中的事件却是因果决定的，那么，这必定在于理论间的差异，而不是在于被观察到的事实。

可以用如下方法来精炼该论证：[3] 就经典理论而言，计算观察对被观察系统的影响，这是可能的，因为我们（至少在思想中）能使观察者和被观察系统之间的相互作用无穷小。但是，在量子理论中，对这种效应存在更小的极限。因此，我们不能仍然就量子效应而言来尝试说明其转变，而是必须把这种转变当作一个不可分的单一事件。[4] 但是，关于不可分的单一事件，我们能说的全部就是：它们发生或不发生；换言之，对于这类事件，仅仅能够提出统计规律。一种整体理论与该论证有关系，这已经清楚了；但是，二者有什么样的关系，这还不清楚。那么，当某物没有人观察它时，它如何运动？在这种情形中，没有人能提出量子理论，但是，它却可

34

---

3. 例如，请参见：Heisenberg（海森堡），*Physikalische Grundlage der Quantentheorie*（《量子理论的物理学基础》）。

4. 请参见：Bohm D.（玻姆），*Quantum Mechanics*（《量子力学》），Princeton（普林斯顿），1950。

能是正确的。可是，我们现在应当如何说明量子理论中所涉及的非决定性（indeterminacy）呢？关于量子理论非决定性特征的说明（关于发生在观察期间的过程）[98]能给人如下印象：量子理论仅仅给我们显示世界被测量时的显现方式，它没有刻画世界独立于任何观察时的特征。这导致如下假设——我们观察方法的不完整性（incompleteness）阻止我们进入充分决定的世界；而且，此假设——如果我们补充说，"真实的外部世界"（real outside world）这一概念是一个毫无意义的概念——就只是一种新版的贝克莱哲学：存在就是被感知，换言之，存在就是被经验决定的。[5]事实上，许多哲学家坚持物理学家的坏哲学，但没有坚持他们的好科学，从而热情地接受这种显然的结果。但是，我们现在不用分析、观察、记录，而是利用纯数学思考就能确定量子理论的一个重要特征（决定性特征）。在我们进行这些思考前，关于上述证明的不正确性，再评论几句是适当的——[6]此证明从下述假设开始：（a）每次测量都存在相互作用，因此，（b）每次测量必定导致必不可少的模糊性。可是，（a）和（b）都不是真的。如果一位射手用他的步枪射击，而没有射中靶子，那么，我们能得出结论认为子弹从靶子周围通过；而且，我们借助于测量得出这个结论，但测量时没有相互作用。另外，即使在特定情形中进行测量，尽管存在那种所谓的相互作用，我们也能充分精确地预测其结果，这说明：对于推断测量结果的不确定性而言，作用量子的有限值是不充分的。

八

我们现在所介绍的证明应归功于冯·诺依曼，[7]它以如下方式展开：让我们假定由原子系统 S_i（具有相同的结构 S）组成一个类 K（充分大的类），[99]这些系统都可以在相同的环境 U 中被发现（例如，在某一电场中的一

---

5. 请参见：Einstein（爱因斯坦），"Reply to My Critics"（《对我的批评者的答复》），in the Einstein volume of "The Library of Living Philosophers"（载于《在世哲学家文库·爱因斯坦卷》）。

6. 关于下述内容，请参见：Schrödinger（薛定谔），"Über die Unanwendbarkeit der Geometrie im Kleinen"（《论几何学在小尺度范围内的不可应用性》），*Naturwissenschaften*（《自然科学》），XXII /341。

7. 请参见其著作《量子力学的数学基础》（*Mathematische Grundlagen der Quantenmechanik*，Berlin 1930）（费耶阿本德对此书英文版的评论重印为本论文集的第 17 章）。

类电子，在一个明确确定的光场中的一类氢原子，等等）。这些系统不应该有任何相互影响；我们只是在理论上把它们组合在一起。$[(S_1 \text{ in } U)]$ 是按我们上述要求组建的那种类的一个元素。根据量子理论假设，让 N 是这些元素的数量，让 A_1、A_2、A_3……是 S 组成部分的物理决定，它们的示值（indication）完全决定每个 S_1。现在，我们借助于上述方法来依次测量这个系列 A_1、A_2、A_3……。我们按照如下步骤来进行：在来自类 K 的元素（让这些元素组成的类成为 K_1）数量 P≪N 时，测量 A_1，并记下结果；在来自类 K 的元素（让这些元素组成的类成为 K_2）数量 Q≪N 时，测量 A_2，并记下结果；等等。我们假定 K_1、K_2、……、K_i……没有共同的元素。引入这个假定是为了在完全相互独立中完成所有测量（因此，不考虑这样的假定——单独测量干扰）。我们得到被测量量值的某些分布。因为我们预先已假定被研究的全部系统都满足相同的条件，所以，我们假定：对于所有 K 的子类而言，这种分布是相同的；而且，它也适用于 K 自身（通过进行样本检验来进一步仔细检验该假定）。测量结果是下面这样的一个陈述：在测量 A_1 中，K 的元素给出 $A_1(x)$ 分布；在测量 A_2 中，K 的元素给出 $A_2(x)$ 分布；等等 $[$ 其中，$A_i(x)$ 表示对 K 的一个元素测量 $A_i($测量是随机的$)$ 给出值 x 的概率$]$。

我们很想以如下方式来说明这种分布是如何产生的：在所研究的系统中，每个系统都发现它自身处于某一状态，而且，这一状态是由 A_1、A_2、A_3……这些量的明确的值刻画的。这些系统（是 K 的元素）构成一个混杂集合（mixture），即它们被统计划分成许多状态。因此，毫不足怪，我们并没有总是从连续测量此混杂集合的元素中得到相同的测量值，而是总是得到测量的一种统计分布。下面是一个例子：[100] 如果某一筛子的筛眼宽度恒定，那么，我们把通过这一筛子的物体看作是所研究的系统。于是，这些物体的尺寸将具有上限，但是，在上限以下将呈现差异，从而产生了这样的差异：我们所研究的这个类是元素的一个混杂集合，其中，每个元素都具有确定的量值。

我们一接受了这种说明，就能尝试把类 K 分成子类，而且，这些子类

36

的元素具有明确的测量值，并在确定的关系中混合在一起形成一个测量值范围（此范围与在原初类中所发现的范围相同）。能用如下两种方式来说明这种尝试的失败：(1) 存在具有明确测量值的子类，但我们不可能用实验把它们从类 K（类 K 是预先给定的）中分离出来。这意味着我们不可能产生由原子系统（它们的测量值分散于某一范围，这一范围小于预先给定的某一值）组成的类。(2) 不存在这种子类。在第一种情形中，至少在理论上有可能找到一种说明（在这种说明中，明确测量值假设起了重要作用）来解释分散发生这一事实。但是，在第二种情形中，我们不能把分散归因于明确决定系统的混合，而是必须把其转移到系统自身内部。

情形（1）和情形（2）被一些科学哲学家（特别是操作主义者）搞混乱了。操作主义者大概这样说：如果我们无法发现两种情形之间的差异，那么，这种差异就不存在。如果我们无法分离某一情形，那么，这种情形同样不存在。这些原理包含一个有价值的要点——但是，几乎像每个一般的基本原理一样，它被所用表述的模糊性掩盖了。我们能用"方法"（method）意指某种实验程序，但也能用它来意指有假说建构相伴随的这种程序，最后，还能用它来意指纯粹的假说建构程序。如果在第一种意义上来理解"方法"，那么，此原理是假的；然而，在其他两种意义上来理解"方法"，[101] 它却是真的。例如，毋庸置疑，某种化学元素还有可能未被分离出来，尽管我们有很好的理由假定其存在。这些理由是由一种理论提供的，而且，这种理论已经促成许多富有成效的发现，因此，我们不倾向于轻易抛弃它。于是，在量子理论的情形中，可以证明不存在具有给定特征的子类。测量值分散不是混杂集合的性质，也不属于混杂集合元素自身，而仅仅是这些元素的性质。

九

此主张（claim）的证明是相对简单的：我们把类 K（在其中，与任何可测量量相联系的划分在其每个子类中用相同的函数显示出来）称为一个纯粹的例子。另外，我们把由系统组成类 K（它至少关于量是分散的）称为一个不明确的例子。让我们假定存在不明确的纯粹例子。于是，可得到一个由系统组成的类，它关于某些值分散。但是，这个类仅仅包含子类（显示相同的分散）——因此，不可能通过组合非分散的子类来构建总系统的分散。因此，冯·诺依曼已经证明：（a）在量子理论中，不存在明确的例子；（b）存在纯粹的不明确的例子。于是，（A）为证明"量子理论是非决定的学科"这一论点所需的一切，我们都已经说了。然而，如果我们转到某一系统的更精细的量子理论模型，那么，从一次测量到另一次测量，其测量值的一些将总是有所不同。但是，从该证明中能得到更多东西：（B）让我们假定——有人提出构建一种理论，该理论与量子理论具有相同结果，从而像量子理论一样被确证，但是，在复杂机制的基础上，它能为每个例子提供一种因果说明。上述证明表明：这种理论（不管其所用的假设可能如何复杂或如何简单）必定与量子理论相矛盾，从而也必定与经验相矛盾，因为经验很好地确证了量子理论。[102]我们已经说明的是如下几点：（1）如果世界构造如量子理论所言，那么，世界上不存在可预言的事件；（2）量子理论被很好地确证了，所以，世界如其所言；因此，（3）世界上不存在可预言的事件。第一个陈述是可证明的，其他两个陈述仅仅是可能的。

十

前一段落结尾的论证表明：把综合理论应用于判断相关哲学问题（例如，判断是否世界上的一切事件都是可预测的，或者，判断世界上是否存在不可预测的事件）具有优势。我们已经看到诸如 K′ 之类的陈述不能被经验直接证实。它们的逻辑结构排除了它们被经验直接证实的可能性。刚刚提出的思考导致间接证实 K′。这种间接证实面对的任务好像仍然比证实 K′ 陈述更困难：量子理论在逻辑上必定比 K′ 更复杂，不可能找到方法使其逻辑形式变得更简单。[8]然而，我们能证实它，不管它被接受还是被拒绝，我们都能同意。物理学家承担这种职责。给哲学家留下这样的任务——仅

38

---

8. 关于在《数学原理》（*Principia Mathematica*）的系统中描述物理定律的一切尝试，这就是所要说的。

仅决定从理论真理中得到什么；而且，能借助于纯数学思考来做出这种决定。因此，把探寻世界一般特征（诸如这样的问题——世界是否包含不可预测的事件？）的哲学任务分成两部分：证实一种理论的任务，为这种理论预先提供了特定的物理方法；对这种理论进行逻辑—数学分析的任务。

各种各样的哲学家已经否认这两部分问题穷尽了相应的哲学问题（因果性问题）。[103] 他们说"可预测性"概念不具有"本体论相关性"（onto-logical relevance）。9 换句话说，假如一个事件不能由某一特定的理论来预测，可这并不意味着此事件没有原因。这一点是被承认的。但是，不能得出这样的结论：我们必须弱化理论表达自身的方式，例如，我们必须说"此事件也许没有原因"，而不是说"此事件没有原因"。由于如果用诸如"也许""可能"等小心规定来武装我们全部的自然科学理论，那么，不能以任何方式来反驳它们，因为它们没有陈述任何内容。据此可以再一次来反对如下结论：科学理论（即使非常明确地表述它们）仍然没有指涉世界——至少，我们不能保证它们指涉世界。这种论证混淆了理论真理与其指涉的对象：光学必定研究光现象——那就是它所指涉的对象。如果某一光学理论被证明为假，却不能由此得到这样的结论：该理论没有述说光现象，而是述说了别的东西。关于光——它做了虚假陈述。如果一种理论指涉了对象，即如果它述说了世界，那么，我们将称它是本体论相关的。真理和指涉对象之间的混淆导致哲学家们（我们在这里正在谈论他们）只有在一种理论不能被纠正时，才称它为本体论相关的。让我们看看如何获得这种不可纠正性：或者，我们保留相同的表达，但赋予它们新的意义——因此，在这里，不能被纠正的是写下的某些思想，而不是思想本身。我们已经处理了这种情形（见第三节）。或者，我们保持不断重复受质疑理论的陈述，而不管情形如何。但是，如果一种学说从来不能受到任何事情影响，总是坚持其主张，那么，我们能称其为本体论相关（在这个词某种合理的意义上）的吗？几乎不能。这就是说，我们必须把本体论相关性归属

---

9. 请参见：魏恩（H. Wein）的《克劳斯勒谈话》（*Clausthaler Gesprächen*）;《自然哲学》（*Philosophia Naturalis*，Ⅰ/1，p. 142）中的报告。为该杂志工作的那个圈子的人们因其哲学固执而特别闻名。

于物理理论，而且否认哲学理论具有这种相关性。如上所述，[104] 把哲学分析划分为经验问题（研究理论真理）和逻辑—数学问题（研究理论结构）。

十一

实质上，玻姆最近对冯·诺依曼证明提出的反对理由更有趣，也更成功。[10] 他认为有可能提出一种不与量子理论公式矛盾的因果解释。在我概述玻姆的解释前，再评论一下：捍卫"量子理论公式的因果解释是可能的"这种思想的物理学家和哲学家，他们总是非常关心这种解释不与量子理论相矛盾。这就是为什么冯·诺依曼证明（对于他们而言）好像代表了一种不能克服的障碍。因此，他们忽视如下事实——综合理论（它们统一了一系列不怎么综合的理论）几乎总是相互矛盾：开普勒定律与牛顿理论矛盾，因为前者只能从后者近似地推导出来。[11] 因此，只要量子理论与其宣称的因果解释之间的矛盾不超越测量界限，那么，它的存在就不能用作反对这种解释的论证。

但是，玻姆承担建构一种与量子理论不相矛盾的解释的任务，因此，他从下列思考开始：一个粒子在场 $V(x)$ 中运动，其依赖时间的薛定谔方程具有如下形式：

$$i\hbar\frac{\partial\psi}{\partial\tau} = -\frac{\hbar^2}{2m}\nabla^2\psi + V(x)$$

如果我们把 ψ 写成 $\sqrt{Pe^{\frac{iS}{\hbar}}}$，则我们得到：

$$\frac{\partial P}{\partial\tau} + \nabla\left(P\cdot\frac{\nabla S}{m}\right) = 0 \tag{1}$$

---

10. "Quantum Theory in Terms of 'Hidden Variables'"（《关于"隐变量"的量子理论》），*Phys. Review*（《物理评论》）85（1952），p. 166 ff.

11. 请参见：K. R. Popper（波普尔），"Naturgesetze und theoretische Systeme"（《自然规律和理论系统》），*Jahrbuch der Hochschulwochen Alpbach*（《阿尔卑巴赫大学周年鉴》），1948，ed. Moser（摩瑟编）。

$$\frac{\partial P}{\partial \tau} + \frac{(\nabla S)^2}{2m} + V(x) - \frac{\hbar^2}{4m}\left[\frac{\nabla^2 P}{P} - \frac{1}{2}\frac{(\nabla P)^2}{P^2}\right] = 0 \qquad (2)$$

若 $\hbar \to 0$，则（2）是哈密顿–雅可比（Hamilton–Jacobi）运动方程；若 $v = \frac{1}{m}\nabla S$，则（1）是连续方程。[105] 于是，我们能把电子看作具有精确的位置值和速度值的粒子，但是，除了经典势能 $V(x)$ 外，电子的运动还受"量子理论势能"（quantum–theoretical potential）$U = -\frac{\hbar^2}{4m}\left[\frac{\nabla^2 P}{P} - \frac{1}{2}\frac{(\nabla P)^2}{P^2}\right]$ 控制，而且，量子理论势能被解释为一种真实波动场（类似于麦克斯韦的电磁场）的势能。为了精确计算粒子的运动，下面这两点是必要的：（a）计算所涉问题的场；（b）粒子的初始状况和初始速度是已知的。上面的（a）计算等同于粒子的 ψ 函数的常规计算。它计算出 U 的一个表达式：在绝大多数情况下，U 随时间非常剧烈地波动——波动如此剧烈，以至对于粒子路径来说，仅仅统计预测是可能的。然而，正如热力学中的统计，这种统计原则上是可以避免的，只是由于实践原因，它才成为必要的。因此，在测量的情形，我们能预测本征值之一将出现，但我们不能说哪一个本征值将出现，而且也不能在细节上说粒子将沿哪一条路径运动。从被观察的本征值获得的关于此系统的观察结果（作为 U 对周围环境微小变化的敏感性的结果）本质上是由测量仪器的初始位置决定的。事实上，我们测量的东西是系统特征和测量仪器特征的组合。"它们可以是决定论解释的元素"这一假设将与量子理论的通用形式相矛盾。根据玻姆的论述，这就是冯·诺依曼证明的内容。但是，玻姆引入的变量是另一类变量。它们出现在量子理论自身中，而且，它们本身原则上（给定初始值和 P）也能被精确计算（x—位置；x—坐标；x—动量：∇S）。既然指涉它们的测量量描述组合特征，那么，这些变量在某一给定时间的值不能通过测量来确定。这意味着：可疑的变量不是可观察量，它们的值也不是在测量结果基础上可以明确计算的。这也说明：根据（a），对于测量后的粒子位置来说，测量后的波函数形式是起决定作用的。[106] 这允许我们得到关于两个互补可观察量（仅仅）之一的结论。因此，我们不得不猜测为预测粒子路径所需的初始值。如果我们有了这些值，那么，粒子路径就能被完全计算出来，而且，我们还能原则上预测粒子（在一系列相互作用之后）将出现在哪儿。然而，由于测量的限制，这种预测也仅能通过部分猜测来控制。所以，我们所得到的是下面这些：我们获得一种描述，而且这种描述把每个量子理论过程解释为粒子或粒子群在经典＋量子理论力场中的连续运动。这种替代解释并没有使预测成为可能，或者没有使关于过去的陈述成为可能，因为所需要的路径值不能通过测量来确定。但是，（通过猜测）能够发现初始值和最终值：（aa）就可随时得到测量结果而言，这些值与测量结果一致；（bb）当我们使用方程（1）和（2）来组合这些部分猜测、部分测量的值时，这些值并没有导致矛盾。顺便说一下，仅当我们假定量子理论的当前形式系统提供了自然现象的正确描述（玻姆这样假定）时，才存在下面这种可能性：通过测量完全确定粒子路径的任何值。然而，如果我们抛弃这些假定，那么，（bb）（即粒子运动的一致性）是否可靠，就变得可疑了。

从此描述中，我们得到：（1）没有出现与量子理论相冲突的矛盾，我们必须把冯·诺依曼证明限制于原则上（假定量子理论为真）可观察的变量。此外，我们不得不用下列内容来取代第九节中的（B）：量子理论结果的因果解释（其条件原则上是可观察的）与量子理论目前的形式相矛盾。在第六节中，我们说：就这些方面而言，量子理论关于其可观察量的类是没有穷尽的。但是（2）：这种解释必然导致在决定论问题上有重要进步吗？让我们思考一种特定情形：我们以正常方式计算，我们观察获得其哪一个值。[107] 然后，我们为建构如下路径而检验变量：该路径不与测量值（就它们可得到而言）相矛盾，还与方程（1）和（2）一致。于是，量子理论的捍卫者必定确信（毫无争议）——重构与不确定性关系矛盾的电子路径是可能的。12 玻姆已经非常普遍地证明了这种重构与量子理论形式系统具有一致性，这是他的贡献。但是，显而易见，这没有回答决定论问

42

---

12. 例如，请参见：Heisenberg（海森堡），*Physikalische Grundlagen der Quantentheorie*（《量子理论的物理学基础》），p. 15。

题——因为这在于这样的问题"是否存在不可预测的事件"（或者，把它表达为一种给定理论的客观内容，"是否存在非因果的事件"）。但是，在玻姆的解释中，不可能提供精确的预测，因为（a）它处理部分不可观察的变量，还因为（b）它处理统计混合。只要我们（像玻姆一样）认为量子理论是正确的，那么，第一个限制就原则上存在。因此，玻姆还没有证明：有可能把量子理论解释为一种决定论学科。[13] 第二个限制被玻姆和许多其他物理学家认为只是一种实践的限制。在下一节，我将讨论这种观点的正确性。

十二

许多物理学家和哲学家对待经典统计学的态度大体如下：在经典统计学（如统计热力学）中，我们关注这样的粒子——原则上能用任意精确度来测量它们的路径。然而，在实践中却不可能测量这些路径。因此，我们引入统计假设，但这些假设并没有表述自然本身的统计特征（不像在量子理论中），而是仅仅表述人的局限。现在，我们（如同我们在第八节中所做的那样）思考一个充分大的类 K：[108] 它由具有相同结构和相同环境的统计集合组成，此外这些系统没有相互作用，我们把它们组合到一起只是作为思想实验。理想气体分子（被封闭在室温的容器中）是 K 的元素。我们用极小的仪器测量气体中某些位置的动量。在这种情况下，测量变量就是这些位置的动量。根据麦克斯韦分布，测量值通常分散在一个区间。根据第八节中的论证，我们证明这种分散不能用混合来说明：于是，它代表了检析系统自身特有的特征。它是自然界的特征，不是表示我们缺乏知识。对此，通常是这样回答的：这种分散（这确实是客观的）并不影响预测单个分子路径的可能性极限。让我们思考下面的例子：把理想气体的分子封闭在一个容器中，该容器有两个小的开口。通过一个开口，我们发送

---

13. 简单地说，玻姆证明：运用猜测，有可能发现一些值——以这些值为基础，能够预测特定测量的结果。不过，我们不是抛开计算不管，马上尝试猜测最终值。那证明决定论了吗？没有决定论者质疑我们能够猜测未来事件。

这种封闭气体的某一分子 M，而且，我们假定 M 在某一给定时间的速度和位置是已知的。我们问：该分子将在何时和以何方向出现于另一个开口？根据我们现在讨论的思想，这种预测应当在原则上是可能的。因此，让我们做下面的思想实验：在 M 进入开口时，我们测量气体中所有分子的位置和速度，并由此来计算这个分子行星系统随后的运动。根据这种预测，M 后来（在一个确定的时刻）将出现在第二个开口。为了检验这种预测，必须有可能认出 M。然而，根据我们的假说，M 是封闭在容器中的同类分子中的一个分子——因此，仅当我们追踪 M 穿过气体的路径，同时确定这一路径时，我们才能检验这种预测。但是，这种假设与下列假设矛盾：M 是气体的组成部分，即它与气体中的其他分子（仅遵循气体定律）相互作用。因而，我们回到了统计学，[109] 我们已经完成的思想实验是经验空洞的（思想实验的情况经常是如此）。从这种思考和类似思考中，[14] 得到如下结论：即使在经典物理学中，我们也持有这样的观点——根据这种观点，问什么原因促使分子以特定方式运动，这是没有意义的。但是，更严格地证明决定论程序是无效的。让我们首先看看其最强形式：宇宙的一个条件完全决定另外的每个条件，换言之，如果我们知道某一特定时刻所发生的事件，那么，宇宙中的每个事件都是可精确预测的。我们使用一种理论 T 来进行预测。从理论 T 和某一状态 S，得到（除其他结论外）如下结论：所有科学家将来都持有一种理论 T_1，而且 T_1 作为真的理论与 T 相矛盾（请参见脚注 12）；他们也将有理由认为 T_1 是真的。此外，我们还能立即用 T_1 来取代 T。重复一次，这个预测将是：在未来某一特定时间，所有科学家都将认为 T_2 是真的，而且也将有理由这样做。因此，在单个理论 T 预测的基础上，我们马上得到其全部改善的和综合的后继者——（看上去如此）不需要获得进一步的经验。但是，理论正确所需的经验现在没有隐藏在当前的宇宙状态中。如果我们假定我们能在有限数量步骤之内穷尽

44

14. 请参见兰德（A. Landé）的优秀论文："Continuity, a Key to Quantum Mechanics"（《连续性，对量子力学的一种解答》），*Philosophy of Science*（《科学哲学》），April 1953（1953 年 4 月）。运用非常类似于冯·诺依曼推理的推理，兰德证明：假定对于每个分子的运行细节都能给出原因，这会是矛盾的。

这种经验，那么，（毋庸置疑）理论的一切改善好像仅仅是计算的事情，而不再是观察的事情。仅当我们或者放弃严格的决定论，或者放弃"经验是可穷尽的"（宇宙是有限的）这一假设时，我们才能避免这种非常不合理的结果。让我们保留第一个，[110]并把我们自己限制于完整系统（其关于某一理论和某一模型的状态通常能在有限数量步骤之内被确定）。如果我们考虑（1）通过另一个系统来测量一个系统，其测量结果总是具有某一开放度，（2）此开放度不能减小为零，因为每个测量仪器的部件必定具有一定的广延（如果这些部件足够强固，可以把传递给它的效应再传递给读数装置）；另外，如果我们观察到——因为纯数学原因，一个预测系统（由实验工具和计算仪器构成）从来不能预测其自身的状态（顺便说一下，这个定理能被立即应用于宇宙学——如果我们没有假定计算的物理学家作为一种魔鬼存在于宇宙之外：宇宙学，即关于现存世界的神学物理学！），那么，得到如下结论：即使在一个严格遵循经典力学规律的世界中，也存在不可预测的、因而非决定的事件。[15] 如果我们考虑这一切，那么，我们越来越倾向于把宇宙决定论假设看作一种偏见，并把世界看作如其初看上去向我们呈现的样子：一方面，存在一系列可预测的事件；但是，另一方面，也存在许多不可预测的事件，所以，如果我们根据本体论的观点严肃对待我们的理论，那么，我们必须把这些不可预测的事件看作是没有原因的。于是，下面这一点也变得清楚了：量子理论的发现看起来如此令人惊讶，只是因为我们陷入决定论的哲学论点中——在这种情况下，此论点第一次挑战一种障碍，而这种障碍却使进行重新解释（在重新解释中，哲学家总是寻求拯救）的所有尝试变得不可能。我们经常所称的"物理学危机"（crisis in physics）也是某些哲学偏见的伟大而久久来迟的危机。

---

15. 请参见：K. R. Popper（波普尔），"Indeterminacy in Quantum–Mechanics and in Classical Physics"（《量子力学和经典物理学中的非决定性》），*British Journal for the Philosophy of Science*（《英国科学哲学杂志》），1951。

④
关于冯·诺依曼证明的评论（1956）

[421] 冯·诺依曼证明了基础量子力学的决定论解释的不可能性，玻姆（Bohm［1］）、德布罗意（de Broglie［2］）、魏泽尔（Weizel［5］）和其他人对此证明的批判表明其有一些弱点，但并未表明弱点在何处。在这一点上，最好的讨论是费恩斯（Fenyes［3］）的讨论。他证明，量子力学的一些被认为是其独特特征的结果，是其概率计算的被解释部分 P 的结果。这些结果适用于每个包含 P 的理论。但是，费恩斯的论证错综复杂，可用一种相对简单的思考来代替。这就是我在此短评中想要做的事情。

冯·诺依曼证明（NP）的目标是要证明：原子现象的每种决定论理论必然与量子力学矛盾，不管它是处理可观察量，还是处理"隐"变量（［4］，p. 171）。我们把这种主张称为 D。为了证明 D，两个语句 A 和 B 是充分必要的：正如冯·诺依曼所证明的那样，A 和 B 是从量子力学中得出的（［4］，pp. 169 ff.）。我们跳过这一步证明（其他人质疑其有效性，但并不正确），把我们的注意力集中于从 A 和 B 推导出 D。A 和 B 指涉原子系统的无穷集合｛冯·诺依曼接受米塞斯（Mises）的概率解释——请参见：［4］，pp. 158 ff. 和第 156 页上的注释｝，并陈述关于任何整体内测量值相对频率的命题。根据 A，不存在无分散的集合（scatter-free aggregate），即不存在其元素关于所有变量值一致的集合；根据 B，量子力学系统的每个集合能通过单元集合［单元集合是这样的集合：其（无穷）子集被同一频率函数刻画为自身］的混合来产生。现在，可以提出如下"问题"（the question）：

单元集合的分散不是源自这一事实：这些不是真实的状态，[422] 而仅仅是各种状态的混合——然而，为了识别真实状态，除波函数的

变量外，还需要其他变量［这些是"隐参量"（hidden parame-
ters）］……于是，通过对构成单元集合基础的全部真实状态取平均
（即通过对在这些状态中出现的"隐参量"值域取平均），就产生了
单元集合的统计。但这是不可能的，其原因有二：首先，因为相关的
统一集合能被描述为两个不同集合的混合，这与其定义相矛盾；其
次，因为不存在没有分散的集合……

也就是说，这种假设与 A 和 B 相矛盾。这基本上就是冯·诺依曼关于
D 的证明（［4］，pp. 170 ff.）。

为了正确评价此证明，现在，让我们回想一下：A 和 B（此证明以它
们为基础）从每个有趣的统计理论中得出（如从骰子游戏理论中得出）。[1]
根据 A，在这种情形中，没有点数将连续出现；根据 B，没有游戏系统
（无论设计多么智巧，只要保持其游戏概率条件不变）能导致形成这样的
子集合：它们把一种不同的结果（点数）分布显示为初始集合（在骰子游
戏中，通常情况下，初始集合的分布是 1/6、1/6、1/6、1/6、1/6、1/6）。[2]
然而，如果情况是这样，那么，以 NP 为基础（通过给那些单独在游戏中
使用的变量添加"隐变量"）得到对单一掷骰子更细致的描述（尤其是决
定论描述），这是不可能的。这也同样必定适用于气体理论——尽管我们
都认为（冯·诺依曼也如此，请参见：［4］，p. 109）：在后一情形中，存
在隐变量。但是，如果冯·诺依曼在这一点上的论证不正确，那么，该论
证在量子力学中也会是不正确的，因为此证明正是以相同假设（即 A 和 B）
为基础的。哪些别的假设被偷偷引入呢？

那就是假设（S）（请参见：［4］，p. 171）：决定论描述必定总是导致
无分散的集合。但是，该假设是虚假的。因为决定论主张：[423] 按时间顺
序相互衍生的事件是明确相互联系的（假定对它们的描述是完整的）；但

1. 我感谢波普尔教授（伦敦），他这样评论道：冯·诺依曼证明没有达到目标，因为它不仅对量
子力学有效，而且也对骰子游戏有效。

2. 换句话说，B 是根据所谓的被排斥游戏系统原理（根据米塞斯，在一系列事件中，它是随机
的必要条件）得出的。在与作者的讨论中，阿加西（J. Agassi）先生坚持 B 与上述原理具有同一性。

是，关于那些事件在某一时刻的分布，它什么也没有说。所以，在摇动过程中，没有人会怀疑骰子所经受的许多小的影响（与其他环境一起）会决定结果；纵然，绝不能由此得出：通过摇动，我们能重复这些影响中我们可能希望的一些影响，从而产生明显的集合（sharp aggregate）。冯·诺依曼相信：在经典情形中，S是被满足的。这里，他犯了错误——他自己的证明本应更好地使他受教益。他正确地假定：在量子理论中，S是没有被满足的——但是，检析经典情形表明：这一点并不例外，它没有使量子力学区别于经典情形。正确的结论是：无论统计假设出现在哪里，S都绝不能被满足；S与隐参量的存在或不存在无关。从NP得到的全部就是如下结论：隐参量（为更精确地描述统计过程而引入）将同样分散。

参考文献

［1］Bohm, D.（玻姆）: *Phys. Rev.*（《物理评论》），85，180（1952）.

［2］Broglie, L. de（德布罗意）: *La Physique quantique, restera–t–elle indéter-ministe?*（《量子物理学，它是非决定论的吗？》），Paris（巴黎）1953.

［3］Fenyes, I.（费恩斯）: *Z. Physik*（《物理学杂志》），132，81 ff.（1952）.

［4］Neumann, J. v.（冯·诺依曼）: *Mathematische Grundlagen der Quanten-mechanik*（《量子力学的数学基础》），Berlin（柏林）1930（费耶阿本德关于此书的评论被重印为本论文集的第17章）.

［5］Weizel, W.（魏泽尔）: *Z. Physik*（《物理学杂志》），134，264 ff.（1953）.

49

❺
互补性（1958）

一、引论

[75] 玻尔的互补性思想源自尝试构思一种关于微观系统运行的一致而全面（exhaustive）的图像。他论证赞同这种图像而反对其他图像，这部分基于经验研究，部分基于哲学分析。在本论文中，我给自己布置的任务就是阐明这种哲学分析所依赖的假设。

我将以如下方式来行文。在第二节中，我将讨论一个简单的例子，该例子讨论互补性思想所要说明的"悖论"（paradoxes）；而且，我将指出所提议的这种解决方案（solution）。在第三节和第四节中，我将用更一般的术语来讨论这种解决方案。我将发展玻尔关于如何把作用量子纳入（任何）量子理论的观点，并研究该观点的一些预设。我将对互补性原理进行陈述和说明。第五节把互补性应用于今天唯一融贯的量子理论（即基础量子力学）。我将介绍和批判哥本哈根解释。虽然这种解释基于一般理由会受到批判，但是，这种解释似乎受到它应该阐明的理论而非它的哲学元素的仔细分析的支持。在第六节中，我将探究这种支持能走多远，以及在什么程度上可以把它看作是对玻尔更一般的思想的一种支持。第七节研究互补性更广泛的应用，此外还研究下列问题：这种更广泛的应用是否（a）合理，以及是否（b）富有启发性。另外，此节还含有总结本论文的概要。

50   [76] 在写作本论文的过程中，我从与玻姆、科纳（S. Körner）和波普尔三位教授的讨论中获益匪浅，并从波普尔教授关于量子力学和一般科学方法主题的论文和讲座中受益良多。

二、二象性

关于光，下列实验事实是已知的：

（a1）光在各种介质中干涉、衍射和传播的现象能完全用波动理论

（或电磁理论）来解释。

（a2）干涉模式独立于强度。

部分通过波动理论在建造光学仪器中的无数成功应用，部分通过新近非常精确的实验（这些实验是由对哥本哈根解释中的怀疑促发的），上述这些事实得到牢固确立。[1]

实验还显示：

（b1）光与物质存在于可局域化的事件中；从电磁场传递给吸收物质的能量被集中在小的空间体积内。[2]

（b2）光的吸收和发射是具有确定方向的个别过程。[3]

（b3）在干涉模式的不同条纹中，强度的同时波动在统计上是独立的。[4]

[77] 在（a）的基础上，假定**光由波构成**（A）。1889年，赫兹（H. Hertz）写道："光是什么？自从杨（Young）和菲涅耳（Fresnel）的时代以来，我们就已经知道光是一种波动现象。我们知道波速、波长，我们知道它们是横波。总之，我们完全知道光传播的几何学性质。关于这些事情，一切怀疑都被清除掉了，对于物理学家而言，反驳似乎是不可想象的。因为所有人都可能知道光的波动理论是确定无疑的。"[5]

51

（b）中所指涉的实验已经证明：（A）不会是正确的。首先，根据（A），光所输送的能量将必定是同等分布于整个波动场，这与（b1）相矛盾。其次，根据波动理论，与单独发射作用相一致的场不具有合成动量，这与（b2）相矛盾。最后，在波动理论中，沿波前（wave front）可能发生

---

1. 我意指由雅诺西（Jánossy）和纳雷（Náray）所完成的实验。在由匈牙利科学院于1957年9月出版的一本小册子中，有关于这些实验的描述。

2. 这是光效应的结果。请参见：Richtmeyer–Kennard–Lauritsen（李希特梅耶—肯纳德—劳利特森），*Introduction to Modern Physics*（《现代物理学导论》），New York（纽约），1955。

3. 这首次由爱因斯坦以理论思考为基础推导出来。随康普顿效应（Compton effect）发现而来的实验分析证明了爱因斯坦结果的正确性。请参见：脚注2中的参考文献，以及康普顿自己在《自然科学》[*Naturwissenschaften*，Vol. 17（1929），pp. 507 ff] 中的报告。

4. 这是由瓦维洛夫（S. I. Vavilov）证实的。请参见他的《光的微观结构》（*Микроструктура Свэта*，Moscow，1950）。此外，请参见脚注1中所参考的小册子。

5. *Gesammelte Werke I.*（《全集I》），340。

的所有事件都由它们的相位来协调，这与（b3）相矛盾。为了说明（b）中所描述的经验，光的粒子理论复活了：**光由粒子构成（B）**。

　　显而易见，此假设也遇到了困难。它不能解释干涉所必需的相干性（coherence）。为了说明单个光子在迅速重新调整的干涉仪中的行为，需要近乎传心术的机制。[6]似乎也不可能把场作为一种统计实体来引入，因为这将允许粒子有时处于与能量守恒原理不相容的状态。甚至尝试通过承认超距作用来拯救这种粒子解释，也无法消除对波的需求；[78]因为粒子的行为不取决于整个宇宙，而是仅取决于沿其波前的情形。这迫使我们依靠波动理论。我们可以把这些结果总结如下：把关于光（我们可以补充，关于一般的物质）的已知事实分为两类——（a）和（b）。第一类事实（与粒子理论矛盾）能用波动理论来全面而详尽地说明。第二类事实（与波动理论矛盾）能用粒子图像来全面而详尽地说明。没有已知的物理概念系统能给我们提供一种说明来涵盖并相容于关于光和物质的全部事实。这被称为光和物质的二象性。

　　对于一个物理学家来说，如果他把光（和物质）设想为根本上是一种单一而客观的实体，那么，这种情形就构成了一个挑战。对他而言，这种情形证明此刻现成的理论是不充足的。所以，他认为下面这样做是适当的：探寻一种足够一般的概念系统来解释光和物质的波动和分立特性，但又不给这两种特性中的任何一种赋予普遍有效性。他将强调这种新理论（甚至任何理论）必须满足两个要求。它必须是经验充足的，即它必须包括（a）和（b）中所提及的事实，在相互排斥的条件（用它的一组参量来系统阐述）下，这些事实是近似有效的。此外，它必须是普遍的，即它必须具有这样的一种形式，这种形式允许我们说光是什么，而不是允许我们说光在各种不同条件下看上去是什么。当然，他不能保证满足这两个要求的理论会被构造出来。但无论如何，对他而言，存在两种非全面而互补的描述仿

---

　　6. 例如，请参见：Max Born（玻恩），*Optik*（《光学》），Berlin（柏林），1933，p. 465；以及 W. Pauli（泡利），*Handbuch der Physik*（Geiger–Scheel）[《物理学手册》（盖革–希耳）]，Vol. XXIII（1925）（第23卷），p. 81。

佛是一种历史意外，是科学发展的一个不满意的过渡阶段，应该而且可以用新思想来克服。[79]这种态度背后的科学程序理想将被称为（后面将说明其原因）经典理想。很清楚，这种经典理想与实在论观点密切相连。[7]

可以用如下说法来引入玻尔的观点：它正好与刚才描述的态度相反。对于玻尔来说，光和物质的二象性不是缺乏满意理论的糟糕结果，而是微观层次的基本特征。对他而言，存在这种特征表明，我们不仅必须修改光和物质的经典物理理论，而且还必须修改经典说明理想（D 317）。[8]他写道："认为可以通过用新的概念形式最终取代经典物理学概念来避开原子理论的困难，这是一种误解。"（A 16）我们"必须准备……接受这样的事实：对同一对象的完整阐明可能需要违背唯一描述的多种不同观点"（A 96）。许多物理学家已经表达了他们的如下信念：微观层次的这种特征是最终的，是不可改变的。如何捍卫这种信念呢？

最常见的论证建基于实证论观点之上。根据实证论，"科学的概念系统和理论不是企图超越经验来理解事物的'本质'（essence），而是对我们的感觉经验进行记录和排序的辅助系统"。[9]显然，一个物理学家如果赞同此原理，那么，他将把二象性解释为"原初给定的某种东西"，"无须说明"。[10][80]他不尝试发现一种新的统一的概念系统，这不是因为已经证明这种系统与物理学相矛盾，而是因为任何这种尝试都将与其作为实证论者的哲学良知相冲突。他反对上述所称的经典说明理想，这在很大程度上是由哲学分歧和接受不同的说明理想（即通过纳入预测系统的说明）而促发的。许多物理学家（特别是哥本哈根学派的那些物理学家）认为这种向实证论的

---

7. 关于对经典理想及其与实在论联系的非常好的一种描述，请参见：K. R. Popper（波普尔），"The Aim of Science"（《科学的目标》），*Ratio*（《理性》），Vol. 1（1957），pp. 24 ff。

8. 文中将使用下列缩写："A"代表论文集《原子理论和自然的描述》（*Atomic Theory and the Description of Nature*，Cambridge，1934）；"E"代表《在世哲学家文库·爱因斯坦卷》（the Einstein-Volume of the *Library of Living Philosophers*）中收录的玻尔的论文；"D"代表玻尔在《辩证法》[*Dialectica*，7/8（1948），pp. 312 ff]上发表的论文；"R"代表玻尔发表于《物理评论》[*Phys. Rev.*，Vol. 48（1936）]上的论文。

9. P. Jordan（约尔丹），*Anschauliche Quantenmechanik*（《简明量子力学》）（1936），p. 277。

10. *Loc. cit.*（同上），276。

转变是理所当然的事，完全没有意识到所涉及的哲学背景的变化。波普尔的下列评论适用于他们："由贝拉明（Bellarmino）红衣主教和贝克莱（Berkeley）主教创立的物理科学观点，没有多放一枪，就已经赢得了战斗。"[11]

我不认为该评论能适用于玻尔自己。尽管在他的论著中存在偶尔的模糊性，尽管也存在某些不一致（很可能把它们解释为非批判地接受实证论观点），但是，玻尔有意识地关注一种新的说明模型的发展，这种新的说明模型理应促使形成对微观现象的理解和对这种现象进行描述的理论。他提出论证，论证为什么他认为就二象性来说，经典程序不可能成功。他能够用某些理由（请参见第六节）指出：存在一种形式系统（即基础量子力学）支持他的观点，但是，如果我们试图把这种形式系统分析为一种普遍理论，那么，它将造成很大困难。

在下面两节中，玻尔的观点将被逐步展开。我将尝试证明：它是一致的，它已在物理学中促发了重要成果，因此，不能轻易抛弃它。此外，[81] 这种观点原来与实证论的如下观点密切相关：本质上，经典说明模型与互补性之间的争论是古老的实证论与实在论之间争论的具体例子。在处理这种争论过程中，我将主要关注其在量子力学中出现的形式，而不关注解决这种争论，因为我已在别处尝试解决它了。[12]

三、哲学背景

玻尔在分析物理概念时，受到两种哲学思想指导，这两种思想如此简单，同时又如此普遍，以致物理学家或者易于把它们认为是显而易见的，或者易于完全忽视它们。然而，玻尔方法的有效性完全取决于这两种思想的有效性。

第一种思想是"没有形式，就不能把握内容"（E 240），更具体地说，

---

11. "Three Views Concerning Human Knowledge"（《关于人类知识的三种观点》），*Contemporary British Philosophy*（《当代英国哲学》）Ⅲ（1956），p. 8。

12. "An Attempt at a Realistic Interpretation of Experience"（《对经验进行实在论解释的一种尝试》），*Proc. Aristot. Soc.*（《亚里士多德学会会报》），1958（重印于《哲学论文集》第 1 卷第 12 章）。

54

"在我们习惯的观点和感知形式框架内，任何经验都会有其显现"（A 1）。这种思想表明，在一个重要的方面，玻尔的哲学不同于实证论。根据实证论本身，知识的形式元素被限制于我们用来对我们的经验进行整理的规律。经验自身不拥有任何形式性质，它们是无组织的简单元素（诸如色感、触感等）。然而，根据玻尔的理论，甚至我们的经验（因而我们的思想）也是被"类别"（categories）（E 239）或"感知形式"（forms of perception）（A 1，8，17，22，94，etc.）组织起来的；如果没有这些形式，它们就不能存在。

　　玻尔的第二种思想是"新现象超越经典物理学说明范围无论多么遥远，解释一切证据都必须用经典术语来表达"（E 209；A 53，77，94，114；D 313；R 702），这意味着上面所指涉的"感知形式"是（而且将总是）经典物理学的那些感知形式。[82]"我们绝不能摆脱那些感知形式，它们影响我们的整个语言，所有经验最终必须用它们来表达"（A 5）。根据第二种思想，第一种思想所假定的感知形式是强加给我们的，不能用不同的形式来取代（即使想要取代）。这表明玻尔的观点仍然保留了一种重要的实证论元素。尽管他承认科学经验比实证论者所预设的直接经验复杂得多，但他好像仍然认为这种更复杂的经验是"给定的"（given），不能对其做进一步的分析。因此，有人可能把玻尔的观点称为高级的实证论。

　　把刚说明的两种思想与二象性联系起来，可以得到其一个更具体的陈述。正如在第二节中所指出的，关于光和物质的经验分为两组。用波动理论能把第一组经验统一起来，用粒子图像能把第二组经验统一起来。然而，这两种经典理论作为允许我们用节约方式来概括和统一大量事实的工具不仅是重要的，甚至如果没有波动理论（的关键术语）就不能陈述第一组的事实。如果没有把波动理论用来建造适当的仪器和解释用其测得的结果，也就不可能实验测定诸如第一巴尔末系（Balmer line）的波长之类的物理量。同样，为了解释能量和动量守恒，也需要光量子的思想（A 17，113）。玻尔写道，"只有借助于经典思想，才可能把模糊的意义归属给观察结果"（A 17），"才可能给光和物质的本性问题赋予明确内容"（A 16）。

55

当然，下面的说法是非常正确的：目前"我们所知的每个实际的实验都是借助于经典术语来描述"的，而且"我们不知道如何不同地去做这些实验"。13[83] 此外，如果没有这种术语体系和经典物理学方法，许多事实既不能被确定，也不能被陈述，这也是得到认可的。抛弃经典物理学的概念和思想，不是如实证论者所希望的那样促使形成"知识基础"（foundations of knowledge），而是导致知识的终结。但是，是否由此得出"只有借助于经典概念"（A 17）才能获得并报告我们的经验呢？换言之，是否由此得出"我们从来不能超越经典框架及其特有的事实，关于我们全部的实验知识的融贯解释是不可能的"这样的结论呢？

显而易见，在当前物理学中使用经典概念绝不能证明这种假设是合理的。因为可以发现一种理论，其概念工具（当被应用于经典物理学的有效范围）正如经典工具一样综合和有用，但二者并不一致。这种情形绝不罕见。行星（水星除外）、太阳和卫星的运行能用牛顿定律和广义相对论来解释。牛顿理论引入我们经验中的秩序得以保留，并由相对论得到改进。这意味着相对论的概念足够丰富，从而允许我们陈述以前借助于牛顿物理学来陈述的一切事实。然而，这两组概念完全不同，且相互之间没有逻辑关系。

一个甚至更引人注目的例子是由众所周知的"魔鬼显现"（appearances of the devil）这类现象提供的。这些现象用"魔鬼存在"这种假设和某些新近的心理学（和社会学）理论得到解释。这两种说明系统所使用的概念绝不相互关联。然而，抛弃"魔鬼存在"这种思想并没有导致经验混乱，因为心理学系统足够丰富，从而能够解释已经引入的秩序。[84] 从这些及许多类似的例子中，能得到如下教益：虽然在报告我们的经验时，我们使用，而且必须使用某些理论概念，但是，没有由此得出这样的结论——不同的概念将不会同样好地完成任务，或者，将不会因为更融贯而更好地完成任务。毕竟，这只是如下古老真理的一个实例：在某些条件

---

13. C. F. v. Weizsäcker（魏茨扎克），*Zum Weltbild der Physik*（《物理学的世界图像》）（1954），p. 110。

下，不同的事物可以看起来正好相像。因此，经典"感知形式"的持久性不能通过分析目前"使用"（use）经典术语来证明其合理性。14

也不能通过分析"观察的思想"（the...idea of observation）（A 67）来证明其合理性。根据这种分析（在玻尔的作品中，还可以找到这种分析的几个部分），实验的成功和有用性预设了：（a）所用仪器的部件以非常确定的方式相互作用，从而给出确定的结果；（b）这种结果是主体间有效的，这意味着它的描述允许在时空中客观表示（毕竟，交流过程是发生在普通时空中的一种过程）。经典事件满足这两个条件。所以，在报告实验结果时要使用经典术语的要求，不外乎是一种"简单的逻辑要求"（simple logical demand）（A 313）。对于此论证，必须提出两种反对意见。第一，我们只能说经典概念系统满足因果性和主体间性的条件，我们不能说它是唯一满足这些条件的系统。第二，正如这些条件所陈述的，它们过分严格。下列要求是充足的：在实验层次上，即在对宏观仪器和宏观生物（人类观察者）有效的特定条件下，可以忽略可能（新理论可能蕴含的）存在于观察者和被观察情形之间的任何依赖性，也可以忽略对正常时空框架的任何偏离。于是，（在实验层次上）通向对观察者独立和正常时空框架适当近似的任何新的普遍理论，[85]都将满足上面提到的"逻辑要求"（logical demands）。因此，在我们迄今分析的两种论证中，没有任何一种论证看起来保证经典感知形式的永久性。

57

现在，玻尔似乎怀疑有可能发现一种超越经典框架的普遍理论。他强调，"人创造概念的一般能力"存在极限，更加特别的是，"认为可以通过用新的概念形式最终取代经典物理学概念来避开原子理论的困难，这是一种误解"（A 16）。这表明我们可能仍然在忽视某种论证：这种论证必定成为赞同经典概念持久性的一种决定性论证。

就我所能想到的而言，仅仅留下两种进一步的论证。第一种论证始于如下假设（我们将称之为假设 P）——我们仅仅发明这种由观察所激发的

---

14. 关于这方面更细致的分析，请参见在脚注 12 中所提及的我的论文。

思想、概念和理论。玻尔写道："仅仅通过经验自身，我们认识到那些规律，正是那些规律给予我们关于各种现象的综合观点。"（Ａ1）它使用了玻尔和海森堡强调的如下（心理学—社会学）规律：用来说明和预测事实的任何概念系统都把它自身印刻在我们的语言、实验程序、期望以及（从而）感知上。可以把此论证概括如下：如果假设 P 是正确的，那么我们发明新概念系统的能力存在上限，从而经典方法的有用性也存在上限。一旦理论变得如此一般，以致没有可想象的事实超出其应用范围，那么就将达到这种上限。在这种情形中，它们（给以充足的时间）把它们自身印刻在我们全部的经验上，这意味着经验将不能再激发新理论。在我看来，玻尔深信"我们不能超越经典概念"这个信条，有如下三个方面的原因：[86]

58　（1）他令人钦佩地洞察到使用非常一般的理论对我们的语言、感知、思想和方法所造成的影响；（2）假定经典物理学足够一般，从而通过所述方式已经影响了我们全部的感知；（3）相信经验是我们思想的唯一源泉。

如果没有批判，就既不能接受此信条，也不能接受推出这个信条的论证。首先，因为经典概念应用范围不像人们可能想的那样普遍。有许多情形超出了此范围，如个人意识、生物的行为、社会规律等。其次，即使全部事实确实激发了一种利用某一概念系统的解释，那么只要存在可以被转化成新物理理论的抽象（形而上学的或其他的）世界图像，发明不同的系统就不一定是不可能的。毕竟，亚里士多德物理学取代了普遍的神话，接着，伽利略、牛顿和爱因斯坦的物理学又取代了亚里士多德物理学。这令人信服地证明：文艺复兴（以及更早）以来所使用的科学概念不是经验的产物，而是"自由心灵的创造"。[15] 总结如下：无论（2）或（3）都不能被接受。对于我们的思想和经验之间的关系，假设 P 没有给出正确的解释。

然而，该假设还有我们未分析的第二个方面。如果一位激进的经验论者相信"……在我们描述自然时，其目标并不是揭示现象的真实本质，而

---

15. A. Einstein（爱因斯坦），*Ideas and Opinions*（《思想和意见》），London（伦敦），1954，p. 291；Cf. also（还请参见）H. Butterfield（巴特菲尔德），*The Origins of Modern Science*（《近代科学的起源》），London（伦敦），1957。

是仅仅（尽可能）追查我们的经验的许多方面之间的相互关系"（A 18），那么，他将不愿意使用其概念没有明显事实基础的理论[87]（即使他本来能发明那些理论）。16 对他而言，"每种理论都有其经验基础"这一断言将不具有描述性陈述的作用，而是起到这样的作用——要求不接受任何没有以有点儿明显的方式来"反映"（mirror）事实的概念系统。但是，在这种情形下，"人创造概念能力的一般限制"（A 96）不是由于缺乏想象力，也不是由于阻碍物理学家超越经典思想的人类能力的某些自然限制，而是由于（或多或少是有意识的）决定不要超越经验中给定的东西，或者用不同的术语来表达，就是由于采用归纳主义方法论。在我看来，互补性思想在下面的意义上是模棱两可的：既可以把它解释为对实际事实的描述，也可以把它解释为关于"假若采用某一程序并满足某些要求，那么将会是什么情况"的描述。

如果采用归纳主义方法论（"仅考虑这种有经验基础的理论，仅使用这种有经验基础的概念"），那么对于说明的经典理想而言，将存在上限（请参见如上所说）：或者纯粹的归纳主义物理学迟早必须放弃用普遍理论来说明的思想（至少，它使得使用普遍理论成为不合规的），并考虑说明的新形式；或者它将陷入停滞状态。在量子力学中所发生的正好是这样。经典物理学如此一般，以致没有可想象的物理事件超越其可应用性的范围。因此，在满足归纳主义要求的理论中，没有一个理论能包含经典术语外的任何术语。所以，如果要从根本上解释作用量子，那么，将不得不以全新的程序类型为基础。玻尔认识到并迎接了这种挑战，他发展了一种保留归纳主义并还能与物理学相容的一致的观点。预料以后的结果，我们可以说：根据这种观点，说明不在于[88]使事实与一种普遍理论相联系，而是在于把事实纳入一种预测系统，而且在这种系统的概念中，没有哪一个概念是普遍可适用的。下列问题出现了：我们是否被迫采用这种观点？

答案似乎是否定的。存在没有止于经验而是设法以更深刻的方式来说

16. 但是，当然要预料到下面这一点：这种归纳主义偏见将严重削弱他的发明能力。

明经验的理论，[17]审视这些理论的成功表明，玻尔观点背后的归纳主义理想具有替代者，这种替代者已经是非常成功的，而且也没有面对可适用性的任何上限。存在放弃这种替代者的任何理由吗？这就把我们引到了我想在本节中所思考的最后一个论证（赞同经典感知形式永久性思想）。

　　这个最后论证在于指出：只有我们目前拥有的融贯的量子理论（基础量子力学）才能被解释为预测经典可描述情形的工具，但它不易适合于用（a）非经典的和（b）普遍可应用的概念所作的实在论解释。显而易见，此事实不能强迫我们抛弃经典理想。因为从"玻尔的说明模型（纳入预测系统）能在某一层次变得有效"这一事实，没有得出如下结论：实在论理想（包含在其原始概念是普遍可适用的一般理论中）不能在那一层次变得有效；甚至，更没有得出这样的结论：将不得不永远抛弃这种实在论理想。此陈述仍然有效，即使存在一种大意如下的证明（有时，冯·诺依曼证明被用于那种目的）：没有微观现象的实在论理论会与基础量子力学的目前形式相容。因为正如上面所指出的，[89]通过证明微观现象的实在论解释把基础量子力学作为一种近似包含进来，从而已经确立了它的充足性。因此，它可能与量子力学矛盾，但没有违反理性说明的实在论要求。这意味着微观现象的实在论理论的可能性并不依赖于能否给出基础量子力学的实在论解释。**对于实在论者而言，二象性问题的解决办法不是在很可能无论如何只是预测系统的理论的替代解释中找到，而是在尝试构想一种全新的普遍理论中找到。**我们在本节中已经证明了如下结论：物理学和哲学都不能提供大意为"这种理论是不可能的"的任何论证。

　　用一个引文和如下评论来总结本节看来是适当的：前面所述完全反驳了此引文。该引文来源于罗森菲尔德（L. Rosenfeld）论述互补性观点的一篇论文：[18]"这儿，并没有呈现给我们这样一种观点：根据它是否与某一哲学标准一致，我们可以接受它或拒绝它。它是我们的思想适应原子物理学范

---

17. 关于理论"死亡"的概念，请参见脚注7中所参考的波普尔的论文。

18. Louis de Broglie（德布罗意），*Physicien et Penseur*（《物理学家和思想家》），Paris（巴黎），1953，p. 44。

围的新实验情形而产生的独特（*unique*，斜体为我所加）结果。因此，我们必须完全是在经验层面上……来判断新观念是否以满意方式来起作用。"

四、经典物理学互补性的一般化

在本节中，将对玻尔称之为"经典物理学的自然一般化"的预测工具进行更细致的分析。一方面是这种一般化，另一方面是通常意义上的物理理论，二者之间的差异要特别强调。

我们从如下问题开始：经典概念和经典感知形式的永久性思想（或要求——请参见上一节）如何能与这样的事实（经典物理学与作用量子矛盾）相调和？

[90]根据玻尔的思想，一种调和是可能的，如果我们对"这些概念采用一种更自由的态度"（A 3），从而认识到它们是"理想化"（*idealizations*）（A 5；原文即为斜体）或"抽象"（abstractions）（A 63），它们适合于描述或说明依赖于作用量子的微小尺度，因此，如果把它们应用于新的实验范围，则必须"受到小心处理"（A 66）。"分析基本概念"（A 66）必须揭示它们在这些新领域受到的限制（A 4，5，8，13，16，53，108）；"为了避开作用量子"（A 18），则不得不构想使用它们的新规则。这些规则必须满足下列要求：（a）它们必须允许用经典术语来描述任何可想象的实验；（b）它们必须"为新规律提供空间"（R 701；A 3，8，19，53），特别是，为作用量子提供空间（A 18）；（c）它们总是引向正确的预测。如果我们想保留"要用经典术语来描述经验"这一思想，那么，需要（a）；如果我们想避免与作用量子的任何冲突，那么，需要（b）；如果这组规则要像通常意义的物理理论那样具有效力，那么，需要（c）。满足（a）、（b）和（c）的任何一组规则被玻尔称为"经典描述模式的自然一般化"（A 4，56，70，92，110；D 316；E 210，239）或"经典电子理论的……重新解释"（A 14）。"把量子理论看作一种经典理论的理性一般化，其目的是系统阐述……对应原理"（A 70，37，110）。对应原理是一种工具，运用这种工具可以，而且已经完成所需的一般化。玻尔好像假定：任何未来量子理论只

61

能是经典物理学在刚刚说明的意义上的一种理性一般化。在这方面，绝大多数物理学家都追随他。现在，我们将更详细地检析这种一般化的性质。

全部的自然一般化（因而根据玻尔，任何未来量子理论）的最基本的性质是：它们把二象性作为一种没有说明而被接受的基本特征。[91]确实，（a）类和（b）类的所有实验（请参见第二节）分别能被波动理论和粒子理论整理有序和正确预测。这一事实表明，如果使用这两种理论的概念，但没有出现 A 断言和 B 断言中所表述的实在论主张，那么就不必抛弃它们。以这种更"自由"（liberal）的方式来使用它们（A 3），它们将能使我们充分利用它们在各自领域内所拥有的巨大预测力，而不再导致产生与其普遍（客观）有效性假定相关的悖论。所以，走向经典物理学的"自然一般化"的第一步，就是把经典概念看作仅是"能使我们用一致方式来表示现象的本质方面的权宜之计"（A 12）；或者，换言之，它就是清除它们的实在论偏见。第二步就是构想一组规则来处理如此纯化的经典概念，这些经典概念满足（a）和（c）[一旦完成第一步，就满足（b）]。显然，这两步都没有导致（或将导致）消除有利于融贯解释的二象性。

其次，人们应该注意自然一般化和在伽利略、牛顿和爱因斯坦的"经典"（classical）意义上的物理理论之间差异。一个物理理论是可被用来说明某一范围的事实的普遍陈述。这种说明（在经典意义上）在于表明：这些事实是能用那个理论的术语来表述的一般规律的实例。另外，自然一般化的概念不允许普遍应用，因为它们已被"纯化"（purified）掉了其实在论偏见。因此，从自然一般化中推导出经典情形并不等同于上述意义的说明。在本来意义上，这甚至都不是一种推导。因为推导不是经典情形的描述，而是没有客观指涉的一种陈述：这种陈述的概念仅仅是"能使我们用一致方式来表示现象的本质方面的权宜之计"（A 12，请参见前面）。[92]这尤其适用于经典力学自身。经典力学的术语含有多余的意义，这些意义没有蕴含在自然一般化的纯化概念中，也绝不能从它们中得到。由此得出如下结论：（α）不能把经典理论"简单看作是作用量子消失的极限情形"（A 87）；（β）即使在确立某种自然一般化后，经典物理学仍可以为进一步的发展提供指导（A 88）；（γ）在某种意义上，量子力学（被解释为经典物理学的自然一般化）比经典物理学更贫乏。因此，尝试对原子层次的事实给出普遍解释的任何未来理论都将必须利用量子力学结果和经典物理学理论两者。这种新奇的情形（新奇，是因为迄今为止，每种理论都把其可适用性范围的全部一般事实作为特例而包括进来了）已被玻姆做了适当的强调，并在其哲学中起了重要作用。此外，它还表明：玻尔的程序（从使用普遍理论过渡到使用预测工具）仅仅延迟了归纳主义的崩溃。因为一旦对应原理已经穷尽了经典概念的内容（这迟早一定要发生），那么，对于一位归纳主义者而言，没有进一步进展是可能的；他既不能在普遍理论的基础上（这已经被玻尔自己证明了——请参见上一节），也不能在预测工具的基础上，来提升物理学。只有在清除归纳主义教条自身并回归到经典说明模式后，才将产生进一步进展。[19]

[93] 再次，不涉及纯化概念可适用的条件，满足（a）和（c）（请参见本节的开头）的任何一组规则都将是不完整的。在经典物理学中，没有出现这种涉及，是因为有这样的假定：在经典物理学可适用的任何地方，经典概念都可适用。然而，为了避免二象性和作用量子，这些概念已被"纯化"（purified），并变成预测工具，而这些预测工具仅在经典层次的某些部分是成功的。于是，任何理论如果想利用其预测力达到极致，而没有陷入被反驳的危险境地，那么，它将必须指出其可适用性限制，而且用经典术语来指出。因此，由自然一般化产生的描述或预测由两部分组成，即：（1）为了预测（或描述）的目的，应用一组经典术语（例如，波动图像的术语）；在经典物理学内，这部分已经是逻辑完整的。（2）关于这些术语的适用条件的陈述。这些条件可能是在测量过程中有意准备的，或者它们可能是在自然界某一部分中（如在太阳内部）独立发展的结果。把（2）和（1）分

---

19. 一些物理学家仿佛认为已经实现了这一点。德布罗意写道："……今天，波动力学的诠释力……在很大程度上看起来是穷尽了……概率解释的提倡者自己（好像不是很成功）设法引入新的甚至更抽象的观念……"（*La Physique quantique, restera-t-elle indeterministe?*（《量子物理学，它是非决定论的吗？》），Paris，1953，p. 22）。然而，在我看来，德布罗意提倡的回到时空图像似乎不是一种理想的解决办法。

离开而没有使描述不完整，这是不可能的；或者，如果这种分离意在导致
形成对（1）的一种客观（和普遍）的解释，而没有遇到悖论，这也是不
可能的。正如在经典物理学内，（1）被用来描绘客体（粒子、波）独立于
其环境的行为；因为（2）通常包含关于实验设置的描述，所以，这种情
形可以被表述为［用"实质的言语模式"（material mode of speech）］如下
说法："在客体的独立行为及客体与限定参考框架的测量仪器的相互作用之
间，不能做出明确分离。"（D 313；E 224）

　　玻尔把"在特定环境中所获得的观察（包括对整个实验的解释）"总
和称为现象（E 237 f；D 317）。[94]一种现象是被逻辑完整的语句所描述
的东西。正因为如此［不是因为存在"不可分的量子"（indivisible quan-
tum），把客体与测量仪器耦合到一起］，必须在如下意义上把它看作是一
种不可分的团块，甚至在概念上，它也不允许分析为被观察的客体和观察
的机械装置。确实，只有通过再次赋予在完整描述的部分（1）中使用的
经典概念（其中一些）实在论偏见（这种程序必定马上带回到第二节中所
概括的悖论），任何这种细分才将是可能的——在自然一般化的框架内。

　　尽管存在这些变化，但仍有可能保留物理客体这种有用的概念。但
是，这种客体现在被仅仅刻画为一组（经典）表象，没有给出关于其本性
的任何标征。互补性原理基本特征在于断言——这是能在微观层次上运用
客体概念（如果使用它）的唯一方式；以及在于描述——微观客体的不同
侧面（或表象）相互联系的方式。它依赖于（根据迄今所述，这是显而易
见的）在第二节中解释的二象性（和作用量子）这一事实，也依赖于决定
（请参见第三节）用经典物理学的"自然一般化"，而不是用一种全新的理
论来克服与这一事实相关的困难。因此，有人可能说：互补性原理是隐含
在对应原理中的倾向性的一种自然结果。总之，互补性是一种以二象性为
基础的描述，它描述经典概念在预测系统内（对于玻尔来说，这些预测系
统在原子层次上取代经典物理学）的出现方式（此外，请参见 D 314）。

　　互补性的明显结果有待发展。这些结果为以下几个。结果（1）：非决
定论。这种非决定论不是由于缺乏[95]可能造成微观系统行为变化的原因，

也不是由于所谓的观察作用对微观客体所造成的干扰。前面论述了不可能把一种现象划分为客体和干扰客体的测量工具，这种不可能性将确实表明：任何这种说明是基于对我们在量子力学中所面对情形的一种不充足解释（被解释为经典物理学的自然一般化）。这种非决定论是由于如下事实：在互补描述模式中运用的不同图像，不允许在纯运动学意义上对运动和变化做出一种统一解释（请参见 A 57 ff.）——这种解释蕴含着必须把概率（如果概率进入系统）看作是不可缩减的。结果（2）：意在描述原子客体的任何语句具有不可分性，它是由现象的团块特征和对某些条件的依赖所致。结果（3）：如果改变这些条件，那么在我们的描述模式中出现了突然断裂（例如，当原子撞击闪烁屏时，从波动图像突变成粒子图像），不是因为屏和原子物质波（请参见第一点）之间的物理相互作用，而是因为任何描述对其所描述的实验情形的逻辑依赖（在自然一般化内）。结果（4）：与互补性思想一起运用下列方程：

$$E=h\gamma \qquad\qquad P=h/\lambda \qquad\qquad （1）$$

我们将得到如下结论——"在经典描述模式中统一的特征的分离"是必要的（A 19）——一方面是与给定系统在日常空间中的构型相联系的全部特征，另一方面是与该系统运动相联系的特征，这两方面的特征相分离是必要的。通过详细分析波动现象和粒子现象相互限制的方式，[96]海森堡成功推导和解释了他的不确定性关系。[20]这种分析意味着证明了互补性观点的一致性。

五、哥本哈根解释

如果把量子力学看作"经典描述模式的自然一般化"（A 58），并把一切已被证明适用于这种一般化的结果应用于它，那么，我们就得到这种理

66

---

20. 请参见他的《量子力学的物理原理》（*Physical Principles of Quantum Mechanics*，Chicago，1930）。

论的哥本哈根解释。

这种解释的最重要的结果是：该理论的特有标志，如波函数（必须把波函数与我们运用互补性时提及的物质波明确区分开来）或厄米算符（Hermitian operator），没有被解释为在量子层次上取代经典物理学概念的新概念，而是被解释为"关于在用经典术语描述的实验条件下可获得的信息……推导预测"的工具（D 314）。此外，还得到如下结论：用量子理论的标志对经典层次进行完整解释，这是不可能的。[21] 于是，这个层次特有的光和物质的二象性仍是该理论一个基本特征，的确，也是任何未来量子理论的基本特征。任何这种理论都意味着刻画（借助于经典概念）原子客体在不同环境中的表象方式。这些表象被分成相互互补的类别。非决定论、不可分性和在原子客体发展中存在突然断裂［"波包收缩"（reduction of the wave packet）］是基础量子力学特有的其他特征，而且，根据许多物理学家的意见，它们也是任何未来微观层次理论特有的特征。

[97] 哥本哈根观点因坚持一些早期思想［特别是，存在"量子跃迁"（quantum jumps）的思想］而产生某种模糊性，在这儿讨论这种模糊性似乎是可取的。（玻尔在早期作品中以及海森堡和哥本哈根观点的某些别的追随者）已经通过援引如下事实来试图为发生在测量过程中的突然变化辩护：在量子层次上，测量工具对客体的干扰不能被忽略（A5，11，15，54，68，93；D 315）。玻尔写道："任何观察都迫使对现象过程有一种干涉，这种干涉具有这种本性，以致它剥夺我们"继续使用测量开始前还是充足的概念的可能性（A 115）。海森堡指出："量子理论和经典理论之间最重要的差别在于这样的事实——在观察时，我们必须考虑实验对所研究系统的干扰。"[22] 这部分哥本哈根解释的不足被爱因斯坦、波多尔斯基（Podolsky）和罗森（Rosen）在一篇论文中揭示出来了，而且，那篇论文在量子

---

21. 海森堡写道："在第一个例子中，量子理论已经反驳和取代了经典力学，这看起来似乎是合理的。然而，如果人们记住经典物理学概念对于描述与量子理论相关的实验来说是必要的，那么就不能坚持这种观点"［*Syllabus of the Gifford Lectures*（《吉福德讲座纲要》），1956，p. 8］。

22. *Naturwissenschaften*（《自然科学》）（1929），p. 495。

力学解释的发展中起到了决定性的作用。[23] 在那篇论文中，他们证明了如下结论：（根据基础量子力学的形式系统）物理操作（如测量）可能导致一个系统的状态突然变化，而该系统却与进行测量的范围没有任何物理相互作用。显然，这些变化不能是"实验对所研究系统干扰"的结果。在他的答复中（R 695），玻尔区分了如下两个方面："力学干扰"（mechanical disturbance）和"对确定关于系统未来行为预测的可能类型的真正条件的影响"。在后期作品中，他"特别警告要当心经常[98]在物理文献中发现的说法，如'观察干扰现象'或'测量创造原子客体的物理属性'"（包括他自己的早期作品——请参见：A 53 ff. 和上述引用的其他参考文献）；他还要求注意上节讨论的物理现象的团块特征（E 237）。在我看来，这是"自然一般化"能解释发生在测量期间的过程的唯一合理方式，以纯形式方式［即通过使用方程（1）］引入作用量子是充分的。

　　这些是哥本哈根解释的一些要素。这种解释是否提供了基础量子力学的充足图像，仍有待我们探究。这种探究似乎是合意的，其原因有二。首先，因为从历史角度来说，只有在发明了基础量子力学的形式系统后，哥本哈根解释才是完整的。其次，因为发明这种形式系统的某种数学表达（即波动力学）是由完全不同于哥本哈根学派思想的思想激发的。[24]

68

六、基础量子力学

　　为了保持在一篇短论文的限度内，我将仅研究哥本哈根观点的两个结果，即断言（1）——基础量子力学不允许实在论解释；以及断言（2）——在适当的（即非纯化的）意义上，经典概念是由量子力学预设的，而不能由其推导出来。原来，这两个结果不是完全正确的，这仿佛开启了量子力学实在论解释的可能性。然而，应该重申一次（参见第三节结尾），实在

---

23. *Phys. Rev.*（《物理评论》），Vol. 47（1935），777. ——关于不同的批判，请参见：E. Schrö-dinger（薛定谔），*Naturwissenschaften*（《自然科学》），Vol. 22，p. 341。

24. 因此，下面这种做法好像有点自命不凡：像海森堡那样［参见他在《玻尔和物理学发展》（*Niels Bohr and the Development of Physics*，London，1955）中的论文］，断言这种形式系统自身是哥本哈根解释的组成部分。

论情形绝不依赖于这种可能性。

[99] 断言（1）常常通过证明如下两点来得到辩护：（a）量子力学所用的经典概念不允许普遍应用，（b）也不能对 ψ 函数（该理论特有的非经典标志之一）进行实在论解释。在证明（a）时，指出原子客体（如电子、质子等）既不能是粒子也不能是波。在第二节中，已经讨论了粒子解释和波动解释二者的困难。但是，因为依赖于二象性已经意味着接受哥本哈根的观点，所以，我们不得不思考仅仅基于量子力学（根据玻恩的解释）和一般物理学的反对理由。在粒子解释的情形中，某种反对理由是（α）——构想粒子干涉模型的困难。为了更具体地理解这种困难，我们思考（β）——人们熟知的穿越势垒现象。这种现象的任何粒子模型将不得不假定：在此过程中的某些时间，粒子停留在势垒内，这与能量守恒原理相矛盾。

与刚提到的困难紧密相关的另一种困难是这样的事实（γ）——与纯态相对应的统计系综在如下意义上是不可还原的：它们没有包含任何具有不同于它们自身的统计性质的亚系综（这是冯·诺依曼证明的主要结果之一）。为了更具体地理解这种困难，我们思考（δ）——下面的例子［应当把此例子归功于魏尔（Weyl）］：[25] 把测量处于某一状态的粒子与用过滤器选择该粒子进行比较。把选择 C 状态粒子的过滤器称为 C 过滤器，把选择非 C 状态粒子并拒绝 C 状态粒子的过滤器称为 $\overline{C}$ 过滤器，等等。于是，粒子解释蕴含着 C–A–$\overline{C}$ 过滤器必定是不可通过的——这与某些真正的基础量子现象（如光量子偏振）相矛盾。[100] 当然，迄今所述的每种反对都可以通过一种调整或另一种调整来克服，这倒是真的。但是如果我们不改变理论自身，那么任何这种调整都将是特设的，从而是不能令人满意的。至于波动解释，其情形也类似。因此，我们可以得到如下结论：（1a）看起来得到牢固确立。（1b）也同样如此，假定：一个系统的 ψ 函数标明该系统的一种客观性质。这种建议的困难在于这样的事实（α）：只有在非常特殊的条件下，由两部分 S 和 S$'$（它们可以是宏观的和远距离分离的）组成的系

---

25. *Philosophy of Mathematics and the Natural Sciences*（《数学和自然科学的哲学》），Appendix（附录）。

统的 ψ 函数才能分裂成两个 ψ 函数（它们分别是 S 和 S′ 的函数）。此外，任何这种解释都将面对（β）薛定谔悖论与（γ）爱因斯坦、波多尔斯基和罗森悖论（参见第五节）。把 ψ 场解释为概率场带回到已受到批判的粒子解释。

全面考察这些论证，我们看到——就它们所涉及的最大范围而言，它们都是正确的：它们证明量子力学的预测工具（运用 ψ 函数和经典概念）不允许实在论解释。然而，断言（1）依赖于这种进一步的假设：量子力学仅仅由这种预测工具组成。薛定谔已经证明这种进一步的假设不能是正确的。[26] 薛定谔已经指出：在量子力学中，我们几乎从不关心状态预测，而是关心确定物理系统的性质，如哈密顿量（Hamiltonian）的"本征值"（eigen-values）或其他重要可观察量的"本征值"。在一切可能的实验条件下获得这些"本征值"，因此，能使它们客观化（尽管不是在平常的空间和时间中）。这表明能以两种方式来处理基础量子力学。可以把它作为一种借助于动力学方程来预测系统状态的理论[101]（类似于天体力学）来处理。如果我们使用这种方式，那么实在论解释仿佛是不可能的，哥本哈根观点看起来将是正确的。但是，我们还可以把它处理为一种理论——这种理论包含关于物理系统性质的新知识和描述物理系统性质的新概念。在这种情形下，一种相当独特的实在论解释就一定是可能的。简言之，假设（1）仅仅是部分正确的。

就课本而言，经典物理学和量子力学之间的关系很久以前就或者被埃伦费斯特定理（Ehrenfest's theorem）阐明了，或者被某些只涉及相关物理系统参量的近似方法阐明了。根据满足所有这些近似条件但显示某些非经典特征的例子（如爱因斯坦的例子），[27] 显而易见，这种陈述不能是正确的。显然，这种情形确证了如下两点：玻尔这样的论点——不能把经典理论

70

---

26. Schrödinger（薛定谔），*Naturwissenschaften*（《自然科学》），Vol. 23（1935），p. 810；以及 *Nuovo Cimento*（《新实验》），1955, pl.

27. 请参见爱因斯坦发表在《献给玻恩的科学论文集》（*Scientific Papers Presented to Max Born*, Edinburgh, 1953）中的论文。

"简单看作消失的作用量子的极限情形"（A 87）；以及更一般的断言（2）（见上文）。然而，路德维希（Ludwig）的一些更新近的结果好像蕴含着：[28] 这种解释不再能被认为是正确的，经典层次的某些决定性特征能从（在适当条件下）量子力学中推导出来。这再一次表明：量子力学的实在论解释尽管被哥本哈根观点排除，但不一定是不可能的。

七、互补性总结的更广泛应用

　　玻尔的观点能被应用到不同于物理学的领域。这种应用的主要特征是如下建议：借助于利用所讨论领域的全部原始概念的理性一般化，可以取得进步。例如，就心理学来说，[102] 这种自然一般化将运用生理学方法的概念和内省者的更模糊（更熟悉）的概念。它将设法把它们的预测力运用到极致，而没有遇到悖论（例如，那个明显的悖论——思想被定域在头脑中）。为了实现这一点，它将清除它们的普遍论（和实在论）偏见，并把它们仅用作预测工具。这些工具的应用将取决于适当的条件，这意味着对象（如生物）又能仅通过各组表象来刻画。显而易见，这种组的数量不必限于2（正如玻尔看起来假定的那样）。就心理学而言，我们已经面对至少三种不同的可能性：生理学、内省、（宏观）行为主义。此外，还必须指出，玻尔支持其观点应用于非物理科学的更详细论证是非常弱的，而且绝大多数是无效的。[29] 然而，运用自然一般化而不是运用普遍理论的这种建议本身就是不合理的，即使人们准备接受其结果。在本节，我将仅讨论两个这种结果。

　　首先，对应原理的成功是由于如下事实：为"通过狄拉克（Dirac）和约尔丹（Jordan）的变换理论……广泛一致地利用经典概念"（A 79），发现了一种充足的数学工具。生物学、心理学和社会学足够先进，从而沿着

---

28. *Zs. Physik*（《物理学杂志》），Vol. 135（1953），p. 483.

29. 就生物学而言，他指出："在那里，对于用物理概念来分析生命现象，设立了一个基本的限制，因为从原子理论的观点来看尽可能完整的观察所引起的干扰，将导致生物死亡"（A 22）。这种形式的论证能够同样好地用来证明：我们不能说炸弹包含炸药，因为其成分的爆炸性检验将摧毁整个炸弹。关于不同的批判，请参见：E. Zilsel（齐塞尔），*Erkenntnis*（《认识》），Vol. 5（1935），p. 56。

某种一般化对应原理的路线贡献出相似的处理，这是非常不可能的。因此，尝试利用与这种领域相关的一切思想仅能引起肤浅的汇合[103]，或者是两种真理的古老教条的世俗复活。下面的引文源自海森堡："自从理性主义出现以来，没有使用神的概念来描述和理解自然界，这无疑是自然科学的骄傲；我们不想放弃这个时期的任何成就。但是，在现代原子物理学中，我们已经学会仅仅因为必要概念导致不一致而省略它们时应当如何谨慎。"30 该引文是趋向如下观点这种运动的很好例证：它宣称每种思想中都有一些真理，而且它也足够了。

　　到现在，我们已经在本文（特别是在第三节）中设法证明：转变到自然一般化和（限制）使用一个给定层次的全部概念，是物理学得到的一个只为归纳主义者备用的教训。仅当假定每个概念必须有经验基础时，经典物理学的崩溃才强迫我们放弃利用普遍理论来说明的经典理想。实在论不是基于归纳主义教条，不必放弃这种理想。另外，在这里重新引入神的概念，没有神学家可能对这种方式感到高兴。因为这个概念，以及实际上在某一领域思想的自然一般化内所使用的任何概念，作为描述宇宙某些特征的纯粹预测工具，在没有任何关于存在的承诺的情况下被引入。或者换句话说，引入它是为了描述表象（它们完全可以是某一邪恶神灵的表象）。

　　其次，采用自然一般化方法必定迟早导致停滞。在第四节中已经讨论了这种结果，这里可以重复一下：每个概念仅有有限的内容。此内容是由借助它首先表达的观点决定的。[104]利用在特定领域内所使用的各种思想迟早将穷尽此内容——然后，不可能有进一步的进步。这种发展必定最终汇聚于稳定的世界图像，而且（正如玻尔自己所指出的）这种图像将渗透于我们的一切信念、思想和感知中，因此这种稳定的世界图像将成为一种新的神话，但是在目前，我们所认识的这种神话还缺乏融贯性和内部统一性。这意味着科学作为一种理性事业将终结。只有发明一套新思想，大胆反对表象和日常信念，尝试用更深刻的方式来说明两者，然后才能促使进

---

30. *Syllabus*（《纲要》），p. 16。

一步的进步和理性论证的继续。这表明在已被称为经典理想（或实在论）的一方和已被称为科学进步的另一方之间存在密切联系。

总之，互补性基于一种新的说明理想。玻尔提出并详尽阐述了这种理想（通过纳入一种预测工具，它类似于实证论的说明理想），他认识到作用量子的归纳主义解释与实在论不相容。这种理想也被应用到物理学之外的领域。在物理学中，这种理想已经导致沿着对应原理的路线产生一些富有成效的发展，而在其他领域却不会有这种结果。但是，在全部领域中，应用实证论理想最终必定导致停滞。只有再采用实在论程序，才能避免这种情形。关于大意为"这种程序不能成功"的任何论证，物理学没有，哲学也没有。但是，物理学和哲学却都表明，（与通常相信的相反）只有这种程序，才使沿着理性路线的科学进步成为可能。

⑥
玻尔的量子理论解释（1961）

74

一、引论

[371] 在众多的量子理论解释中，所谓的哥本哈根解释占有相当独特的地位。[1] 它与物理实践密切相连，是因为可以把它认为是"对应思想"（Korrespondenzdenken）的结果：在旧量子理论中，对应思想硕果累累，这是众所周知的。它也好像是对目前系统表述的量子理论（我这里指的是薛定谔和海森堡的基础理论，而不是指场论）给出差不多满意阐释的唯一解释。此外，它足够丰富且蕴含一种普遍的认识论和哲学观点，这种观点容许应用到物理学之外的领域。尽管具有这一切明显的优势，但它却被指责为是独断的和实证论的；被描述为贝克莱的"存在即被感知"（esse est percipi）侵入物理学领域，而且这种侵入是不受欢迎的、毫无正当理由的，甚至被抨击为是一种（如果一致地应用）迟早会对物理学进一步发展构成严重危险的原理。

现在，为了弄明白这些主张和相反主张的优点和缺点，尽可能说明哥本哈根解释的基本假设，这似乎是适当的。这种尝试马上遇到下面的困难：不存在诸如"哥本哈根解释"（Copenhagen interpretation）这种东西。确实，有许多物理学家声称在其更一般的思想中追随海森堡或玻尔，他们也自称为哥本哈根观点的拥护者。然而，如果有人试图在他们的信念中发现某种共同要素，[372] 那么，他一定迟早会失望。不确定性关系总是起了重要作用，海森堡的思想实验（γ射线显微镜等）也是如此。然而，关于这些实验及海森堡公式的精确解释既不清楚，也不存在独一的解释。相反，从极端观念论（主观论）到辩证唯物论，我们发现叠加在这些公式上的所

75

1. 美国国家科学基金会（the National Science Foundation）和明尼苏达科学哲学研究中心（the Minnesota Center for Philosophy of Science）支持该研究，作者在此表示感谢。

有哲学信条。在这种情况下，重复一下玻尔发展的且后来被纳入其互补性思想的简单的定性论证，看起来是明智之举。然后，结果将是：相比于后来为了使这些论证更加可接受而使用的模糊猜测，这些论证合理得多。然而，也还将表明——尽管有这种合理性，但这些论证也不是足够强的，从而保证"通过量子理论的合理扩展……将获得我们所需要的新观念"；[2] 因此，微观领域的新理论将必定越来越是非决定论的。只有使用某些哲学思想时，任何这种预测才是可能的。当物理学论证自身是适当的和独创的时候，赋予其结论绝对有效性所需的哲学思想却既不正确、也不合理。

下面，我将从概括互补性思想中的这些物理学要素开始。

二、状态描述的不确定性

就我所知，玻尔思想中最重要的要素是以下面这个孪生断言为其本质特征的：（a）量子理论将不得不处理只是部分明确确定的动态；（b）必须把这些动态看作是系统与某一适当测量工具的关系。本节将探讨此断言第一部分的陈述，并对其进行辩护。此断言的第二部分将在下一节讨论。

76　　为了使不确定的状态描述有其合理性，人们应当考虑下面两个实验事实：（1）物理系统只能处于能量分立的状态，不能处于中间状态——这也被称为**量子假说**；（2）相互作用、发射、吸收过程不是瞬时发生的，而是完成这些过程需要一些时间。

现在考虑（图 6.1）两个系统 A 和 B，它们以这种方式相互作用，以致一定量的能量 ε 从 A 传递到 B。[373] 只要这两个系统相互作用［参见上面的（2）］，那么，A 将不处于其初始状态 A″，B 也将不处于其最终状态 B″。然而，根据（1），A 和 B 也不能处于中间状态。此困难被玻尔基于如下假设解决了：在 A 和 B 的相互作用期间，这些系统的动态（从而它们的能量）不再是明确确定的，以致把一种确定的能量归于它们任何一个变得没有意义（而不仅仅是错误的）。

---

2. L. Rosenfeld（罗森费尔德）: *Observation and Interpretation*（《观察和解释》）, ed. by S. Körner（科纳编）, New York: Academic Press（纽约：学术出版社）, 1957, p. 45。

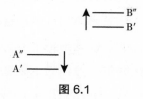

图 6.1

　　这种简单的解决方法如此经常地遭到歪曲，以至于看起来需要说明几句。首先，必须指出，因为与"偏好语义解剖胜过分析物理条件"这种现在习惯的态度有某些联系，所以，在上面的表述中，"意义"（meaning）这个术语还没有出现（正如各种各样的批评者已经断言的那样）。毕竟，存在如下众所周知的关于术语的经典例证：仅当原初满足某些物理条件时，术语是有意义可适用的；而一旦不再满足这些条件时，术语就变得无意义了。一个好的例证是"可刮擦性"（scratchibility）[Mohs scale（莫氏硬度）]这个术语：它仅适用于刚体，这些刚体一开始熔化，它就失去了意义。其次，应该注意到：所建议的解决办法未包含任何对知识或缺乏知识的指涉。也没有断言在传递期间，A 和 B 处于某一状态，这对我们来说是未知的。因为那个量子假说不仅排除了关于中间状态的知识，而且也排除了中间状态自身。但是，要断言已经证明的就是缺乏可预测性，这也是不充足的。因为在这种情况下，也有可能假定我们只要知道得更多，就能预测得更好；然而，玻尔的建议排除了"存在更多要被知道的任何东西"这种可能性。第三个评论涉及一种建议，这种建议成功处理了经常与波动力学相联系的关于不明确确定状态的运动学。根据这种建议，当我们尝试对相互作用过程给出一种理性阐释时，出现这些困难是由于如下事实：[374]对于研究原子系统而言，经典质点力学不是正确的理论；对于描述原子层次的系统状态来说，经典质点力学的状态描述不是合适的方式。根据这种建议，我们不应当保留诸如位置和动量这种经典概念，也不应当使它们成为不怎么明确确定的概念。我们应当做的是：引入全新的概念，使得使用它们时，其状态和运动再次成为明确确定的。如果任何这种新系统都适合描述量子现象，那么它必须包含表达量子假说的方式，因而，它也必须包含表达能量概念的适当方式。然而，一旦引入这种概念，我们所有上述的思考又完全适用了：所能说的是，既不是 A 也不是 B，而是 A+B 的部分，拥有明确确定的能量；由此断定，独创的新概念集将不会使之形成明确确定的运动学。因此，玻尔写道："相信可以通过最终用新的概念形式取代经典物理学概念来避免原子理论的困难，这是一种误解。"[3] 我再说一次，最后的这个评论连同薛定谔波动力学的解释将具有非常重要的意义。

光和物质的二象性引出另一种论证，而这种论证需要用一组新假设来取代经典运动学。我将设法尽可能细致地说明这种论证，为的是反驳一些作者所坚持的下面这种思想：光和物质的干涉性质是一类总的统计行为（诸如插接板和轮盘赌游戏的这种经典工具是这类总的统计行为的最佳例证）的具体实例。[4] 我将用含有双缝的一种装置来代替插接板，并将比较经典粒子（穿过双缝下落的尘粒——我将忽略布朗运动）与非经典粒子（电子）的行为。在两种粒子的情况之间，存在某些相似性。例如，我们在两种情况下都可以假定：接收屏上的模式独立于粒子流的密度（对于密度大于 0 的广大范围而言）。[5] 然而，对于我们的讨论而言，重要的是两种情况之间的差异。[375] 这些差异在于双缝模式和仅单缝开启时所形成的模式之间的关系。在经典情形中，开启第二条缝，仅在两种模式叠加的区域内改变了单缝模式，而且，我们在此得到的是入射粒子数的简单累加。这表明每个单独粒子的行为仅依赖于其入射缝周围的状况，没有受到另一条缝周围状况的影响。然而，在量子力学情形中，开启第二条缝可能导致在某一

3. Niels Bohr（玻尔），*Atomic Theory and the Description of Nature*（《原子理论与自然描述》），Cambridge：Cambridge Univ. Press（剑桥：剑桥大学出版社），1934，p. 16。

4. 请参见此卷中兰德（A. Landé）的论文［"From Duality to Unity in Quantum Mechanics"（《量子力学中的从二象性到统一性》），in Herbert Feigl and Grover Maxwell（eds.）（费格尔和麦克斯韦编），*Current Issues in the Philosophy of Science*（《当前的科学哲学争论》），New York：Holt，Rinehart & Winston（纽约：霍尔特、莱茵哈特和温斯顿），1961，pp. 350–370］。

5. 关于光，这一点已经被雅诺西（Jánossy）和其他人证明了。请参见：匈牙利科学院（the Hungarian Academy of Sciences）编辑的小册子（1957），其中还报告了以前的实验；Jánossy（雅诺西），*Acta Physica Hungarica*（《匈牙利物理学报》），Vol. Ⅳ，1955，和 *Nuovo Cimento*（《新实验》），Vol. Ⅵ，1957。

位置（比如 P，在此位置，单缝模式显示了一定的强度）出现最小值。上述事实意味着，当开启一条缝时，一些电子最终位于 P（正如那些想沿着经典思路来理解干涉模式的人所做的那样，我们一直假定电子是粒子，在任一给定时间，它有明确确定的位置、明确确定的动量和确定的轨道）。只要关闭了缝 2，那么一些电子将总是到达缝 1（而且，如果缝 2 保持关闭，那么这些电子将运动到位置 P）。假定 E 是这样的一个电子，且它将要进入缝 1。如果我们恰好在此刻开启缝 2，那么我们创造了使得 E 必定不到达 P 的条件。因此，开启缝 2 的过程必定改变了 E 的路径。众所周知，凭借明确确定的相互作用能量来解释这种改变的常用方式在这里不适用，因为这种能量不能以简单满意的方式来引入。关于这一点，让我指出：最近尝试把这种模式改变解释为实验条件改变的个体非决定论的而统计明确确定的结果，但这也不能成功——如果还坚持电子总是拥有明确确定的位置和明确确定的动量。[6]

因为原子过程的奇特性是它们个体遵循守恒定律，而所提议的解决方法最多能保证这些定律的统计有效性。唯一合理的假设仿佛又是这样的假设：在缝和屏之间的粒子行为不再是明确确定的。

在目前情形中，甚至能粗略地计算这种缺乏确定性。为此目的，请考虑一条单缝，其宽度为 Δx（图 6.2），并假定开始时仅有单缝的无限窄部分保持开启。在这种情况下，全屏将被照射，而且，[376]a 将是一条可能的路径。增添那条缝的其余部分，我们仅获得区域 D 内的照射，以致 a 将变成 b（在 D 内）。现在基于波动理论能够说明的是，从原初全屏照射到仅区域 D 照射的强度分布变化。因此，如果我们不提确定的轨道 b，而是让电子状态在 D 内成为不确定的，那么我们将能对所发生的变化给出一种解释。但是，这意味着：因为 $\Delta x \sin\alpha \geq \lambda$（$\alpha$ 是第一最小值的方向；$\sin\alpha = \dfrac{\Delta p}{p}$；$x = \dfrac{\hbar}{p}$），所以，

---

6. 应把这种建议归功于波普尔。请参见他的论文 "The Propensity Interpretation of Probability and the Quantum Theory"（《概率和量子理论的倾向性解释》），in *Observation and interpretation*（《观察与解释》），ed. By S. Körner（科纳编），New York：Academic Press（纽约：学术出版社），1957。我想指出的是：能够以略微不同的形式来重复上述论证，即使最小值不是绝对最小值。

$$\Delta x \Delta p \geq \hbar \qquad\qquad (1)$$

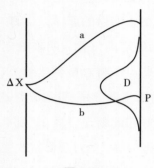

图 6.2

能够证明，我们用这种相当简单的方法推导出来的东西具有普遍有效性。确实，无论在什么情况下完成动量测量或者位置测量，只有我们放宽动态确定性，达到由基本粒子的似波特征所表明的程度，才能避免我们在上段中所讨论的困难。应当重申一次：这种放宽对应于所描述过程中的真实不确定性。只有在接受这个基本假设之后，海森堡的讨论及其尝试从分析测量方法中推导出（1）的各种形式，才能对由此得到的关系做出正确的解释。[7]否则，就总能引起这样的反对：已经推导得出的东西是一种对我们认识动态系统精确状态能力（或我们的预测能力）的限制，但不是动态本身中的一种限制。很可能得到上述这种结论，[377]因为有关此问题的许多讨论在如下意义上是主观论的：他们首先把（1）解释为限制知识，[8]然后，再通过把知识与物理实在等同（或者，通过宣布外部实在世界的思想是"形而上学的"）来使这种解释与量子假说的客观有效性相容。[9]此外，还必须指出，与上述所强调的相一致，把不确定性客观解释为对算符

7. *Zs. Physik*（《物理学杂志》），43，1927。

8. 例如，请参见：W. Heitler（黑特乐），"The Departure from Classical Thought in Modern Physics"（《现代物理学对经典思想的背离》），in *Albert Einstein*，*Philosopher–Scientist*（《爱因斯坦：哲学家—科学家》），edited by P. A. Schilpp（施耳普编），Evanston（伊万斯通）：Northwestern Univ. Press（西北大学出版社），1949。

9. 有关这些更一般的混淆的分析，请参见：B. Fogarasi（方嘎拉斯），*Kritik des Physikalischen Idealismus*（《物理观念论的批判》），Budapest（布达佩斯）：1953。

（functor，诸如"位置"和"动量"）的意义适用性的限制，必将被任何吸收量子假说与（光和）物质二象性的物理理论采用；更加特别的是，波动理论也必将采用这种解释。

三、波动力学

旧量子理论虽然实验上非常成功，但许多物理学家却认为它并不令人满意。可以看到，其主要缺陷在于如下事实：它以某种方式组合经典假设和非经典假设，但这种组合方式却使融贯解释变得毫无可能。因此，对于许多物理学家而言，它只不过是通向真正令人满意的理论（即一种理论，它不仅能给我们提供正确的预测，而且还能给予我们关于微观实体的性质和动力学的一些洞见）之路上的一块垫脚石。玻尔、克拉默斯（Kramers）、海森堡和其他人沿着非常不同的路线在工作，这是非常真实的。他们的主要目标不是建构一种关于独立于测量和观察而存在的世界的新理论，而是利用经典物理学中那些仍能带来正确预测的组成部分来建构一种逻辑体系。无论如何，绝不会所有人都共有"对应思想"背后的哲学精神。于是，德布罗意和薛定谔尝试发展一种全新的理论来描述原子、分子及其组成部分的性质和行为。当这种理论被完成之时，许多人热情地把它称赞为一种期盼已久的关于微观层次的融贯解释。我们据此认为，状态描述的不确定性假说仅仅表达了早期理论的不确定性和不完整性，因此，它不再是必要的。更为特别的是，或者假定状态是新的明确的实体（ψ波）；或者，假定无论出现任何不完整性，都是由于理论的统计特征，即由于如下事实——波动力学"基本上是一种统计力学，类似于吉布斯（Gibbs）的经典统计力学。"[10][378]我希望我们的重复论证已经表明了下面这一点：任何这种解释注定要导致不一致。不确定的状态描述假说的唯一预设是量子假说以及光和物质的二象性。这两方面的事实都包含在波动力学中，因而波动力学将同样需要不确定状态描述假说。更细致地分析玻尔假说的两个主要

---

10. E. C. Kemble（肯布尔），*The Fundamental Principles of Quantum Mechanics*（《量子力学的基本原理》），New York：McGraw–Hill（纽约：麦克格劳—希尔），1937，p. 55。

替代者表明：这确实是正确的。

让我们首先思考下面这种建议：量子理论给我们提供了新类型的状态，它们是完整的、明确的——ψ 波，它们将取代经典质点力学（用轨道）的描述。普朗克提出了这种建议，并对此有详细说明。根据普朗克，"物质波构成新世界图像的主要要素……一般而言，物质波定律基本上不同于经典质点力学定律。然而，最重要的观点是：刻画物质波的函数（即波函数）……在全部位置和时间，被初始条件和边界条件完全决定了。"[11]

82   必须提出两种理由来反对这种观点。第一种反对理由是：它没有消除诸如物质粒子的能量、动量或位置这类量的非决定性，因为 ψ 函数和这些量值之间的关系完全是统计的。[12] 当然，能够断言 ψ 函数是状态。然而，也必须承认这些状态不是唯一决定有关系统的物理性质。但是，即使我们对这种语言策略感到满意，我们仍然没有解决引发整个困难的问题——两个系统相互作用的问题。因为能够证明只有在非常特殊的情况下，[379]才有可能把两个系统的 ψ 函数分解成两个 ψ 函数，每个系统对应一个 ψ 函数。[13] 一般而言，不能把相互作用粒子构成的大系统的要素说成是处于任何状态。[14] 这就使下面这一点显而易见了——波动力学没有为避开我们上节所讨论的非决定性提供任何方法。

---

11. "The Concept of Causality in Physics"（《物理学中的因果性概念》），in *Scientific Autobiography and Other Papers*（见《科学自传和其他论文》），New York：1949，p. 135 ff. 很久以后，下面两位学者也表达了类似的观点：E. C. S. Northrop（诺斯洛普）[*The Logic of the Sciences and the Humanities*（《科学和人文学科的逻辑》），New Haven：Yale Univ. Press，1948. p. 27] 和 E. Nagel（内格尔）[请参见他的被收录在《科学哲学读本》（*Readings in the Philosophy of Science*，ed. Feigl and Brodbeck，New York：Appleton–Century，1953）中的论文]。

12. 当然，普朗克意识到了这一事实。因此，他在物理学的"世界图像"（world picture）一方和"感觉世界"（the sensory world）另一方之间作出了区分，而且仅赋予前者象征内容（在上面所引的著作中，129）。然而，因为因果关系显然仅能适用于真实事件之间，所以，这不能与如下主张相协调："决定论……在量子力学的世界图像中是严格有效的"（136）。不过，上面提到的哲学家甚至没有意识到此困难。

13. Von Neumann（冯·诺依曼），*Mathematical Foundations of Quantum Mechanics*（《量子力学的数学基础》），Princeton：Univ. Press（普林斯顿：普林斯顿大学出版社），1955，V1/2 { 费耶阿本德关于此书的评论重印为本论文集的第 17 章 }。

14. 关于此事实的绝佳描述，请参见：E. Schrödinger（薛定谔），*Naturwissenschaften*（《自然科学》），23，1935。

现在，我们来看第二种理由。根据这种理由，必须把"量子理论的描述"看作是"关于实在的不完整的间接描述"，以致"ψ 函数没有以任何方式来描述会成为单一系统之状态的状态，而是与许多系统有关，即在统计力学意义上，与'系综'（ensemble of systems）有关"。[15] 根据这种解释，单一系统总是处于明确确定的（经典）状态，引入的任何非决定性都是因为我们缺乏关于这种状态的知识。上一节已经探讨并反驳了这种解释。然而，我们不要忘记，对于任何人来说，如果他不知道在那儿发展的定性论证，那么他就有充分的理由来假定这种解释是正确的。这些理由首先在于这一事实——波动力学和"实在"（reality）之间的联系是由统计法则［即玻恩法则（Born's rules）］确立的。在分析不确定性关系时，波普尔写道："从这些基本方程的解释推导出海森堡公式的解释必须正好对应于用数学从基本方程推导出海森堡公式，这一点直到现在才得到充分考虑。"[16] 此外，他还指出，给定玻恩法则，我们必须把（1）中的 Δx 和 Δp 解释为大系综内其他方面明确确定的量的标准偏差，绝不要解释为"关于对可达到的测量精度强加限制的陈述"。[17] 这种观点看起来又进一步得到冯·诺依曼的支持，他把频率理论系统地应用到波动力学，他的统计系综"使得又有可能进行客观描述（客观描述独立于……在给定状态，是否有人测量两个不可同时测量的量中的一个量或另一个量）"。[18] 因此，"如果我们从这一假设——量子理论独有的那些公式是……统计陈述——出发，那么，[380] 就难以看明白如何能从具有这种特征的统计理论来推导出禁止单独事件……'单独测量会与量子物理学公式矛盾'这种看法似乎在逻辑上是站不住脚的，这正如下面的看法站不住脚是一样的——人们有一天可以发现在形式上的单称概率陈述……（比如'抛掷 k 将得到 5 的概率是 1/6'）与如下两种陈述之一之

83

---

15. A. Einstein（爱因斯坦），"Physics and Reality"（《物理学和实在》），reprinted in *Ideas and Opinions*（在《思想和观念》中重印），London（伦敦）：1954，p. 35。

16. *Logic of Scientific Discovery*（《科学发现的逻辑》），New York：Basic Books（纽约：基础读物出版社），1959，p. 227。

17. *Op. cit.*（同上），224。

18. *Op. cit.*（同上），300。

间存在矛盾：……'此抛掷事实上得到 5'，或者，……'此抛掷事实上没有得到 5'"。[19] 当然，假如我们在量子理论中处理的集合要素都处于一种从经典观点看来是明确确定的状态——假如我们已经知道将要把什么种类的实体当作集合要素，那么，这是完全正确的推理。只有这样，才有可能从量子理论的统计特征中得到波普尔想要捍卫的不确定性关系解释。上一节处理单独情形（单缝）中的论证表明：这种解释是不可接受的。当然，这需要重新解释被计入集合中的东西。现在，被计入集合中的东西不再是具有某种明确性质（经典量的值）的系统数量，而是测量时从某些不怎么确定的状态转变为另一些不怎么确定的状态（即转变为这类状态，在这类状态中，那种性质具有明确确定的值）的转变数量。显然，频率方法仅处理集合之间的关系，而关于是要素的第一选择还是第二选择，它是中立的。因此，量子理论中的发生频率不能被用作论证来反对公式（1）的惯常解释。[20]

然而，在此阶段，第二种理由的支持者将指出，关于他们的解释的正确性，还存在其他理由。他们意指爱因斯坦、波多尔斯基和罗森的论证：[21] 根据该论证，波动力学的形式体系是这样的——[381] 它要求非对易变量存在精确的同时值。显然，如果是这样，那么就必须抛弃玻尔对公式（1）的解释，不得不用爱因斯坦和波普尔的解释来取代它。更细致地分析此论证，将表明如下两点：（1）只有假定动态是系统的性质，而不是系统与所用测量仪器之间的关系，它才是结论性的；（2）此论证的结论是不可接受的，必定导致不一致。我将首先探讨第二点，是为了驱散一些作者所感觉

---

19. Popper（波普尔），*op. cit.*（同上），228f.

20. 正如冯·诺依曼在其著名的"证明"中所尝试的那样，它也不能被用作论证来支持玻尔对公式（1）的解释。如正文中所说明的，从波普尔的分析中立刻得到这一点。关于更详细的研究，请参见：我发表在《物理学杂志》上的论文（*Zs. Physik.* 145, 421, 1956）（它被翻译为本论文集的第 4 章），我发表在《哲学研究》上的论文《论不确定性关系的解释》（"On the Interpretation of the Uncertainty Relations", *Studia Filoz.*, 1960）［本论文最初以波兰文发表（"O Interpretacij Relacyj Nieokreslonosci", *Studia Filozoficzne*, 19, 1960, pp. 21–78），它是本论文集第 7 章的最初版本］。然而，应当指出，所有这些思考仅涉及一般理论，对动力学定律和守恒定律没有任何涉及。一旦给叠加原理（它是一般理论的核心）添加这些定律，我们就得到非常强有力的论证来反对经典的详细说明状态的可能性。下文将对此进行说明。

21. *Phys. Rev.*（《物理评论》），47, 777, 1935。

到的这种印象：爱因斯坦、波多尔斯基和罗森（EPR）强有力地运用波动力学这一工具，相比之下，第二节的定性思考几乎没有意义。

为达到此目的，假定EPR已经表明电子总是具有明确确定的位置和动量。由此造成的第一个困难涉及这两个变量在一特定时间的值。如果上述假定正确，那么，EPR仅仅表明电子具有明确确定的位置和明确确定的动量。这并未允许我们计算这两个变量的同时值。现在假定我们正在处理一个电子，它处于一种具有明确确定动量的（量子力学）状态。考虑其对应物质波的波长，我们可以得到其动量值，而且这个值具有实验意义，即测量动量将正好得到这个值。现在，我们无论把任何位置归于此电子，但如果我们没有约定单一粒子的状态，完全由在此状态能被测量的所有变量的并列测量结果来决定（规则R），那么将不能独立检验它。[22] 然而，结果是，如此确定的"超级状态"（superstate）包含人们可以称之为"描述多余要素"的东西。物理理论中动态的作用究竟是什么？答案是这样的：动态包含部分初始条件，这部分初始条件与其他初始条件（诸如质量和电荷）和某些理论将服务于对其所属系统的行为进行说明或预测。由此陈述可看到，下面这一点是显而易见的：如果状态的一个要素在任何预测或任何说明中都不起作用，那么它将是多余的。[382] 如果能够证明这不仅对于一段有限时间是准确的，而且能证明甚至对于那些在断言此要素正好出现时刻所进行的测量也是准确的，那么，它将是更加多余的。在这种情况下，不存在检验"此要素已经出现"这种断言的任何可能性，因此正好可以把它称为描述多余的断言。显而易见，正是在这种意义上，依照规则R建构的任何"超级状态"必定包含描述多余的要素。因为如果 $(a, b, \cdots, g, \cdots, n)$ 是依照规则R得到的数的系列，$(A, B, \cdots, G, \cdots, N)$ 是对应的可观察量系列，那么，后一系列至少包含两个非对易的要素。使 G 符合如下条件：$[G, N] \neq 0$；对于 G 和 N 之间的任何要素 α，$[\alpha, N] = 0$。于是，假如 $P[\alpha'/(a, b, c, \cdots, \alpha', \cdots, n)] = 1$（$\alpha'$ 是 α 所获得的值），

---

22. 有关这种约定所起作用的讨论，请参见：H. Reichenbach（莱辛巴赫），*Philosophic Foundations of Quantum Mechanics*（《量子力学的哲学基础》），Berkeley（伯克利）：Univ. California Press（加州大学出版社），1946，p. 118 ff.｛费耶阿本德对此书的评论重印为本论文集的第23章｝。

以及对于任何 $\alpha'' \neq \alpha'$ 都存在 $P\left[\alpha''/\left(a, b, c, \cdots, \alpha', \cdots, n\right)\right]=0$，那么，即使所指涉的是一个精确时刻，而且断言在此时刻 $G=g$，对于任何 $g' \neq g$ 都存在 $P\left[g'/\left(a, b, c, \cdots, g, \cdots, n\right)\right]=$ 常数。当然，这意味着：我们将经过更细致探究而在系统中所发现的东西，完全独立于我们无论为 G 所选择的任何值。因此，这部分超级状态是描述多余的。

在这里，有人可能倾向于说：使用多余信息虽然不是非常简洁，但最多能在考虑"口味"（taste）的基础上来拒绝。[23] 我即将讨论的第二个困难表明实际并非如此。这第二个困难在于这样的事实：使用超级状态与守恒定律不相容。[24] 至于能量原理，这是显而易见的，因为有下面的事实：对于单独的自由电子，存在公式 $E=p^2/2m$，以致出现这样的结果——测量该粒子位置后，其能量可能出现任何值；而且，重复测量 q 后，其能量可能出现任何不同的值。当然，人们可以设法避免此结论，正如波普尔看起来倾向于做的那样——他宣布能量原理仅仅是统计有效的。[25] 然而，很难使此假说与许多独立的实验［光谱线，弗兰克（Franck）和赫兹（Hertz）的实验，博特（Bothe）和盖革（Geiger）的实验］相容，因为这些实验表明，在量子理论中，能量也是守恒的，不仅是平均守恒，而且对于任何单一的作用过程而言，也是如此。如果我们把爱因斯坦和波普尔的观点应用于著名的穿越势垒实例，那么，[383] 它的困难是非常明显的。在这种情形下，如果我们用这种形式来断言——对于任何由三次连续测量所确定的超级状态［Eqp］而言，E 将满足方程 $E=p^2/2m+V\left(q\right)$，[26] 那么，我们得到的结果可能与能量守恒原理严重不符。这些困难足以表明 EPR 的结论不能是正确的。因此，我们下一步将主要分析此论证自身。[27]

23. 这是海森堡的态度，请参见他的《量子理论的物理学原理》（*Physical Principles of Quantum Theory*，Chicago：Univ. of Chicago Press，1930，p. 20）。

24. 请参见在与脚注 6 相对应的正文中的评论。

25. 这里所指的是，我与波普尔教授所进行的讨论。当然，我对此表述负全部责任。

26. 关于数值计算，请参见：D. I. Blochinzew（布洛金采夫），*Grundlagen der Quantenmechanik*（《量子力学基础》），Berlin（柏林）：1953，p. 505。

27. 关于更细致的讨论，请参见在脚注 20 中提到的我的论文。

此论证探讨两个没有相互作用的独立系统。此外，假定组合系统 [$S'S''$] 的状态是这样的：测量 S' 中的一些可观察量使得有可能计算 S'' 中 87 的一些对应可观察量，至少对于两对非对易可观察量来说是如此。如果 S' 和 S'' 不再相互作用，那么，对 S' 的扰动不会影响 S'' 的状态。更为特别的是，S' 内的测量不会影响 S'' 的状态，这当然意味着 S'' 在测量前后片刻的状态是相同的。于是，如果测量获得关于 S'' 的信息，那么立即得出——即使在实际进行测量前，此信息也是有效的。因为实际情形是这样的，它允许我们通过测量来获得关于两个非对易可观察量量值的信息，所以，我们得到下面的结果：这些可观察量必定总是具有同时明确的值。

如此看来，该论证是无懈可击的。事实上，结果证明，绝大多数证伪尝试是非常不能令人满意的。[28]另外，我们已经看到，此结论不能是可以接受的，而且存在充分的独立理由（诸如在第二节中的定性思考）：这些理由的大意是——我们必须处理仅仅是部分明确确定的状态。在这种情况下，最重要的是使该论证与玻尔的状态描述的不确定性假说相容。玻尔实现这一点是利用了如下假设（我们在第二节开头系统阐述过该假设）：状态是系统与正在测量的仪器之间的关系，而不是系统的性质。很容易看明白，玻尔观点中的这第二个基本假设如何使状态描述的不确定性与 EPR 相容。因为性质只能通过干预具有此性质的系统来改变；而没有这种干预，也能改变关系。于是，[384]当我们压缩物理对象 a 时——当我们物理干预 a 时，可以改变其状态 A 比 b 长；但是，如果我们根本没有干预 a，而是使 b 膨胀，那么也可以改变它。因此，只有大家已经确定位置和动量是系统性质而不是系统和适当测量仪器之间的关系时，没有物理干预才排除状态变化。针对爱因斯坦的例证，玻尔写道："当然，在诸如刚才所思考的那类情形中，不可能对所研究的系统有机械扰动……但是，甚至在这种与境下，本质上也存在影响真正条件（这些条件决定关于系统未来行为的可能预测类型）的问题。"[29]他把这种影响与"在相对论中，标尺和时钟的所有读数都依赖于

28. 关于这方面的一些尝试，请参见在脚注 20 中提到的我的论文。

29. *Phys. Rev.*（《物理评论》），48，696，1935。

88　参照系"相比拟。[30] 现在，我想再说一次，玻尔的论证不是要证明量子力学状态是非决定性的，它只是要表明——在什么条件下，量子状态的非决定性能够与 EPR 相容。如果忽视了这一点，那么，就容易得到这样的印象：此论证是特设性的。[31] 在某种程度上，人们在处理此论证时，要认识到，如果没有导致不一致，就不能把超级状态吸收进波动力学。一旦承认这一点，那么，就需要正确解释 EPR 所讨论的特殊情形，因为这种情形看起来导致了超级状态。正是在这方面，玻尔的建议是极其成功的。

四、玻尔方法中的独断性要素

在前两节中，我们已经说明在什么程度上有可能为玻尔的如下孪生断言辩护：（a）量子理论将不得不处理仅仅是部分明确确定的动态；（b）必须把这些状态看作是系统和测量工具的关系，而不是系统的性质。为此断言的第一部分辩护，既运用简单的定性论证，又利用这样的事实：即使在量子理论内，守恒定律也适用于单一过程，而不是仅在平均上适用。引入第二部分是为了使第一部分与波动力学的形式体系相容，正如 EPR 所显示的，该形式体系允许某些惊人的关联，而如果不假定状态是关系，那么就不容易理解这些关联。现在，众所周知，这两部分没有穷尽玻尔的观点。玻尔的观点源于尝试形成一种融贯的认识论，这种认识论包含这两部分，但也超越了它们。[385] 我已经在一些别的出版物中探讨了这种认识论。[32]现在，我仅涉及其结果之一，即它完全不符合从伽利略到牛顿的科学实

---

30. *Loc. cit.*（同上），p. 704。

31. Popper（波普尔），*op. cit.*（同上），p. 446。

32. "Complementarity"（《互补性》），*Proc. Aristot. Soc.*（《亚里士多德学会会报》），Suppl.（增刊）Vol. XXXII，1958；"Professor Bohm's Philosophy of Nature"（《玻姆教授的自然哲学》），*British Journal for the Philosophy of Science*（《英国科学哲学杂志》），February，1960；"On the Interpretation of the Uncertainty Relations"（《论不确定性关系的解释》），*Studia Filosoficzne*（《哲学研究》），1960；"Explanation，Reduction and Empiricism"（《说明、还原和经验论》），*Minnesota Studies in the Philosophy of Science*《明尼苏达科学哲学研究》），Vol. III；"On the interpretation of Elementary Quantum Theory"（《论基础量子理论的解释》），ibid.（同上），Vol. IV（forthcoming）（即将发表）［请分别参见：本论文集第 5 章；*PP1*（《哲学论文集》第一卷），ch. 14（第 14 章）；本论文集第 7 章；以及 *PP1*（《哲学论文集》第一卷），ch. 4（第 4 章）。最后那篇论文从未以那种形式发表］。

践，并可能对物理学的进一步发展造成不利影响。因为玻尔及其追随者认为他们的观点是以这样一些假设为基础——这些假设是如此全面，同时又是如此牢固确立，使得任何将来的理论必须符合它们。确认无疑的是，为了能够处理新的现象，量子理论将不得不经受某些决定性变化。然而，还将指出，这些变化无论可能是多么大，但将总是没有触动上面提到的那两个要素——状态描述的不确定性和该理论主要变量的互补特征。[33] 罗森菲尔德很好地表达了这种关于物理学未来发展和互补性观点无可争辩特征的坚定信念，他写道："这儿（即在互补性的情形）没有呈现给我们一种根据是否与某一哲学标准相符可以采用或拒绝的观点。它是我们的思想适应原子物理学领域内新实验情形的独特（*unique*）（斜体为我所加）结果……"[34] 他还断言："'希望'用某种决定论基础来加固量子理论，从而来消除我们的困难，这是无用的。"[35] 所有这些看法非常相似于 19 世纪流行的那种信念：经典物理学的基本原理是绝对正确的，物理学家的唯一任务就是去发现适当的力，以便根据这些原理来说明力学系统的行为。但是，这些看法是怎么被辩护的呢？

为了回答这个问题，我们仅需重复前两节的讨论。[386] 在此讨论中，我们使用的前提主要有三个：（1）量子假说，（2）光和物质的二象性，（3）守恒原理。给定这些前提，我们就能得到玻尔观点的主要要素。然而，现在出现了这样的问题——是否能把这些前提认为是绝对正确的呢？对于这个问题，玻尔和哥本哈根学派的其他成员看起来准备了如下答案：（1）—（3）是实验事实。科学以事实为基础。因此，在任何论证过程中，不允许篡改（1）—（3），必须把它们看作是任何进一步理论思考的坚实基础。此答案

33. 关于这种看法，请参见：W. Pauli（泡利），*Dialectica*（《辩证法》），Ⅷ，124，1954；L. Rosenfeld（罗森菲尔德），*Louis de Broglie*，*Physicien et Penseur*（《德布罗意：物理学家和思想家》），Paris（巴黎）：1953，41，57；P. Jordan（约尔丹），*Anschauliche Quantentheorie*（《直观量子理论》），Berlin（柏林）：1936，1，114f.，276；G. Ludwig（路德维希），*Die Grundlagen der Quantenmechanik*（《量子力学基础》），Berlin（柏林）：1954，165ff.

34. *Loc. cit.*（同上），44。

35. *Observation and Interpretation*（《观察和解释》），ed. by S. Körner（科纳编），New York：Academic Press（纽约：学术出版社），1957，p. 41。

必定非常受经验论者喜爱，却完全不能令人满意。首先，众所周知（尽管不是很好理解），我们的理论常常与我们的经验矛盾，仅仅认为它们近似有效。为此请思考牛顿引力理论与自由落体定律之间的关系。后一定律断言在地球表面附近，落体的加速度是一个常数，而牛顿理论却表明它必定是距离的函数。当然，这两个断言之间的差异如此之小，使得它不可被实验检测。然而，从严格的逻辑观点来看，牛顿理论违反了这样的要求（在玻尔的方法中表明）——任何理论应该与我们的观察结果相容。这也同样适用于伽利略的惯性定律，这说明（当应用于日常经验时）这些经验最多给我们一种近似记述，记述在实在世界中所发生的。应当如此，这样也是非常合理的。毕竟，下面这样的假定将是非常不合理的：虽然我们的理论可能出错，但我们的经验却是一种完美的标征，标征了在世界中所发生的。它之所以不合理，是因为它意味着如下假设：人类个体不会受到测量误差的影响，所以他们优于任何测量工具。

由此得到如下结论：一种未来微观理论需要满足的唯一条件，不是它与（1）—（3）（它们确实表明——它必须处理不确定状态、互补的变量对，等等）相容；而是它与这些前提在一定近似程度上相容，而这种近似程度将不得不依赖于用来确立（1）、（2）和（3）的实验的精确度。

完全类似的评论也适用于如下（经常所宣称的）断言：普朗克常数将不得不以本质的方式进入每一个微观理论中。毕竟，下面这些看法是非常有可能的：该常数仅在某些明确确定的条件下有意义（正如只有在体积不是太小的情况下，[387] 定义流体的密度、黏度或扩散常数才是有意义的）；迄今我们所做的一切实验仅仅探索了这些条件的一部分。显而易见，h 在所有这些实验中的不变性不能被用作论证来反对这种可能性。但是，如果既不能保证 h 的恒定性也不能保证二象性在新的研究领域内有效，那么玻尔及其追随者的整个论证就必定要崩溃——它没有保证互补性、概率定律和量子跃迁这些熟悉的特征在未来研究中得到延续。

类似思考适用于玻尔坚持的如下主张：发明一种新的概念系统来取代量子领域中的经典概念，这将是不可能的。根据玻尔，经典概念是我们拥有且仅有的概念。由于我们不能根据我们不拥有的概念来建构理论（或事实描述），而且不再能以不受限制的方式来应用经典概念，因此我们无法摆脱状态描述的互补性和不确定性。根据这种论证（海森堡[36]和魏茨扎克[37]已详尽论述了它），有充分理由指出，提出一套概念不是某种独立于且先于理论建构的事情。关于理论，必须要说的是，人不仅能使用它们来预测和描述，而且也能发明它们。否则，伽利略和牛顿的新物理学怎么可能取代亚里士多德的物理学和宇宙学（它比我们的当代力学全面得多，因为它包含全面的变化理论——不仅仅是空间变化理论）呢？那时唯一可用的工具是亚里士多德的变化理论，其中包括现实性和可能性相对立、四因等。在这个概念体系（它也被用来描述实验结果）内，伽利略（或笛卡尔）的惯性定律没有意义，也不能被系统阐述。因为"伽利略的实际情形是……亚里士多德的概念正在被使用"，以及因为"如果情形不一样，而且他的同时代人是不同于他们实际所是的人，那么，可能会发生什么，讨论这样的问题没有用"，[38] 所以，伽利略应听从海森堡的建议，设法尽可能好地继续使用亚里士多德的概念吗？绝不。需要的不是改善或限制亚里士多德的概念，[388] 而是一种全新的理论。认为在 17 世纪（以及甚至更早之前）可能发生的事不可能出现在 20 世纪，这样做有任何理由（除了关于当代物理学家的悲观主义外）吗？就我所能理解的而言，玻尔的论点是：这类理由确实存在；它们具有逻辑学特征，而不是具有社会学特征；它们与经典物理学的独特性质有关。

玻尔支持此论点的第一个论证始于如下事实：不是仅当我们想要概括观察结果时，我们才需要我们的经典概念；而是没有这些概念，甚至都不能陈述要被概括的观察结果。正如他之前的康德一样，他观察到，我们总是借助于某些理论术语来系统阐述实验陈述，去除这些术语，必定导致的不是像实证论者以为的那样形成"知识基础"（foundations of knowledge），

92

---

36. *Physics and Philosophy*（《物理学和哲学》），New York（纽约）：1958。

37. *Zum Weltbild der Physik*（《论物理学的世界观》），Leipzig（莱比锡）：1954。

38. 这是对海森堡著作第 56 页上一段话的转述。

而是完全的混乱。他断言："任何经验出现在我们习惯的观点和感知形式框架内"——而且，现在的感知形式是经典物理学的感知形式。[39]

但是，由此是否就得到玻尔所断言的如下结论——"我们绝不能超越此框架，所以，我们一切未来的微观理论必定含有嵌入其中的二象性"呢？

显而易见，在当代物理学中使用经典概念来描述实验绝不能为任何这种假设提供辩护。因为可以发现这样的理论：当它的概念工具被应用于经典物理学有效范围时，将会像经典工具一样综合和有用，然而，却不与它一致。这种情形绝不少见。行星、太阳和卫星的运行既能用牛顿物理学的概念来描述，也能用相对论的概念来描述。牛顿理论引入我们经验中的秩序被相对论保持，并得到改善。这意味着，相对论的概念非常丰富，足够用来系统阐述之前用牛顿物理学来陈述的一切事实。然而，这两套概念是完全不同的，相互之间不具有逻辑关系。

大家熟悉的"魔鬼现象"（appearances of the devil）是一个甚至更引人注目的例子。或者通过假定魔鬼存在来解释这些现象，或者用新近的心理学（或社会学）理论来解释它们。这两个说明体系相互毫无联系。然而，抛弃"魔鬼存在"这种思想并没有造成经验混乱，[389]因为心理学框架非常丰富，足以解释已经引入的秩序。

总之，虽然在报告我们的经验时，我们使用而且必须使用某些理论术语，但是，不能由此得出结论认为不同的术语将不会同样好，或者因为它们更一致，所以甚至可能更好。因为我们的论证是非常普遍的，所以，它也看起来适用于经典概念。

现在来看玻尔的第二个论证。根据该论证（它是非常有独创性的），我们将不得不保留经典概念，因为人类思维绝不能发明一种新的不同的概念体系。此论证赞成人类思维具有这种奇特的无能性，它依赖于如下前提：（a）我们仅仅发明（或应当使用）由观察所启示的思想、概念和理论；（b）因为适当习惯的形成，所以，任何用来说明和预测事实的概念体系将

39. Bohr（玻尔），*op. cit.*（同上），p. 1.

把它自己印刻在我们的语言中，印刻在我们的实验程序和期望中，从而也印刻在我们的感知中；（c）经典物理学是一种普遍的概念体系——它如此普遍，以至于没有可想象的事实超出其适用范围；（d）经典物理学已经被使用得时间足够长，从而使所形成的习惯（意指 b）变得有效。此论证展开自身的思路如下：如果经典物理学是普遍的（前提 c），并且被使用得时间足够长（前提 d），那么我们全部的经验将是经典的（前提 b），而且将不能构想超出经典体系范围的任何概念（前提 a）。因此，不可能发明一种能使我们避免二象性的新概念体系。

在这里，关于此论证第一个值得注意的事情是，所有前提都适用于亚里士多德物理学，把这种学说与经典物理学相比，前提（c）甚至更加适用于前者。因为，众所周知，亚里士多德物理学包含一种关于（定性的和定量的）变化的普遍理论，而经典物理学仅处理一种特殊的变化。尽管这一切，但对于亚里士多德物理学而言，这个结论是错的——伽利略和牛顿的物理学取代了它。其原因很容易理解，非常明显的是，前提（a）不正确，前提（c）和（d）也不正确，而前提（b）需要某种限制。（b）的这种限制源自这样的要求：一位科学家应当总是保持思想开放，因此，他应当总是要把他在某一时间赞成的理论与可能的替代者放在一起来思考。如果满足此要求，那么就不能形成习惯，或者至少所形成的习惯将不再完全决定这位科学家的行动。[390] 前提（a）不可能是真的（它不是一个合理的要求），这一点由如下事实得到证明——从某些普遍观点转变到别的普遍观点已经发生了。最后，不能承认（前提 c）经典体系是普遍有效的，它不适用于诸如生物行为、个人意识、社会群体的形成和行为之类的现象。因此，我们必定得出结论认为玻尔这样的论证（他论证反对可能有互补性的替代者，而赞成不确定性的永久特征）是完全不能令人信服的。不存在一点点理由来作出如下假设："我们需要的新观念将……通过量子理论的理性扩展来获得"；40 因此，新理论将越来越是非决定论的。所以，对于任何

94

---

40. Rosenfeld（罗森菲尔德）：*Observation and Interpretation*（《观察和解释》），ed. by S. Körner（科纳编），New York：Academic Press（纽约：学术出版社），1957，p. 45。

理论家来说，也不存在一点点需要来把他自己限制于某种类型的理论，而忽视简单性、直观吸引力和普遍有效性。玻尔的物理思想无论可能多么独创且有趣，但如果力图把它们看作绝对真理，那么只能导致停滞和形成一种新的独断论。我们必须认识到：我们的知识（物理知识或别的知识）中没有成分能被认为是绝对确定的；在我们探寻令人满意的说明的过程中，我们可以自由改变现存知识的任何部分，而不管这部分知识在那些不能想象或理解其替代者的人看来是多么"根本"（fundamental）。

对汉森的答复（1961）

编者按

　　汉森（Norwood R. Hanson）的论文题目是——"Comments on Feyera-bend's 'Niels Bohr's Interpretation of the Quantum Theory', or die Feyera-bendglocke für Copenhagen?"（pp. 390–398）（《评费耶阿本德的"玻尔的量子理论解释"，或者，哥本哈根的费耶阿本德钟》）。费耶阿本德对此论文的答复本身不需加以说明。我们在此仅重印汉森论文的最后一部分（pp. 397–398），因为费耶阿本德明确提到了这部分。

　　哥本哈根理论家能合理论证的最强论点是：

　　（1）吸收量子假说和二象性原理的任何理论（如果它要客观地解释状态不确定性）也必须限制诸如"位置"（position）和"动量"（momentum）之类算符的意义适用性。

　　（2）存在有条件的良好论证来支持这种预期——任何未来的微观物理学将吸收量子假说和二象性原理——尽管这方面没有结论性论证存在（或能够存在）。

　　（3）对于我们现有的量子理论来说，尽管它有各种各样的困难，但现在仍没有真正可行的替代者。

　　费耶阿本德合理地反对玻尔的形而上学超越。但是，我不期望他会对上述（1）、（2）和（3）三点深感忧虑，尽管关于它们他可以表达自己的不同想法。玻尔的形而上学没有成为哥本哈根解释必不可少的组成部分。与物理学家的广泛交流使我确信，在那些由于上述三点而喜爱"哥本哈根解释"的人中，大多数感到对于玻尔的认识论没有任何需要。

　　在这里，我与费耶阿本德的争论可能是文字胜于实际。如果像费耶阿本德那样来诠释哥本哈根解释，那么就应当总是为它争辩。物理学哲学几乎不能承受起信奉独断论，纵然有科学巨人支持。但是，如果去掉"玻尔解释"，那么在我看来（也许甚至在费耶阿本德教授看来？），哥本哈根解释是极其可辩护的。或者，费耶阿本德钟甚至继续为这种"自由化"（liberalized）版本的哥本哈根解释而鸣吗？

[398] 在汉森教授的回复中，有两点我不能同意。第一点是他的如下论点：哥本哈根学派（像任何其他团体一样）有其右翼派和自由派，把二者完全等同起来，这是不公平的。如果二者的差异是真实的——如果所谓的"自由派"（liberals）承认新方法是可能的，那么就要妥善处理这一点。遗憾的是，我不能发现这种承认的任何迹象。恰恰相反，所有这些汉森指涉的所谓自由派都共同坚持玻尔的这种看法，他（玻尔）的量子不确定性解释已经扎了根。在汉森看来，海森堡的看法似乎是可接受的，但是，他为这种永久性提供的理由与玻尔给出的理由几乎没有不同。[1] 在讨论玻尔的著名论点"用（而且将永远必须用）经典术语来阐述一切实验结果"时，[2] 海森堡评论道："有时有这样的建议——人们应当完全离开经典概念，描述实验的概念的彻底变化可能带回到对自然的非统计的、完全客观的描述。"他继续评论说："这样的建议依赖于一种误解。[399] 经典物理学概念是……一种语言的必要的组成部分，而这种语言构成全部自然科学的基础。我们在科学中的实际情形是，我们确实在使用经典概念……讨论下面这种问题是没有用的——假如我们是不同于我们如是的其他存在物，那么，我们能做什么。"[3] 现在，可能同意下面这一点：在这里，把人类不可能超越经典框架归因于这样的经验事实（是正确还是错误，不是我目前关心的问

96

---

1. 请参见他下面的论文和著作："Three Cautions for the Copenhagen Critics"（《给哥本哈根批判者的三个警告》），*Philosophy of Science*（《科学哲学》），1959；*Physics and Philosophy*（《物理学和哲学》），New York（纽约）：1958, p. 56。

2. "Discussions with Einstein"（《与爱因斯坦的讨论》），*Albert Einstein, Philosopher-Scientist*（《爱因斯坦：哲学家—科学家》），Evanston：Row, Peterson（伊万斯通：柔、彼特森），1949, p. 209。

3. 请参见他下面的论文和著作："Three Cautions for the Copenhagen Critics"（《给哥本哈根批判者的三个警告》），*Philosophy of Science*（《科学哲学》），1959；*Physics and Philosophy*（《物理学和哲学》），New York（纽约）：1958, p. 56。

题）——人类确实在用某些方式来思考，而不是用其他方式来思考。它是经验的不可能性，而在玻尔的情形中，人们有时得到这样的印象：对他而言，在实验层次上经典术语系统的永久性是一种逻辑性质。但是，这种微妙的差异将给哪一个物理学家留下印象，或者，哪一个物理学家将认识到这种差异！玻尔和海森堡都说，在观察范围，不可能离开经典框架——这就是决定他们看法的东西。其余的差异可以安慰哲学家，但是，它们将不影响理论化过程。而且，几页之后，海森堡的这种与伟大自由主义的微不足道的相似性也消失了，在那里，把实验上发现隐变量的可能性比作"二乘二可以等于五"的可能性——现在宣称它是一种逻辑性质。或许是海森堡的这种不一致促使汉森教授认为他属于自由派吗？

97

　　现在来看汉森自己能够接受的观点。这是我与他有分歧的第二点。我是指出现在其论文结尾部分的三条。关于它们，汉森这样说："哥本哈根理论家能够合理论证的最强论点。"我的主张是这种"最强论点"（very most）没有再为反对诸如玻姆、德布罗意和维吉尔所提建议（汉森自己在早前论文中已经批判的建议）的争论提供任何素材。其次，我声称：这种"最强论点"仍然是太多了，因而不能毫无批判地来接受它们。我的理由如下。

　　当然，假如量子假说和二象性在所有实验领域都被认为是绝对正确的，那么，第一条是确认无疑的。然而（第二条），这种绝对正确性从未能够得到实验确证。实验最多表明，在某种误差范围内，某些定律适用于有限数量的实例（即所有实际完成的实验）。因此，我们所能说的全部就是：所提到的两个原理还没有被经验反驳，而且，在那种程度上与经验一致，即被经验确证。[400] 但是，如果任何替代理论与公认理论的偏差足够小，在实验误差范围之内，那么它也是如此。玻姆的研究已经指出一条路径——沿着这条路径，可以用这种方式来构建这类替代理论，因此第二条也适用于它们。关于这些尝试，汉森现在说（第三条）：对于现存理论，还不存在这种充分发展的替代者。如果我正确理解他，那么，他似乎意指，可以把缺乏这种与玻姆哲学相联系的替代者看作是一种反对玻姆哲学的论证——而且，他不是唯一使用这种非常流行的实用论证的人。然而，这是一种什么样的论证？汉森教授非常精通科学史，也非常擅长思考，而思考在发现过程中起重要作用，所以，他肯定知道，一般的思考差不多先于详尽的理论，而这些一般的思考有时与流行的哲学不一致。但是，仅仅因为阿里斯塔克（Aristarch）的思想还没有发展得像日心说那样详尽，所以哥白尼就应该抛弃前者吗？绝不是。他意识到（也正是如此）阿里斯塔克的思想是一种可能的思想，而且他没有理由假定最终的理论会比托勒密体系更糟。今天也同样如此——然而，有一点不同。因为如果正统学界能以某种方式编造一些预言使得任何数学家都毛发竖立，那么，他们就几乎不要求其理论在形式上融贯，并感到心满意足；而玻姆的追随者却要求一种融贯的理论，而且这种理论根据独有的观点使得不同过程变成可理解的。他们的更高要求不像其对手的要求那样能容易得到满足不足为奇，并且，前者也不易像后者那样适合于理论的详尽阐述。最后，应当指出，从理论创造力来看，互补性观点不比玻姆的观点更优。因为互补性观点是在波动力学思想之后（而不是之前）提出的，而波动力学是由薛定谔在完全不同的哲学基础上提出的。因此，既不是第一条，也不是第二条，更不是第三条能够证明互补性思想优于玻姆及其合作者的新思想。

98

⑦

99

微观物理学问题（1962）

[189] 在我看来，笛卡尔妒忌伽利略的名声。笛卡尔的雄心是要把自己当作新哲学的创立者，并在学校中教授这种新哲学以取代亚里士多德的学说。他提出猜想，却把它们当作真理，好像他发誓支持它们就能证明它们似的。他应当把他的物理学体系呈现为一种尝试，从而表明，在这种科学中，当只承认力学原理有效时，可以把什么预期变为可能的。如果是这样，那是值得称赞的。但是，他走得太远了，声称已经揭示了确切的真理，因而极大地阻碍了对真正知识的发现。

惠更斯（Huygens）*

致谢

[190] 美国国家科学基金会（the National Science Foundation）和明尼苏达科学哲学研究中心（the Minnesota Center for the Philosophy of Science）支持该研究，作者为此表示感谢。

一、引论

[191] 当最初构想基础量子力学的形式体系时，下面这两个问题是不清楚的：它将如何与经验相联系？它应当适用于什么样的直观图像？关于这

100

个时期，海森堡写道："到 1926 年年中，这种……理论的数学手段就其最重要部分来说是……完整的；但其物理意义仍非常不清楚。"[1] 有各种各样的

---

*[254] 本文开头引用的惠更斯的这段话，出现在其对巴雷（Ballet）的著作《笛卡尔的生平》（*Life of Descartes*，出版于 1691 年）的注解中。这段话被印刷在库幸（V. Cousin）的《哲学片段》第二卷中（*Fragments Philosophiques* tome Ⅱ，p. 155）。这段引文来自如下著作：E. Whittaker（惠特克），*A History of the Theories of Aether and Electricity*（《以太和电的理论发展史》），Vol. Ⅰ（第一卷），London（伦敦），1951。

1. "The Development of the Interpretation of the Quantum Theory"（《量子理论解释的发展》），in *Niels Bohr and the Development of Physics*（见《玻尔及物理学发展》），London（伦敦），1955，p. 13。

解释。然而，随着时间推移，最后表明这些解释都不能令人满意。只有玻尔及其合作者的建议看起来成功解决了绝大多数令其对手致命的问题，而且，这些建议后来以更系统的方式得到呈现，并被称为"哥本哈根解释"。[2]最终，绝大多数物理学家接受的正是这种解释（包括一些最初基于哲学理由来反对它的物理学家）。[3]从大约 1930 年[4]（更确切地说，从大约 1935 年[5]）到 1950 年，哥本哈根解释是微观哲学，几个反对者（特别是爱因斯坦和薛定谔[6]）的反对理由越来越不受到认真对待。在这些年，互补性思想得到发展，并被证明在诸如心理学（包括荣格的心理学）、[7]生物学、[8]伦理

101

---

2. 这种解释中某些非常重要的要素的发展与旧量子理论和对应原理相关。这也适用于状态描述的不确定性。然而，像海森堡和其他人（参见前一个脚注中的文献）那样来断言下面这些却有点草率：这种解释是"对应思想"自然而然的结果，其发展根本没有受到特征完全不同的思想的影响。有关这方面，请参见脚注 4、5 和第四节。

3. 例如，德布罗意，请参见：*Une tentative d'interprétation causal et non-linéaire de la mécanique ondulatoire*（《关于波动力学的因果性和非线性解释的一种尝试》），Paris（巴黎），1956，Introduction（引言）。

4. 更确切地说，决定性的事件是第五次索尔维会议（the Fifth Solvay Conference）。这次会议于 1927 年 10 月在布鲁塞尔（Brussels）举行；在这次会议上，玻尔及其合作者的观点取得全面胜利。关于这种评价，请参见：Heisenberg（海森堡），loc. cit.（同上），p. 16；de Broglie（德布罗意），*La Physique quantique, restera-t-elle indéterministe?*（《量子物理学，它是非决定论的吗？》），Paris（巴黎），1953，Introduction（引言）；以及 Niels Bohr（玻尔），"Discussions with Einstein of Epistemological Problems in Atomic Physics"（《就原子物理学中的认识论问题与爱因斯坦讨论》）—— 该文最初发表在 *Albert Einstein，Philosopher-Scientist*（《爱因斯坦：哲学家—科学家》），The Library of Living Philosophers（《在世哲学家文库》），Inc. 1949，pp. 199ff；重印在 *Atomic Physics and Human Knowledge*（《原子物理学及人类知识》），New York（纽约），1958，esp. pp. 41ff。这次至关重要会议的公报已经出版，请参见：Institut International de Physique Solvay（索尔维国际物理研究所），*Rapport et discussions du 5 Conseil*（《第五次会议的报告和讨论》），Paris（巴黎），1928。不过，也请参见下一个脚注。

5. 因为在 1935 年前，没有把量子力学状态的关系特征思想补充到哥本哈根解释中。尽管后来有相反的主张，但是，这意味着观点的巨大变化。更详细的讨论，请参见第 6 节和脚注 116。

6. 薛定谔的观点不一致。他发表论文猛烈抨击玻尔及其追随者的哲学观点。然而，在私下讨论中，他似乎又更加赞赏玻尔的观点和一般的实证论知识论（这里，我没有意指玻尔的思想是实证论的），认为这二者具有合理性。

7. 例如，约尔丹的《代替与互补性》（*Verdrängung und Komplementarität*），其中还讨论了超自然现象。

[255] 8. 例如，P. Jordan（约尔丹），*Die Physik und das Geheimnis des organischen Lebens*（《物理学和有机生命的秘密》），Braunschweig（不伦瑞克），1943。关于玻尔自己的猜测，请参见《原子物理学及人类知识》（*Atomic Physics and Human Knowledge*）中的相关文章。

学[9]和神学[10]这些领域中能启迪新思想。在关于互补性这种思想的合理性论证中，最至关重要的论证来自其在物理学自身范围内的应用和成功。[11] 在这方面，它促成了诸如狄拉克电子理论和量子场论等各种理论的发展。下面这种信念似乎表明玻尔及其门徒所发展的哲学具有合理性：如果没有受到哥本哈根解释的基本原理及其经验成功性的支撑，那么这些理论就不能得到发展。[12] 最终，那位执业物理学家获得一种观点——这种观点没有包含主观的要素，并使他正确解释一种相当复杂的理论（即波动力学）的广泛适用性，这种观点还能在研究中提供指导，它的全部基本假设都直接来

102

9. 1949 年，我在丹麦的阿斯科夫（Askov）参加了一次交谈，在交谈中，玻尔指出，在爱和正义之间，可能存在一种互补关系。关于这次交谈和上述主张的参考资料，可以参见 8 月的《波灵时报》（Berlingske Tidende）。

10. 在一份题为"量子力学中的互补性：逻辑分析"的论文草稿（1960 年 10 月的草稿）中，波导（Messrs Hugo Bedau）和奥本海默（Paul Oppenheim）表达了他们有兴趣研究这种可能性——把玻尔的互补性概念应用到科学和宗教相互关系的可能性。关于这方面已有尝试的讨论和批判，请参见：P. Alexander（亚历山大），"Complementary Descriptions"（《互补性描述》），Mind（《心灵》），Vol. LXV（第 65 卷）（1956），pp. 145–165；MacKay，D. M.（麦凯），"Complementarity"（《互补性》），Proceedings of Aristotelian Society（《亚里士多德学会会报》），Suppl. Vol. XXXII（增刊第 32 卷）（1958），pp. 105–122。在海森堡的《吉福德讲座大纲》（Syllabus of the Gifford Lectures，1956，特别是 p. 16）中，也发现了涉及神的断言："自理性主义诞生以来，不使用上帝概念来描述和理解自然，这无疑一直是自然科学的骄傲，我们不想放弃这个时期的任何成就。但是，在现代原子物理学中，我们已经学会在省略必要概念（仅仅因为它们导致不一致）时应当如何谨慎。"

11. 有必要指出，这些成功中的绝大多数仅仅是部分成功。基础量子力学、狄拉克的电子理论、早期的场论——发现所有这些理论都在某种程度上不能令人满意。换句话说，它们在某些领域是成功的，而在另一些领域却完全失败。新近理论的特征是，在坚持对应原理及与其相连的互补性哲学方面松懈了许多。请参见：J. Schwinger（施温格），Quantum Electrodynamics（《量子电动力学》），Dover（多佛），1958，pp. xivff；Bogoliubov–Shirkov（伯格留波夫 – 舍科夫），Introduction to the Theory of Quantized Fields（《量子化场理论导论》），New York（纽约），1958，p. 16。

12. 于是，汉森指出：场论和狄拉克电子理论的发展受到互补性观点的巨大影响 [请参见：Am. Journal of Physics（《美国物理学杂志》），Vol. 27（1959），pp. 4ff；重印在 Danto–Morgenbesser（丹托 – 摩根贝瑟），Philosophy of Science（《科学哲学》），New York（纽约），1961，pp. 450ff，特别是 p. 454]。尽管汉森有这样明确的断言（大意是：狄拉克自以为那样），但是，就第二种情形（狄拉克的情形）来说，我有点怀疑——最初提出该理论的那篇论文运用了一些纯形式的思考（哈密顿算符的性质），而这些思考看上去与互补性思想毫无联系；该理论最终接受的解释（空穴理论）甚至违反"量子力学状态的关系特征"这种假设。[256] 不过，狄拉克在准备此论文的过程中，很可能利用了玻尔观点中的一些本质的思想。这仅仅是又一个论证——该论证支持我自 1954 年一直在表达的一种要求：量子理论的历史应以现场访谈（要尽快完成）为基础，而不是仅仅基于论文。应当认识到，在直接的论文表述中，几乎没有发现导致发明哥本哈根解释的思想。此外，还应当认识到，因此，量子理论的历史只有既以在印刷物中所发现的为基础，又以细致准备的与其主要参与者的访谈为基础，它才是有价值的。

自经验。罗森菲尔德教授写道：[192]"这里，没有呈现给我们一种这样的观点——根据它是否与某种哲学标准一致，我们可以接受它或拒绝它。它是我们的思想适应原子物理学领域中新实验情形的独特的结果。因此，我们必须完全在经验层面上……来判断这些新概念是否以令人满意的方式在起作用。"[13] 鉴于依照互补性思想建构的那些理论所取得的成功，此判断无疑被认为是一个积极的判断。

　　然而，我们现在正目睹一场反向运动的发展——这场运动要求抛弃哥本哈根解释的基本假设，并用非常不同的哲学来取代它们。批判者并不否认基础理论、狄拉克电子理论和场论最初取得的成功，而是主要指出两点。第一点，就经验充分性而言，目前所有这些理论都有困难，而且它们也没有像它们可能应当的那样简单易懂。[14] 第二点，他们质疑经验成功自身论证。互补性是成功的——让我们认为这是理所当然的。这并没有表明它是因为其经验成功而成为一种合理的观点，"它得到一切实际的实验结果（也许甚至一切可想象的实验结果）确证"这一事实可能完全不是由于其正确性，而是由于其缺乏经验内容。[15] 它的经验成功也没有证明不存在互补性的有效替代者。确实，革命者最有价值的贡献之一在于他们已经表明：不存在一个单独的合理论证（无论是经验的论证还是数学论证）来确立互补性在微观物理学中是最终定论；一位理论家如果想要改善量子理论，那么他只有研究具有内在不确定性的理论，才将取得成功。至少对于本作者来说，下面这一点现在是清楚的：未来研究不必（也不应该）[16] 受到某些互

103

---

13. "L'évidence de la complémentarité"（《互补性的证据》）。请参见：*Louis de Broglie*，*Physicien et Penseur*（《德布罗意：物理学家和思想家》），Paris（巴黎），1953，p. 44。

14. 请参见脚注 11。

15. 玻姆已经指出了这一点。请参见他的 "Quantum Theory in Terms of 'Hidden Variables'"（《运用"隐变量"的量子理论》），*Phys. Rev.*（《物理评论》），Vol. 85（1951），pp. 166ff。

16. 正如我在论文《说明、还原和经验论》（"Explanation, Reduction, and Empiricism"，*Minnesota Studies in the Philosophy of Science*，Vol. Ⅲ）｛重印于《哲学论文集》第一卷第 4 章｝中已经表明的，在决定性程度上，一种（关于现有量子理论的一般性的）理论的经验内容依赖于替代理论的数量——这些替代理论虽然与所有相关事实一致，但是，却与正在探讨的这种理论不一致。此数量越小，这种理论的经验内容就越少。因此，发明与现有量子理论不一致的替代者是经验论的必然要求。

补性倡导者想要强加给其限制的胁迫。

令人遗憾的是，绝大多数物理学家仍然反对这些非常明确的结果。造成这种情形的理由多种多样。最重要的理由是，部分经验成功给许多物理学家似乎带来催眠效应。此外，许多物理学家是很实际的人，不是非常喜爱哲学。既然这样，他们将把他们在青年时期所学的哲学思想看作是理所当然的，不再进一步深入研析；[17]如今，在他们看来，而且确实在整个从业科学家共同体看来，[193]这些哲学思想表达了物理学常识。在绝大多数情形中，这些思想是哥本哈根解释的组成部分。

互补性原则面对坚决反对却继续存在的第二个理由，要在这种原则的主要原理的模糊性中来找。[18]这种模糊性允许捍卫者用发展（而不是用重新阐述）来对付反对理由——当然，这种程式将造成这样的印象：正确答案一直就在那儿，但批判者却忽视了它。玻尔自己及其追随者充分利用了这种可能性，甚至在明确表明必须重新阐述的情况下，也是如此。他们的态度在下面这些人中非常流行，这些人的任务就是清除其对手的误解，而不承认自己的错误。这种行为的一个非常重要的例证（本文将在随后讨论它）是玻尔对爱因斯坦 1935 年至关重要的反对的答复。[19]这里，我想提到另一个例证——在该例证中，这种态度表现得淋漓尽致。在玻姆发表其著名的隐变量论文之前，[20]通常有这样的假设：量子理论与任何运用隐参量的解释相容，该理论的这种特征是得到经验保证的。[21]约尔丹（Pascual Jordan）写道："只有一种解释能够从抽象思想层次来整理……原子物理学领

104

---

17. 关于对这种令人讨厌的事态更细致的描述，请参见脚注 16 中提及的我的论文的第 7 节。

18. 魏茨扎克（von Weizsäcker）["Komplementarität und Logik"《互补性和逻辑》), in *Die Natur-wissenschaften*（见《自然科学》），Vol. 17（1955），pp. 521ff] 和格伦沃德（Groenewold）（私下交流）已经断言：哥本哈根解释富有成效，在很大程度上是由于阐述和讨论它的方式具有模糊性和不确定性。我完全同意这一点——精确性可能（确实经常）与贫乏性相连（这是我为什么不能信奉大量当代科学哲学的理由之一）。然而，模糊性是独断论的婢女，这是不能得到认可的。换句话说，下面这种说法是不能得到认可的：一个理论如此模糊，以致不能对它再进行批判。

19. 请参见第 4 节和脚注 116。

20. 请参见脚注 15 中的文献。

21. 请参见在脚注 13 所对应的正文中引自罗森菲尔德教授的引文。

域中的全部实验结果。"[22] 在捍卫其解释而反对爱因斯坦的评论时，玻尔指出，在他看来，"要把一个逻辑一致的数学体系认为是不充分的，除了证实其结果背离经验或者证明其预测未穷尽观察的可能性，别无他法；而对于这两个目标中的任何一个，爱因斯坦的论证都不能实现"。[23] 关于隐参量这种思想，泡利写道："在这方面，我还可以提到冯·诺依曼的著名证明——量子力学的结果不能用关于可观察量量值分布（基于一些隐参量量值的确定）的附加陈述来修改，而不改变现有量子理论的某些结果。"[24] 冯·诺依曼甚至走得更远。于是，在总结其经常被引用但别的方面几乎不为所知的"证明"时，他写道："不仅（隐参量的）测量是不可能的，而且，任何合理的理论定义（即既不能实验证明也不能实验反驳的任何定义）也是不可能的。"[25] 所有这些陈述的要旨归结为——哥本哈根解释是唯一经验充分且形式令人满意的解释。[194] 玻姆的论文反驳了这种论点。哥本哈根学派认可这一事实吗？不认可。相反，玻姆的论文受到批判，而那种批判方式却意在表明他忽视了互补性思想的一些本质要素。于是，海森堡评论道："除了哥本哈根语言所言说的，此模型关于物理学一无所言。"[26] 而且，他还暗示此模型是特设的。[27] 此外，还有如下这些说法："给定 ψ 函数，那些参量的量值既不能直接显示它们自身，也不能间接显示它们自身"；[28] 因此，它们被认为是"纯粹形而上学的"。[29] 关于第一个断言，我们只需回到前面引

[257] 22. *Die Physik und des Geheimnis des organischen Lebens*（《物理学及有机生命的秘密》），Braunschweig（不伦瑞克），1943，p. 114。

23. "Discussions with Einstein"（《与爱因斯坦的讨论》），in *Albert Einstein, Philosopher–Scientist*（见《爱因斯坦：哲学家–科学家》），Evanston（伊万斯通），1948，p. 229。

24. *Dialectica*（《辩证法》），Vol. 2（1948），p. 309（量子理论解释特刊社论）。

25. *Mathematical Foundations of Quantum Mechanics*（《量子力学的数学基础》），Princeton（普林斯顿），1955，p. 326。

26. "The Development of the Interpretation of the Quantum Theory"（《量子理论解释的发展》），*op. cit.*（同前），p. 19。

27. *Op. cit.*（同上），p. 18。

28. W. Pauli（泡利），"Remarques sur le problème des paramètres caches dans la mécanique quantique et sur la théorie de l'onde pilote"（《关于量子力学中的隐参量问题和导频波理论的评论》），in *Louis de Broglie*（见《德布罗意》），etc.，p. 40。

29. Pauli（泡利），*op. cit.*（同上），p. 41。

用的玻尔对爱因斯坦的答复。如果玻尔的解释无懈可击是因为这样的事实——它满足该引文所概括的标准（完全的经验充分性和形式的令人满意性），那么，玻姆的解释也是如此：正如海森堡明确承认的，它与玻尔的解释在经验上等价，而且在形式上也无可指责。这反驳了由（除其他人外）约尔丹所表达的这种思想——只有一种解释具有这些合意的特征。[30]

关于第二个断言，我们必须指出：根据引文，冯·诺依曼明确断言——甚至不能使形而上学的隐参量与该理论的形式体系相符。所有这一切成为一个好的例证来表明一种方式——运用这种方式，依照反对理由来重新解释互补性，从而给人留下"这些反对全然不得要领"的印象。[31]

106

互补性信条继续存在的第三个理由要到如下事实中去寻找——许多对它的反对是不相关的。绝大多数批判者不是把哥本哈根解释的两个主要原理（即状态描述的非决定性原理和量子力学状态的关系特征原理）解释为描述物理系统客观特征的物理假设，而是把它们解释为实证论认识论的直接结果，并把它们与后者一起舍弃了。[32]当然，非常正确，这是某些哥本哈根学派成员提出这些原理的方式；但是，显而易见，这不是为它们辩护

---

30. 请参见上述引自约尔丹的引文。阿加西（J. Agassi）已经非常明确地指出——所有这些对玻姆研究的答复都是不相关的："玻姆的理论实际上是假的，或者至少是极端特设的，这些批判当然是完全不相关的。因为其问题是，冯·诺依曼的论证是否由下面这种证明构成——像玻姆理论那样的理论必定是逻辑虚假的"[*British Journal for the Philosophy of Science*（《英国科学哲学杂志》），Vol. IX（1958），p. 63]。

约尔丹声称：互补性思想表明像玻姆模型那样的模型在逻辑上是不可能的。根据他的观点，像玻姆模型处理明确确定轨道那样的模型"将不仅与经典物理学（可变的）观念不一致，而且甚至*将与逻辑规律不一致*"[*Anschauliche Quantentheorie*（《直观量子理论》），Leipzig（莱比锡），1936，p. 116；斜体为我所加]。玻尔和海森堡以不怎么明确的形式表达了类似的看法。请参见海森堡的如下著作：*Physics and Philosophy*（《物理学和哲学》），New York（纽约），1958，p. 132；*Niels Bohr and the Development of Physics*（《玻尔及物理学的发展》），p. 18。

31. 此外，还有其他更专业的对玻姆模型的反对。于是，泡利在1927年指出：导频波理论要求处于 s 态（s-state）的电子静止，但总是发现电子处于明确确定的运动状态。然而，这种一再重复出现的反对[新近爱因斯坦重申了这种反对，请参见他发表在《献给玻恩的科学论文集》（*Scientific Papers Presented to Max Born*, Edinburgh, 1953）中的论文]能够由玻姆模型来答复（参见玻姆在同一卷中的评论）。

32. 一个绝佳的例证是，邦格（M. Bunge）在其著作《元科学探疑》第8章和第9章中关于量子理论的讨论。请参考我对该书的评论，见《哲学评论》[*Phil. Rev.*, Vol. LXX（1961）]。类似的评论适用于波普尔对量子理论的一些批判。关于细节，请参见脚注123。

的唯一方式，还有好得多的论证（论证直接源自物理实践）。顺便说一声，这种状况解释了关于现有理论基础的许多讨论具有怪异的虚幻特征。哥本哈根学派成员确信：他们的观点（他们充分了解这种观点的成功性）是令人满意的，[195]并优于许多替代者。但是，在他们写作论述它时，没有充分关注它的物理优势，而是迷失方向进入哲学（特别是进入实证论）。因此，他们极易成为各种哲学实在论者的"猎物"，而这些实在论者很快（或没有这样快）就揭示了其论证中的错误，因而没有使他们确信其观点的正确性——这样相当公正，因为这种观点有自己坚实的地基，不需要任何哲学支撑。所以，物理学家和哲学家的讨论来回反复，踌躇不前，毫无成效。

107　　在下文中，我将设法走出这种恶性循环。我将设法对哥本哈根解释背后的主要思想给出一种纯物理学的说明。因此，结果将是：这些思想和导致形成它们的物理论证比那些后来使用的模糊思辨合理得多，因为使用那些思辨是为了使它们更加可接受。然而，另外的结果将是：尽管具有这种合理性，但这些论证中没有哪一个论证足够强，从而保证这些思想具有绝对有效性，并证明如下要求是合理的——微观领域的理论将永远必须符合某种模式。[33] 只有还使用某些哲学思想时，这类限制才是可能的。这些哲学思想将在本文第二部分来研究。我们研究的结果将是：虽然在第一部分处理的物理论证是适当的和独创的，但是，赋予它们绝对有效性所需要的哲学思想却既不正确也不合理。当然，该批判的结论是：在尝试说明物质结构时，我们现在依旧是自由的，可以自由思考我们想要的任何理论。

二、早期的量子理论：波粒二象性

　　在普朗克提出作用量子之后不久，[34]人们认识到：这种创新必定要导致完全重构物质系统的运动原理。正是庞加莱（Poincaré）首先指出：不能

---

33. L. Rosenfeld（罗森菲尔德），*Observation and Interpretation*《观察与解释》），London（伦敦），1957，p. 45。

[258] 34. 在这里，我指所谓的普朗克第一理论（Planck's First Theory）——该理论认为吸收和发射都是不连续过程［*Verh. d. phys. Gesellschaft*《物理学会会报》），Vol. Ⅱ（1900），p. 237］；而且，它还包含空间的不连续性［请参见：Whittaker（惠特克），*History of the Theories of Aether and Electricity*《以太和电的理论发展史》），Vol. Ⅱ（第二卷），Edinburgh（爱丁堡），1953，p. 103］。

再坚持沿着明确确定轨道连续运动的思想；不仅需要一种新的动力学（即一组关于作用力的新假设），而且还需要一种新的运动学（即一组关于由这些力所促发的运动种类的新假设）。[35] 玻尔的旧量子理论与光和物质的二象性都进一步突出了这种需要。旧量子理论中出现的问题之一是如何处理两个力学系统之间的相互作用。[36] 假定两个系统 A 和 B 以如此方式作用，[196] 以致把一定量的能量 ε 从 A 转移到 B。在相互作用期间，系统 A+B 拥有明确确定的能量。经验证明：能量 ε 的转移并不是瞬时发生的，而是需要有限量的时间。这似乎在暗示：A 和 B 都是逐渐改变其状态的——A 逐渐从 2 下降到 1，而 B 却逐渐从 1 上升到 2（如图所示）。然而，这种描述模式将与量子假说不一致，根据这一假说，一个力学系统要么处于状态 1，要么处于状态 2（我们将假定，在状态 1 和 2 之间，不存在可容许的状态），不能处于中间状态。我们如何把"转移能量需要花费有限量时间"这一事实与"在状态 1 和 2 之间不存在中间状态"进行调和呢？

108

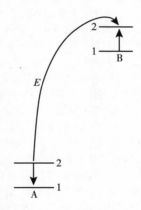

此困难由玻尔基于如下假设解决了：[37] 在 A 和 B 相互作用期间，二者的动力状态不再是明确确定的了，以致把确定的能量归属于它们中任何一个

---

35. *Journal de Physique*（《物理学杂志》），V. Ⅱ（1912），p. 1。

36. N. Bohr（玻尔），*Atomic Theory and the Description of Nature*（《原子理论及自然的描述》），Cambridge（剑桥），1932，p. 65。

37. 我不主张这是摆脱此困难的唯一可能的方式，但它是一种非常合理的物理假设，任何意在反对它的论证都还没有驳倒它。

是毫无意义的（而不是虚假的）。[38]

这种简单的独创性假设经常遭到歪曲，因此看起来需要说明几句。首先，必须指出：正如各种批判者所声称的，在上述表述中，"意义"（meaning）这个术语还没有出现——[197]批判者如此声称，是因为与"偏好语义分析胜过研究物理条件"这种现在习以为常的态度有某些联系。[39] 毕竟，关于术语的著名经典例证表明：仅当首先满足某些物理条件时，术语才是有意义的，可适用的；一旦不再满足这些条件了，术语就变得不再适用了，所以也就变得没有意义了。一个好的例证是"可刮擦性"（scratchibility）这个术

109

------

38. 我们用"动力状态"（dynamical state）意指"表征相关系统运动的量"（诸如其组成部分的位置和动量），而不是意指表征它是什么类型的系统的那些量（如质量和电荷）。关于这种说明，请参见：Landau–Lifshitz（兰道－李福史茨），*Quantum Mechanics*（《量子力学》），London（伦敦），1958，p. 2；N. Bohr（玻尔），*Atomic Physics and Human Knowledge*（《原子物理学及人类知识》），p. 90；H. A. Kramers（克拉默斯），*Quantum Mechanics*（《量子力学》），New York（纽约），1957，p. 62。

39. 然而，确认无疑的是，绝大多数的不确定性推导（特别是基于海森堡著名的思想实验的那些推导）确实使用了关于意义的哲学理论。通常，这些论证（以及始于基本理论的对易关系的其他论证）仅仅确立了：在某一间隔内，不能完成测量；或者，小于普朗克常数 h，不能确定某些量的平均偏差的乘积。接着，从这个论证阶段跃迁到这样的断言——把确定的值归属于这个间隔内的量，这将是无意义的。而实现这种跃迁是以如下原理为基础的——不能被测量确定的东西，就不能有意义地断言其存在。这种过早使用站不住脚的关于意义的哲学理论，已经导致形成一种非常奇特的情形——在这种情形中，为了错误的理由而去批判和捍卫物理原理（诸如状态描述的不确定性原理）。"在力学系统的状态描述中，不可能把确定的值同时归属于两个正则共轭变量"［N. Bohr，见 *Phys. Rev.*（《物理评论》），Vol. 48（1935），p. 696］这个原理受到批判，是由于认为它是实证论思考的结果。另外，它也因这种思考而得到捍卫。［请参见：M. Schlick（石里克），*Naturwissenschaften*（《自然科学》），Vol. 19（1931），pp. 159ff；Heisenberg（海森堡），*The Physical Principles of the Quantum Theory*（《量子理论的物理原理》），University of Chicago Press（芝加哥大学出版社），1930，特别是 p. 15。］在海森堡那儿，所获得的结果甚至不是状态描述的普遍不确定性；[259]因为确认无疑的是，"不确定性关系未指涉过去"，p. 20。此外，注意到德文和英文描述术语之间的差异，这也是有趣的。在德文描述中，有关在不确定性范围内情形的说法是"没有内容"［inhaltsleer，请参见德文版《量子力学的物理原理》（*Die Physikalischen Prinzipien der Quantenmechanik*，Leipzig，1930）第 11 页］。然而，英文描述却使用"无意义"（meaningless）这个术语。甚至，一些物理学家也看起来在运用实证论来捍卫此原理，而且从一开始就是如此。然而，我们应该这样补充，必须把此原理解释为一种物理假设——根据这种假设，在如下经典描述中，放宽限制是必要的：这种经典描述是一种"理想化"［idealization，请参见：Bohr（玻尔），*Atomic Description*（《原子描述》），etc.，p. 5 和 p. 631］，它超越了第一次引入时可得到的证据，现在发现需要修改。看起来，这也是玻尔自己的观点。尽管他偶尔运用实证论的专业术语和论证，但总自称是实在论者，因此，他温和地批判海森堡的实证论（玻姆和格伦沃德，私人交流）。然而，实际的历史发展仍然是远不清楚的，这是因为存在如下事实：早期的讨论很少得到出版，而这些讨论后来引发了哥本哈根观点的发展。对于当代科学史家来说，这是一个富有挑战性的任务。在这场引人入胜的理智大戏的主要演员离世之前，要通过信件和录音获得关于这些讨论的信息。

语——它仅仅可适用于刚体；一旦刚体开始熔化，它就失去其意义。其次，　110
应当注意的是，所提议的解决办法对知识（或可观察性）没有任何指涉；也
没有指明在转移期间，A 和 B 是处于我们未知的状态，还是处于不能被观察
的状态。因为量子假说不仅排斥关于中间状态的知识（或可观察性），还排
斥这些中间状态自身。也千万不要把此论证理解为作出如下断言（正如在物
理学家的许多表述中所蕴含的那样）：因为中间状态不能被观察到，所以它
们不存在。其原因是，此论证涉及一种处理存在（不是处理可观察性）的假
说（量子假说）。对缺乏可预测性的强调也不能令人满意。因为这种言说方
式又使人想到：只要我们对宇宙中存在的事物有更多的认识，我们就能预测
得更好。然而，玻尔的建议却否认存在这种事物——探测它们将使我们的知
识更加确定。第三个评论涉及一种建议，而这种建议为的是避开关于非确定
状态的运动学：经常把这种运动学与波动力学联系起来，本文后面将详细讨
论它。根据这种建议，在我们尝试对作用过程给出一种理性解释时出现这些
困难，是由于如下事实——经典的点力学不是处理原子系统的正确理论；对
于描述原子层次的系统而言，经典点力学的状态描述不是合适的方法。根据
这种建议，我们不应当保留经典概念（诸如位置和动量），也不应当使它们
变得不怎么明确了。我们应当引入如此全新的概念，以致当它们被使用时，
状态和运动将又变成明确确定的了。如果对于描述量子现象而言，任何这种
新系统是合适的，那么它必须包含表述量子假说（量子假说是最基本的微观
定律之一）的方法，因而也必须包含表示能量概念的适当方法。然而，一旦
引入这个概念，那么我们上面所有的思考马上又完全适用了：[198] 是 A+B 的
组成部分而既不是 A 也不是 B，能被说成具有明确确定的能量；而且，马上
由此得出这样的结论——独创的新概念集也没有导致形成明确确定的精确的
运动学。因此，玻尔写道："相信下面这一点将是一种误解——可以最终通过　111
用新的概念形式取代经典物理学概念来避开原子理论的困难。"[40] 就薛定谔的
波动力学解释来说，这个最后的评论将具有极端的重要性。

---

40. *Atomic Theory*（《原子理论》），etc., p. 16。

　　诸如自然谱线宽度的这类现象表明：所建议的解决方法具有经验充分性——在某些情形［例如，导致形成俄歇效应（Auger effect）之前状态的吸收］中，这类现象可能是非常重要的。

　　当然，其结果就是抛弃经典物理学的运动学。因为如果在 A 和 B 的相互作用期间，既不能说 A 也不能说 B 处于明确确定的状态，那么这些状态的变化（即 A 和 B 二者的运动）也将不是明确确定的。更为特别的是，可能将不再把确定的轨道归因于 A 或 B 的任一元素。现在，有人可能企图保留明确确定的运动的思想，仅仅使能量和刻画此运动的参量之间的关系变得不确定。下一段的思考将表明这种企图将遇到相当大的困难。

　　其原因是，光和物质的二象性提供了一个更加决定性的论证，表明需要用一套新假设来取代经典运动学。关于这一点，应当指出，基于单一的普遍原理（如二象性原理）来处理光和物质，可能有点误入歧途。例如，虽然光量子位置的思想没有明确的意义，[41] 但是，却能把这种意义赋予电子的位置。此外，在这种光的相干长度的图像中，也没有给出解释。因此，把二象性的讨论限制于具有非零静止质量的基本粒子（如电子），这是适当的。

　　现在，作出如下断言：光和物质的干涉性质（以及由此导致形成的二象性）只是整体统计行为的特定表现，并认为借助于经典工具（如插针板和轮盘赌游戏）对后者（整体统计行为）可进行最佳说明。[42] 根据此断言，基本粒子沿着明确确定的轨道运动；而且，在其运动的任一时刻，都具有明确确定的动量。有时承认下面这一点：[199] 它们的能量可能偶尔经受突然的变化，而且，对这些变化也许无法进行个体说明。但是，仍然坚持如下主张——对于经历这些突然变化的状态来说，这并未造成其任何不确定性。

112

---

　　41. 请参见：E. Heitler（黑特勒），*Quantum Theory of Radiation*（《辐射的量子理论》），Oxford（牛津），1957，p. 65；D. Bohm（玻姆），*Quantum Theory*（《量子理论》），Princeton（普林斯顿），1951，pp. 97f.

　　42. 例如，请参见：A Landé（兰德），"The Logic of Quanta"（《量子的逻辑》），*British Journal for the Philosophy of Science*（《英国科学哲学杂志》），Vol. Ⅵ（1956），p. 300；以及 "From Duality to Unity in Quantum Mechanics"（《在量子力学中，从二象性到统一性》），*Current Issues in the Philosophy of Science*（《当代科学哲学问题》），New York（纽约），1961，pp. 350ff.

下面，我将尝试说明：关于物质的波动性质和守恒定律，此假设不能给出一种融贯解释。为实现此目的，思考如下两个干涉事实就足够了。（1）干涉图式独立于给定时刻存在于仪器中的粒子数目。例如，无论用强光短时间曝光，还是用弱光长时间曝光，我们在照相底片上都得到相同的图式。[43] 双缝干涉图式不是每个单缝图式的简单算术加和。双缝图式很可能在某处（如 P）具有最小值，而单缝图式却在此处显示了一定的强度。（1）允许我们忽视粒子之间的相互作用（如果有相互作用）。关于（2），我们可以作如下推理：如果"每个粒子总是具有明确确定的轨道"这种说法是正确的，那么，[200] 在 P 处的一定强度是由于如下事实——一些粒子沿着轨道 b 到达那儿。只要缝 2 保持关闭，那么就总有一些粒子（穿过缝 1）将沿着 b 运动。假定：E 是一个这样的粒子（如电子），它将要进入缝 1。如果恰好在此刻开启缝 2，那么我们由此［由于上面的事实（2）］就创造了这样的条件，以致 E 一定到达不了 P。于是，开启缝 2 的过程必定导致 E 的前一路径发生变化。如何能够解释这种变化呢？

113

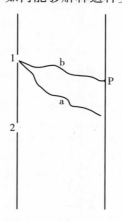

不能通过假定超距作用来解释它。守恒定律（它在量子理论中也有效）不容许来源于这种作用的能量。此外，这种所谓超距作用不是在空间各处都起作用，而是仅仅沿着那些面（在波动图像中，那些面是等相位的

---

43. 关于光，雅诺西（Jánossi）证明了这一点。请参见：由匈牙利科学院（Hungarian Academy of Sciences）编辑的小册子（1957），其中还报告了以前的实验；Jánossi（雅诺西），*Acta Physica Hungarica*（《匈牙利物理学报》），Vol. Ⅳ（1955）；以及 *Nuovo Cimento*（《新实验》），Vol. Ⅵ（1957）。

面）起作用，因此，这只不过是带入波动观念中的一种误导方式。[44]

根据波普尔（Popper）[45]和兰德（Landé）[46]，个体粒子的路径变化不需要说

114 明。借助于物理条件变化（开启缝 2）能够说明的是，一种导致形成新干涉图式的新随机过程的突现。这种观点是非决定论的，因为它承认存在非因果的个体变化；而且，它的非决定论几乎像哥本哈根观点的非决定论一样激进。它也与那种观点共同强调实验条件的重要性：预测仅对某些实验条件有效，不是普遍有效的（第六节将详细说明这一点）。然而，就它研究明确确定的状态和明确确定的轨道而言，它又不同于哥本哈根观点。因此，它必须并确实承认：守恒定律仅适用于处于某种状况的巨系综粒子；在个体情形中，可能违背它们。[47]困难就出现在这里。因为众所周知，对于基本粒子而言，在相互作用的每个个体情形中，能量和动量也是守恒的。[48]因此，如果没有如此细致地发展这种观点，由此能对所有那些使物理学家确信守恒定律的个体有效性的实验给出一种替代解释，那么就必须拒绝它。在给出这种更细致的解释（没有人能预先说这是不可能的！）之前，我们必须再次把状态不确定性假设看作是最令人满意的说明。顺便说一下，值得注意的是，这种限制适用于我们将要论述的支持状态描述不确定性假设的一切论证。[201]所有这些论证都预设了某些实验结果的有效性（如量子假说、干涉定律、守恒

---

44. 莱辛巴赫（Hans Reichenbach）讨论了超距作用的思想，并认为它是一种可能的说明。请参见他的《量子力学的哲学基础》第 7 部分（*Philosophic Foundations of Quantum Mechanics*，Berkeley and Los Angeles，1945，sec. 7）{本论文集第 23 章重印了费耶阿本德关于该书的评论}。超距作用不是莱辛巴赫自己采用的解决办法。关于对莱辛巴赫的分析及解决办法（三值逻辑）的评论，请参见我的论文："Reichenbach's Interpretation of the Quantum Theory"（《莱辛巴赫的量子理论解释》），[260]*Philosophical Studies*（《哲学研究》），Vol. IX（1958），pp. 47ff {《哲学论文集》第一卷第 15 章重印了该论文 }。

45. *Observation and Interpretation*（《观察和解释》），ed. Körner（科纳编），London（伦敦），1957，pp. 65ff. 兰德的建议在许多方面与波普尔的相似。我想指出的是，能够以略微不同的方式来重复文中的论证，即使最小值不是绝对最小值。（兰德教授尝试借助于"最小值可能不是绝对最小值"这一事实来反驳此论证。）

46. A. Landé（兰德），*Quantum Theory: A Study of Continuity and Symmetry*（《量子理论：连续性和对称性的研究》），New Haven（纽黑文），1955。

47. 与波普尔教授的私人交流。

48. 在这里，我意指博特和盖革的实验［Bothe and Geiger，*Zs. Physik*（《物理学杂志》），Vol. 35（1926），pp. 639ff］以及康普顿和西蒙的结果［Compton and Simon，*Phys. Rev.*（《物理评论》），Vol. 25（1925），pp. 306ff］。

定律的个体有效性）；而且，这些论证表明——给定这些实验结果，我们被迫拒绝各种不探讨本质上非确定的状态描述的解释。因此，仅当互补性思想的替代者表明如下内容时，它才可能是成功的：至少这些实验的一些结果不是严格有效的，当然，在最初发现是有效的误差（或实验）范围内没有与它们相矛盾。所以，解决量子理论的基础问题，只能通过构建一种新理论并证明——这种新理论至少在实验上像目前正在使用的理论一样有价值。但是，不能用目前理论的替代解释来解决量子理论的基础问题。[49]　　115

　　这种新理论是不可能的——现在，这是许多"正统"观点追随者的信念。更具体地说，他们相信：这种理论或者内部不一致，或者与某些非常　　116

---

49. 关于这一观点，请参见我的论文："Complementarity"（《互补性》），*Proceedings of The Aristotelian Society*（《亚里士多德学会会报》），Suppl. Vol. XXXII（增刊第三十二卷）（1958），p. 89｛重印为本论文集第 5 章｝。如果我在这一点上是正确的，那么，所有那些通过如下途径来尝试解决量子之谜的哲学家都在浪费时间——通过设法为现行理论提供替代解释却又让该理论的定律保持不变。那些对哥本哈根观点不满意的人必须认识到，只有一种新的理论才能满足他们的要求。当然，他们可以提前尝试思考这种新理论的成功可能给现行理论的解释带来的影响。然而，任何这种解释的一个必要组成部分将必须是要承认下面这一点：现行理论及其赖以为基础的经验定律不是完全正确的。

　　量子理论目前的状况与哥白尼的追随者所遇到的问题具有相似性，注意到这一点是有趣的。众所周知，当时的争论点不是哥白尼理论的预测正确性（这方面得到反对者的认可），而是能在什么程度上认为哥白尼的假说反映了宇宙的实际结构。换言之，教会对哥白尼假说的预测价值没有争议；它所反对的是，该假说的实在论解释（即这样的假设——该假说能被认为是对世界的描述）。现在，最为重要的是要认识到：教会方面的行动既不完全归咎于哲学保守主义，也不完全归咎于如下这种恐惧——哥白尼假说的实在论解释可能给神学教义带来相当大的损害。有非常重要的物理论证来反对地球真实运动的假设。这些物理论证是当时流行的亚里士多德物理学的直接结果。总之，当时的状况如下：[261] 亚里士多德物理学和实在论解释的哥白尼理论结合与某些广为人知的经验结果不一致。亚里士多德物理学得到实验的高度确证。另外，哥白尼理论提供正确的天体预测，所以，不得不被认为是经验充分的。既然这样，那么就提出了如下假设——不应当认为哥白尼理论具有实在论意义，这种理论的优点仅仅在于发现了一个坐标系，而且在此坐标系中，行星问题具有特别简单的形式。这难道不是自然的吗？这种行动不能通过纯哲学批判和要求用实在论方式解释每种理论来对抗。显而易见，对哥白尼理论的工具论解释的哲学批判不能消除哥白尼宇宙和亚里士多德动力学之间的不一致。只有一种新的运动理论才会消除二者之间的不一致，而且是一种这样的新运动理论——它不像亚里士多德理论那样严格依据经验和符合基本常识，从而能期望强烈反对它。显然，伽利略完成了此任务。"为了反对传统宇宙学的物理原理（总是拿出这些原理来反对他），他需要一组同样可靠的原理（确实，更可靠的原理），因为他没有像他的对手那样诉诸日常经验和常识。"请参见：G. di Santillana（萨提拉纳），*The Crime of Galileo*（《伽利略的罪行》），Chicago（芝加哥），1955，p. 31；上述引用后面的几页；我在《费舍尔词典·哲学卷》（*Fischer Lexikon, Band Philosophie*，Frankfurt/Main，1958）中关于自然哲学的论文｛重印为本论文集的第 24 章｝。在我看来，哲学家总是没有认识到该状况的这种特征。我们可以以波普尔的论文《关于知识的三种观点》["Three Views Concerning Human Knowledge"，*Contemporary British Philosophy*，Vol. III（1956），pp. 2ff] 为例，（**转下页注**）

重要的实验结果不一致。因此，他们不仅建议用非确定的状态描述来解释
已知的实验结果，而且，他们还建议，要永远保留这种解释，而且它是任
何未来微观层次理论的基础。正是在这一点上，我们将不得不分道扬镳。
我准备把哥本哈根解释作为一种物理假说来捍卫，我也准备承认——它优
于许多替代解释。本论文的第一部分都将聚焦于证明其作为物理假说的优
越性。但是，我也将证明：任何想更牢固地确立这种解释的论证都注定要
失败。今夕相同，物理学的未来发展是完全开放的。

117　　　然而，如果我们不准备（至少在目前阶段）怀疑守恒定律和干涉定律
的有效性，那么，关于干涉图式性质的唯一可能的解释似乎又要用到这样
的假设——在缝和屏之间的粒子行为不再是明确确定的。就单缝而言，甚
至能够粗略计算出缺乏这种确定性。众所周知，其结果是（为克服所述困
难而必需的），位置的不确定性 Δx 和动量的不确定性 Δp_x 之间的关系被表
示为如下公式：50

$$\Delta x \cdot \Delta p_x \geq h \qquad (^*1)$$

（接上页注）它也没有认识到，量子理论的目前状况与之非常相似。波普尔写道："由贝拉明红衣主教
（Cardinal Bellarmino）和贝克莱主教（Bishop Berkeley）创立的物理科学观，没有多开一枪，就赢得
了战斗"（同前，p. 8）。这完全不是真的。第一，在贝拉明的工具论和贝克莱的工具论之间存在巨大
差异。贝拉明的工具论能够得到源自当代物理学理论的物理论证的支持；而贝克莱的工具论却不能
得到这样的支持，具有纯粹的哲学性质。第二，上述论证已经表明，存在非常重要的物理原因说明
为什么在目前看来波动力学的实在论解释不合理（也请参见下一节的论证）。哲学为实在论的单兵作
战不能排除这些论证，充其量，它只能忽视它们。需要的是一种新理论，其他的没有用。

[262]　然而，由于瓦特金斯（J. W. N. Watkins）用上述段落进行批判，因此，我不得不承认，支
持实在论的哲学论证（尽管不充分）也不是不必要的。已经证明：倘若认可波动力学定律，就不可
能构建一种关于这同一理论的实在论解释。即已经证明：对于波动力学而言，支持理论术语实在论
解释的常见哲学论证是无效的［关于这类论证，请参见我的论文："Das Problem der Existenz Theore-
tischer Entitäten"（《理论实体的存在问题》），in *Probleme der Erkenntnis Theorie*，*Festschrift für Viktor
Kraft*（见《认识论问题：克拉夫特纪念文集》），Vienna，1960｛英文译文，见《哲学论文集》第三卷
第 1 章｝］。然而，仍存在如下事实——容许实在论解释的理论一定优于不容许这种解释的理论。正
是这种信念激励着爱因斯坦、薛定谔、玻姆、维吉尔和其他人去探寻修改现行的理论，从而使实在
论再次变成可能的形式。本文的主要目的是要表明：不存在正当的理由来臆断这种勇敢的尝试注定
要失败。关于为什么实在论理论优于工具论理论的原因，请参见我的论文《玻姆教授的自然哲学》
［"Professor Bohm's Philosophy of Nature"，*British Journal for the Philosophy of Science*，Vol. X（1960），
pp. 326ff｛重印为《哲学论文集》第一卷第 14 章｝］的第 4 部分。

　　50. 请参见：Max Born（玻恩），*Atomic Physics*（《原子物理学》），London（伦敦），1957，p. 76。

[202] 能够证明此结果具有普遍有效性。确实，无论何时，只要实验条件如此，要期望干涉效应，那么将不得不把状态描述的确定性仅仅限制到这样的程度——波动图像仍是适用的。如果把德布罗意的思想与傅里叶（Fourier）分析数学结合起来，就能够计算出这种限制的精确数量。[51] 结果再次得到公式（1）[51]——已经证明该公式具有普遍有效性：固有的不确定性是物质普遍客观的性质。[52] 只有在接受这个基本假设之后，海森堡的讨论及其尝试从测量方法的分析[53]中推导出（1）的各种形式，才能形成对如此所得关系的适当解释，[54] 也才能促使人们认识到，在此分析中涉及测量过程完全是偶然的。[55] 这类装置（例如，具有缝或盖革计数器的系统）能被用来测量物理对象的性质——当然，这倒是真的。然而，状态描述不确定性思想（更具体的是，不确定性关系）的出现，不是因为这类装置能被如此使用，而是因为其中所发生的物理过程具有独特性。如果不考虑这一

118

---

51. 关于数学，请参见：Heisenberg（海森堡），*The Physical Principles of the Quantum Theory*（《量子理论的物理原理》），Chapter Ⅱ，section 1（第二章第 1 节）；或者，L. Schiff（史夫），*Quantum Mechanics*（《量子力学》），New York（纽约），1955，pp. 54–56。关于更细致的讨论，请参见：E. L. Hill（希尔），*Lecture Notes on Quantum Mechanics 1958–1959*（《1958—1959 年量子力学讲稿》），University of Minnesota（明尼苏达大学），sections 4.9 and 4.10（第 4.9 节和第 4.10 节）。

52. 常数有差异，但是，此公式在其他方面是相同的。

53. *Zs. Physik*（《物理学杂志》），Vol. 43（1927）；以及 Chapter Ⅱ of *The Physical Principles of the Quantum Theory*（《量子理论的物理原理》第二章）。

54. 凯拉（E. Kaila）在他的论文《量子力学的元理论》（*Zur Metatheorie der Quantenmechanik*，Helsinki，1950）中声称：这种推导方式显示了不确定性关系有效性的一种缺陷。每种运动情形都被视为一种衍射情形，所以，认为首先满足某些边界条件。根据凯拉，这表明不确定性是"强加边界条件"这一事实的结果。如果一个粒子的运动没有被任何边界限制，那么，它就可以具有明确确定的位置和明确确定的动量。当然，能够做这样的假设。但是，它没有比如下假设更加合理：宇宙中唯一的一块玻璃板像铁一样硬，但是，创造第一块石头之后，它马上就不再那样硬了。

55. 换言之，它能形成对（1）的物理解释，而不是造成"物理原理和相当可疑的认识论相互叠加"的状况。有关这方面，也请参见脚注 39。

[263] 许多思想家已经觉察到如下事实：不确定性关系的传统解释不能仅仅来源于波动力学和玻恩法则，必须另外补充某些假设。例如，请参见波普尔的《科学发现的逻辑》第九章（*Logic of Scientific Discovery*，New York，1959，Ch. Ⅸ）。然而，如果他们以为那失去的环节将必定是实证论知识论，那么他们就错了。非常正确的是，"海森堡拒绝路径概念，并谈论'不可观察量'，这些充分表明哲学思想（特别是实证论思想）的影响"（波普尔，同前，p. 232）。但是，这不是获得状态描述不确定性假设的唯一可能的方式，也不是最好的方式。因此，对海森堡方法的批判将最多揭示其论证是不能令人满意的，这并没有意味着对不确定性的反驳，这也没有消除从一开始就导致提出不确定性假设的那些困难。

点，那么，就总可能提出这样的反对理由：所得到的是一种限制——限制我们认识动力系统精确状态的能力，或者限制我们的预测能力，但不限制动力状态自身。更有可能得出这种结论，因为关于该问题的许多讨论在如下意义上是主观论的：它们首先把（1）解释为对知识的限制，[56] 然后通过把知识与物理实在混为一谈（或者，通过宣称关于外部实在世界的思想是"形而上学的"），[57] 来使这种解释与量子假说（和其他经验定律）的客观有效性相一致。[58] 附带说一下，这说明很多关于量子理论基础的讨论具有奇特的虚幻性：捍卫者使用糟糕的不相关的论证来论证一种观点——他们熟悉这种观点的物理学丰富性，因而对其价值有极高的评价。反对者不了解物理实践的特征，但很熟悉关于它的不相关描述，所以开始摧毁这些不相关的论证，并认为他们因此摧毁了这些论证所要支持的观点。当然，这不被物理学家认可，所以论战继续进行，毫无以令人满意的方式来解决的希望。当听到"今天，物理学和哲学比它们在 19 世纪的任何时候都密切得多"那种流行的机智评论时，[203] 这就是我思考的重头戏。[59]

三、波动力学

旧量子理论在实验上非常成功，而且在力图统一其他方面断裂的大量

---

56. 请参见：W. Heitler（黑特勒），in *Albert Einstein*，*Philosopher-Scientist*（见《爱因斯坦：哲学家 - 科学家》），ed. Schilpp（施耳普编），Evanston（伊万斯通），1949，pp. 181–198。

57. 于是，海森堡在《物理学家的自然观念》（*The Physicist's Conception of Nature*，London，1958，p. 25）中写道："……新的数学公式不再描述自然本身，而是描述我们的自然知识。"爱丁顿（Eddington）、琼斯（Jeans）和其他人的类似观点，人们太熟悉了，这里就不再重复了。当然，在蒙昧主义者的耳朵里，所有这一切都是非常舒适的，因为它们被无数的所谓"哲学"论文确证了"山中无老虎，猴子称大王"的原理，在物理学中如同在现实生活中一样有效。

58. 关于对量子力学哲学更一般的疑惑的分析，请参见：B. Fogarasi（方嘎拉斯），*Kritik des Physikalischen Idealismus*（《批判物理学的观念论》），Budapest（布达佩斯），1953。关于（1）的各种解释（各种解释多得惊人！）的比较性评价，请参见：M. Bunge（邦格），*Metascientific Queries*（《元科学质疑》），Springfield，Illinois（伊利诺伊州，斯普林菲尔德），1959，Ch. IX / 4；以及其中所引用的文献。在分离量子理论解释中的物理假设和哲学假设方面，格伦鲍姆（A. Grünbaum）教授做了最有价值和最细致的尝试，请参见他的论文："Complementarity in Quantum Physics and its Philosophical Generalizations"（《在量子物理学及其哲学概括中的互补性》），*The Journal of Philosophy*（《哲学杂志》），Vol. LIV（1957）（第五十四卷），pp. 713–727。

59. 有关这方面，也请参照引论。

事实上也卓有成效，尽管如此，却被许多物理学家认为是不能令人满意的。[60] 人们看到其主要缺陷在于它结合经典假设和非经典假设的方式，因为这种结合方式使得不可能得到一种融贯的解释。[61] 因此，对于许多物理学家而言，它只是通向真正令人满意的理论（即这样的一种理论：它不仅能给我们提供正确的预测，而且也能给我们提供有关微观实体本性和动力学的一些洞见）之路的一块垫脚石。千真万确的是，玻尔、克拉默斯、海森堡和其他人沿着非常不同的路线进行研究。他们的主要目标不是建构一种新的物理理论来描述独立于测量和观察而存在的世界，而是要建构一种逻辑体系来利用经典物理学那些仍然能被说成是将提供正确预测的组成部分。[62] 这种启示绝不是怀疑那令人惊奇的事实——即使在量子层次上，许多经典定律仍保持严格有效。这使人想到：需要做的不是去除或完全取代经典物理学，而是对其进行修改。然而，却可能是——"对应思想"（Korrespondenzdenken）背后的哲学精神不是被所有人共享。于是，德布罗意和薛定谔力图

120

121

---

60. 为了解这些事实的数量，读者应当查阅索末菲的《原子结构和光谱线》（*Atombau und Spektrallinien*）第一卷的早期版本（如第三版）。此外，请参见：Geiger–Scheel（盖革－舍尔），*Handbuch der Physik*（《物理学手册》），first edition（第一版），Vols. 4（1929），20（1928），21（1929），23（1926）；Wien–Harms（维恩－哈姆斯），*Handbuch de Physik*（《物理学手册》），Vols. 21（1927），22（1929）。

[264] 61. 一些物理学家认为（有某种合理性）该理论接近于是特设性的。"……它是巴尔末公式（Balmer formulae）如此直接的翻版，以致在其所取得的成就中，几乎不能有什么值得赞誉的东西。"请参见：B. Hoffmann（霍夫曼），*The Strange Story of the Quantum*（《量子的奇特故事》），Dover（多佛），1959，p. 58。然而，读者不应当在此引文后就停止读下去，而是应当继续阅读，以此来得知——在什么程度上，该理论不只是巴尔末公式的一个翻版。

62. 关于非常清楚地表述对应原理背后的这种思想，请参见：G. Ludwig（路德维希），*Die Grundlagen der Quantenmechanik*（《量子力学的基础》），Berlin（柏林），1954，Ch. Ⅰ（第一章）。正如彼得森（Aage Petersen）对我指出的，可以把玻尔的思想与汉克尔（Hankel）的计算规则在新领域中的不变性原理进行比较——关于此原理，请参见：F. Waismann（魏斯曼），*Einführung in des Mathematische Denken*（《数学思想导引》），Vienna（维也纳），1947，第四章。根据汉克尔的原理，从数学实体领域过渡到更广泛的领域，应当以如此方式来完成，以便把尽可能多的计算规则从旧领域带到新领域。例如，从自然数过渡到有理数，应当以这样的方式来完成，以使尽可能多的计算规则保持不变。就数学而言，此原理的应用非常成功。"一些重要的经典定律在量子领域中保持严格有效"这一事实使人联想到此原理在微观物理学中的应用。因此，完全取代经典形式体系看起来是不必要的。所需要做的一切是修改经典形式体系，保留那些已发现是有效的定律，并为那些表述量子力学实体特有行为的新定律留出空间。根据玻尔，这种修改必须基于对经典概念有更"宽容的态度"（《原子描述》等，p. 3）。我们必须认识到这些概念是"观念化"（*idealizations*）（p. 5，斜体为最初所加）（**转下页注**）

为描述原子、分子及其组成部分的性质和行为来发展一种全新的理论。这种理论被完成之时，许多人高兴地称之为期盼已久的关于微观层次的融贯解释。因此，曾认为状态描述不确定性假设仅仅反映了早期理论的不确定性和不完整性；现在，它不再是必要的了。更为特别的是，或者，假定状态是新的明确确定的实体（ψ 函数）；或者，假定无论出现什么样的不完

（接上页注）或"抽象化"（abstractions, p. 63），它们是否适用于描述或说明依赖于作用量子的相对微小尺度，因此在新的实验领域必须"小心处理"（p. 66）它们。"分析基本概念"（66）必须揭示它们在这些新领域中所受到的限制（4, 5, 8, 13, 15, 53, 108），而且，不得不"避开作用量子"（18）来设计使用它们的新规则。这些规则必须满足如下要求：（a）它们必须允许用经典术语来描述任何可想象的实验——因为正是用经典术语来表示测量和实验的结果；（b）它们必须"为新定律提供空间"["Can Quantum Mechanical Description of Physical Reality Be Considered Complete?"（《物理实在的量子力学描述能被认为是完整的吗？》），*Phys. Rev.*（《物理评论》），Vol. 48（1935），p. 701；*Atomic Theory*（《原子理论》），etc., pp. 3, 8, 19, 53]，特别是要为作用量子提供空间（18）；（c）它们必须总是形成正确的预测。[265] 如果我们想要保留"经验必须用经典术语来描述"这一思想，那么就需要（a）；如果我们想要避免与作用量子有任何冲突，那么就需要（b）；如果这组规则像通常意义的物理理论那样有强大的影响力，那么就需要（c）。玻尔把任何一组满足（a）、（b）和（c）的规则称为"经典描述模式的自然一般化"{4, 56, 70, 92, 110；"Causality and Complementarity"（《因果性和互补性》），in *Dialiectica*（见《辩证法》）7/8（1948），p. 316；"Discussions with Einstein"（《与爱因斯坦的讨论》），in *Albert Einstein，Philosopher–Scientist*（见《爱因斯坦：哲学家 – 科学家》），pp. 210, 239；或者，玻尔称之为"对经典电子理论的……重新解释"[*Atomic Theory*（《原子理论》），etc., p. 14]}。玻尔写道，"把量子理论看作是经典理论的理性一般化，这种意图已经导致形成……对应原理"[*Atomic Theory*（《原子理论》），etc., pp. 70, 37, 110]。对应原理是一种工具，运用这种工具可以（而且已经）获得这种一般化。

现在，极为重要的是要认识到：在刚刚说明的意义上，"理性一般化"（rational generalization）不容许对其任何一个术语进行实在论解释。不能用实在论方式来解释经典术语，因为它们的应用被限制于描述实验结果。也不能用实在论方式来解释其余术语，因为提出它们的明确目标是为了能使物理学家正确处理经典术语。因此，量子理论的工具论不是蓄意叠加在这样一种理论（如果用实在论方式来解释这种理论，那么，它会看起来好很多）上的花招。量子理论的工具论是一种从一开始就强加的理论建构要求，而且，量子理论的一部分实际上就是依照这种要求来得到的。现在，在这一点上，历史情形变得复杂起来，这是因为完整的量子理论（我们用它意指完整的基础理论）是由薛定谔创立的，而他是一个实在论者，并希望发现一种这样的理论（即这种理论不只是在刚才所说明意义上的"经典力学的理性一般化"）。换句话说，我们历史上把完整的量子理论归属于一种形而上学，而这种形而上学与玻尔及其门徒的哲学观点截然相反。这是极其重要的历史事实，因为哥本哈根图像的拥护者们指出还没有理论是以那为基础来发展的，从而总是批判玻姆和维吉尔的形而上学。[关于这种批判，请参见：N. R. Hanson（汉森），"Five Cautions for the Copenhagen Critics"（《对于哥本哈根批判的五个警告》），*Philosophy of Science*（《科学哲学》），Vol. XXVI（1959），pp. 325–337, esp. pp. 334–337] 他们忘记了哥本哈根的思维方式也没有产生一种理论。这种思维方式所产生的是在创造薛定谔的波动理论之后对其做出的正确解释。因为结果是 [266] 薛定谔的波动力学仅仅是那种对经典理论的完整理性一般化，而且，玻尔、海森堡及其合作者一直在探寻这种一般化，并已经在发展这种一般化方面取得部分成功。

整性，都是由于该理论的统计特征，即由于这样的事实——波动力学"主要是各种各样与吉布斯（Gibbs）经典统计力学相类似的统计力学"。[63] 这两种解释仍然流传。我希望我们在最后一节的论证阐明了下面这一点：波动力学的这种解释必定要导致不一致。不确定状态描述假设的唯一预设是量子假说与光和物质的二象性（以及能量和动量的个体守恒）。这两个事实都被包含在波动力学中，因此，波动力学将同样需要上述假设。[64] 更细致地分析两个主要的替代者，表明这确实是正确的。

〔204〕

122

让我们首先思考如下建议：量子理论提供了新类型的完整而明确确定的状态，即提供了要取代经典点力学（用轨道）描述的 ψ 函数。普朗克已经提出了这种假设，而且对之进行了详尽阐述。这种假设还与薛定谔对其理论的最初解释相同。根据普朗克（和薛定谔），"物质波构成新世界图像的主要元素。……一般而言，物质波定律根本不同于经典质点力学的那些定律。然而，核心的一点是，刻画物质波的函数（即波函数）……在所有位置和时间都被初始条件和边界条件完全决定了"。[65]

必须提出反对此观点的两个理由。第一个反对理由是，它没有去除这种量（诸如物质粒子的能量、动量或位置）的不确定性，因为 ψ 函数和这些量值之间的关系完全是统计的。[66] 当然，不能断言 ψ 函数就是状态。然

---

63. E. C. Kemble（肯布尔），*The Fundamental Principles of Quantum Mechanics*（《量子力学的基本原理》），New York（纽约），1937，p. 55。

64. 玻尔写道："……虽然在急切需要波动描述的一般叠加原理和基本原子过程中的个体性特征之间存在明显的矛盾，但这绝对改善不了量子理论的悖论性质，而是甚至突出了这种性质。"请参见："Discussions with Einstein"（《与爱因斯坦的讨论》），*Atomic Physics and Human Knowledge*（引自《原子物理学与人类知识》），p. 37。

65. 请参见：*Scientific Autobiography and Other Papers*（《科学自传和其他论文》），New York（纽约），1949，pp. 135f。很久以后，诺斯洛普（F. C. S. Northrop）〔*Logic of the Sciences and Humanities*（《科学和人文学科的逻辑》），New Haven（纽黑文），1948，p. 27〕和内格尔（E. Nagel）〔"The Causal Character of Modern Physical Theory"（《现代物理理论的因果特征》），*Readings in the Philosophy of Science*（《科学哲学读本》），ed. Feigl–Brodbeck（费格尔 – 布罗德贝克编），New York（纽约），1953，pp. 419–437〕也表达了类似的观点。

66. 当然，普朗克意识到了这一事实，因此，他区分了物理学"世界图像"（world picture）的一方和"感觉世界"（the sensory world）的另一方，并认为前者仅具有象征内容（同前，p. 129）。然而，这不能与"决定论……在量子力学的世界图像中严格有效"（136）这一主张相一致，因为因果关系显然只能适用于真实事件之间。

123   而，也必须承认，这些状态没有唯一地决定相关系统的物理性质。但即使我们对内含在这种操作中的文字花招感到满意，我们也还没有说明产生整个困难的境况（即两个系统相互作用的境况）。因为能够证明的是仅仅在非常特殊的条件下，才有可能把两个系统的 ψ 函数分解为两个 ψ 函数（每个组成部分一个 ψ 函数）。[67] 一般而言，不能说作用粒子的巨系统的要素处于任何状态。[68] 显而易见，波动力学没有提供任何方法来处理我们上节所讨论的不确定性。然而，这是反对普朗克计划的最为关键的理由。普朗克假定波动函数仅有的变化是那些根据薛定谔方程而发生的变化。这忽略了波包收缩，而波包收缩不遵循薛定谔方程；[69] 但是，如果我们想要为了将来的计算而利用测量结果，那么波包收缩又是必要的。[205] 更加仔细分析这种收缩过程，将表明不能用简单的实在论方式来解释它。[70]

下面，我们来看第二个建议。根据此建议，"量子理论的描述"必须被认为是"对实在的不完整的间接描述"，因而 ψ 函数"不以任何方式描述单独系统的状态，而是与许多系统有关，即与统计力学意义上的'系综'（ensemble of systems）有关"。[71] 根据这种解释，单独的系统总是处

---

67. Von Neumann（冯·诺依曼），*Mathematical Foundations of Quantum Mechanics*（《量子力学的数学基础》），Princeton（普林斯顿），1955，Ⅵ/2。

68. 关于此事实一个很好的直观描述，请参见：E. Schrödinger（薛定谔），"Die gegenwärtige Lage in der Quantenmechanik"（《量子力学的现状》），*Naturwissenschaften*（《自然科学》），Vol. 23（1935）。

69. 有关细节，请参见第十一节。

70. 其原因如下：根据薛定谔方程，系统和测量仪器的组合状态的发展形成一种这样的状态——这种状态包含测量作为干预部分的可能结果。如果我们现在假定量子力学系统的状态是实在存在，而且假定状态的任何变化因而对应于实在的变化，那么，我们将不得不承认：观看宏观客体将导致直接消除远距离的干预项。

71. 请参见：A. Einstein（爱因斯坦），"Physics and Reality"（《物理学和实在》），reprinted in *Ideas and Opinions*（在《思想和看法》中重印），London（伦敦），1954，p. 35。斯莱特（J. Slater）[*J. Frankl. Inst.*（《富兰克林研究院学报》），Vol. 207（1929），p. 449；以及同一卷中范弗莱克（Van Vleck）在 pp. 475ff 的论述] 和肯布尔（E. C. Kemble）（同上）也持有爱因斯坦和波普尔所表述的这种观点（参见下一个脚注）。肯布尔说："我们……被迫把量子力学设想为[267] 主要是与吉布斯经典统计力学相类似的各种统计力学。"（同上，p. 55）然而，肯布尔意识到了这一事实（在该论文的后面部分有说明）：大集合的要素不再是处于明确确定经典状态的系统（第 55 页的注释）。应当指出，尽管表面上布洛金采夫（Blochinzev）的观点也与爱因斯坦的观点不同。将在本文的后面来讨论这一点。

于明确确定的（经典）状态，任何不确定性都是因为我们缺乏关于此状 124
态的知识。显而易见，这种假设与玻尔的假设不一致，也不易看出它如
何能与量子假说相容。然而，让我们不要忘记这一点：对于任何不了解
前面几节所呈现的定性论证的人（其中包括许多哲学家）来说，有充分
的理由来假定它是正确的。这些理由主要在于如下事实——在波动力学
内，理论和"实在"（reality）的联系是由统计法则（玻恩法则）确立的。
在分析不确定性关系时，波普尔写道："这些基本方程的解释推导必须精
确对应于海森堡公式的数学推导。"[72]他还指出：只给定玻恩法则，我们必
须把公式（1）中的 Δx 和 Δp_x 解释为（巨系综内）其他方面明确确定的
量的标准偏差，而一定不要把它解释为"对可达到的测量精度强加限制
的陈述"。[73]这种观点似乎从冯·诺依曼把频率理论系统应用于波动力学
中获得进一步的支持，而波动力学的统计系综"又使得一种客观解释
（它独立于……是否有人在给定状态测量两个非同时可测量量中的一个或
另一个）成为可能"。[74]因此，"如果我们从'量子理论独有的那些公式
是……统计陈述'这种假设出发，那么，就难以看明白如何能从具有这
种特征的统计理论中推论出禁止单独事件。……'单独测量能与量子物
理学公式矛盾'这种信念在逻辑上是站不住脚的。它站不住脚的情形正
好与如下信念站不住脚的情形一样——在形式的单称概率陈述……（例
如，'投掷 k 将得到 5 的概率等于 1/6'）和后面两个陈述（'投掷事实上
得到 5'，或者……'投掷事实上没有得到 5'）之一之间，有一天可以推
导出矛盾"。[75]

[206] 当然，假如我们在量子理论中处理的集合要素都处于从经典观点
看来是明确确定的状态，即假如我们已经知道把什么种类的实体当作集
合要素，那么这是完全正确的推理。只有假定这些要素是处于经典的明 125

---

72. *Logic of Scientific Discovery*（《科学发现的逻辑》），New York（纽约），1959，p. 227。这本书
是 1935 年德文版《研究的逻辑》（*Logik der Forschung*）的英文译本。

73. *Op. cit.*（同上），p. 224。

74. Von Neumann（冯·诺依曼），*op. cit.*（同前），p. 300。

75. Popper（波普尔），*op. cit.*（同前），pp. 228f。

确确定状态的系统，才有可能从量子理论的统计特征中推导出波普尔想要捍卫的那种解释。然而，显而易见，对于推导出这种假设来说，该理论的统计特征自身绝不是充分的。因为从"一种理论是统计的"这一事实，我们只能推论出它处理对象、事件和过程的集合，而不是处理这些对象、事件和过程本身。我们不能由此得到关于这些对象、事件和过程个体性质的任何推论。除了刻画相关集合中频率间关系的定律外，将必须提供任何这类信息。玻恩的解释在这种形式体系和测量结果之间毕竟建立了一种联系，但是，它提供这类信息了吗？如果做了适当思考，那么它没有提供，至少它不应当提供。因为关于量子力学集合要素的特征，玻恩法则（被正确解释）未做任何断言，而是仅仅做了关于这些要素在测量时所呈现的期望值。换句话说，它们至少仍然对如下两种选择保持开放：（1）要素在测量前拥有它们的值，并在测量期间保持它们的值；（2）要素在测量前不拥有它们的值，但是，通过测量，要素被转变为以明确确定的方式来包含这些值的状态。这种统计解释的经验成功无论多么伟大，都没有提供任何手段来在（1）和（2）两种选择之间做出抉择。这是所有统计理论的众所周知的特征，甚至死亡统计都不允许我们得出任何关于死亡以何种方式发生的结论，也不允许我们推论出人是一种其特征独立于观察的存在（即能够独立于发现人是死是活的具体场合来臆断其是死是活）。对于人来说，我们当然拥有独立的证据来表明其在观察时刻之间持续处于明确确定的状态。核心的要点是，这种信息独立于如下事实——在死亡统计学中，我们在处理统计理论。

[207]对于量子理论来说，这同样也是真的：从玻恩的解释中不能得出波普尔这样的思想——一个基本粒子总是具有能对它测量的所有量的明确确定的值。波普尔的这个思想是一个必须被辩护的思想，至少是一个必须被讨论的思想。已发现与光和物质的二象性以及守恒定律的个体有效性不一致的，正是此思想。因此，很久以前就不得不用状态描述不确定性假设

来取代的也正是它。[76] 总之，波普尔的论证是无效的，而且，其结论也是错误的。

既然如此，我们现在必须来为量子力学集合的要素寻求一种新的解释。我们必须承认：正在考虑的不是具有某种明确确定性质的系统数量（例如，经典量的精确值），而是（在测量时）从某些不甚明确确定的状态转变为别的不甚明确确定状态（即所述性质具有明确确定值的状态）的数量。因此，频率方法和玻恩法则都不能被用作一种论证来反对关于公式（1）的传统解释（即玻尔的解释）。其原因如下：频率方法仅处理集合之间的关系，而且在要素的第一选择和第二选择之间保持中立；玻恩法则处理测量结果，但不允许对导致这些结果的行为进行任何推论。

关于这一点，值得指出的是，也不能把玻恩法则用作论证来支持这种解释。更为特别的是，不可能从波动力学的形式体系和玻恩解释中推导出玻尔的不确定状态描述假设。任何这种尝试又将涉及一种不合理的转变（即从系统集合及其表象在测量结束时的性质到这些系统自身及其行为在测量过程前后的个体性质的转变）。这是因为冯·诺依曼的著名"证明"（proof）不能取得成功。[77] 简略看一下此证明，马上就看出其失败之处。[78] 此证明的本质在于推导出两个定理。第一个定理声称，没有量子力学系综是免离散差的（dispersion free）。第二个定理指出，具有最小离散差的系综（所谓的均质系综或纯系综）是这样的，使得其任何（有限）亚系综具有与它自身完全相同的性质。现在，必须认识到要把所考虑的亚系综限制于如下亚系综：能用统计算符（statistical operator）来描述它们；因此，就纯状态而言，[208] 要用与它们一起构成的系综完全相同的方式来准备它

127

---

76. 请参见我们在上一节和脚注 55 中的论证。波普尔极为正确地评论道：哥本哈根解释超越了玻恩法则的有效性主张。他也正确地指出物理学家（如海森堡）试图使其更强的主张建基于意义的实证论理论之上，而这一意义理论却远非令人满意。然而，他好像忽视了如下事实——能够通过物理论证来支持不确定性关系的更强解释（比他准备接受的那种解释更强）。

77. Von Neumann（冯·诺依曼），*op. cit.*（同上），IV / 2。

78. 此外，请参见我的论文："Eine Bemerkung zum Neumannschen Beweis"（《关于冯·诺依曼证明的评论》），*Zeitschrift für Physik*（《物理学杂志》），Vol. 145（1956），pp. 421–423 { 翻译为本论文集第 4 章 }。在该论文中，我使用了波普尔和阿加西首先提出的建议。

们。因此，把第二个定理应用于纯系综，其所断言的并没有超越排除赌博系统原理（the principle of the excluded gambling system）——该原理独自不允许对构成赌博的个体事件进行任何推论。总之，既不可能（正如冯·诺依曼所尝试的那样）用从波动力学形式体系和玻恩解释得到的论证来取代第二节中的定性思考，也不可能（正如波普尔所尝试的那样）基于这种论证来拒绝它们。[79] 如果要全面理解此理论，那么，除了玻恩解释外，还确实需要这些定性思考。

现在，第二个建议的支持者将指出：存在更多的理由来支持其解释的正确性。他们将提及爱因斯坦、波多尔斯基和罗森的论证（简称 EPR）——根据此论证，[80] 波动力学的形式体系是这样的，使得它要求非对易变量同时存在精确值。显然，如果是这样，那么将不得不抛弃玻尔关于公式（1）的解释，并必须用爱因斯坦和波普尔的解释来取代它。同时，促使玻尔提出状态描述不确定性假设的所有困难又重新出现了。甚至，更糟糕的是——看起来正是在量子力学的基础中发现了不一致。因为如果组合二象性、量子假说和守恒定律的唯一方式确实在于假定状态描述的不确定性，那么，爱因斯坦、波多尔斯基和罗森的论证将表明，波动力学本质上不能容许涵盖这三个实验事实的一种融贯解释。下面，我们将更细致地分析爱因斯坦、波多尔斯基和罗森的论证。

四、爱因斯坦、波多尔斯基和罗森的论证

假定把处于状态 $\Phi(qr)$ 的系统 S［坐标 q、q′、q″、……、q^n；r、r′、

---

79. 应当指出，迄今为止，我们的讨论仅仅基于波动力学的一般部分，即基于描述 ψ 函数空间性质的那些定律。在讨论波普尔和冯·诺依曼的观点时，我们所关心的正是这种一般理论（在玻恩解释中，仅仅预设了这种理论）。然而，如果我们给这种一般理论增添动力学定律（薛定谔方程，守恒定律），那么，我们就获得非常强的论证来支持必然需要第二节所概述的一种解释。该理论的这种形式特征反映了我们再三表明的一个事实——为了解释能量和动量的个体守恒，状态描述的不确定性是必要的。但是，冯·诺依曼的论证也不是毫无用处，可以把它们看作一种证明，这种证明的大意是"这种一般理论与玻尔的解释相一致"［格伦沃德（H. J. Groenewold）已向我指出了这一点］。

80. "Can quantum mechanical description of Physical Reality be Considered Complete?"（《关于物理实在的量子力学描述能被认为是完整的吗？》），*Phys. Review*（《物理评论》），Vol. 47（1935），pp. 777ff. 在下一节，[268] 将用更一般化的形式来论证。

r″、……、rᵐ；或者，缩写为（qr）］分成（用精神分离或物质分离）两个子系统 S′（q）和 S″（r）。能够证明下面这一点——总可能选择一对具有如此本征态集［$|\alpha_i(q)>$］的可观察量 $\alpha(q)$ 和 $\beta(r)$（分别对应于 S′ 和 S″ 中的相互正交情形的集合），得到如下关系式：[81]

$$|\Phi(qr)>=\sum_i c_i |\alpha_i> |\beta_i> \tag{2}$$

[209] 一对具有如上性质的可观察量将被称为关于 Φ、S′ 和 S″ 的相关量（correlative）。

爱因斯坦、波多尔斯基和罗森所讨论的特殊情形由如下三个条件来描绘：[82]

［i］：存在一对以上关于 Φ、S′ 和 S″ 相关的可观察量。

［ii］：假定（$\alpha\beta$）、（$\gamma\delta$）、（$\varepsilon\xi$）……是关于 Φ、S′ 和 S″ 相关的成对可观察量，那么，至少有一对成对可观察量［如（$\alpha\beta$）和（$\gamma\delta$）］满足如下关系：

$$\alpha\gamma \neq \gamma\alpha\cdot\beta\delta \neq \delta\beta \tag{3}$$

当且仅当（2）中的常数 c_i 满足如下条件时，［i］和［ii］才能成立：

$$|c_i|^2 = 常数 \tag{4}$$

［iii］：使系统 S′（q）和 S″（r）［即由（q）和（r）确定的空间区域］ 129

---

81. Von Neumann（冯·诺依曼），*op. cit.*（同前），pp. 429ff。

82. 关于证明，请参见：Schrödinger（薛定谔），*Proc. Camb. Soc.*（《剑桥学会会报》），Vol. 31（1935），pp. 555ff；Vol. 32（1936），pp. 446ff；以及 H. J. Groenewold（格伦沃德），*Physica*（《物理学》），Vol. 12（1948）。

如此分离，以致它们之间不可能存在物理相互作用。[83]

从［i］得到如下结论——如果 $\gamma(q)$ 和 $\delta(r)$ 分别是 γ 和 δ 在 S′ 和 S″ 中的本征函数，那么，也可以用如下形式来表示 Φ：

$$|\Phi(qr)>=\sum_i c'_i|\gamma_i>|\delta_i> \qquad (5)$$

现在假定——在 S′ 中测量对应于 α 的量，得到结果 α_k。从（2）和下列假设：

任何测量都使系统处于所测变量的本征态   （6）

得到如下结论——S″ 在测量后的状态将是 $|\beta_k>$（即 β 的一个本征态）。

另外，假定在 S′ 中测量 γ，得到结果 $|\gamma_1>$。那么，从（5）和（6）就得出如下结论——S″ 在测量后的状态将是 $|\delta_1>$（即 S 的一个本征态）。

现在增添［iii］，我们得到下列结果。第一步，如果 S′ 和 S″ 在空间上是分离的，使得它们之间不可能有任何相互作用，那么，S′ 的物理变化不可能影响 S″ 的状态。更为特别的是，在 S′ 中的测量（它将引起 S′ 的物理变化）

---

83. 这种条件暗示要以如此方式来选择 α、β、γ、δ，以使它们关于（q）和（r）都能相互对易。玻姆在他的《量子理论》（*Quantum Theory*, Princeton, 1951, Ch. 22）中描述了一个具有这种特征的例子。如果没有做这种选择，那么，就总可能用必须仅涉及呈现此论证具体形式的理由来批判它。关于这种无意的不相关批判，请参见：de Broglie（德布罗意），*Une Tentative d'Interprétation Causale et non Lineaire de la Mécanique Ondulatoire*（《关于波动力学的一种因果性和非线性的尝试性解释》），Paris（巴黎），1956, pp. 76ff。德布罗意讨论了玻尔关于一对粒子（分别已知 q_1-q_2 和 p_1+p_2）的例子 [*Phys. Rev.*, Vol. 48（1935），pp. 696ff]。只要这对粒子停留在双缝屏（双缝的距离由 q_1-q_2 确定）附近，那么，就能实现刚才所描述的状态（它满足［i］和［ii］，q_1 和 p_1 是相关变量）。然而，在这种情形下，将违反［iii］。当然，此论证是不相关的，因为爱因斯坦的观点独立于创造满足［i］和［ii］的状态的方式。此外，还能证明：这对粒子离开缝后 t 秒，能够得到爱因斯坦关于变量 p_1 和 q_1-（P_1/m）t 的论证 [请参见：Schrödinger（薛定谔），"Die gegenwärtige Lage in der Quantenmechanik"（《量子力学的现状》），*Naturwissenschaften*（《自然科学》），1935]。拥有一个不能根据刚提到的理由来批判的例子，这仍是有利的。玻姆的例子还受到这种连续性情形困难的困扰，关于这些困难，请参见：Bohm and Aharonov（玻姆和阿哈罗诺夫），*Phys. Rev.*（《物理评论》），Vol. 108（1957），pp. 1070ff，Appendix（附录）。

不可能影响 S″ 的状态。还有更特别的是，如果 S′ 中的测量结果允许我们推
知 S″ 处于特定物理状态，那么因为二者之间不能有相互作用，所以，我们不
得不假定：S″ 在测量前就已处于被推知的状态；即使测量从未进行，它也会
处于此状态。第二步，把上述结果应用于 α 和 γ 的测量，我们可以进行如下
推理：[210] 在测量 α 后（测量结果是 α_k）瞬间，S″ 处于状态 $|\beta_k>$；根据前面
论述，这也是 S″ 在测量前片刻的状态。于是，无论是否测量 α（当然，我们
假定所有可观察量都是完全的对易集合），S″ 都必定处于 β 的某一本征态。
同理，无论是否测量 γ，它也必定处于 δ 的某一本征态。总之，它必定总是
处于经典明确确定的状态。从（3）和玻尔的假设，可以推论出这是不可能
的。玻尔的状态描述不确定性假设和上述论证之间的矛盾被称为爱因斯坦—
波多尔斯基—罗森悖论。然而，不要称之为悖论，称之为论证更合适。[84]

　　对于爱因斯坦（和波普尔）来说，此论证反驳了玻尔的假设。因此，
如上所述，爱因斯坦认为如下观点是合理的：把量子理论看作是 "一种对
实在的不完整的间接描述"，使得 "ψ 函数在统计力学意义上……与 '系
综'（ensemble of systems）有关"。[85] 下面，我即将探讨此论证的优点。但
是，在此之前，我想讨论一些已经提出的反对理由，而在我看来，这些理
由都不能令人满意。

---

84. 此论证只要与完整性假设组合到一起，那么，就会产生悖论。既然如此，我们就得到如下结
果——可以出现这些状态变化：（1）它们是完全可预测的（尽管它们的精确结果不可预测）；（2）它们
发生在距离物理作用力范围非常遥远的地方。正是此论证的这种特征（除其他外）导致形成亚量子力
学层次的假设——该假设包含不同于量子理论定律（量子理论定律允许出现协调波动）的定律。当
然，这种假设将产生一些预测，而这些预测在某方面不同于现行理论的预测。例如，如果与第一个
系统相互作用的测量仪器急速转向，那么，这种假设蕴含着一种关联干扰。然而，这种预测结果的
差异并不是不可取。它成为新实验的指导，而这些新实验将能决定最终应当接受哪一种观点。请参
见：D. Bohm（玻姆），[269] Causality and Chance in Modern Physics（《现代物理学中的因果性与概率》），
Routledge and Kegan Paul（劳特里奇和保罗），London（伦敦），Chs. III、IV（第三章、第四章）；以
及 Observation and Interpretation（《观察和解释》），ed. Körner（科纳编），London（伦敦），1957，pp.
33–40，86–87。关于理论间关系的更一般的讨论，请参见我的论文："Explanation, Reduction, and
Empiricism"（《说明、还原和经验论》），in the Minnesota Studies for the Philosophy of Science（见《明
尼苏达科学哲学研究》），Vol. III（第三卷），Minneapolis（明尼阿波利斯），1962{此文被重印为《哲
学论文集》第一卷第 4 章}。

85. 请参见：脚注 71；以及 Albert Einstein, Philosopher–Scientist（《爱因斯坦：哲学家 – 科学家》），
ed. Schilpp（施耳普编），Evanston（伊万斯通），Illinois（伊利诺伊），1948，pp. 666ff。

于是，亚历山德罗夫（A. D. Alexandrov）[86]和库珀（J. L. R. Cooper）[87]论证道：不能出现悖论，因为只要［S'S"］由不能被分解为积的波函数来描述，那么［iii］就不适用了。对此，必须这样来答复：在［iii］中，"分离"（separated）和"相互作用"（interaction）涉及经典场，至少涉及对出现在某一时空范围的能量有作用的场。亚历山德罗夫和库珀似乎假定——能把 ψ 场解释为这种不用事实证实的场。

弗里（Furry）的论文提出了一种典型得多的反驳论证。[88]这篇论文的优点是简单清晰，它也似乎反映了许多物理学家的态度。弗里用两种方式（A 和 B）来诠释终结于悖论组合状态的这种物理过程（在 S' 和 S" 之间的相互作用）。根据假设 A，这种过程使 S' 和 S" 的量子力学状态发生转变。这类转变依照概率定律来发生，但是，对于 S' 和 S" 两者（它们如此相互关联，使得在 S' 中的测量确实将产生关于 S" 状态的某些信息，反之亦然）而言，它们终结于明确确定的状态。这种关联发生在已存在的状态之间；[211] 或者，用形式化的方法来表示，这是由于如下事实——用下面的混合式来描绘 S'+S" 在相互作用后的状态

$$P_{\Phi'} = \sum_i |c_i|^2 |\alpha_i\rangle\langle\alpha_i|\beta_i\rangle\langle\beta_i| \tag{7}$$

我们看到，在上述混合式中，那对变量（$\alpha\beta$）是这样的——如果在 S' 中测量 α，得到结果 α_k，那么，β 将必定显示（当测量时）值 β_k。

$$[\text{证明}: Tr\{P_{|\alpha_k\rangle}P_{\Phi'}\ P_{|\alpha_k\rangle}P_{|\beta_i\rangle}\}/Tr\{P_{|\alpha_k\rangle}P_{\Phi'}\} = \delta_{kl}]$$

这种情形的另一个特征是，它将导致违反某些守恒定律。[89]弗里宣称

86. *Proc. Acad. UdSSR*（《苏联科学院学报》），Vol. 84（1952），p. 253。

87. *Proc. Cambr. Phil. Soc.*（《剑桥哲学学会会报》），Vol. 46 pt. 4（第 46 卷第 4 部分）（1951），p. 620。

88. 请参见：*Phys. Rev.*（《物理评论》），Vol. 49（1936），pp. 397ff；Groenewold（格伦沃德），*loc. cit.*（同前）。普利斯（M.H.L. Pryce）在私下讨论中也使用此论证。

89. 在脚注 83 所论述的玻姆的例子中，角动量将不守恒。

A 是爱因斯坦所提出的假设。

　　他认为方法 B 是量子理论采用的方法，而且也保留守恒定律，所以，　　132
它表明：两个系统之间的相互作用将通常导致形成一种纯状态

$$| \Phi \rangle = \sum_{ik} c_{ik} | \alpha_i \rangle | \beta_k \rangle \qquad （8）$$

当且仅当 $c_{ik}=c_i\delta_{ik}$ 时，或者，当且仅当满足公式（2）时，α 和 β 的值之间
才将出现关联。因此，方法 A 和 B 之间的差异在于如下事实：方法 A 用
公式（7）来表示具有上述性质的状态，而方法 B 却用公式（2）来表示
它。很容易证明，两种表示方法并没有产生相同的观察结果。

$$[证明：对于 [\alpha\gamma]；[\beta\delta] \neq 0，一般而言$$
$$Tr \{ P_{|\gamma_l \rangle} P_{\Phi} P_{|\gamma_l \rangle} \delta \} \neq Tr \{ P_{|\gamma_l \rangle} P_{\Phi'|\gamma_l \rangle} \delta \}]$$

　　因此，方法 A 与量子理论采用的方法不一致，后者是叠加原理的直接结
果。许多物理学家把这看作是对爱因斯坦如下思想（它被悄悄应用于推导此
悖论的第一步）的反驳："如果没有以任何方式干扰系统，我们就能肯定预
测一个物理量的值，那么就存在一个物理实在的元素来对应此物理量"，[90]换
言之，这个值属于系统，而系统独立于测量是否已经（或能够）进行。

　　关于此论证，我们现在必须思考两点。第一点，只有首先证明了后面
的结论，才能够把"A 不同于量子理论所采用的方法"这一事实看作是不
利的：在 EPR 处理的独特情形中，量子理论的预测是经验上成功的，而方
法 A 所蕴含的预测却是经验上不成功的。在这种情形中，"发展的量子理
论已被大量实验结果确证"这一事实无效，[212]因为我们正在探求系统的
行为，而系统却处于还没有受到检验的条件。[91]另外，当粒子分离得足够　　133

---

　　90. *Phys. Rev.*（《物理评论》），Vol. 47（1935），p. 777。
　　91. 关于对在这种情形中所出现的确证问题的更详细解释，以及关于对正统学界（所暗含）的态
度的批判，请参见脚注 84 中提到的我的论文的第 7 部分 { 原文没有此脚注提及的文献 }。

远时，量子理论中目前关于多体问题的阐述确实可能破坏爱因斯坦的猜想。[92] 第二点，即使 B 给出正确的统计预测，爱因斯坦的论证也未受到批判。因为它不是为了对相互远离的系统的状态（用统计算符）进行特殊描述而提出的论证；而是一种反对如下假设的论证——能够把任何这种运用统计算符的描述看作是完整的；或者，是一种反对如下假设的论证——"ψ 函数……与物理状态精确相配"；[93] 或者，是一种反对如下假设的论证——无论在什么条件下，一个物理系统的统计算符都将对该系统进行完整而穷尽的描述。

在文献中，这最后一种假设已被称为完整性假设。正如上一段所表明的，完整性假设蕴含着玻尔假设。因此，人们可以把 EPR 论证解释为反对完整性假设的论证，也可以把它解释为反对玻尔假设的论证。这两种解释在下文中都要被用到。

关于第一点，我们可以补充如下评论：已经尝试从实验上在假说 A 和 B 之间进行选择。该实验是由吴健雄（C. S. Wu）完成的，其目的在于研究关联光子的极化性质。[94] 这种光子产生于正电子 - 电子对的湮没辐射。在这种情形中，发射的每个光子的极化状态总是正交于另一个光子的极化状态，这类似于玻姆的 EPR 例子。[95] 实验结果明确反驳了基于方法 A 的预测，而确证了基于方法 B（方法 B 符合叠加原理的一般有效性）的预测。然而，正如我们上面所表明的，不能把此实验结果用来反驳爱因斯坦论证的核心论点，在两种情形中我们所认识的是经典明确确定系统的系综，而不是单一的系统。[96]

---

92. 请参见：Bohm–Aharonov（玻姆 – 阿哈罗诺夫），loc. cit.（同前），p. 1071；以及 *Observation and Interpretation*（《观察和解释》），pp. 86ff。

93. Einstein（爱因斯坦），"Physics and Reality"（《物理学和实在》），*loc. cit.*（同前），p. 317。

94. *Phys. Rev.*（《物理评论》），Vol. 77（1950），pp. 136ff。黑特勒证明了这种情形与 EPR 所讨论的情形等效，请参见：Heitler，*Quantum Theory of Radiation*（《辐射量子理论》），p. 269。此外，也请参见：玻姆 – 阿哈罗诺夫的分析，*loc. cit*（同前）。

95. 关于与 EPR 情形等效的证明，请参见上一个脚注。

96. 英格利斯（D. R. Inglis）也持有类似观点，请参见：D. R. Inglis，*Revs. of Modern Physics*（《现代物理评论》），Vol. 33（1961），pp. 1–7，特别是最后一部分。

　　类似的评论也适用于布洛金泽夫（Blochinzev）的分析。[97]确实，布洛 　134
金泽夫强调说："在量子理论内，我们没有描述粒子'状态自身'，而是描
述粒子与一个或另一个（混合的和纯的）集合的关系。"[98]他指出：这种关
系具有完全客观的特征，任何测量都被认为是一种过程，而这种过程把某
些子集合从其原初嵌存的集合中分离出来。现在，[213]"仅仅就基本粒子是
集合的要素来说，量子理论描述了基本粒子"这种断言看起来将使布洛金
泽夫的解释与爱因斯坦、斯莱特和波普尔的解释相一致，因为爱因斯坦、
斯莱特和波普尔的解释也断言量子理论是一种集合理论。然而，重要的差
异是，对于布洛金泽夫而言，个体粒子不拥有特定集合要素之外的任何状
态性质。他写道："我们的实验足够精确，从而能够给我们显示单一粒子的
变量对（p，q）实际上并没有存在。"[99]当然，这意味着布洛金泽夫也接受
了完整性假设，而此假设正是争论之点。此外，他没有证明爱因斯坦的论
证与量子理论矛盾；或者，他没有证明爱因斯坦的论证与"经验"（expe-
rience）矛盾；他仅仅证明了爱因斯坦的论证与完整性假设矛盾，即仅仅
证明了爱因斯坦的论证服务于建构论证的目的。

　　我们看到我们迄今所讨论的反对 EPR 的全部论证都未能反驳它。[100]一
些建议主要在于引入亚量子力学层次，从而不是仅否定现行理论的完整性，
而是要否定其正确性。除了那些建议外，留下的唯一论证看起来是首先导
致形成玻尔假设的那一个论证，它不依赖于基础量子理论的更详细的形式
特征，也不依赖于其任何被改进的替代理论（狄拉克电子理论，场论）。然
而，关于这些定性思考，许多作者似乎认为——当与 EPR 令人赞叹地运用
波动力学这一强有力的工具比较时——它们没有什么价值。为了消除这种印
象（它看起来反映了关于数学形式主义的一种过分自信和毫无批判的态度），

---

　　97. *Sowjetwissenschaft*（《苏联科学》），Naturwissenschaftliche Reihe（自然科学丛书），Vol. Ⅵ
（1954），pp. 545ff；*Grundlagen der Quantenmechanik*（《量子力学基础》），Berlin（柏林），1953,
pp. 497–505。

　　98. *Sowjetwissenschaft*（《苏联科学》），etc.，p. 564。

　　99. *Grundlagen*（《量子力学基础》），p. 50。

　　100. 英格利斯暗示承认这一点，*loc. cit*（同前）。

135   下面，我将讨论假定 EPR 的结论正确（即假定：基础理论是正确的，且相对于完整性假设所承认的状态描述而言，能够给出更加详细的状态描述）时所出现的困难。这种更详细的描述所指涉的状态将被称为超级状态。[101]

五、超级状态

根据量子理论定律，[102] 超级状态是可能的吗？在本节，我将提出一些否定超级状态可能性的论证（补充第二节的定性论证）。第一个论证将表明：超级状态或者包含多余的要素，或者是经验上不可能的（这依赖于引入超级状态的方式）。为了证明超级状态包含多余的要素，[214] 必须给出一些说明，以说明状态在物理理论中的作用。

在物理理论中，动力状态的作用是什么？答案是：它包含部分初始条件，如果再加上其他初始条件（如质量和电荷）、边界条件（作用场的性质）以及某些理论，那么，它将服务于说明或预测其意在描述的系统行为。[103] 根据此定义，如果状态的一个要素没有在任何预测和说明中起任何作用，那么，它将是多余的。如果这不仅适用于系统将来的性质和行为，而且也适用于此要素每次被断言出现时所具有的性质和行为，那么，它将是更加多余的。在这种情形下，无论如何都不可能检验如下断言：此要素已经出现，并可以正确地把它称为描述多余的要素。为了证明超级状态将包含描述多余的要素，让我们思考总自旋为 σ 的一个粒子。假定已经测量 σ 和 σ_x，所得到的测量值分别是 σ' 和 σ_x'。根据该理论，马上重复这些测量，将再次得到这些测量值。另外，假定在对 σ 和 σ_x 的测量完成时，测量 o。于是，该理论

136   的形式体系将告诉我们可以得到 σ_y 的如下任何值：该值非常明确地表明——给集合 $[\sigma'\sigma_x']$ 添加 σ_y 的一个特定值（以及对于 σ_x 同样如此）毫不改变我们的断言的信息内容。我们总结得到如下结论：表明对易可观察量的一个完全集合的测量结果的一组量具有最多的信息内容。对这组量的任何添加

---

101. 首先使用这一术语的似乎是格伦沃德，*loc. cit*（同前）。

102. 我想再说一次，本节和下一节都将假定基础量子理论本质上是正确的。后面将讨论对质疑基础理论绝对正确性的解释。

103. 请参见：Popper（波普尔），*op. cit.*（同前），sec. 12（第十二部分）。

都是描述多余的，不管这种方法是什么（EPR 或其他方法）——当然，通过这种方法获得了如下结论：这种方法没有干扰已经实现的状态。

我们迄今一直在讨论的超级状态具有这样的性质——它们只有部分能被用来获得关于物理系统实际状态的信息：即假定 P 和 Q 是属于同一系统的两个不同的完全对易集合，以这样的方式来选择超级状态［PQ］，从而使得 Prob（Q/［PQ］）= 常数 ≠ 1（P 也如此）。现在，我们想以下面的方式来定义新的变量对：

$$\text{Prob}（P/［PQ］）=\text{Prob}（Q/［PQ］）=\text{Prob}（P/［QP］）=\text{Prob}（Q/［QP］）$$
$$=1 \tag{9}$$

[215] 现在，让我们来研究这种定义的结果是什么（玻姆已经采用了这种定义，但不甚明确）。[104]

首先，应当注意到，（9）的第一个方程和最后一个方程是这种新的超级状态定义的一部分；而就 P、Q 来说，这些方程是从量子理论得到的。此外，还要注意，我们在这里处理经典情形也明显满足的最低条件，此条件是——描述我们在此讨论的这种超级状态的一系列陈述应当允许我们得到超级状态任一要素的值。我们还没有考虑任何动力定律，例如（或许）支配超级状态（或超级状态函数）时序发展的定律，也没有假定存在动力定律，更没有假定存在具体的动力定律（如守恒定律）。但是，显而易见，如果不满足（9），那么决定论定律将是不可能的。所以，在量子理论中（以及在任何其他理论中），条件（9）是必不可少的决定论预设。下面，让我们看看这些条件将把我们引向何方。

由（9）我们马上能推导出下面的式子：

Prob（P/［QP］）=Prob（P·［QP］）/Prob［QP］=Prob（［QP］/P）/Prob（［QP］）·Prob（P）

Prob（P/［PQ］）=Prob（P·［PQ］）/Prob［PQ］=Prob（［PQ］/P）/

137

---

104. 请参见脚注 15 中的参考文献。

Prob（[PQ]）· Prob（P）

因此，Prob（[QP]/P）/Prob（[PQ]/P）= Prob（[QP]）/Prob（[PQ]）。

如果我们现在假定超级状态的绝对概率独立于其要素的顺序（并且，现在通过把"[PQ]"写作"PQ"来表明我们接受这一假设），那么，对于满足上面（9）的任何对 PQ，我们从（9）得到：

新引入的超级状态的要素是统计独立的　　　　　　　　　（10）

为了给这种抽象的模式提供一些经验内容，让我们现在假定：

$$P \longleftrightarrow p \tag{11}$$

其中，p 是在量子理论意义上的对易可观察量的完全集合。此外，我们还假定这儿所讨论的系统被互补集合 p 和 q 详尽描述了。

基于贝叶斯定理，我们得到：

$$\text{Prob}（q/PQ）=\text{Prob}（P/qQ）· \text{Prob}（q/Q）/\text{Prob}（P/Q）$$

由上面的式子，得到如下 Prob（q/Q）值：

$$\text{Prob}（q/Q）=\text{Prob}（P/Q）· \text{Prob}（q/PQ）/\text{Prob}（P/q）$$

上面的式子 [由于（10）] 等于 Prob（P）· Prob（q/PQ）/Prob（P/q）= [由于（11）] = Prob（P）· Prob（q/pQ）/Prob（p/q）。

现在，我们由量子理论得到 Prob（p/q）=Prob（p/q）=$|<p|q|^2$，因此

$$\text{Prob}（q/Q）=\text{Prob}（P） \tag{12}$$

用完全类似的方式得到：

$$\text{Prob}（p/PQ）=\text{Prob}（P/pQ）\cdot\text{Prob}（q/Q）/\text{Prob}（P/Q）$$

进一步得到：

$$\text{Prob}（p/Q）=\text{Prob}（P）\qquad\qquad（13）$$

现在，$\text{Prob}（qQ）=\text{Prob}（P）\cdot\text{Prob}（Q）=\text{Prob}（PQ）$

$\text{Prob}（pQ）=\text{Prob}（P）\cdot\text{Prob}（Q）=\text{Prob}（PQ）$，因此

$$\text{Prob}（p）=\text{Prob}（q）\qquad\qquad（14）$$

最后，$\text{Prob}（p）=$［由于（11）］$=\text{Prob}（P）=\text{Prob}（q/Q）=$［使用（14）］$=\text{Prob}（q）$，即 q 和 P 是统计独立的（同理，很容易证明 p 和 Q 也同样如此）。　138
结论如下：如果我们假定存在满足条件（9）的超级状态，还假定这些超级状态的要素之一可以由实验（如量子力学测量所提供的实验）来研究，那么，**此超级状态的其余要素将统计独立于所研究系统中能被测量的任何物理量，因而不能说它们具有任何经验内容（或者，甚至任何本体论内容）。**此外，人们已经知道，关于一个量子力学系统可产生的最大量信息是由如下断言提供的——其对易可观察量的完全集合之一具有一个确定的值。任何其他的断言都是随意的，无法对之进行独立的实验检验。接受玻尔的不确定状态描述假设，我们能够通过指出下面这一点很容易地说明此事实：这种无法进行的独立实验检验不是由于禁止我们获得关于自然的更详细信息的测量过程错综复杂，而是由于缺乏关于自然本身的更详细特征。第二节和第三节已经详细说明了这一点。

现在，仍有人可能倾向于说（反对玻尔的假设）：使用多余信息虽然不是非常简洁，而且确实是形而上学的，但是，最多能基于"口味"

（taste）的考虑来拒绝它。[105] 然而，情况并非如此，这一点由第二个论证（该论证反对我正要讨论的超级状态的可接受性）来证明。根据这第二个论证（它重复了本文第二节中使用的论证，只是更详细一些），使用超级状态与守恒定律不相容，[217] 而且，一般来说，与动力定律也不相容。至于能量原理，这是显而易见的，因为有如下事实——对于单个电子而言，$E=p^2/2m$，因而在测量位置后，可能出现任何能量值；重复测量后，可能出现任何不同的能量值。有人可能通过宣称能量原理只是统计有效，来试图避免这种结论（正如波普尔已经倾向于做的那样）。[106] 然而，非常困难的是使这个假设与许多独立的实验（谱线、弗兰克和赫兹的实验、博特和盖革的实验）相符合，因为这些实验证明，在量子理论中，能量也保持守恒，不仅平均守恒，而且对于单个的作用过程也是守恒的。爱因斯坦和波普尔的观点处理第一种超级状态，即处理不满足（9）的超级状态（这种状态的要素由相继的观察来决定）。如果我们把这种观点应用于被认为是穿越势垒的情形，那么其困难变得非常明显。在此情形中，如果我们以这样的形式来断言能量守恒原理——对于任何由三次相继测量决定的超级状态［Eqp］来说，E 将满足方程 $E=p^2/2m+V(q)$，[107] 那么，我们可能得到与其有巨大差异的结果。[108] 如果我们首先给这些导向玻尔的不确定状态描述假设的论证补充这些困难，那么，我们就确实会得到很强的理由来说：EPR 结论不可能是正确的。[109] 这就使得当务之急的事情成为要证明此论证如何能够与那个假设相容。玻尔在这方面已经做了尝试，而且在我看来，

139

---

105. 这是海森堡的态度，请参见他的《物理学原理》等（*Physical Principles*，etc.，p. 15）。

[270] 106. 我在此意指我与波普尔教授的讨论。然而，这种表述的责任完全在我。

107. 关于数值计算，请参见：Blochinzev（布洛金泽夫），*Grundlagen*（《基础》），p. 505；以及 Heisenberg（海森堡），*op. cit.*（同前），pp. 30ff。

108. 在交谈中，兰德表示，希望这里所讨论的观点进一步发展成一种令人满意的解释，来解释穿越势垒的情形。然而，我在此关心的是要对下面那些人来展示哥本哈根解释的力量：他们认为转变到一种不同解释几乎是哲学口味的事情，而不是哲学研究的事情。

109. 应当提及的是，玻姆（同前，见脚注 15）已经说明如何能够使满足条件（9）的超级状态与动力定律相容。然而，仍有不能令人满意的特征，这些超级状态违反独立可检验性原理，所以，引入它们必须被看作是纯粹的文字策略。但是，重要的是要再次重申，冯·诺依曼认为他的"证明"（proof）足够有说服力，从而甚至能够排除这种文字策略。

它是一个非常令人满意的尝试。[110]

六、量子力学状态的关系特征

如果我正确理解了玻尔的思想，那么，他断言量子力学状态的逻辑并不像 EPR 所假定的那样。[111]EPR 似乎假定：当消除一切干扰时，我们所确定的是所研究系统的一种性质。与此相反，玻尔却主张：量子力学系统的所有状态描述都是系统和测量仪器之间的关系，因而依赖于存在适合于完成测量的其他系统。玻尔观点的第二个假设如何使状态描述的不确定性与 EPR 相容，这是很容易看清楚的。因为一种性质只能通过干预具有那种性质的系统来改变，而没有这种干预也能改变一种关系。所以，[218]如果我们压缩一条橡皮筋，即如果我们物理干预它，那么，就可以改变其"比 b 长"的状态。但是，如果我们根本没有干预那条橡皮筋，而是改变 b，那么，也可以改变此状态。因此，"没有物理干预，就排除状态改变"这一结论成立的条件是只有已经确立了下面这一点：位置、动量和其他量是系统的性质，而不是系统与适当测量仪器之间的关系。玻尔（针对爱因斯坦的例子）写道："当然，在所考虑的情形中……不存在对所研究系统的干扰问题。……但是，甚至在这里，本质上也存在对一些条件的影响问题，而正是这些条件决定了关于系统将来行为的可能预测类型。"[112] 而且，他还把这种影响相比于"相对论中标尺和时钟的所有读数都依赖于参照系"。[113] 在这里，我想再次重申，玻尔的论证没有打算要证明量子力学状态是相关的和非决定的；它只是要说明在什么条件下，认为已经被独立论证确立的不确定性假设能与爱因斯坦、波多尔斯基和罗森的情形相容。如果忽视了这一点，人们可能很容易得到如下印象——此论证是循环论证，或者是特设性

---

110. 爱因斯坦也认为玻尔的尝试"最接近于充分处理那个问题"。请参见：*Albert Einstein*，*Philosopher–Scientist*（《爱因斯坦：哲学家 – 科学家》），p. 681。

111. *Phys. Rev.*（《物理评论》），Vol. 48（1936），pp. 696ff。此外，请参见：D. R. Inglis（英格利斯），*loc. cit*（同前）。

112. *Loc. cit*（同上）。

113. *Loc. cit.*（同上），p. 704。

的。普特南（H. Putnam）教授已经声称，此论证是循环论证。[114] 他说：就相对论而言，我们可以建立两种不同的参照系，同时可以获得同一物理系统的两种不同读数。但在量子理论中，这是不可能的，因为它预设了如下内容（被玻尔否认的内容）：在 S′ 中，我们能同时测量位置和动量（请参见第四节的讨论）；我们甚至能想象在 S′ 中，位置和动量二者同时具有精确值。然而，这种循环现象就消失了，只要我们一旦认识到：状态描述不确定性假设是预设的，并寻求一种方法来使它与 EPR 相容。类似的评论也适用于波普尔的批判（他批判此论证是特设性的）。[115] 在某种程度上，人们处理此论证时，必须认识到：如果没有导致不一致，波动力学就不能吸收超级状态。一旦承认这一点，就需要正确解释 EPR 所讨论的极为惊人的情形。正是在这方面玻尔的建议被证明是极其有用的。[116] 最后，我们应当简略地讨论一下几乎全部反对哥本哈根观点的人都暗设的一个假设——EPR 给这种观点造成麻烦，但没有给量子理论（即基础理论）自身带来麻烦。这忽视了下面的现象：[219] 对于该理论所统一的全部事实而言，没有已有解释给出的阐释像状态描述不确定性思想给出的阐释那样令人满意。因此，如果我们因为这种思想把 EPR 解释为失败的，那么，我们被迫得出这样的结论——该理论自身陷入困境（玻姆、薛定谔和其他人已经得出了这样的结论）。[117]

141

---

114. 私人交流。

115. *Op. cit.*（同前），pp. 445ff.

116. 然而，应当指出：在早前关于被 EPR 明确反驳的微观对象性质的猜想中，存在一个假设。这个假设是，"量子理论和经典理论之间最重要的差异在于如下事实——在观察的情况下，我们必须仔细思考所研究系统（由于实验）受到的干扰"。请参见：Heisenberg（海森堡），*Naturwissenschaften*（1929）（《自然科学》），p. 495；以及 Bohr（玻尔），*Atomic Theory*, etc.（《原子理论》等），pp. 5, 11, 15, 54, 68, 93, 115；Bohr（玻尔），*Dialectica* 7/8（1948）（《辩证法》），p. 315。对应的假设是，量子力学系统状态的非决定性本质上是由这种干扰造成的。请参见：Bohm–Aharonov（玻姆－阿哈罗诺夫），*Phys. Rev.*（《物理评论》），Vol. 108（1957），pp. 1070ff；以及 K. R. Popper（波普尔），*op. cit.*（同前），pp. 445ff. EPR 所证明的是，物理操作（如测量）可以导致与测量区域没有任何物理联系的系统突然发生状态改变。令人遗憾的是，有关此论证，[271] 支持哥本哈根观点的人的看法常常如下：玻尔的答复（据报道，这种答复有些让他头疼）已经蕴含在早前的思想中了，这意味着这些思想要比人们最初倾向于认为的更加模糊得多。

117. 关于玻姆，请参见脚注 84。根据薛定谔，此悖论证明了如下事实——基础量子理论是非相对论的理论。请参见他的论文："Die gegenwärtige Lage in der Quantentheorie"（《量子理论的现状》），*Naturwissenschaften*（《自然科学》），1935，特别是最后一部分。

　　极为重要的是要认识到玻尔的假设具有深远的影响。在经典物理学中，测量仪器和所研究系统之间的相互作用能用适当的理论来描述。这种描述允许评价测量对所研究系统的影响，从而允许我们为研究目标选择可用的最好仪器。因此，在经典物理学中，所研究的理论能够对（至少部分）测量仪器进行分类。现在，根据玻尔的观点，量子力学状态是（微观）系统和（宏观）仪器之间的关系。另外，除从其状态描述中所得到的性质外，系统也不具有其他任何性质（这是完整性假设）。既然如此，那么就不可能（甚至在概念上）谈论测量仪器和所研究系统之间的相互作用。这种谈论方式所犯的逻辑错误类似于这样的一个人所犯的错误：他想把不同参照系转换造成的物体速度变化解释成是由于物体和参照系相互作用的结果。自从 EPR 出现以来，玻尔很清楚地说明了这一点，因为 EPR 反驳早前的世界图像，[118] 而在此图像中，测量借助于不可分的作用量子把两种不同的实体（即一种为仪器、另一种为所研究的对象）黏合到一起。[119] 但是，如果我们不能把微观系统从其与经典仪器的关系中分离出来，那么对测量仪器的评价将非常不同于在经典物理学中所出现的这种评价。换言之，将不再可能把所出现的相互作用类型看作是一种对测量进行分类的方式。[120]

142

---

　　118. 请参见脚注 116。

　　119. 有时，这一点被如下事实掩盖了：玻尔关于测量的阐释不是仅有一种。物理学家常常依靠冯·诺依曼理论的简化形式，在这种形式中，确实把测量仪器和所研究系统之间的关系处理为一种相互作用（将在下文讨论这种理论，特别是请参见第十节和第十一节）。或者，物理学家使用玻姆所说明的一种理论，而这种理论也是一种相互作用理论 [请参见：*Quantum Theory*（《量子理论》），Princeton（普林斯顿），1951，Ch. XXII（第 12 章）]。海森堡自己从一开始就把测量处理为一种相互作用，而且还表明了如下事实（在冯·诺依曼理论中得到证明）：能用任意方式来改变对象和测量仪器之间的"分割"（cut, Schnitt）。人们常常把这类更形式化的阐释看作是对玻尔自己观点的阐述。情况并非如此。玻尔的测量理论和冯·诺依曼的理论（或者任何把测量处理为相互作用的理论）是两种完全不同的理论。正如后面将要证明的，冯·诺依曼理论所遇到的困难并没有出现在玻尔的阐释中。玻尔自己不同意冯·诺依曼的阐释 [私下交流，阿斯科夫（Ascov），1949]。格伦沃德已经发展了一种非常接近于玻尔观点的形式理论，请参见他发表于《观察与解释》（*Observation and Interpretation*，pp. 196–203）中的论文。

　　120. 请参见：脚注 84；以及我的论文《互补性》["Complementarity"，*Proc. Arist. Soc.*，Suppl. Vol. XXXII（1958）{重印为本论文集第 5 章 }] 第四节。

143   这已经促使提出如下断言：对量子理论所使用的测量仪器进行分类，最多能给出一张清单，但不能说明清单中任何一项的出现是合理的。[121] 此断言看起来并不正确。首先，适当应用对应原理将马上给出测量位置和动量的方式。更抽象地讲，我们还可以说：在一个系统（其 ψ 函数是希尔伯特空间 H 的组成要素）中测量，[220] 将导致摧毁 H 的某些亚空间 H'、H''、H'''（能用算符 P'、P''、P''' 来刻画）的统一性，因而影响精确映射这些亚空间。当然，要求给出一种关于这些 P' 的解释——但是，此问题与经典物理学（它解释此理论的原始描述术语）中的对应问题相同。[122]

我们可以用如下方式来总结前面的研究结果。我们首先描述了玻尔提出的一种物理假设，他提出这种假设是为了说明微观系统的某些特征（例如，它们的波动性质）。此外，还指出：这种物理假设具有纯粹客观的特征，为了对波动力学的形式体系进行令人满意的解释，除玻恩法则外，还需要这种假设。[123] 然后，EPR 论证表明：为了使玻尔的假设与这种形式体

144

———————

121. 此断言是由普特南（Hilary Putnam）提出的。

122. 关于量子力学特有的困难，请参见本论文的第十一节。

123. 当然，这意味着公式（1）能用两种完全不同的方式推论出来。第一种推论方式具有非常定性的特征。它使用我们在第二节中的思考，借助于德布罗意公式引入作用量子。这种推论非常清楚地表明了下面这一点——在什么程度上，二象性和作用量子的存在迫使我们限制诸如位置、动量、时间和能量等这类经典术语的使用，[272] 从而把一些直觉内容转移给公式（1）。第二个推论具有完全形式的特征，使用了基础理论的对易关系 [例如，请参见：H. Weyl（魏尔），*Gruppentheorie und Quantenmechanik*（《群论和量子力学》），Berlin，1931，pp. 68 和 345；英文译本，pp. 77 和 393ff]。现在，非常重要的是要认识到：可把第一种直觉推论的结果看作是一种检验，来检验波动力学和（确实）任何未来量子理论的适当性。因为假定下面这一点：与借助于二象性（它是高度确证的经验事实）、德布罗意关系（它也是高度确证的经验事实）和玻尔的状态描述不确定性假设（它是允许吸收量子假说和守恒定律的唯一合理假设）得到的不确定性相比，波动力学将给出的不确定性要小得多。这意味着反驳波动力学，即意味着证明波动力学不能对二象性、量子假说和守恒定律给出一种适当的阐释。另外，定性结果和定量结果的一致把一种直觉内容转移给该形式体系。各种各样的思想家都已认识到了如下事实：公式（1）能用两种完全不同的方式推论出来；量子理论组合了这两种推论方式。于是，波普尔指出："海森堡公式……是该理论的逻辑结论；但是，对这些公式的解释作为规则在海森堡意义上限制了可达到的测量精确性，这并不是根据该理论得出的。"（同前，p. 224）此外，凯拉（Kaila）已经使公式（1）存在各种各样的解释成为批判量子理论的根基 [*Zur Metatheorie der Quantenmechanik*（《量子力学的元理论》），Helsinki（赫尔辛基）1950]。现在，为了反对波普尔，必须指出的一点是：假如依照玻尔和海森堡的 （转下页注）

系相容，必须引入更进一步的假设。根据这更进一步的假设，物理系统的状态是一种关系，而不是一种性质。它预设了将进行适当的测量（或者，就在陈述获得此状态前瞬间，已经进行了适当的测量）。在这里，"测量"意指某一类宏观过程——一种令人遗憾的术语特性，它必须为从玻尔的思想中得到的许多主观结论负责。

下列说法并不正确：描述我们刚说明的两种思想，就完整描述了玻尔及其追随者的观点。因为众所周知，玻尔和哥本哈根学派的一些其他成员都尝试通过把这些思想纳入由物理学、生物学、心理学、社会学甚至也许还有伦理学构成的完整哲学（本体论）体系来赋予它们更大的可靠性。现在，绝不要低估把物理思想与更普遍的背景联系起来的尝试，也绝不要低估使它们直觉上似乎合理的相关尝试。恰恰相反，受到欢迎的是：为了也使更普遍的哲学观念适合于第二节中已经指出的这两种物理思想（具有某些非常激进的含义），这些物理学家完成了艰巨的任务。然而，这种哲学支撑（backing）已经造成一种绝不是所希望的情形。首先，像许多以前的哲学论证一样，这种哲学"支撑"已经导致形成这样的信念——相信玻尔的两个假设具有唯一性和绝对有效性。当然，确认无疑的是，[221]为了能够处理新的现象，量子理论将不得不经历某些非常决定性的变化（从基础理论转变到狄拉克的电子理论象征着这些变化的第一步，从基础理论转变到场论象征着第二步）。另外，还将要指出的是，这些变化可能无论多么巨大，但总是并未触动已提及的两个元素（即状态描述的不确定性和量子力学状态的关系特征），因为如果没有导致形式不一致（或者，没有导致与实验不一致），就不能用不同的思想来取代它们（所以，补充这一

（**接上页注**）意图来解释该理论，那么，这种所考虑的解释就是根据该理论得出来的。因为在这种情形中，除了玻恩法则外，这种解释还使用了状态描述不确定性假设。波普尔把这种对玻恩法则的补充看作是不合理的，视为实证论倾向的结果。我们已经证明：这并不正确，而且，存在要求不确定性的物理原因（脚注76）。令人遗憾的是，几乎总是用实证论的语言来描述这些物理原因，这就造成了如下印象——量子理论的独特性（即它除玻恩解释外的那些特征）确实是归结于认识论策略。

点）。[124] 罗森菲尔德断言：[125] 为了处理新的现象，"我们需要的新观念""将通过量子理论的理性扩展（它保留非决定性）……来获得"；[126] 因此，微观世界的新理论将越来越是非决定论的。今天，关于基本原理的这种独断的哲学态度似乎是相当普遍的。[127] 在下文，我将尝试给出我的理由，以说明为什么我认为它是毫无根据的，而且为什么我认为它是当代科学组成部分的一种非常令人遗憾的特征。[128]

146

---

124. 关于这种观点，请参见：W. Pauli（泡利），*Dialectica*（《辩证法》），Vol. VIII（1954），p. 124；L. Rosenfeld（罗森菲尔德），*Louis de Broglie, Physicien et Penseur*（《德布罗意：物理学家和思想家》），Paris（巴黎），1953，pp. 41，57；P. Jordan（约尔丹），[273] *Anschauliche Quantentheorie*（《直观的量子理论》），Berlin（柏林），1936，pp. 1，114f，276；G. Ludwig（路德维希），*Die Grundlagen der Quantenmechanik*（《量子力学基础》），Berlin（柏林），1954，pp. 165ff。

在上一个脚注中，我们已经说明如何能用关于基本粒子二元特征的定性思考来检验形式不确定性（即根据对易关系得出的不确定性）的适当性。正如玻尔和罗森菲尔德已经证明的那样，也能用类似的方式来说明场论及其与对经典术语要求的适用性限制相一致的适当性 [*Dan. Mat.–Phys. Medd.*（《丹麦数学物理通讯》），Vol. XII（1933）Nr. 8（第十二卷第 8 期）；以及 Bohr–Rosenfeld（玻尔 – 罗森菲尔德），*Phys. Rev.*（《物理评论》），Vol. 78（1950），pp. 794ff]。此外，也请参见：L. Rosenfeld（罗森菲尔德），"On Quantum Electrodynamics"（《论量子电动力学》），in *Niels Bohr and the Development of Physics*（见《玻尔与物理学的发展》），London（伦敦），1955，pp. 70–95；以及 Heitler（黑特勒），*Quantum Theory of Radiation*（《辐射的量子理论》），Oxford（牛津），1957，pp. 79ff。

125. *Observation and Interpretation*（《观察和解释》），p. 45。关于"理性扩展"（rational extension）或"理性一般化"（rational generalization）的思想，请参见脚注 62。量子理论的"理性扩展"将是与定性推论出的不确定性一致的任何形式体系。

126. 此外，请参见我的论文："Complementarity"（《互补性》）{ 重印为本论文集第 5 章 }。

127. 这里呈现给我们的是一种独断的经验论，注意到这一点是有趣的。这说明相比于（比如）柏拉图主义，经验论不是反对独断论的更好武器。之所以必定如此的原因是显而易见的——经验论和柏拉图主义（仅提到一种替代哲学）二者都使用知识根源的思想，知识根源无论是直觉思想还是经验，它们都被认为是不可错的（至少非常接近于如此）。然而，只要稍作思考，就将明白，二者能给我们提供一幅扭曲的实在图像，因为既不能把我们的头脑也不能把我们的感官看作是可信的镜子。关于经验论和柏拉图主义之间的相似性，请参见我们的论文："Explanation, Reduction, and Empiricism"（《说明、还原和经验论》），in *Minnesota Studies in the Philosophy of Science*（见《明尼苏达科学哲学研究》），Vol. III（第三卷）{ 重印为《哲学论文集》第一卷第 4 章 }。关于隐藏在这两种哲学后面的知识根源的思想，请参见：K. R. Popper（波普尔），"On the Sources of Knowledge and Ignorance"（《论知识的根源和无知》），1960 年 1 月 20 日在英国学院（the British Academy）宣读的论文。

128. 关于更细致的阐释，请参见我的论文："Complementarity"（《互补性》），*loc. cit.*（同前）；"Professor Bohm's Philosophy of Nature"（《玻姆教授的自然哲学》），*British Journal for the Philosophy of Science*（《英国科学哲学杂志》），Feb. 1960（1960 年 2 月）；"Niels Bohr's Interpretation of the Quantum Theory"（《玻尔关于量子理论的解释》），in *Current Issues in the Philosophy of Science*（见《当代科学哲学争论》），New York（纽约），1960；以及 "Explanation, Reduction, and Empiricism"（《说明、还原和经验论》），*loc. cit.*（同前）{ 分别重印为本论文集第 5 章；《哲学论文集》第一卷第 14 章；本论文集第 6 章；《哲学论文集》第一卷第 4 章 }。

　　然而，在深入细节前，下面的评论看起来是妥当的：微观理论（特别是薛定谔和海森堡的量子理论）的特定解释产生于这些理论与玻尔的两个假设和上面提及的更普遍的哲学背景组合，这种解释被称为哥本哈根解释。仔细审视这种解释，马上明白它不是一种解释，而是多种解释。确实，不确定性假设和次要一点的量子力学状态的关系特征假设总是具有重要作用，而且不确定性关系也是如此。可是，关于这些假设和海森堡公式的精确解释既不清楚，也不存在这样单一的解释。恰恰相反，我们发现，所有哲学信条［从极端的观念论（实证论、主观论）到辩证唯物论］都已经被强加给这些物理元素了。海森堡 [129] 和魏茨扎克 [130] 给出了更加康德化的形式；罗森菲尔德 [131] 已经把辩证法注入其关于此问题的阐释中；然而据说，因为所有这些形式都与玻尔自己的观点不一致，所以他已经对这一切形式进行了批判。[132] 显然，必须放弃"哥本哈根解释"这个术语所表达的统一性。取而代之的是，我们将尝试只讨论玻尔自己提出的思想；[222] 只有当别的作者在详尽阐述这种思想方面能被认为作出贡献时，我们才将提到他们。我们将从讨论互补性思想来开始探讨一般的背景轮廓。

147

---

129. 请参见：*Physics and Philosophy*（《物理学和哲学》），New York（纽约），1958。海森堡和玻尔在他们的物理学中也走了不同的道路。海森堡写道："玻尔设法使波动图像和粒子图像之间的二象性成为物理解释的起点；而我却力图在量子理论和狄拉克变换理论道路上继续前进，没有尝试从波动力学中得到任何帮助"［*Theoretical Physics in the Twentieth Century*，*A Memorial Volume to Wolfgang Pauli*（《二十世纪的理论物理学：泡利纪念卷》），ed. Fierz and Weisskopf（菲兹和魏斯科普夫编），New York（纽约），[274] 1960, p. 45］。在别处，海森堡写道，"玻尔打算使（由波动力学获得的）简单的新图像成为这种理论的解释；至于我，我用这样的方式来扩展变换矩阵的物理意义，从而获得一种囊括一切可能实验的完整解释"［*Niels Bohr and the Development of Physics*（《玻尔和物理学的发展》），p. 15］。总的来看，玻尔的方法更直观，而海森堡的方法更形式化。确实如此，以致泡利受到感召而要求"必须努力把海森堡力学从哥廷根博学之士独特的形式主义洪流中……更加解放出来一些"［泡利于 1925 年 10 月 9 日写给克罗尼西（Kronig）的信，引自《二十世纪的理论物理学》（*Theoretical Physics in the Twentieth Century*，p. 26）］。

130. 魏茨扎克在其著作《论物理学的世界观》（*Zum Weltbild der Physik*，Leipzig，1954）中非常清楚地说明了他自己的观点。

131. 请参见他在《德布罗意》（*Louis de Broglie*）中的论文等。与罗森菲尔德相反，约尔丹（同前）和泡利似乎表达了一种纯粹实证论的观点。

132. 玻姆和格伦沃德（D. Bohm and H. J. Groenewold），私人交流。

七、互补性

　　玻尔的不确定状态描述假设意指用经典术语来描述，即意指或者用牛顿力学（包括后来由朗格朗日和哈密顿所发展的不同形式体系），或者用运用接触作用的理论，或者用场论来描述。该假设意味着如下主张：如果与实验相符，那么，运用这些概念的描述必定将变得"更自由"（more liberal）。[133] 互补性原理用更普遍的术语来表述在处理经典概念中由实验强加给我们的这种奇特限制。在其应用形式中，此原理主要以两个经验前提和某些其他前提（它们既不是经验的，也不是数学的，因而可以适当地称之为"形而上学的"）为基础。[134] 这些经验前提（除守恒定律外）是：（1）光和物质的二象性；（2）存在用下列定律所表示的作用量子：

$$p=h/\lambda \qquad E=h\nu \qquad\qquad （15）[135]$$

　　[223] 在本文中，我不打算讨论最终导致宣告光和物质二象性的所有艰难思索。有时，这些思索因不是结论性的而受到批判，尽管如此，在我看来，它们本质上是合理的。说明如何能利用二象性来为构成当代量子理论确证基础的大量实验结果提供一种融贯的阐释，这也超出了本文的范围。[136] 我将仅

---

　　133. N. Bohr（玻尔），*Atomic Theory*（《原子理论》），etc., p. 3。此外，请参见脚注 62。

　　134. 这里，我使用"形而上学的"（metaphysical）这个词的意义与哥本哈根观点支持者所使用的意义（即意指"既不是数学的也不是经验的"）相同。海森堡用略微不同的话断言：在这种意义上，哥本哈根解释包含形而上学成分。1930 年，他宣称，它的接受是"一个口味问题"[*Die Physikalischen Grundlagen der Quantentheorie*（《量子理论的物理学基础》），p. 15]。1958 年，他用现在更流行的语言术语重申了这一点[请参见：《物理学和哲学》（*Physics and Philosophy*，New York，1958，pp. 29ff)]。

　　135. 常常对作用量子存在假设给出一种超越这两个方程的解释。然而，我同意兰德和凯拉的观点。他们已经指出（尽管原因略有不同）：相比于包含在这两个方程中的作用量子解释，一种更"实质的"（substantial）解释既不合理，也站不住脚。爱因斯坦、波多尔斯基和罗森已经反驳了原初的观点，根据这种观点，作用量子是相互作用系统之间不可分割的一种"联系"，而这种联系是它们相互变化的原因。关于这一点，请参见脚注 116。

　　136. 关于这些结果的阐释，请参见脚注 60 中的文献。顺便说一下，值得指出的是：需要各种有序原理来为原子层次的事实（特别是原子光谱的性质）提供理性阐释，[275] 而二象性仅仅是这些原理之一。把说明二象性原理的相关事实与必须用不同方式（即以泡利不相容原理和电子自旋假设为基础）来说明的大量其他事实分离开来，这花费了一些时间。

仅陈述二象性原理，并对其做一些评论。二象性意味着（如图所示），把所有关于光和物质的实验结果分成两类。能用"光（或物质）由粒子构成"的假设来对第一类事实（与任何波动理论相矛盾）进行完整而详尽的说明。能用"光（或物质）由波构成"的假设来对第二类事实（与任何粒子理论相矛盾）进行完整而详尽的说明。至少在目前，不存在任何物理概念系统能够给我们提供一种说明来涵盖和包容关于光和物质的全部事实。

应当做如下评论。首先，在目前的语境下，我们用粒子理论来意指处理下列种类实体的任何理论：它们仅仅在小空间区域内相互施加影响，[137]它们遵循动量守恒原理。关于这些粒子的性质及其所遵循的定律，没有做进一步的假设。另外，我们用波动理论来意指处理下列种类实体的理论：它们是延伸扩展的，它们在不同地方的状态通过相位关联起来，这种相位遵循（线性）叠加原理。正是叠加原理构成全部波动理论的核心。康普顿效应（Compton effect）所反驳的（或光电效应所反驳的）不是某一特定的波动理论（可以由某一特定的波动方程来刻画），而是这种更加普遍的假设——光由延伸扩展和可叠加的实体构成。其次，应当指出的是：对于二象性和以它为基础的互补性思想来说，实验证据和理论间的交叉关系（如图所示）是必不可少的。我不确定在诸如生物学、心理学、社会学和神学的那些领域中是否存在这样的东西，但在那些领域中，互补性现在却成为摆脱困境的救星。最后，必须强调的是（而且，以后将证明此评论具有非常重要的意义）：[224]波动理论（在上述普遍的意义上）和粒子理论不仅仅是允许我们用简洁方式来概括和统一大量实验结果的服务工具。如果没有（这两种理论中的）任何一种理论的关键术语，那么，就既不能得到这些结果，也不能说明它们。例如，干涉实验仅仅处理相干光或部分相干光。于是，在准备实验时，就必须适当注意入射波列的相对相位，这意味着在准备实验时，我们就已经不得不应用波动理论。另外，如果不使用属于某一粒子理论的概念，那么，就不能适当描述这类事实（例如，光和物质之间相互作用的可定域性以及在这些相互作用中的动量守恒）。因此，对于

149

150

------

137. 此说明是由海森堡给出的，*op. cit.*（同前），p. 7。

波动理论（或粒子理论）的概念来使用"经典的"这一术语，我们可以说："只有利用经典思想，才有可能把明确的意义赋予观察结果。"[138]

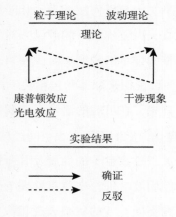

玻尔及其追随者把二象性看作不得篡改的实验事实，而且，所有将来关于微观物理学事件的推理要以它为基础。只有当一种物理理论与相关事实相容时，它才是可接受的，"诉诸形而上学的成见来反对经验教训是不科学的"。[139] 正因为如此，所以只有当一种微观理论与二象性事实相容时，它才是适当的和可接受的；如果它不是这样相容，那么就必须抛弃它。这种要求导致形成任何微观理论都要满足的一组非常普遍的条件。下面，我们就说明这些条件。

首先，对于描述光和物质而言，"波"概念和"粒子"概念是仅有的可用概念。二象性表明这些概念不再能普遍适用，只能用来描述在某些实验条件下发生的现象。运用熟悉的认识论术语，这意味着现在不得不用描述光和物质在某些实验条件下出现的方式来取代描述光和物质的性质。其次，在缺乏适用于一切条件的更普遍和更抽象的概念时，从允许应用（比如）波动图像的条件转变到允许应用粒子图像的条件必须被看作是不可预测的跳跃。因此，把第一种图像中的事件与第二种图像中的事件联系起来的统计规律将不容许一种决定论的基础；它们将是不可还原的。最后，

151

138. Niels Bohr（玻尔），*op. cit.*（同前），p. 16。

139. L. Rosenfeld（罗森菲尔德），*Observation and interpretation*（《观察与解释》），p. 42。

[225] 二象性与上面引入的第二组经验前提（爱因斯坦–德布罗意关系）的组合表明：还可以把物质的波动性质和粒子性质之间的二象性解释为两组变量（即位置和动量）之间的二象性；而在经典理论中，这两组变量对于完整描述物理系统的状态来说都是必要的。我们被迫这样说——系统绝不能处于其所有经典变量具有明确值的状态。如果我们精确确定粒子的位置，那么其动量不仅是不确定的，而且，说粒子具有明确确定的动量甚至都是无意义的。显然，不确定性关系现在表明经典算符（如"位置"算符）的意义可适用性范围，而不是表明其在巨系综中明确确定值的平均偏差。这只是玻尔的状态描述不确定性假设。状态描述的关系特征源自需要限制把任何概念集应用于某一实验范围。这就是如何把这里所说明的更普遍的观点与我们在前面几节所讨论的两个特定假设联系起来。

现在，重要的是要认识到：上述论证是相当普遍有效的。因此，它将适用于普朗克常数 h 以本质方式进入的任何理论（这是玻尔的论点）。于是，任何一种未来的微观理论将不得不只描述表象，它将包含不可还原的概率，它将必须处理变量（它们仅仅是部分明确确定的和有意义的）间的对易关系。微观物理学的发展只能导致更大的非决定性。将决不能再恢复这样的事态：关于物理系统和物理事件的性质，我们能给出一种完整客观的决定论描述。因此，为了节省思维和精力，应当永远排除考虑这类理论。

我必须再说一下：在上面两段中，关于玻尔及其追随者的论证，只是给出了一个非常粗略的概要；根本没有说明由此论证得出的两个假设涵盖和说明了哪些大量的各种实验事实。这个简单的概要根本不足以使人们可以理解玻尔的思想对物理学家和哲学家所造成的影响。但是，我认为它包含了哥本哈根观点的全部本质要素，并将成为一个很好的批判起点。

[226] 此论证的起点似乎是一个纯粹的至明真理。它从如下主张开始：二象性是一个实验事实，不得篡改它，而是必须把它看作是任何进一步理论思考的牢固不变的基础。毕竟，事实是可以建构理论的基石，因此，既不能也不应该修改事实本身。以这种方式行事似乎是真正科学的态度。然而，任何对事实的干预证明是唯一能称之为走向不合常理的猜测的第一步。

152

此论证的这种起点被当作是理所当然的，这毫不奇怪，因为它好像成为科学家采用的自然程序。伽利略通过消除猜测和直接拷问自然来开始研究近代科学，这难道有错吗？我们把近代科学的存在归结于这样的事实——最终用经验方式而不是基于毫无根据的猜测来解决问题，这难道不对吗？

正是在这一开始，就必须批判正统学者的观点。因为他们认为是至明真理的东西却既不正确，也不合理；而且，他们对历史的阐释也不符合实际的发展。事情恰恰相反。借助于实验结果来支撑的正是亚里士多德的运动理论，而正是伽利略不准备从表面上来接受这些实验结果。他坚决要求，这些实验结果应当受到分析，并应当证明它们是由于各种仍未知的因素相互作用所致。"如果我们要寻求理解近代科学的诞生，那么，我们就千万不要想象，一切都通过诉诸实验程序模式来说明；乃至，我们千万不要想象，实验是任何伟大的创新。反对亚里士多德系统的人甚至常常论证说：除非以观察和实验为基础，否则，就绝不能建立那个系统自身。……此外，注意到下面这一点可能会令我们感到惊讶：在伽利略的对话之一中，辛普里丘（Simplicius，他是亚里士多德学派的代言人，在整个对话中是受到嘲弄的对象）支持亚里士多德的实验方法，而反对被描述为伽利略数学方法的东西。"[140]确实，从伽利略（乃至从泰勒斯）直到爱因斯坦和玻姆的整个科学传统，[141]都与下面的原理不相容：应把"事实"（facts）当作创立任何理论的牢固不变的基础。在这种传统中，实验结果不被看作是牢固不变及不可分析的知识基石，而被看作是能够分析和改进的（毕竟，没有观察者和没有收集观察的理论家是永远完美的）；而且，还有这样的假设——这种分析和改进是绝对必要的。[227]相比于天体运动（规则性）和地上运动（不规则性）之间的差异，存在比这种差异更明显的观察事实吗？但是，很早就尝试基于相同规律来说明两者。另外，相比于大量多种

140. H. Butterfield（巴特菲尔德），*The Origins of Modern Science*（《近代物理学的起源》），London（伦敦），1957，p. 80. 关于实验方法在 17 世纪所起的作用，巴特菲尔德在此书中进行了非常有价值的阐释。

141. 请参见后者的《现代物理学中的因果性和概率》（*Causality and Chance in Modern Physics*，London，1957）。

多样的物质和现象汇集在地面上，存在比这更明显的观察事实吗？可是，从理性思维的第一天起，就基于如下假设来说明这种多样性：把这种多样性归因于几条简单的规律和几种简单的物质（或许，甚至单独一种物质）。还不可能把伽利略和牛顿所发展的新运动理论理解为一种工具，来在我们的经验之间（或者，在建基于我们经验之上的规律之间）建立关系。其原因很简单，这是因为这种新理论断言说：表述这些可观察运动的定律（如自由落体定律或开普勒定律）是不正确的。[141a] 这是非常不合适的。我们的感觉不比我们的思想犯错误少，也不比它们受到的欺骗少。因此，伽利略传统（我们可以这样称呼它）产生于这种非常理性的观点：我们的思想和经验（包括复杂的实验结果）都可能是错误的，后者最多给我们提供关于实在中所发生的东西的一种描述。于是，在此传统内，一种未来微观理论要满足的条件，不是它与二象性和上述论证中所使用的其他定律简单相容，而是它与二象性在某种近似程度上相容（这种近视程度将必定依赖于用来确立二象性"事实"的实验的精确度）。[142]

一种完全类似的评论适用于如下主张——普朗克常数将必须以绝对必要的方式进入每一种微观理论中。毕竟，非常有可能的是 [143]：只有在某些明确确定的条件下，此常数才有意义（正如只有在体积不太小的情况下，确定流体的密度、黏滞度或扩散常数才有意义）；而迄今我们所做的全部实验仅仅探究了这些条件的一部分。很明显，h 在所有实验中的不变性不能被用作一种论证来反对这种可能性。但是，如果既不能保证 h 的恒定性在新的研究领域中有效，也不能保证二象性在新的研究领域中有效，那么，整个论证就必定失败——它没有保证互补性、概率定律、量子跃迁和对易关系这些熟悉的特征在未来研究中将继续存在。

154

[228] 顺便，应当指出，不能把上面两段看作是对如下原理的反驳：我们的理论必须绝对不能与某一时间被当作是实验事实的东西相矛盾。毕竟，完

141a. 关于更细致的阐释，请参见：K. R. Popper(波普尔)，"The Aim of Science"（《科学的目标》），*Ratio*（《理性》），Vol. Ⅰ（第一卷），1957, pp. 24ff；以及在脚注 84 中提到的我的论文。

142. 关于更细致的阐释，请参见在脚注 84 中提到的我的论文。

143. 请参见 Bohm（玻姆），*op.cit.*（同前），Ch. Ⅳ（第四章）。

全可能的是（已经如此）：基于一组观察，建构满足这种最大经验充分性要求的理论，可是，接着又把这组观察从分析和批判中去除了。亚里士多德的一部分运动理论就具有这样的特征。然而，非常令人疑惑的是：这种研究限制是否允许形成普遍精确的理论；是否允许正式完成牛顿的天体力学和爱因斯坦的广义相对论，因为这两种理论都使得以前存在的实验定律被修正。

为论证起见，现在让我们假定已经接受了一种激进的经验论观点，即让我们认为二象性和 h 的恒定性具有绝对精确性。那么，此论证可能是有效的吗？这马上引入玻尔及其追随者所使用的第二个"形而上学的"假设。根据这第二个假设，经典概念是我们仅有的概念。我们不能根据我们没有的概念来建构一种理论或一种事实描述，而且，不能再以不加限制的方式来应用经典概念。因此，我们无法摆脱互补性描述模式。对照海森堡[144]和魏茨扎克[145]详尽论述的这种论证，有充分理由指出：提出一组概念不是某种独立于且先于理论建构的事情。概念是作为理论框架的组成部分而被提出的，而不是仅仅提出概念本身。然而，关于理论必须有如下断言：人不仅能使用理论和概念（理论为建构实验描述和其他描述而提供的概念），而且，还能发明它们。否则，伽利略和牛顿的新物理学怎么可能取代亚里士多德学派的物理学和宇宙学（仅举一例）呢？当时唯一可用的概念工具是亚里士

155

---

144. 他在《物理学和哲学》（*Physics and Philosophy*，New York，1958，esp. p. 56）中写道："有时提出如下建议：人们应当完全离开经典概念，用来描述实验的概念的彻底变化可能导致回到……完全客观的自然描述。然而，这种建议却基于一种误解。……我们在科学中的实际状况是这样的，以致我们确实使用经典概念来描述实验。如果我们是不同于现存存在的存在，那么，我们能做什么呢？讨论这种问题，没有用。"

这确实是一个惊人的论证。事实上，它断言：不可能用不同的语言来取代用于描述观察结果的相当普遍的语言。既然如此，那么，经典科学的观点又是如何取代亚里士多德物理学（相比于伽利略和牛顿的物理学，它与日常习语和观察有更加密切的关系）的呢？（考虑一下人格分裂的现象，这种现象给予魔鬼影响的思想非常直接的支持！）另外，我们为什么不应当尝试改善我们的状况，从而真正变成"不同于我们现在存在的存在"（other beings than we are）呢？一个物理学家不得不满足于某一时间给定的人类思想和感知状态，而且，他不能（或不应该）尝试改变并改善那种状态，有这样的假设吗？只有用归纳主义偏见才能够说明上一段中所表明的失败主义态度，因为这种偏见要求：物理学家所能做的一切就是收集事实，并用形式上令人满意的方式来描述事实。

[276] 145. 他在《论世界的结构》（*Zum Weltbild*，etc.，p. 110）中写道："我们所知的每个实际的实验都是用经典术语来描述的；而且，我们还不知道如何用别的术语来描述它们。"当然，对此有显而易见的答复："太糟糕了，再试一次！"

多德学派的变化理论（包括实在性和潜在性的对立、形式和内容、四因等）。这种概念工具比今天的物理理论要全面普遍得多，因为它包含一种普遍的变化理论（时空变化和其他变化）。此外，它好像更接近于日常思维，因而比任何后来的物理理论（包括经典物理学）更加根深蒂固。[229] 在这个极其复杂的概念系统内，伽利略（或者在一定程度上，笛卡尔）的惯性定律没有意义。因为亚里士多德学派的概念是实际使用的仅有概念，因为"如果我们是不同于我们现在存在的存在（即更具创造力的存在），我们能做什么呢？讨论此问题没有用"，146 所以，伽利略设法继续使用亚里士多德学派的概念了吗？绝对没有！为了"给新的物理定律创造发展空间"，需要的不是改善或限制亚里士多德学派的概念，而是一种全新的理论。147 显然在伽利略时代，人们能够做这种超常的事情，成为不同于他们之前存在的存在（此外，人们应当认识到，相比于作用量子现象所需要的概念变化，那时所蕴含的概念变化要激进得多）。存在任何理由（除了对当代物理学家的能力感到悲观外）来假定在 16 世纪和 17 世纪可能的事情将在 20 世纪成为不可能的事情吗？据我所知，玻尔的论点是：这类理由确实存在；它们具有逻辑学的特征，而不是具有社会学的特征；它们与经典物理学独特的本性有关。148

156

---

146. 请参见脚注 144。

147. 请参见脚注 62。

148. 根据脚注 144 中的引文，显而易见，海森堡和魏茨扎克似乎使他们的论证以如下社会学事实为基础：大多数当代物理学家把经典物理学语言用作他们的观察语言。玻尔看起来走得更远。他似乎假定：尝试使用一种不同的观察语言，这绝不能成功。他支持此论点的论证非常类似于康德所用的超验演绎。海森堡和魏茨扎克看起来表述了较少独断的、更实用的观点，这一事实促使汉森在哥本哈根学派内部区分了两个不同的派别（在某种程度上）：以玻尔为代表的极右派，把尝试引入新的观察语言视作逻辑上不可能的；以魏茨扎克和海森堡为代表的中间派，仅仅认为这种尝试是实践上不可能的。我否认存在这种区分。首先，逻辑学不可能性和社会学不可能性（即实践不可能性）之间的差异（尽管许多哲学家怀着敬畏之心去看待这种差异）太难以捉摸，因而不能给任何一位物理学家留下深刻印象。逻辑学不可能性将不会阻止这位物理学家去尝试实现这种不可能性（例如，将不会阻止他去获得一种关于空间和时间的关系理论）。如果给他提供实践不可能性以取代逻辑学不可能性，那么，他也不会感到安慰。但是，我们发现：汉森想要在海森堡和玻尔之间所做的这种区分，确实不是海森堡自己认识到的一种区分（至少其著作所表明的是这样）。因为他在《物理学和哲学》的第 132 页上写道：取代哥本哈根观点的可能性等同于这样的可能性——二乘二等于五（即这是一个逻辑问题）。此外，关于这方面，请参见汉森教授与我自己在《当前的科学哲学争论》（*Current Issues in the Philosophy of Science*，pp. 390–400）{ 在本论文集第 6 章末尾重印 } 中的讨论。当然，在玻尔的方法和海森堡的方法之间确实存在某些关键性的差异。但是，这些差异存在于完全不同的领域中。请参见脚注 129 和 119。

玻尔支持此论点的第一个论证始于前面概述的这种情形：仅当我们想要概括事实时，我们才需要经典概念；但是，如果没有这些概念，也就不能陈述所要概括的事实。正如在他之前的康德那样，他评论说：甚至我们的实验陈述也总是用理论术语来表述，去除这些术语不是导致形成（像实证论者所拥有的）"知识基础"（foundations of knowledge），而是造成完全的混乱。他断言："任何经验都使其自身出现在我们习惯的观点和感知形式框架内"，而目前的感知形式是经典物理学的那些感知形式。[149]

但是，因此就得出了如玻尔所断言的这些观点（我们绝不能超越经典物理学框架，并且，我们所有未来的微观理论必须使二象性构入其中）吗？

显而易见，在当代物理学中使用经典概念来描述实验绝不能为这种假设辩护。因为可以发现这样的理论：当把其概念工具应用于经典物理学有效的范围时，正如经典工具一样综合和有用，但却不与它一致。这种情形绝不罕见。[230]牛顿物理学概念和广义相对论的概念都能用来描述行星、恒星和卫星的行为。这意味着相对论的概念非常丰富，足以系统阐述从前用牛顿物理学说明的全部事实。然而，两组概念完全不同，相互之间没有逻辑关系。

所谓的"魔鬼显现"（appearances of the devil）现象提供了一个甚至更加引人注目的例证。这些现象既能用魔鬼存在的假设来解释，也能用一些更新的心理学（和心理社会学）理论来解释。[150]这两种说明系统所使用的概念相互毫无联系。然而，抛弃魔鬼存在的思想并没有导致实验混乱，因为心理学系统非常丰富，足以解释已经引入的秩序。

总之，在报告我们的经验时，我们使用且必须使用某些理论术语。尽管如此，不能由此得出这样的结论：不同的术语将不会有同样效果；或

157

158

---

149. *Op. cit.* （同前），p. 1。

150. 请参见赫胥黎（Huxley）的《卢丹的魔鬼》（*Devils of Loudun*，New York，1952）第七章。笛卡尔心理学作为一种说明魔鬼显现的方法具有优势，他在这一章对此有非常有趣的讨论；而且，他在这里还阐释了在某一时间和在某种观点内什么是不可思考的、什么不是不可思考的。[277]另外，请参见我的论文《说明、还原和经验论》（"Explanation，Reduction，and Empiricism"）{重印为《哲学论文集》第一卷第 4 章} 的第七部分。我在这里讨论了独一理论的自我僵化的影响。

者，不同的术语不能因为它们更融贯而效果更好。因为我们的论证具有相当普遍性，所以，它看起来也适用于经典概念。

这就是玻尔的第二个论证所涉及的内容。根据这第二个论证（它非常具有独创性），我们将不得不继续使用经典概念，因为人的心灵将绝不能发明一种新的不同的概念系统。就我所能理解的而言，此论证对人的心灵这种奇特无能的论述依赖于下列前提。（a）我们仅仅发明（或应当使用）由观察而联想到的这类思想、概念和理论。玻尔写道："只有通过观察自身，我们才能认识到那些定律，而正是那些定律给我们提供一种关于多样化现象的综合观点。"[151]（b）因为形成适当的习惯，所以，用来说明和预测事实的任何概念系统将把它自身印刻在我们的语言、我们的实验程序、我们的期望和我们的经验中。（c）经典物理学是一种普遍的概念系统；即它如此普遍，以致没有可想象的事实超越其适用范围。（d）经典物理学已经被使用得足够长久，从而形成（b）中所提到的习惯，而且成为起作用的习惯。此论证过程如下：如果经典物理学是一种普遍的理论（前提c），而且被使用得足够长久（前提d），那么，我们的所有经验将都是经典的（前提b），因而我们将无法构想任何超越经典系统的概念（前提a）。[231] 所以，不可能发明一种能够使我们避开二象性的新概念系统。

此论证必定有缺陷，这可以从如下事实看出来：除了第一个前提外，其余所有前提也都适用于亚里士多德学派的运动理论。事实上，相比于经典物理学能对此论证给予的支撑，因为亚里士多德学派的运动理论具有极端的普遍性，所以，这使它成为强得多的待选支撑者。然而，亚里士多德学派的理论已经被非常不同的概念工具取代了。显然，这种新的概念工具不是通过用亚里士多德学派的方式所解释的经验而联想出来的，因此，它是一种"自由的思想"（free mental）。[152] 这反驳了（a）。一位科学家总是应当保持思想开放，

---

151. *Loc. cit.*（同上）。

152. Albert Einstein（爱因斯坦），*Ideas and Opinions*（《思想和意见》），London（伦敦），1954，p. 291（重印了首次出版于1936年的一篇文章）。此外，请参见：H. Butterfield（巴特菲尔德），*op. cit.*（同前）。

因此，除了他在某一时间赞同的理论外，他还应当思考可能的替代理论。如果考虑到这一点，那么就显然需要修改（b）。[153] 如果满足了这种要求，那么习惯就不能形成，或者，至少习惯将不再完全决定科学家的行动。此外，也不能承认经典系统是普遍有效的。经典系统不适用于诸如生物有机体的这类现象（亚里士多德学派的系统却适用于这类现象），也不适用于个人意识、社会群体的形成和行为以及许多其他现象。于是，我们不得不得出这样的结论：玻尔反对可能取代互补性观点的论证完全没有定论。

这种结果一点也不出所料。只有做出了意为"我们拥有的知识的某些部分是绝对的、不可改变的"这种断言，任何关于未来理论形成和性质的限制性要求才能是合理的。然而，独断论与科学研究精神格格不入；而且，不管它是以"经验"（experience）为基础还是以不同的更加"先验论的"（aprioristic）论证为基础，都绝对如此。

迄今所反驳的是如下论点：在微观物理问题中，互补性是唯一可能的观点；只有那些处理内在不确定性的理论才是成功的理论，而内在不确定性要依照玻尔的两个假设来解释。不过，仍然没有证明：互补性不是一种可能的观点。恰恰相反，我们已经设法展示玻尔观点的优势，并拥护这种观点，反对有关的批判。现在，该转向困扰互补性思想的这些困难了（即

153. 正如阿加西（J. Agassi）向我指出的那样，法拉第（Faraday）在其研究中有意识地使用了此原理。为反对使用这种程序，库恩（T. S. Kuhn）论证说（私人交流）：事实和理论的密切匹配是一种适当组织观察材料的必不可少的先决条件，只有那些尽心竭力于研究一种单一理论而排斥一切替代理论的人才能获得这种密切匹配。由于这种心理学的原因，因此，他准备在某一时期（在这一时期内，正在构建处于讨论中心的理论）支持拒绝新思想。我不能接受此论证。我的第一个理由是：许多伟大的科学家如果不是仅仅尽心竭力于发展一种单一的理论，那么，看起来就能够做得更好。爱因斯坦是新近突出的例证。法拉第和牛顿是历史上显著的例证。库恩似乎主要思考普通科学家：不仅要求这些科学家研究某种流行理论的细节，完全可能会有困难；而且要求他们思考替代理论，也完全可能会有困难。然而，即使在这种情况下，我也不确信这种无能（在某种程度上说）是"天生的"（innate）和不可救药的，还是仅仅由于如下事实——绝对同意库恩的必需集中教条的人控制了"普通科学家"（average scientist）的教育。我不能接受此论证的第二个理由如下：即使假定"人类不能同时既研究一个理论的细节又思考替代理论"这种说法确实是正确的，那么，谁会说"细节比替代理论更重要"呢？因为替代理论毕竟保护我们免于独断论，而且是一种非常正确的醒目的警告，警告我们一切知识都有局限性。一方是一种对宇宙结构的非常细致的阐释，但它付出的代价是不能看到其局限性；另一方是一种不怎么细致的阐释，然而其局限性是非常明显的。如果我必须在这两方之间做出选择，那么，我愿意立即选择后者。我乐意把细节留给那些对实践应用感兴趣的人。

使没有用我们刚才批判的独断论方式来解释互补性思想）。本文第十节以后将讨论这些困难。[232] 不过，首先对迄今所获得的结果做一些评论。

八、猜测在物理学中的作用

在面对我们的上述结果时，许多物理学家将相当不耐烦地指出：只要现有量子理论还缺失发展成熟的成功的替代理论，泛泛地讨论可能性就毫无用处。这些物理学家将意指如下事实：毕竟，存在一个非常成功的与互补性思想一致的理论组群；可是，另一方尽管都在谈论可能性，但还没有产生任何会在形式成就和经验准确性两方面仅仅近似于这个理论组群的东西。汉森教授惊呼道（表达他的许多物理学同事的观点）："玻姆……想要传递给哥本哈根什么样的信息呢？"[154] 他暗示根本没有传递信息，因为"不存在数学上详尽的、实验上可接受的理论"来取代现行量子理论。[155] 在早前的一篇论文中，[156] 汉森教授允许一般猜测，而这些一般猜测不同于哥本

161

---

154. 上述引文来自汉森的论文："Five Cautions for the Copenhagen Critics"（《给哥本哈根的批判者的五个警告》），*Philosophy of Science*（《科学哲学》），Vol. 26(1959)，pp. 325–337。这句引文在第 337 页。

155. *Loc. cit.*（同上），p. 334。

156. 这篇论文在丹托 – 摩根贝瑟（Danto–Morgenbesser）编辑的《科学哲学》（*Philosophy of Science*，New York，1960，pp. 450–470）中重印。这句引文在第 455 页上。[278] 在此引文上面几行，他断言说："对于哥本哈根解释来说，到现在为止还没有有效的替代者。"我不是很理解这个断言。因为显而易见，玻姆、维吉尔及其合作者刚刚提供了这种替代解释，即一种关于基础理论和场论的解释：这种解释不再处理不可还原的概率，而且还与现存的形式体系相容。也许，汉森还像其在 1958年时那样 [*Patterns of Discovery*（《发现的模式》），pp. 172ff]，仍然相信能够用冯·诺依曼证明来去除任何这种解释。很容易证明这种信念是不正确的。关于这一点，请参见我在第二节和第九节的论证。或许，一种解释只有与一种详尽的且经验上令人满意的形式体系联系起来时，汉森才愿意接受它。这就是我们将要反驳的实用主义论证。此外，汉森自己把基础理论看作"更普遍的量子场论的一种任意受到限制的亚理论" [*Philosophy of Science*（《科学哲学》），Vol. 26，p. 329]，而且，后者（更普遍的量子场论）作为一种数学上合理的理论"*根本没有存在*"（simply does not exist）（同前，斜体为他所加）。由此将得出这样的结论：互补性观点还没有与一种"数学上详尽、实验上"令人满意的理论联系起来（顺便说一下，这是一种我自己不能完全同意的意见，但这不是重点）。第三种可能性是，汉森用"哥本哈根解释"不仅意指玻尔的普遍观点，而且还意指这种观点与基础理论和场论的组合（关于这一点，请参见：同前，p. 336）。海森堡也采用了这种程序 [请参见他发表于《玻尔与物理学的发展》（*Niels Bohr and the Development of Physics*，pp. 18，19 ）中的论文]，这是极其误导人的。第一个原因是，完整的基础理论不是在哥本哈根建构的，而是由薛定谔建构的，他的哲学完全不同于海森堡、魏茨扎克及其他人的哲学。第二个原因是，场论最令人满意的形式不再与对应原理相符，而是在一种独立的基础上发展起来的。无论如何，绝不可能同意汉森的断言，**(转下页注)**

哈根图像所包含的那些猜测。但是，他要求在"那些已被证明在理论和实践上可行的猜测以及那些还没有接受任何检验的猜测"（即那些还没有导致建构任何详尽物理理论的猜测）之间做出区分。[157] 此外，他还意指：正因为如此，所以，玻姆和维吉尔的思想应当受到怀疑。我在本节想检析的正是这种实用主义批判，这种批判针对的猜测是非流行的，但却是相当普遍的。

显然，绝大多数物理学家将非常喜欢这种批判，因为它能使他们享受他们拥有的财富（或表面的财富），而没有迫使他们思考扩大其资本（或者提高其货币质量）的手段。然而，如果提升它，使它不再仅是一种手段，从而给那些人（他们认为自己作为实践科学家的日常生活足够令人讨厌，因而要使他们免除另外的形而上学担忧）以安全感，即如果把它从一种心理学支撑提升为一种哲学原理，那么，它就变成了危险的工具。首先，互补性思想是否充分代表了今天的量子理论，这是有点疑问的。相当真实的是：这种思想给基础理论的某些一般特征提供了一种正确的阐释；然而，一旦我们思考细节，或者离开基础理论进而分析更新近的场论，那么，困难就出现了。[233] 以后再详细论述这一点。其次，称赞互补性思想（因为它导致形成一种非常有价值的物理理论）的论证忽视了如下事实：只是在引入波动力学后，才形成了完整的哥本哈根解释。波动力学（或基础理论）是由薛定谔完成的，他的一般哲学非常不同于源自哥本哈根的思想。[158] 然而，除了这种更细致的批判外，还必须有如下断言：在我们的物

（接上页注）即使它得到"下一代同步加速器操作员"（next synchrotron operator）的支持，也是如此（Danto–Morgenbesser, *op. cit.*, p. 455）。然而，在说完这一切之后，应当补充说一下：玻姆和维吉尔的观点的发展，已经比绝大多数反对者通常所以为的那样更加详尽得多。维吉尔已经能够发现一种这样的经典模型：这种模型的量子化一次给出四种（而且仅四种）可能的相互作用（引力、电磁场、弱相互作用和强相互作用），并把诸如同位旋之类的抽象观念表示成正常时空中量子化的结果。盖尔曼方案（Gell–Mann scheme）也突现了，现在，正确的质量计算仅仅依赖于适当计算相互作用（这也是存在于正统理论中的一个问题）。[279] "仅仅四种相互作用从这种模型中突现出来"这一事实使得它成为一种非常有说服力的模型，而且，也使得它比以简单加法方式来容纳任何种类场的一般理论更少特设性得多。

157. Danto–Morgenbesser（丹托 – 摩根贝瑟），*op. cit.*, p. 455。

158. 此外，请参见脚注 156。

理学知识发展过程中，讨论现行理论的替代理论及其可能性起了非常重要的作用。毕竟，如果一位物理学家确信玻尔的论证（正如我们已经证明的那样，它们是无效的），那么，他将排除思考任何没有处理内在不确定性的理论。因而，他将严格限制其研究范围。之所以这样做，是因为他认为这个范围之外的任何东西都毫无经验价值。他将用我们上面概述的那类论证来支持其信念。现在，最重要的是要认识到：总是有可能先把自己限制于满足某些要求的理论，接着以这样或那样的方式来"拯救现象"（save the phenomena）。冲力理论就是这种尝试，它尝试拯救亚里士多德学派的运动理论，从而免于被新的抛体运动理论反驳。[159] 结果经常是，这种程序可能仅仅在破坏简单性、综合性和直觉吸引力。只要相信已接受观点唯一性的信念继续影响科学家，那么，这些复杂混乱就将被认为是自然的不可避免的特征，而不是其理论的不可避免的特征，从而允许他们无奈地耸耸肩。在这个复杂混乱和困惑的阶段，"这种唯一性既不合理也不可取"的提示可能具有首要的重要性。它可以带来这种希望——存在更直接的方式来处理由理论日益复杂化而产生的难题；此外，它还可以激发新的思维方式。考虑一下：如果提出"太阳独自拥有影响行星的力量"这种思想，然后独断地坚持它，那么，会发生什么事情。很快就发现了行星之间的相互扰动，但是，会有人设法通过进一步使哥白尼仍在使用的本轮排列复杂化来解释它们。"任何物体可以吸引任何其他物体"这种思想开启了一种全新的方式来解释这些不规则性。当然，有许多物理学家将指出：他们的理论来源于实验，所以，不允许替代理论。他们忽视了这一点：[234] 实验结果仅仅具有近似有效性，因而允许不同的（甚至相互不一致的）解释。在观察的基础上，无法挑选唯一的一种理论。[160]

[163]

　　然而，如果一般原理（例如，构成哥本哈根观点基础的那些原理）可

---

159. 关于非常好的阐释和资料（原初是拉丁文，有英文翻译），请参见：M. Clagett（克拉吉特），*The Science of Mechanics in the Middle Ages*（《中世纪的力学科学》），Madison（麦迪逊），1954。

160. 此外，请参见我的论文 "Explanation, Reduction, and Empiricism"（《说明、还原和经验论》）{重印为《哲学论文集》第一卷第 4 章}。

能不适当地和不合理地限制将来的研究，那么，去除它们并只满足于某种物理学，这难道不会更好吗？答案是：如果没有一些准备，那么，一种复杂的物理理论就不能以其完整形式发明出来。例如，请考虑托勒密的天文学系统——它的均轮、本轮和外心等组成的结构非常复杂精致。没有中间步骤，从"经验"有可能跃迁到这种理论吗？毕竟，"经验"告诉我们的东西是：行星行为非常复杂，完全不同于恒星的行为。因此，我们用眼睛看到的东西不一定能使我们想到"这两种天体可以服从相同的圆周运动定律"这种思想；恰恰相反，在某种程度上，这种思想与古代天文学家可获得的自然经验甚至相矛盾。不过，如果有可能融贯地处理行星和恒星，那么，就不得不使用它。因为它与先前初步的观察不一致，所以，不得不把它作为形而上学假设（即作为关于直接观察不可接近的世界特征的假设）来引入。于是，从阿那克西曼德（Anaximander）到哥白尼（甚至到伽利略），这种形而上学假设成为行星天文学的指导原则。没有这种思想，也

164 许可能积累大量关于行星的有用的经验规则，但是，完全不可能构想出形式完善、经验准确的托勒密天文学理论。这非常清楚地说明，如果我们在本节开始所描述的实用主义批判提出下列要求——"首先思考成熟的科学理论，讨论可能性是次要的，应当以后来进行（也许根本不应当进行）"，那么，它完全是本末倒置。再举一个形而上学思想的例子，天体事件和地面事件受相同规律支配。此外，在构想这种思想的时代，还不能把它称为是以经验为基础的，因为它与在如下两方之间观察到的差异具有很明显的矛盾：一方是天体事态的规则性和明显的纯洁性（天文学），另一方是地面事态的不规则性和呆滞性（气象学）。[235]如果没有坚定的信念（不是相信某人的感觉，而是相信这种反常的假设），新的天空力学怎么能够发展起来呢？然而，在我看来，最好的例证是原子理论。因为相比于别的例证，此例证更清楚地证明了下面这一点：非常形而上学的理论并不因此就是非理性的、随意的。正如我们所知道的那样，发展原子理论的目的是为了解决下面的难题：根据泰勒斯、阿那克西曼德和其他早期爱奥尼亚（Ionian）一元论者的物质思想，宇宙中的事物本质上是由一种单一实体构成

的。巴门尼德（Parmenides）由此前提推导出如下结论：在这种一元论宇宙中，不存在变化，因为变化是从一种事物转变为另一种不同的事物。原子论者把这个推导结论和"存在变化"的事实一起看作是对一元论的反驳。因此，他们用其多元论的原子理论取代了一元论。[161] 导致这种取代的论证（尽管论述的事物不是全都可直接观察的）清晰易懂。此例证和我们前面关于互补性观点的检析足以消除如下观念：在科学理论的发展中，形而上学思考也许可能起了重要作用；但是，必须把它们与理论建构的其他重要的却非理性的因素（如智力和不知疲倦）归入一类。形而上学观点和科学理论之间的差异不在于这一事实：前者是完全非理性的、随意的，能够合理讨论的只有后者。相反，二者的差异在于如下事实：在讨论前者中，经验起了较小的作用；在等待更详尽地发展这种观点期间，有时忽视明显不利的经验——花费了大约两千年的时间，原子理论才充分发展形成了能被检验的某些预测，而且也能把这些预测与替代理论所做的预测进行比较（布朗运动）。在这期间，该理论因"经验"（experience）基础频繁受到抨击。亚里士多德学派（它的运动理论比与原子理论相关的运动理论更成熟、更精致）这样抨击它；更后来，当证明它与高度确证、形式高度发展的物理理论，即热力学（可逆性反对，循环反对）不一致时，它也受到如此抨击。如果实用主义者和激进的经验论者为所欲为，那么，人们能够很容易想象将会发生什么。在亚里士多德时代，前者就已经可以指出：原子理论还没有导致形成任何"……细致的实验上可接受的"动力学；[162] [236] 原子论者的猜测还没有"证明它们本身在理论上和实践上是可行的"；[163] 因此，不应当太认真对待它们。后者（提出对热力学的强经验支持）可能完全抛弃原子理论，因为它与实验不一致。[164] 在这种情况下，

---

161. 对于巴门尼德的论证而言，原子理论不是唯一的答案。亚里士多德物理学是另一种答案；而且在整个中世纪，采用的正是这种理论。

162. 请参见脚注 154。

163. 请参见脚注 156。

164. 我在此主要考虑可逆性反对——对于许多物理学家来说，这种反对构成反对分子运动理论的重要反对理由。

我们目前的状况会是什么样子呢？我们现在正在处理大量的经验概括，如巴尔末公式（Balmer's formulae）和里兹法则（rules of Ritz）（关于光谱精细结构的法则）；不过，我们还没有关于光谱、小粒子运动和电导性等的融贯阐释。于是，我总结如下：综合的科学理论的发展本质上依赖于形而上学观点（通过论证和讨论）的发展，同时试图使这些观点越来越具体明确，直到最后能由实验来断定它们的真理性。此外，也不应太早期望结果。原子论的形而上学思想转变成独立可检验的科学理论，这花费了大约两千年。在这两千年间，原子论者频繁受到反对者的抨击。反对者把自己详尽的物理学（即热力学）与原子论者"无根据的猜测"（idle speculations）相对照，并认为这种评论是反对继续探寻原子论的极好论证。原子哲学最终成功表明了这种实用主义论证多么没有价值，探寻一种合理的思想是多么重要（即使不能马上得到数学体系或经验预测形式的实践结果）。

166

九、冯·诺依曼的研究

关于互补性观点，我还没有处理反对其替代可能性的所有论证。有许多物理学家欣然承认：玻尔的推理不是非常令人信服，它甚至可能是无效的。但是，他们将指出：获得这一结果，有一种好得多的方式，即冯·诺依曼证明（其大意是，基础量子理论与隐变量不相容）。此证明不仅被那些发现玻尔哲学中的形而上学成分不合其口味的人所利用，而且也被哥本哈根学派的成员用来说明：不能用严格的方式来证明玻尔基于定性论证所得到的东西。然而，人们应当记住：玻尔的观点和冯·诺依曼的观点之间的关系绝不是非常密切的。例如，[237] 玻尔再三强调必须用经典术语来描述测量工具；[165] 而对于冯·诺依曼的测量理论来说，绝对必要的是要用 ψ 函数来描述所研究的系统和测量工具。后者的程序造成了在玻尔的方法中所没

---

165. 请参见脚注 119。此外，请参见：玻尔关于"现象"（phenomenon）的定义，载于 *Dialectica*（《辩证法》），7/8（1948），p. 317；以及 *Albert Einstein, Philosopher–Scientist*（《爱因斯坦：哲学家 – 科学家》），pp. 237f。

有出现的困难。于是，当处理冯·诺依曼的研究时，我们不是在处理玻尔论证（在某种程度上）的一种完善，而是在处理一种完全不同的方法。

在第三节，我们介绍了此证明，而且，当时我们曾指出：它包含一种从系综性质到这些系综的要素性质的不合理转变。在本节，我们将假定此证明是正确的，并将指出：即使这样，也不能把它用作一种这样的论证——这种论证的大意是，原子理论将永远不得不处理内在不确定性。

此证明的目的在于从现行形式和解释的量子理论（基础理论）中得到某种结果。由此马上得到如下结论：即使所得结果是冯·诺依曼所声称的那种结果，也不能把它用来排除一种这样的理论——根据这种理论，现行理论仅仅是近似正确的，即它与实验在某些方面一致，但在其他方面却不一致。这种论证无论多么简单，但是，"现行理论根本上得到确证"这一事实已经产生了这种其赞同的偏见，因而似乎需要更多一些说明。[166] 为实现那种目标，假定某人尝试利用冯·诺依曼证明来表明：任何未来的微观世界理论将不得不处理不可还原的概率。如果他想这样做，那么，他必须相当明确地假定：在未来研究可能发现的一切条件下，构成冯·诺依曼结果基础的那些原理都是有效的。断言一种物理原理绝对有效，就意味着拒绝包含其否定的任何理论。例如，断言冯·诺依曼的前提绝对有效，就意味着拒绝任何仅把有限范围中的有限有效性归属于这些前提的理论。但是，如果以如此方式来建构被拒绝的理论，以致在发现被坚持的理论与实验一致的任何地方，它都给出与后者相同的预测，那么，经验怎么能证明这种拒绝是合理的呢？玻姆教授已经非常明确地证明：确实能够建构这种所描述的理论。[167]

除了他关于其证明结果的错误外，冯·诺依曼自己完全意识到这种所谓结果的局限性。[238] 他写道："主张由此（即通过证明第三节提到的两个定理）消除了因果性，这是夸大其词。因为现有形式的量子力学有几个严

167

---

166. 关于细节，还请参见我的论文："Explanation, Reduction, and Empiricism"（《说明、还原和经验论》），167{ 重印为《哲学论文集》第一卷第 4 章 }。

167. 请参见脚注 15 和 141 中的文献。

重的缺陷，它甚至可能是虚假的。"[168] 不是所有物理学家都有这种公正的态度。于是，在概述此证明后，玻恩做了如下评论："因此，如果任何一种未来的理论都应当是决定论的，那么，它不能是对现行理论的一种修正，而必须是一种本质上不同的理论。如果没有牺牲根深蒂固结果的整个宝库，那么，这又如何可能呢？这是我留给令决定论者担忧的问题。"[169] 正是那同一论证能被用来保留力学中的绝对空间（或被用来反对引入第二定律的统计形式），难道他没有认识到这一点吗？非常不同的理论（例如，一方是牛顿力学，另一方是广义相对论）实际上能被用来描述相同的事实（如木星轨道），这已经使得下面这一点变得非常清楚了：理论能够是"本质上不同的"，但没有"牺牲相关的根深蒂固结果的整个宝库"。难道不是这样吗？如果是这样，那么，就没有任何理由来支持未来的原子理论不应当回归到与实际实验没有矛盾（或者，没有忽视已知的并被波动力学阐释的事实）的更经典的观点。因此，冯·诺依曼想象的结果无论如何不能被用作一种论证来反对某类理论（如决定论理论）在微观层次的应用。

汉森教授的看法仍然是不大容易理解。他也尝试通过一起借助于冯·诺依曼的证明和"自然"（nature）来支持非决定论和缺乏隐参量。[170] 但是，与冯·诺依曼一样，他也认识到：构成此证明基础的基础理论"只是关于更加综合的东西的一种实用主义素描"；[171] 在经验上，它是不能令人满意的。他甚至承认"简直就不存在"一种更综合的真正令人满意的理论。[172] 现在，如果承认这一切，那么，他怎么还能尝试使用冯·诺依曼的论证呢？因为只有这些前提是正确的、令人满意的和完整的（即只有基础理论是正确的、令人满意的和完整的），冯·诺依曼论证的结果才将是正确的和令人满意的。毕竟，谁现在能说"基础理论的观察难题和其他难题不是由'隐

---

168. *Op. cit.*（同前），p. 327.

169. *Natural Philosophy of Cause and Chance*（《关于原因和偶然性的自然哲学》），Oxford（牛津），1948，p. 109.

170. "Five Cautions"（《五个警告》），etc.，*loc. cit.*（同前），p. 332.

171. *Loc. cit.*（同前），p. 329.

172. *Loc. cit.*（同前）。

参量不存在，而且它们已经被从思考中剔除掉了'这一事实造成的"呢？

　　我们迄今所说明的是，在文献中用来反对互补性替代者的所有论证都是无效的。[239]没有任何理由来支持我们应当假定下面这两点：通向未来进步的正确道路将是构想甚至比波动力学更加非决定论的理论，恰当的形式体系将永远必须是具有内在对易关系的体系。至于有关互补性观点的更普遍思想是否充分阐释了现有理论（即这些思想是否充分阐释了基础理论和场论），解决此问题的一切道路都是敞开的。下文将给出此问题的答案（将展示各种各样的困难）。在后面，我们也有机会思考一些更加形式化的玻尔思想的替代者。

169

十、观察的完全性

　　玻尔和海森堡（特别是后者）的意图是要在下面这种意义上发展一种完全观察的理论——表述不可观察事态的语句不能在其中得到阐述。根据互补性观点，这种理论的数学要被仅仅看作一种工具，来把关于可观察事件的陈述转变为关于其他可观察事件的陈述，除此之外，它没有意义。我们的日常语言或经典物理学却不是这样。两者都允许存在任何观察都不能发现的物理状态。例如，我们思考两张纸币的案例：两者都是用同一印钞机印制的，一张是合法印制；另一张是由一伙伪造者在晚上用同一印钞机非法印制。[173]如果我们假定在非常短的时间间隔内印制这两张纸币，而且，它们显示相同的号码；如果我们进一步假定它们有点模糊混乱，那么，我们将不得不说：由于历史不同，两者具有的某些性质是完全不同的，但我们将绝对不能分辨这些性质。另一个经常提及的例子是，在某一点的电磁场强度。[174]测量电磁场的通常方法是使用有限广延和有限电荷的物体，因此，这些方法能告诉我们的仅仅是平均值，而不是某一点场强度的精确值。因为根据自然定律，检验物体的大小存在下限，所以，甚至在物理上也不可能进行产生这种信息的测量。第三个例子是历史证据会随着时间推

---

173. 案例是由波普尔提供的。

174. 请参见：E. Kaila（凯拉），*op. cit.*（同前），p. 34.

移而消失，它甚至更有教益。恺撒（Caesar）在公元前67年4月5日上午，打了两次喷嚏，[240]这也许是真的，也许是假的。然而，任何同时代的记录者都极不可能记载此事件，而它留在环境中的物理痕迹和留在旁观者头脑中的记忆痕迹早已消失了（其中，与热力学第二定律一致），所以，我们现在没有任何相关证据。此外，我们身处一种存在（或以前存在过）的物理环境，但是，却不能用任何观察手段来发现它。

理所当然，偏向于赞成激进经验论的一位物理学家或哲学家将认为这种状况是不能令人满意的。他将倾向于拒绝诸如包含在我们的例子中的那些陈述，指出它们是没有观察意义的。在这样做时，他将受到如下要求支配——人们不应当谈论可被证明为观察不可及的状态。经典物理学自然不满足这种要求。它允许一致表述没有观察结果（而且断言不存在这种结果）的语句。因此，如果试图接受激进经验论者的这种要求，那么，将不得不把经典物理学的一种解释当作基本特征，而根据这种解释，它的一些陈述是有意义的，而另一些却是没有意义的。这意味着，排除不想要的语句，将不得不通过叠加在物理学上的哲学策略来实现。经典物理学自身没有提供排除它们的手段。[175]

然而，存在正好具备这种特征的哲学理论。例如，贝克莱的物质理论（如果我们忽略掉这个特设的假设——未被人感知的物体仍然被上帝感知）。根据这种理论，物体是感觉包，它们的存在在于其被感知或被观察。如果以形式上令人满意的方式来发展这种理论，那么，它不允许一致表述关于某些物体（主张在这些物体中存在感知不可及的状况）的任何陈述。人们可以把这种理论称为**观察完全的理论**。在表述矩阵力学时，海森堡就打算建构一种恰好在这种意义上观察（借助经典明确确定的仪器的观察取代凭借感官的更直接形式的观察）完全的物理理论。在哥本哈根学派成员（特别是玻尔）所持有的更一般的思想中，存在这种假设：现有形式和现行解释的基础量子理论与这种打算相符。结果证明这种假设是不合理的，

---

175. 值得指出的是，相比于经典物理学，亚里士多德学派的物理学与原始日常生活经验有更加密切的关系。

或者[241]至少到现在为止还没有人证明它是正确的。然而，让我们首先检析一个表面上非常强的有利论证。

考虑一个这样的状态$|\Phi>$——不能用任何完全的对易可观察量集的值来刻画它。此状态将是真正不可观察的。第一个原因是，不存在能引发此状态的测量（在复杂的量子理论意义上）；第二个原因是，不存在导致形成刻画此状态结果的（直接重复的）测量，因为我们已经假定不存在这种结果。如果我们仍然想要坚持此状态存在，那么，我们必须把它看作是希尔伯特空间的一个元素（我们采用冯·诺依曼的形式体系），并必定有可能用下列形式来表示它：

$$|\Phi>=\sum_i c_i |\alpha_i>$$

在上式中，$|\alpha_i>$构成一个与完全的对易可观察量集α相联系的完全正交规范集。现在，用这样的方式使状态$|\Phi>$包含在一个正交规范集$\{|\Phi_i>\}$中，从而使得集合$\{|\Phi>\}+\sum_i\{|\Phi_i>\}$是完全的。于是，对于任何$|\alpha_k>$，都存在如下关系

$$|\alpha_k>=\sum_i |\Phi|\Phi_i><\Phi_i|\alpha_k>+|\Phi><\Phi|\alpha_k>$$

如果不是$<\Phi|\alpha_k>=<\alpha_k|\Phi>^*=c_k^*=0$，那么，测量对应于集合$\{|\Phi>\}+\sum_i\{|\Phi_i>\}$的可观察量，这将产生状态$|\Phi>$。由于$|\alpha_k>$可以是$\alpha$的任何本征态，因此，$|\Phi>=0$，即**不存在观察不可及的状态**。

如果此论证应当证明关于经典事态的观察完全性，那么，必须给其形式系统填充经验内容。尤为特别的是，我们必须作下列假设。首先，必须假定：存在状态变化，能够把任何状态转变为任何可观察量α的本征态的一种混合，即转变为我们所称的α混合（α-mixture）。这种要求是纯理论的要求，它必须被这种理论的形式体系满足，而且独立于有关这种形式体系的解释。其次，必须假定：能够用纯经典方式来刻画状态或可观察量。

再次，我们必须要求：对于被这样解释的可观察量而言，存在一种经典手段能够把任何状态转变为 α 混合（又是被经典解释的）。最后，今天实际使用的测量方法产生了关于假定其要测量的可观察量的 α 混合，否则，获得的数值没有任何相关性，这也必定是事实。

关于第一个假设，现在必须指出：只有赋予"任何状态"（any state）这个词组明确的意义，[242] 即只有明确确定了所有状态的类，才能讨论它。众所周知，没有在这方面达成一致意见。通常的看法完全忽视了此问题，并在不同的具体情形中，用不同的方式来解决它。当然，这种程序的困难是，它必定在如下意义上导致破坏玻恩解释的普遍适用性：将无法为比较在不同情形（甚至用不同方法处理的同一情形）中所得的概率进行理论辩护。176 另外，冯·诺依曼表述是此理论的唯一表述，它给所用的状态簇提供了一种阐释。有时认为它太窄了，因为它排除不合理程序，但又没有提供任何等效程序；然而，对于计算此理论的一些最重要的实验应用（散射问题）而言，这些程序看起来却是必不可少的。177 我们看到假设一的基本预设之一仍然是远非清楚的。然而，假定已经找到了限定全体允许状态的令人满意的方法。那么，有可能用理论方法来为"存在从纯状态到混合的变化"这一假设辩护吗？

为了进行这种辩护，有两种尝试方法。第一种尝试方法以玻恩解释为基础。这种解释把某种概率与从原初给定状态到被测可观察量（让我们假定 α 是这种可观察量）的本征态之一的每一转变联系起来。必须基于计算所有那些测量后具有相同本征值 $α'$、$α''$ 和 $α'''$ 等的系统，才能得到这些概率。从这两个假设立即得到如下结论：一旦测量不是 α 本征态的状

172

176. 请参见：E. L. Hill（希尔），*Phys. Rev.*（《物理评论》），Vol. 104（1956），pp. 1173ff.

177. 库克（J. M. Cook）证明了：在希尔伯特空间内，只有满足排除库伦（Coulomb）情形的关系式 $\iiint |V(xyz)|^2 dxdydz < \infty$，才能解决散射问题 [*Journal Math. Phys.*（《数学物理杂志》），Vol. 36（1957），pp. 82ff]。希尔（E. L. Hill）对我提到了这一点。在讨论上述论文时，波尔斯特里（Bolsterli，明尼苏达大学）已经指出：这并没有反驳冯·诺依曼解决散射问题方法的适用性。这种解决方法在于没有处理完全的库伦场，而是使用一种适当的缩减方法。当然，这是一种可能的程序；但是，只要不能获得普遍程序来确定这种缩减的大小，那么，它就是非常特设性的，根本不能令人满意。

态，系统的状态就立即变成 α 混合（有时把这种结果称为映射假说）。现在，必须认识到：只有在"玻恩的统计解释是普遍适用的"这一条件下，这种关于上面所称的第二个假设的"先验演绎"（transcendental deduction）才是有效的。这正是我们想要发现的结果。因为恰是玻恩法则的普遍适用性保证了这种理论的观察完全性。我们已经证明的是：只有我们给这种理论补充映射假说，才能保证这种普遍适用性——映射假说是这种理论观察完全性的必要条件。然而，有可能用独立的方式来为这个假说辩护吗？

173

为这个假说进行经验辩护的一种尝试也带入了假设 3 所要求的经验思考。[243]而且，应把这种尝试归功于冯·诺依曼。[178]他把康普顿效应解释为一种量子力学测量。所测量的量是碰撞 P 位置的任何坐标。测量 P 的一种方法（方法一）在于确定碰撞后光量子的路径。测量 P 的另一种方法（方法二）在于确定碰撞后电子的路径。现在，假定方法一已经完成。从前，我们只能做关于其结果（即关于 ϑ 或 P）的统计假设。但是，因为 $\mathrm{tg}\alpha=\dfrac{\lambda}{\lambda+\lambda_c}\,\mathrm{tg}\,\dfrac{\vartheta}{2}$（$\lambda$ 是入射光子的波长，并假定已知；λ_c 是康普顿波长；α 和 ϑ 如图所示），所以一旦完成方法一，那么方法二的结果也就确定了，而且结果是：方法二导致产生的结果与方法一的完全相同。因此，通过方法一（即仅仅通过测量这种量）把 P 值不是明确确定的状态转变为其值明确确定的状态。或者，概而言之，把一种普遍的状态转变为所测量的量的一种本征态。

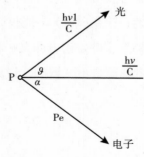

---

[280]178. *Op. cit.*（同前），p. 212。

174   这个论证的简单性及由此产生的力量只会是表面的。这是因为如下事实：使用了一种相当简单的方法来描述电子和光子相互作用前后所发生的现象。把波动力学应用于此问题表明：[244] 如果人们没有一开始就引入这种假设并在计算过程中使用它，那么，用量子跃迁来解释此结果就只是第一次近似。[179] 此外，详细的阐释过分复杂，从而不允许一种简单的论证（如刚刚论述的论证）。关于相互作用过程，我们知道的太少，从而不能使任何实验结果成为基础来论证此理论的某些特征。反对冯·诺依曼关于量子跃迁的经验推论的另一个完全不同的论证如下：相互作用后，（电子和光子）系统的状态是类型（2）的一个状态（第四节），其中，α 和 ϑ 以类似于 α 和 β 在（2）中关联的方式来相互关联。只有在观察后立即把（电子和光子）系统状态还原为一种 α 和 ϑ 具有明确值的状态（即只有已经应用映射假说），观察 α 的特定值才能导致预测 ϑ 的关联值（或者在第四节的例子中，β 的关联值）。这说明：即使冯·诺依曼关于相互作用过程的相当简单的假设是可以接受的，也不得不拒绝此论证，因为它是循环论证。

然而，我们还没有讨论所有的难题。即使此论证是有效的，即使它用充分详尽的方式表述了这种情形，而且没有循环论证，它也仅仅证明了映射假说与经验相容，并没有消除与其相关的理论难题。我将把这些理论难题叫作测量量子理论的基本问题，它们主要存在于如下事实中：（1）薛定谔方程把纯状态转变为纯状态；（2）一般而言，由一种混合所描述的情形不能用独一的波函数来描述；于是，（3）不能仅仅基于薛定谔方程来说明映射假说，而且，（如果我们假定薛定谔方程是一种过程方程，它支配微观层次的一切物理过程）二者甚至是不一致的。讨论这个基本问题直接带我们进入测量的量子理论。

---

179. 请参见：Sommerfeld（索末菲），*Atombau und Spektrallinien*（《原子结构和光谱线》），Braun-schweig（不伦瑞克），1939，Ch. Ⅷ（第八章）；W. Heitler（黑特勒），*Quantum Theory of Radiation*（《辐射的量子理论》），3rd edition（第三版），sec. 22ff（第 22 节及以后各节）。

十一、测量

175

测量是一种物理过程，其目的在于检验理论，或者在于确定某些还未知的理论常数。对测量的完全阐释将至少造成三组问题。首先，存在这样的问题：[245] 利用实验获得的陈述是否相关，即它们是否（而且在什么条件下）确实与所研究的理论或常数相关。可以把这类问题称为确证问题。本文将不会系统探讨它们。另一组问题与如下问题有关：在测量完成时，该过程的可观察要素（即它通常最终达到的平衡态的要素）是否与我们正在研究其性质的要素（不必是直接可观察的）有一对一的关系。可以把这组问题分为两部分：（1）问题一：在什么条件下，可以把一种情形叫作可观察的；（2）问题二：是否有可能利用物理方法来产生这样的情形——在此情形中，可观察状态与不可观察状态以如此方式关联，使得有可能从前者的结构来推论后者的结构。问题一是一个心理学问题，即人类（不管是否借助于仪器）是否及如何对某类情形进行反应。与问题一相关的问题将被称为观察者问题。问题二是一个物理学问题，即精心设计的测量所必须满足的物理条件是否与物理规律相容。与问题二相关的问题将被称为物理测量问题。显而易见，只有首先可以对那些可观察事态进行（用某种理论的）物理刻画，才有可能解决物理问题。

在本节，我们主要关注量子理论中物理测量问题，尽管我们有时也可能处理观察者问题和确证问题。更加特别的是，我们将处理如下问题：是否及如何能够使得任何精心设计的对量子力学可观察量进行测量所必须满足的物理条件与动力学定律（特别是与薛定谔方程）相容。这本质上就是我们的问题：只有把映射假说补充到这种理论的基本假说中，它才是观察176完全的理论。映射假说与薛定谔方程不受限制的有效性相容。如何能够消除这种明显的不一致呢？

根据波普尔，这种问题只是一种表面的问题，"出现于一切概率与境中"。[180] 例如，"假定我们投掷一枚一便士硬币，并且是近视眼，于是，在

---

180. *Observation and Interpretation*（《观察与解释》），p. 88。

我们能够观察到哪一面朝上前，我们不得不弯腰。然后，概率的形式体系告诉我们每一个可能的状态都有 1/2 的概率。所以，我们能说：[246]那枚硬币一半处于一种状态，另一半处于另一种状态。当我们弯腰观察它时，哥本哈根精神将激发那枚硬币量子跃迁到其两个本征态之一。因为现在量子跃迁被说成……与波包收缩相同。通过'观察'（observing）那枚硬币，我们正好诱发了在哥本哈根所称的'波包收缩'（reduction of the wave packet）。"[181]

这确实是非常诱人的建议，因为结合经典情形，不存在不安。但是，这是由于如下事实：在经典情形中，我们不处理波包，而处理相互排斥的替代者——在这些替代者中，最终将只认识一个（我们知道这一点）。经典描述允许这种可能性，因为它以如此方式来建构，使得"结果是头像面朝上的概率为 1/2"这一陈述与"实际结果是头像面朝上"的陈述相容。因此，我们可以把从第一个陈述到第二个陈述的转变解释为从不怎么确定的描述到更加确定的描述的转变，即解释为一种这样的转变：它是由于我们知识的变化，而关于我们所描述系统的实际物理状态没有任何影响。第二个陈述并没有断言第一个陈述所否定的过程发生。于是，发生的"跃迁"（jump）是一种纯主观的现象，而且是一种相当无害的现象。

在量子力学中，情况却不是这样。为此请思考这种测量：用状态 Φ' 和 Φ'' 来表示其可能的结果，当系统处于状态 $\Phi=\Phi'+\Phi''$ 时，进行测量。在这种情形下，不能把 Φ 看作是一种大意如下的断言：出现一个或两个相互排斥的替代者 Φ' 或 Φ''，因为当认识 Φ 时，可能出现认识 Φ' 或 Φ'' 时所没有出现的物理过程。毕竟，这是干涉所蕴含的内容。因此，（测量时）从 Φ 到（比如）Φ'' 的转变伴随着经典情形中所没有出现的物理条件变化。甚至更糟糕的是：严格说来，当应用于系统 $\Phi+$ 适当的测量仪器时，薛定谔方程所产生的是另一种纯状态 $\Psi= A\Phi'+ B\Phi''$，以致现在仅仅观察仪器（在这种观察后，我们断言我们已经发现了 Φ''）看起来导致物理变化，即导致

---

181. *Op. cit.*（同上），p. 69。

破坏 AΦ′ 和 BΦ″ 之间的干涉。正是量子力学的这种特征在波普尔的分析中被完全忽视了。[182]

兰德提出了另一个相当简单的建议。[247] 他拒绝把薛定谔方程正确解释为一种过程方程，从而以此来尝试解决我们上面所称的测量基本问题。为了证明这一点，他从通常的把 $<\phi\,|\,\alpha_i>$ 和 $<\phi\,|\,\beta_k>$（α 和 β 是两个完全的对易可观察量集合）解释为属于同一状态的不同期望函数来出发，并建议也应当把这种解释用于状态的时间发展过程中，即建议把 Φ（t′）和 Φ（t″）解释为两种不同的期望函数，而不是解释为两种不同的状态。[183] 如果采用这种解释，那么，薛定谔方程不再起过程方程的作用——过程方程把状态转变为其他（"后来的"）状态；而是起这种方程（它把一个状态的期望函数转变为同一状态的其他期望函数）的作用。[184] 根据这种解释，状态从不改变，除非我们完成这样的测量：在测量后，发生了从一个状态到被测可观察量本征态之一的突然转变。这种程序只是表面上取消了时间变化。严格说来，这只是一种文字花招。把时间变化转变成这种表述，这使得动力变量成为时间依赖的；而在受到兰德批判的通常描述中，动力变量并不随时间发生变化。然而，用稳定状态和运动变量来表述量子理论（即海森堡表述），这是众所周知的。[185] 由于能够证明这后一种表述等价于兰德想要抛弃的表述（薛

178

---

182. 一个美丽的夏季早晨，在驾车从伦敦到格林德布恩（Glyndebourne）的路上，我与波普尔教授讨论了这个困难。那时，他看起来同意我的论证（1958）。

183. *Am. Journal for Physics*（《美国物理学杂志》），Vol. 27（1959），Nr 6（第 6 期）；以及 *Zeitschrift für Physik*（《物理学杂志》），Vol. 153（1959），pp. 389–393.

184. 请参见我发表在《美国物理学杂志》中的批判性短评 [*Am. Journal of Physics*，Vol. 28（1960），Nr 5]｛重印为本论文集第 19 章｝。

185. 兰德的研究非常有价值，它更多是为了适应海森堡表述，因而比从薛定谔表述出发的解释更加接近于哥本哈根的观点 [特别是，请参见：*Foundations of Quantum Theory*，*A Study in Continuity and Symmetry*（《量子理论基础：连续性和对称性研究》），New Haven（纽黑文），1955]。可以把这些研究看作是一种尝试，尝试从纯粹的热力学思考和一些非常似乎合理的哲学假设来推论出玻恩解释、完全性假设（在上面提到的书的 pp. 24f，兰德使用了这一假设。令人遗憾的是，后面他又放弃了它）和量子层次的某些其他独特特征（量子跃迁、叠加）。目前，相比于兰德自己和正统学界准备承认的，他的研究结果要更加接近于哥本哈根观点得多 [请参见麦尔伯格（H. Mehlberg）的类似判断：*Current Issues in the Philosophy of Science*（《科学哲学前沿问题》），p. 368]。在量子理论的发展历史中，人们事实上做着相同的事情，但却情绪激动地相互攻击。在这方面有许多例证，这只是其中之一。

定谔表述），因此，他的批判和他的替代建议完全不得要领。

下面，我们将非常简略地检析冯·诺依曼的测量理论。[186] 在冯·诺依曼的研究中，映射假说和薛定谔方程被给予了同等的重要性，而且把测量过程自身看作是一个微观系统（用某种波函数表示）和另一个微观系统（用另一种波函数表示）之间的相互作用。其主要结果是，映射假说与波动力学的形式体系和玻恩解释相容。由于认识论的、物理的和数学的原因，这种理论已受到批判，而且，似乎确认无疑的是：不能把它对量子理论中测量过程的阐释视作是令人满意的。冯·诺依曼理论的认识论困难在于——这种理论甚至允许在宏观层次上来应用映射假说，[187] 从而导致如下悖论结果：通过简单的注意宏观痕迹，观察者可以破坏干涉，[248] 因而可以影响物理事件的过程。[188] 显而易见，此困难的根源在于如下事实：对测量仪器和所研究系统都进行了微观阐释，尽管只有后者才能说具有微观尺寸，尽管只有后者受到如此细致的研究，以致其微观特征和二象性是明显的。显然，这种程序没有正确反映宏观观察者所看到的宏观对象的行为，因为它没有包含回归经典层次所必要的近似。最明显的物理结果之一是：只要没有应用映射假说，那么，总系统（微观系统＋宏观系统）的熵就保持不变。这非常不同于经典情形中的对应结果，而且，也不能把这种差异归结于作用量子在微观层次的出现。[189] 因此，在讨论测量过程时，利用描述中的巨大潜在因素，这似乎是明智的。一个非常类似的建议来自埃尔萨瑟（Elsasser）的一些思考：通常，结束测量过程的宏观痕迹（或宏观运

186. *Op. cit.*（同前），Ch. Ⅵ（第6章）。

187. 有关更详细的讨论，请参见我的论文："On the Quantum Theory of Measurement"（《论测量的量子理论》），*Observation and Interpretation*（《观察和解释》），pp. 121–130｛重印为《哲学论文集》第一卷第13章｝；以及《物理学杂志》中的相应论文［*Zs. Physik*，Vol. 148（1957），pp. 551ff］。

188. 正是薛定谔首先注意到该理论的这种悖论结果。请参见他的论文："Die gegenwärtige Lage in der Quantenmechanik"（《量子力学的现状》），*Naturwissenschaften*（《自然科学》），Vol. 23（1935），p. 812。此外，请参见约尔丹在《科学哲学》杂志［*Philosophy of Science*，Vol. 16（1949），pp. 269ff］上的讨论。

189. 事实上，当我们引入通常的相空间细分来表示测量在宏观层次的限制时，我们立即就会得到H定理。关于这种程序的第一次应用，请参见：J. von Neumann（冯·诺依曼），*Zs. Physik*（《物理学杂志》），Vol. 57（1929），pp. 80ff。

动）观察将花费宏观尺度的某一时间间隔 Δt。[190] 在这一时间间隔内，测量仪器应当保留其主要经典性质，或者换个说法，它应当保留用依赖于宏观操作不精确性的方式来确定的统计系综的要素。现在，如果我们假定测量仪器处于一种纯状态——在这种纯状态中，与这类变量（主要的仪器变量以决定性方式来依赖的变量）互补的变量具有明确的值，那么，就不再能保证经典性质在一个经典合理时间间隔内的恒定性。例如，假定声称仪器所处的这种纯状态是这样的——在这种状态中，仪器的所有组成部分都具有明确确定的位置。于是，公式（1）将预测：对应动量将涵盖一切可能的值，即系统将在极短时间内崩溃。[191] 因此，"拥有许多自由度的系统如果具有用纯状态给系统一种独特量子力学表述的可能性，而且，如果还具有让系统近似处于这些条件（在这些条件下，系统显现为给定集合的样本）的可能性，那么，一般而言，它们将相互排斥。"[192] 最后，我想关注由魏格纳（Wigner）首先指出的数学事实：[193] 对于与守恒量不对易的算符来说，只有近似测量才是可能的。[194] 综合所有这些结果，下面这一点变得非常清楚：[249] 测量问题除要求基础理论定律适用外，还要求应用统计力学方法。一个类似的建议好像来自约尔丹[195] 和马格瑙（H. Margenau）[196] 的分析。在一篇非常富有启发性的论文中，约尔丹指出：统计思考的应用可能会（在宏观层次）消除非常棘手的干涉项（在冯·诺依曼的阐释中，利用映射假说

180

---

190. *Phys. Rev.*（《物理评论》），Vol. 52（1937），pp. 987ff。

[281] 191. 此外，请参见路德维希在《量子力学基础》（*Grundlagen der Quantenmechanik*，pp. 171f）中关于测量和实际产生这种状态的可能性的思考。

192. *Loc. cit.*（同前），p. 989。

193. *Zs. Physik*（《物理学杂志》），Vol. 131（1952），pp. 101ff。

194. 有关更详细的阐释，请参见阿拉基（H. Araki）和雅拿斯（M. M. Yanase）的论文："On the measurement of Quantum Mechanical Operators"（《论量子力学算符的测量》）。雅拿斯非常友好，让我在发表前看到此论文。

195. *Loc. cit.*（同前）。

196. *Physics Today*（《今日物理》），Vol. 7（1957）；*Philosophy of Science*（《科学哲学》），Vol. 25（1958），pp. 23–33。此外，请参见：John McKnight（麦克奈特），"The Quantum Theoretical Concept of Measurement"（《测量的量子理论概念》），*Phil. of Science*（《科学哲学》），Vol. 24（1957），pp. 321–330；Loyal Durand Ⅲ（杜兰德三世），Princeton（普林斯顿），1958，*On the Theory and interpretation of Measurement in Quantum Mechanical Systems*（《量子力学系统测量的理论和解释》）（蜡纸版）。

消除了干涉项）。另外，马格瑙已经注意到了下面的事实：没有真实的测量阶段得到映射假说的正确描述。在记录测量结果后（即以照相底片上宏观痕迹的形式），此假说没有正确描述所研究系统的状态。因为记录过程总是破坏系统。[197] 此假说也没有描述记录前的系统状态。因为在此刻，与被测可观察量的各种本征函数对应的光线仍然能够干涉，所以不能说系统对应于任何一条光线，而完全排除系统对应于另外一条。[198] 综合考虑所有这一切，马格瑙抛弃了映射假说，并假定状态函数是受测量检验的客观真实的概率，而测量没有把状态函数转变为不同的状态函数。在这种检验中，重要的不是"系统的状态变成了被测可观察量的本征态"这一事实，而是突现了一组数（这组数是测量的唯一结果，而且是其唯一的关注点）。

181

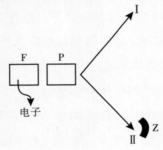

在我看来，我在上一段所述的反对理由没有一个能被用来反对由柏林大学（the University of Berlin）的路德维希（G. Ludwig）所发展的一种理

---

197. 这种困难在马格瑙的思考中起了关键作用，但我还不确信，这种困难是原理困难，而不是通过建造更有效的测量仪器来排除的技术困难。马格瑙自己已经表明，就测量光子或电子的位置而言，能够以这样的方式来使用康普顿效应，从而不破坏所研究的系统。

此外，我们还可以（至少在理论上）使用光子的相互散射，或者使用极化（存在于正电子－电子对湮灭时所产生的辐射中的极化）之间的关联（参见脚注94中的文献）。关于极化器的使用，如下面的程序自身所示：以光子为例，检验它是否沿着方向Ⅰ离开极化器P[1282]（我们将假定能够沿两个不同的方向Ⅰ和Ⅱ传播相互垂直极化的光子）。我进一步假定：被计数的只有这种光子——能够通过捕获由F发射的康普顿反弹电子来确定这种光子经过过滤器F（和经过P）。关于那些光子，我们确实知道：它们经过了P，因而将沿着Ⅰ和Ⅱ运动。在捕获反弹电子后，如果没有马上观察到位于Ⅱ的光电倍增管有反应，那么，我们可以确定：光子留在方向Ⅰ，并具有相反的极化——而且在光子在经过P后，与光子自身没有任何干涉。这个例子是对薛定谔建议的详尽说明。关于薛定谔的建议，请参见：E. Schrödinger（薛定谔），*Naturwissenschaften*（《自然科学》），Vol. 22（1934），p. 341。

198. 我想指出：马格瑙的论证在这个第二点上不太清楚，我尝试重构了此论证。

论。[199] 路德维希的阐释基于薛定谔方程和有关（就基础理论而言）宏观层　　182
次形式特征的某些假设。结果如下：测量是复杂的热力学过程，它终于
这样的状态——在这种状态中，测量仪器 M 的宏观可观察量与所研究系统 S
的微观性质相关联，并具有固定值（这些固定值独立于确定它们的宏观程
序的性质）。在计算 S 或 M 的期望变化时，没有在任何地方使用映射假说。
然而，这种理论导致非常近似于该假说的某种东西，因为在终结于测量的
平衡态中，[250] 获得某些宏观结果的期望值与相关联的微观性质的期望值
相等。其原因是，路德维希认为映射假说是"关于非常复杂过程的简略阐
释"。[200] 一种非常细致的解释似乎需要这种结果。这种解释不会意味着测
量把系统 S 的状态转变为一种非常接近于（尽管不是等同于）映射假说所
预测的状态。而这种解释受到如下事实排斥：在多数情况下，测量导致破
坏所研究的系统。我在这些情况下所能说的全部就是，最终的宏观状况充
分反映了被测可观察量的本征态数量及其在测量开始前 S 的状态中的相对
权重。这种解释也受到马格瑙的支持；它非常接近于玻尔的解释，因为有
这样的表述——"微观对象的'性质'只是各种宏观系统中的可能变
化"。[201] 确实，我必须承认：就认为微观系统和宏观系统形成一种不可分　　183
割的团块（这种团块的变化仅仅是能用经典术语描述的那些变化）来说，
在马格瑙的建议和玻尔的理论之间，我不能看到有非常大的差异。正如上
述引文所表明的，路德维希认为他自己的理论是尝试对玻尔的观点进行更

199. *Die Grundlagen der Quantenmechanik*（《量子力学基础》），Ch. V（第五章）。

200. "Die Stellung des Subjekts in der Quantentheorie"（《量子理论中的主体地位》），*Veritas*，*Justitia*，*Libertas*（《真理、正义和自由》），Festschrift zur 200 Jahresfeier der Columbia University（哥伦比亚大学 200 周年纪念文集），Berlin（柏林），1952，p. 266。在此论文中，还有对路德维希理论的一种通俗阐释，并把这种理论与魏茨扎克所表述的常见观点进行了比较。

201. *Grundlagen*（《量子力学基础》），p. 170。玻姆、格林和丹尼瑞–朗因戈尔提出其他阐释，把映射假说视作关于更复杂过程的近似描述，请参见：Bohm（玻姆），*Quantum Theory*（《量子理论》），Princeton（普林斯顿），1951，Ch. 22（第 22 章）；Green（格林），*Nuovo Cimento*（《新实验》），Vol. IX（第九卷）（1958），pp. 880ff；Daneri–Loinger（丹尼瑞–朗因戈尔），*Quantum Theory of Measurement*（《测量的量子理论》），Pubblicazioni dell'Istituto Nazionale di Fisica Nucleare（国家核物理研究所出版），1959，esp. sec. 9（特别是第 9 部分）。然而，所有这些替代阐释运用例证，绝没有像路德维希的阐释那样普遍和详细。

加形式化的表述。但是，仅仅在某种程度上，它是这样。[201a] 因为在路德维希的阐释中，宏观层次的性质与经典物理学所要求的性质仅在某种近似程度上一致，而玻尔却不允许这种理论上的（实践上可忽略的）差异：根据玻尔，测量仪器完全是经典的；只有我们尝试用经典术语（通过类推）来认识微观系统时，限制才会出现。此外，玻尔的阐释也没有被仍存在于路德维希理论中的数学难题[202]和哲学难题[203]困扰。总之，他的半定性思想仍然看起来优于所有那些非常复杂的数学阐释（包括路德维希的阐释）：在那些阐释中，把测量认为是能用基础理论形式体系来（精确或近似）描述的系统之间的相互作用。让我们简单地回想一下玻尔理论的主要特征：我们关注用经典术语描述的宏观系统，而且，仅仅关注这些系统中的期望值计算。[204] 微观对象的性质仅仅是这些宏观系统中的可能变化。这种测量解释排除了相互作用理论的绝大多数不能令人满意的特征。然而，[251] 为了关于测量过程的这种解释，我们用此评论重新开始我们关于量子理论观察完全性的讨论。现在，我们前面称之为第二假设和第三假设的真实性变得最为重要——如果量子理论的所有陈述都是关于宏观状况的，那么，证明下面两点就确实是关键性的：（a）对于每个可观察量 α，都存在经典工具能够把任何状态转变成 α 混合；（b）又能把结果混合的要素观察为测量工具的宏观修正。此外，同样重要的是要证明下面这一点：在量子理论（或

184

201a. 在他们最近的交流中［*Quantum Theory of Measurement and Ergodicity Conditions*（《测量的量子理论和遍历性条件》）］，丹尼瑞（A. Daneri）、朗因戈尔（A. Loinger）和普若斯佩里（G. M. Prosperi）引用了罗森菲尔德教授的一个评论，该评论的大意是"约尔丹和路德维希的观念与玻尔的思想相一致"。关于约尔丹的直觉方法，可能确实如此。但是，路德维希的测量思想无疑背离了玻尔的那些思想，因为玻尔从未考虑用统计算符来表示宏观系统的状态。考虑到路德维希方法的各种困难，这种思想等同似乎也对玻尔不公平。

202. 路德维希自己指出的一个难题是，没有给出宏观可观察量的令人满意的定义［*Z. Naturforschung*（《自然研究杂志》），Vol.12a（1957），pp. 662ff］。丹尼瑞 – 朗因戈尔也讨论了此难题（同前）。

203. [283] 根据普特南（Hilary Putnam），路德维希的理论导致如下难题：在路德维希的理论中，把最后阶段解释为一种纯经典的混合——在这种混合的要素中，只有一个要素可以假定为是真实存在的。从量子理论形式体系中得到的推导，并没有给我们提供这种混合，而是给我们提供了一种这样的混合——这种混合的所有要素都有同等的机会存在。因此，转变到通常关于结果混合的经典解释，完全没有得到说明。

204. 关于这些思路方面的细致阐释，请参见格伦沃德（H. J. Groenewold）发表在《观察与解释》（*Observation and Interpretation*）中的论测量的论文。

者，如果采用冯·诺依曼的方法，就是超级大算符）的意义上，通常用来描述量子力学系统的所有量都是可观察量。当然，这个问题远没有解决。但是，情况甚至更糟。相比于（比如）经典点力学中类似问题的困难，量子理论中观察问题的困难看起来要大得多；事实上，尽管在建构绝大部分量子理论时，明确目的是不允许任何不可观察的东西，但仍是如此。理由是显而易见的。从根本上讲，经典点粒子系统的任何性质都能根据要素的位置和动量计算出来。在量子理论中，对易关系的存在必然要求为非对易变量的任何函数使用一种新的工具。这极大地增加了（为了赋予此理论主要术语意义所必需的）测量工具的数量。能够证明：这种数量必定是第一（Aleph One）。如果我们现在认识到——迄今为止，只是为最简单的量找到测量工具，看起来不存在任何方式来为更复杂的量（例如，两个相互倾斜的晶体面之间的夹角）找到测量工具，那么，我们必须承认：量子理论的观察完全性思想离神话并没有多远。[205] 此外，一种理论的经验内容通常把先前理论作为近似包含进来。有许多相反的断言，而且，存在如下事实：以如此方式来构建"理性一般化"（rational generalization）的思想，以致过渡到经典层次好像是一种几乎没有价值的事情。[206] 尽管这样，还没有证明：现有理论把经典点力学作为特例包含进来。这进一步缩减了它们的经验内容。

把所有这一切考虑进来，我们似乎获得如下悖论结果：在物理学的发展历史上，[252] 量子理论比任何其他理论（也许，亚里士多德学派的物理学除外）与激进经验论观点联系都更紧密。此外，还有这样的断言：我们最终获得直接处理观察（即经典类的观察）的理论。现在的结果却是，相比于它之前的任何一种理论，这种理论更加远离它视作其自身经验基础的东西（即经典观察结果）。薛定谔写道："量子力学声称：它最终直接处理的，只是实际的观察，因为只有它们是真实的东西，是仅关于真实东西的唯一信息源。测量理论措辞审慎，是为了使其在认识论上无懈可击。但

---

205. 请参见：E. Schrödinger（薛定谔），*Nature*（《自然》），Vol. 173（1954），pp. 442。
206. 请参见脚注 62。

是，如果我们不必'当面'（in the flesh）处理实际的真实结果，而是仅仅处理想象的结果，那么，所有这些认识论麻烦又涉及什么呢？"[207]布里奇曼（Bridgman）表达了类似的观点。[208] 根据他的说法，初看量子理论，它好像是一种"十足的操作理论"；"通过贴一些数学符号（'算符'和'可观察量'等）标签来给人造成这样的印象。然而，尽管存在那种数学符号体系，但是，精确对应的物理操作却是……模糊不清的（至少在如下意义上是如此：对于任何想要进行的测量，人们如何构建理想化的实验仪器，这是不清楚的）"。

因此，"互补性是微观物理学中唯一可能的观点"这种说法不仅错误和独断，而且，甚至关于它是否是一种可能的观点，都还存在很大的疑问——也就是说，关于它是否准确表述了今天充分发展的量子理论（即薛定谔和海森堡的基础理论），也还存在很大疑问。此外，我们还可以说：哥本哈根观点的一些信奉者用来反对替代解释的经验论及实证论理由也完全适用于基础理论，而他们却声称——互补性正确表述了基础理论。这并没有贬损这种解释在认识微观层次方面的伟大价值。这只是表明：它有缺陷，因此，不应把它看作是微观物理学唯一可能的终极结论。

十二、相对论、量子力学和场论

186

在本节，我想非常简略地探讨一下这个问题：场论的实际发展是否已经确证了玻尔的预测。[253] 很难正确审视这个问题。毕竟，玻尔的巨大影响已经以各种形式传递给人们所称的"年轻一代"，这导致产生无论如何也要坚持某种理论的倾向。然而，我认为有决定性的论证证明不是这样。此外，场论已经开始背离对应原理，并发展了始于相当独立方式的形式体系。为什么必定这样呢？其原因显而易见：在关于粒子和场的量子理论中，量子化方法已经带来了这种巨大成功；只有存在在适当重新表述后还能够受量子化支配的经典理论，这种成功才将会继续。经典理论的储备一

---

207. *Nuovo Cimento*（《新实验》），1955，p. 3。

208. *The Nature of Physical Theory*（《物理理论的本性》），Dover（多佛），1936，pp. 188f。

且被耗尽，量子理论的发展或者将必定停止，或者将必须使自身从对应原理（它已成为互补性观点的物理基础）中解放出来。为了保证相对论所要求的空间坐标和时间坐标对称，这种发展看起来也是可取的。[209] 尝试发展独立于希尔（Hill）所说明的对应原理的量子理论，具有如下进一步的理由："原子状态与核能状态的分类高度依赖于……矢量耦合模型。这种模型的物理意义是，它表示角动量守恒。在数学意义上，它代表普通欧几里得空间的三维连续旋转群的李代数（Lie algebra）。因此，原子光谱的通常分类模式成为欧几里得空间特征的直接证据（至少在原子尺度的层次上）。如果我们连接连续旋转群和晶体群，那么，我们能形成平移和旋转的完全连续群来作为三维欧几里得空间大范围的独特对称群。"[210] 这意味着，综合量子理论和广义相对论将必然需要重塑广义相对论或量子理论的结构。我们迄今所得到的结果蕴含着如下结论：这类尝试将必须根据其成果来判别，即通过它们可以产生的关于未来某一时间的预测来判别，而不是通过一种观点（尽管这种观点有其优点，但它既不是不可错的，也不是唯一可能的微观哲学）来判别。

187

---

209. 请参见：J. Schwinger(施温格)，*Quantum Electrodynamics*(《量子电动力学》)，Dover(多佛)，1959，p. XIV。

210. "Quantum Physics and the Relativity Theory"(《量子物理学和相对论》)，*Current Issues* (《前沿问题》)，etc.，pp. 429–441。此外，请参见：我对该论文的评论，*op. cit.* (同前){ 重印为本论文集第 21 章 }；以及希尔的答复。

188

⑧
科学（特别是量子理论）中的保守特征
及其消除（1963）

一

经常假定这一点：科学的发展在于长期的成功，而这种长期的成功却被短暂的严重危机中断。一种单独的理论或几种相互补充的理论统治着成功时期。这些理论被用来说明已知的事实和预测新的事实。尝试说明给定事实可能遇到困难，而为了克服困难，可能需要加倍努力。不过，很少对理论的正确性产生怀疑。研究者有信心在某一天将有可能发现适当的解决方法：困难不是根本的。这就是为什么库恩教授把这种困难称为"谜"（puzzles）而不是"问题"（problems）。在其最近出版的著作《科学革命的结构》（*The Structure of Scientific Revolutions*）中，库恩用几个个案研究了这种情形。解"谜"可能是困难的，需要花费一些时间；但是，不需要改变公认理论的基本原理。

危机时期具有完全不同的特点。标志着成功时期的乐观主义消失了。问题出现了，暗示需要根本变化。提出许许多多建议，开始出现大量的各种各样的理论，这些理论被检析、修改和抛弃。科学发展成功时期的显著特征体现在如下事实中——盛行一种单独的观点（它能由各种相互联系的理论构成），而且严格遵循其原理。然而，危机却导致产生许多相互矛盾的不同理论。成功时期或常规时期（也这样称呼它）是一元论的，而危机时期却是多元论的。

189

[281]评价几乎总是伴随着科学史（特别是物理学史）的事实记述。根据这种评价，常规时期是被渴望的，而危机时期却是不想要的。当然，承认下面这些：危机揭示了公认理论中的根本缺陷，因此，我们后来获得新的更好的理论。然而，这种激进的进步仅仅当作是通往常规科学的一个步

骤。常规科学仍然总是目标。其次，经常论证说：如果更加慎重地阐述先前的理论，那么，危机就不必要了。然而，这意味着科学基本上等同于常规科学。危机是困境，它们处于困惑时期，应当尽可能快点忘掉它们，讨论它们是缺乏教养的表现。

人们普遍反感危机，这对科学家共同体的"行为规范"（ethics）有很大影响，还对历史学家如何看待科学带来了相当关键的影响。让我们就以此为出发点吧！科学史家通常把常规科学时期扩展得如此长，使得它涵盖从文艺复兴到大约 1900 年的整个科学史（对于物理学史来说，尤其如此）。把 16 世纪和 17 世纪的科学革命解释为危机，这是合理的——毕竟，它标志着经验科学的开始（把经验知识与形而上学和虚假猜测分离开来）。历史学家仍有可能忽视物理学最近（即相对论和量子理论）的变化特征。但是，通常把这两个时间点之间的时期描绘为一个连续成功的时期：在这一时期，理论上处理了越来越多的已知事实，并发现了越来越多的新事实。

人们偏爱理论一元论，这对科学家共同体的影响也许甚至更加明显。如果一种方法减少现存困难并使陌生现象更加接近公认理论，那么，它就受到欢迎。相反，如果一种方法加大这些困难并建议必须进行根本修改（推翻公认的世界图像），那么，它就令人忧心忡忡。通常，运用这类方法的思想家的行为是非常激进的。当然，暴力消灭不再可能，因为学者共同体在这方面过分文明。但是，拒绝发表某些研究，或者拒绝认真对待某些已发表的成果，[282] 对于一个思想家而言，这些与肉体死亡没有太大差别。最杰出的科学家不得不受到其同事的保守主义的折磨。当然，保守主义不是事情的一切。几乎没有一个知识领域像科学一样，如此充满着大胆的修复和罕见的思想。甚至，令人惊异的形而上学猜测和诗人幻想都不能与科学理论的想象力一较高下（即使科学家拥有的自由少得多，因为他们不得不处理观察结果）。不过，我们不能忽视我们在科学中发现的保守特征，因为它们影响正式的原则和物理学家分析现存困难的方法。这直接适用于某些微观物理学的根本问题。

190

二

在科学史中，量子理论史是最有趣却很少被彻底研究的领域之一。在这儿，我们有一个非常显著的例证来说明这一点：哲学猜测、经验探寻和数学发明能共同促进物理理论的发展。为了说明这种理论的当代解释，简短概述大约从 1600 年到 1920 年的科学史是必要的。显然，这种概述将是非常肤浅的。不过，我希望这使得有可能理解今天视作科学方法基本组成部分的某些原理。

我们不得不区分三个不同的发展阶段。第一个阶段受亚里士多德学派的哲学统治。这种哲学包含一种受到激进经验知识论支持的琐细物理学。许多科学史家仍然总是把伽利略时代的亚里士多德学派贬低为没有才智的独断论者（他们无视明显的观察事实，而牢牢坚持其形而上学猜测）。这是不公平的、虚假的。如果有一个人进行猜测，那就是伽利略。另外，亚里士多德学派能用一些物理论证来支持其对哥白尼系统的反感，而这些物理论证却明显直接来源于经验。第二个阶段是伽利略、牛顿、法拉第（Faraday）和麦克斯韦（Maxwell）的经典物理学。这是我们知识历史中最陌生的章节之一。经验论（而且是一种非常好战的经验论，仍然受到辩护）仍是正式的认识论。抽象的猜测受到批判；[283] 假说受到怀疑，被丢在一旁。把实验和从观察结果用数学推导出定律当作获得物理知识的唯一有效的方法。在这一阶段，相当大地拓宽了已知事实的范围。基于这种新材料的理论属于人类精神最敏锐的发明。它们看上去恰好适合于经验理想——观察和从观察事实进行数学推导。几乎所有这些理论都是根据事实并经过严格数学推导而获得的；或者，至少它们好像处于这种关系之中。今天，在迪昂（Duhem）、爱因斯坦和波普尔的研究基础上，我们知道：这些所谓的推导没有一个是正确的；理论超越观察事实，它们也与这些事实相矛盾。这完全是令人惊异的变化。这个阶段的物理学家发明了新的大胆的理论，他们是革命的，但是，他们相信他们的理论不外是可观察事实的直接重复。他们用所谓的根据事实推导来支持这种信念。这样，他们就欺骗了他们自己，也欺骗了他们的同时代人，而且，还说服后者相信他们遵从一种严格的经验论意识形态。这些思想家似乎患有一种精神分裂症——这种精神分裂症的特点是，他们坚持的认识论（它是保守的）与其革命的科学实践完全分裂。当然，有的思想家注意到了哲学理想和科学实践之间的这种差异。贝克莱（Berkeley）和休谟（Hume）就是例证。然而，经典物理学的成功充分反驳了他们"典型的哲学吹毛求疵"。

几乎不可能过高估计由这种危机所带来的冲击。250 年来，物理学家一直相信：他们拥有了发现真理的正确方法，已经在正确运用这种方法；而且，这种方法带来了有价值的、确定的和可靠的知识。康德甚至已经证明了这种知识的必然性！当然，变化还是发生了；但是，这些变化仅仅涉及细节；甚至，在世界图像的讨论中，都能够忽略它们。结果是，在整个阶段，物理学家都在用虚假的原理来工作。他们对这种发现有何反应呢？

爱因斯坦得出正确的结论：科学与许多经典物理学家相信的经验方法不相容（他们没有完全遵循这种方法）。科学家用直觉方式来发明其理论。[284] 理论总是比已知事实延广得多，因而可能被将来的研究反驳。"理论或普遍观点失败"的事实并不是方法论缺陷的标志：对于科学而言，这种事件是必要的。爱因斯坦非常明确地破坏了一种很有影响的描绘科学理论的传统。根据这种传统，科学家在证明如何能根据事实得到理论之前，先必须呈现其事实。然而，爱因斯坦在其最早的相对论出版物《论动体的电动力学》（Zur Elektrodynamik bewegter Körper）中，并没有从列举事实开始，而是从普遍原理（狭义相对论原理：在所有惯性系中，光速不变）开始。

192

量子理论的发展基于完全不同的哲学。首先是试探时期——在这个时期，几乎没有基本定律保持不变。关于这个时期，哲学家丁格勒（Hugo Dingler）在其著作《科学和哲学基础的分裂》（Der Zusammenbruch der Wissenschaft und der Primate der Philosophie）（此书没有为他带来非常大的影响力）中写道，"每个学物理的学生都被教授过反驳基本定律的艺术"。在这个时期所进行的研究（特别是在玻尔带领下所进行的研究）带来一种非常奇特的结果：存在在微观物理领域中确切有效的经典定律。这种结果暗示：纵然经典物理学不够充分，但是，它也不会是完全错误的。它似乎保留一个事实知识的核心，不得不把它从其猜测的壳中分离出来。绝大多数物理学家倾向于经典经验论，而这种倾向进一步强化了这种猜疑。对于他们而言，经典物理学的失败证明了还没有足够细致地应用经验论。或者，换句话说，经典物理学的失败证明了这一点：经典物理学仅仅部分是物理学，它还包含形而上学成分。这种哲学信念与实际发现"继续精确有效的经典定律"相结合，导致了如下尝试：（1）对仍能被使用的经典物理学定律进行综合描绘；（2）给这种描绘补充源于量子效应的原子事件特征；（3）发现适当的形式工具，以便用简略的数学方式来组合（1）和（2）。为了发现这种形式体系的组成部分而运用对应原理；后来，对应原理被更加形式的量化方法取代。

[285]现在，极为重要的是要知道如下两种理论之间的差异：一种理论是诸如刚刚提到的理论，它是通过限制先前的理论而获得的；另一种是普遍的理论，它提出概念系统，从一开始就没有受到任何限制。牛顿的天体力学和爱因斯坦的相对论属于后一种理论。例如，能把爱因斯坦理论的概念毫无限制地应用于世界。当然，它们是关系；但是，这些关系是客观的，独立于用来观察它们的特定仪器。因此，相对论允许实在论解释。这种解释表明它描述了我们所在世界的客观（相关）特征；而且，这种描述或真或假，与是否有人进行实验无关。基本上，（玻尔及其同事想要创立的）新的量子理论是以不同方式建构的。确实，它的主要概念总是经典力学的概念，但是，这些概念被"清洗掉了"（cleansed）其形而上学成分。这种清洗禁止其独立于实验的应用。概念（诸如位置）从前被认为是普遍适用的：经典粒子总是具有某种明确确定的位置（不必是已知的）。但是，现在概念清洗（它与尝试发现经典物理学的经验核心密切相关）排除了普遍适用的可能性。只有满足某些实验条件，我们才能应用位置的概念或更普遍的粒子概念。许多描述性概念受到类似的限制。因此，不能把理论解释为关于微观世界（它的存在独立于观察）的描述，而只能说：当满足某些实验条件时，会发生什么。而关于两个实验之间的过程，什么也没有

说。所以，理论只是预测可观察事实的一种机器。玻尔的互补性原理给我们提供了关于这种机器如何工作的一幅清晰图像，从而使我们有可能（至少部分地）构想微观世界中的过程。

　　用刚刚勾画的量子理论解释，物理学家不仅预测原子对象的行为，而且也预测微观物理学自身的未来发展。这种预测如下：量子理论的基本结构、出现含有希尔伯特空间（或者，这种空间的有意扩展）中不可对易变量的形式体系以及相关的互补性直觉图像是一种分析的结果，而这种分析发现了经典物理学事实的核心。这种结构和这种图像以经验为其牢固基础。[286] 因此，必须把这两种要素看作是最终的、不可反驳的。来自哥本哈根的罗森菲尔德教授写道："这里，我们不是面对'人们能够接受或抛弃的观点（接受或抛弃这种观点取决于人们是否同意一种特定的哲学标准），而是必须明确处理关于我们的思想适应新实验状况的完全明显的结果'。"这是承认：量子理论还没有达到其最终形式，未来的实验将导致新的概念［试验新的形式体系（如 S 矩阵理论或海森堡的统一场论）是完全合理的］。尽管如此，基本要素保持不变，对于解释形式体系是必不可少的。（在某些方面，这种状况类似于经典天体力学的发展。在此学科中，我们也区分直观图像和不同的形式体系。直观图像由质点构成——质点在力的作用下在三维空间中运动，并具有某些惯性特征。最终，诸如牛顿的、拉格朗日的或哈密顿的形式体系以及最小原理都以相同的直观图像为基础，并从中获得其物理意义。）未来的发展只能扩大下面这两者之间的距离：可信的经典物理学图像，为整理原子领域的可观察事实所必需的新思想。回归经典物理学的决定论和客观主义是完全不可能的。这种态度对科学家如何解释现有的微观物理学问题具有决定性影响。

194

三

　　这些问题将显现为相对不重要的"谜"，它们不要求修改量子理论的基本结构。因此，我们处于常规研究新时期的开端。我们在第一节简略说明了刻画这一时期的状况特征。现在，这些特征都存在：替代理论（它们处理决定论概念）作为愚蠢的思想而遭到拒绝。常规研究的这个新时期极可能永远持续下去。毕竟，过去出现危机，是因为科学家没有牢牢掌握事实，允许形而上学思想进入物理学；而这类思想现已被消除。[287]未来的发展在于补充新事实，并在牢固的基础上逐渐构建事实的高塔。新塔屹立于上的基础绝对不再需要重建。

不需要伟大的哲学天赋就能看出，这种预言的理由并不可靠。其中，最重要的理由之一是这种状况（所谓的这种状况）——非决定论框架和互补性思想直接表示实验事实。这并没有赋予它们特权。实验只是把近似有效性传递给描述它们所必需的定律。每当提供一些实验事实时，总可能构想出替代定律来与这些事实在所用仪器的精度范围内相一致。因此，正统量子理论所坚持的基本定律仅仅是众多可能性中的一种。

为坚持正统观点而提出的另一种论证是：经典概念被要求描述实验事实，互补性思想只是根据这种状况得出的。对此论证的回应是，新理论必定自然导致形成新的解释和新的实验事实描述。然而，完全不合理的假设是：观察比理论更可靠，我们能取代理论概念，但不能取代观察概念。观察概念通常就是理论概念，只不过我们在如此熟悉的环境中如此经常地应用它们，使得它们现在高度可信。但是，熟悉并不保证效用。恰恰相反，观察概念（例如，15世纪和16世纪的亚里士多德学派物理学或鬼神学的那些概念，它们真是观察概念！）通常最终是不适当的，并被更好的概念取代。如果没有这种取代，那么，亚里士多德学派的物理学就绝对不会变革为伽利略和牛顿的经典物理学。于是，有可能抛弃观察概念，并用新的概念来取代它们。顺便说一声，这种状况反驳了一些当代物理学家（尤其是海森堡和魏茨扎克）的如下论证——实际使用经典概念阻碍了物理学家用非经典方式描绘宏观经验事实。在伽利略时代运用这种原则会使亚里士多德学派感到高兴。

因此，有可能抛弃某些观察概念，并用其他概念来取代它们。但是，这种程序是可取的吗？[288]显然，对此问题的回答依赖于我们是否相信现有术语是充足的。只有非常根本的困难才能使我们确信必须进行深度修改。我们必须研究当代量子理论是否真正遇到根本困难。

　　现在，显而易见的是，常规时期和危机时期的区分不能帮助我们回答此问题。这种区分是从外部描述情形，而且，是在科学家已经解决了此问题以后进行的描述。一个科学家个体的个人决定对库恩教授极好、极明确描述的现象有贡献，但是，他肯定不能把其决定建立在其决定的结果的基础上。关于这一点，库恩教授的书似乎在说（也许，即使不与作者的意图相符）：历史情形可以提供有价值的指导。这本书表明：因为未解决问题的积累以及感到不安和悲观，所以可以这么说，危机会宣告自身，不需要科学家个人独立分析理论状况。可以说，这种思想是用马尾巴来给马套笼头。对于形成真正的问题而言，仅仅"谜"的积累，既不是充分条件，也不是必要条件。牛顿的天文学最初面临各种困难，但绝少有物理学家认为这是无效的标志。信心来自这种理论过去的胜利和它提供的新观点。相比之下，相对论不是在有关时空问题中困难积累的结果。无可否认，迈克尔逊实验就在那里。但是，首先，爱因斯坦在发展相对论思想时，可能不知道这个实验。其次，普遍认为这个实验是一种乏味的失败。只有以爱因斯坦提出的新原理（要求修改经典物理学的基本概念）为基础，此实验才显现问题的特征。真正极其常见的情况是：只有从新观点的视角去看，"谜"的积累及在某些条件下的单个"谜"，才会显现基本问题的特征。不可能是别的情形。小困难不会积累成大困难。但是，在一种新思想（它与公认理论相矛盾）的基础上组织这些小困难，却可以产生大困难（真正的问题）。因此，是否把一个问题当作基本问题依赖于存在现有观点的替代者，[289] 即依赖于这样的事实：我们用多元论方式思考，而不是一元论方式思考（请参见第一节）。当然，未来的研究将反驳这些替代者，这总是有可能的。但是，没有检验替代者，就不可能有根本的进步。此外，显然，新理论不能立即得到充分细致的发展。我们总是从普遍的思想开始，从"形而上学的"（metaphysical）思想开始；只是后来，这些思想才以更加具体的、形式上不可反驳的形态得到发展。因此，形而上学思想（它们与公认的"成功的"科学理论相矛盾）的发展是科学进步以及在公认理论中发现

196

根本错误的先决条件。常规科学的排他性、严格禁止运用新思想、拒绝从外部审视成功的理论，意在掩盖现有困难，或许，意在完全无视它们。常规科学的标准意识形态阻碍科学的进步。当代经验论的标准论点（也就是，我们不应当用形而上学迷雾来模糊由经验上成功的理论控制的情形）导致这样的结果——成功的理论免于批判，并变成新的神话。因此，下面这些想法是幼稚的：认为一种理论的所谓"哲学"（philosophical）困难与物理学家无关，而且，科学进步必定会自动解决它们（狄拉克教授在一次演讲中这样说）。哲学困难来源于把一种物理理论与更普遍的原理（例如，决定论原理或客观性原理）进行比较，或者，来源于把该理论与还没有得到细致发展的原理（此原理和该理论的基本信条相矛盾）进行比较。正如我刚刚表明的，这种比较是推动科学向前的原动力。所以，如果我们想要取得根本进步，那么，解决哲学困难就是必不可少的。

总之，我们可以说：理论一元论是常规科学的标志，而且，许多物理学家基于"经验"（experience）来坚持它，但是，它阻碍了进步。理论多元论是进步的必要条件。推动科学向前发展并防止它变成陈旧知识的木乃伊的，是理论多元论，而不是"谜"的积累。当然，结论是：科学的战斗口号必须是，"永远革命"！

四

[290]前三节所论述的内容带来一个非常有趣的问题。在过去，经常把经验论与进步和自由的立场联系到一起。经验论者寻求克服恐惧和偏见；他们属于战斗者，为了进步和启蒙而进行最满腔热情的战斗。那始于科斯岛（Kos）学派的医生，在勇敢且人道的医生那儿得到继续，近代伊始，他们就反对猎女巫运动，而不顾自己的生命危险；在伽利略、牛顿、拉普拉斯、康德（他的宇宙演化学）、达尔文、赖尔（Lyell）和其他人的研究中达到顶点。然而，我们已经看到经验论中固有的保守倾向，它使用经验思考来支持无效的体系而拒绝更好的体系。这种分裂的一个原因在于经验概念的模糊性，从而几乎允许借助于经验来为任何体系辩护。（亚里士多

德学派用经验来为他们的体系辩护；而且，经常借助于经验来拒绝批判相信女巫和魔鬼的信念。）但是，还存在第二个要素，我们现在必须更细致地来思考它。

五

传统认识论分配给自己的任务是：发现我们的知识基础，并说明我们认为是知识的东西如何与这些基础相联系。首先在启示中寻找它们；然后，在纯思想中寻找它们。知识的早期形式是权力主义的，建基于一个人（不论是统治者还是神）的话语之上。他（或她）的话语是绝对真的，没有矛盾。过渡到纯思想改变了这种状况的一个方面——原始科学家不再关注某个人，而是关注抽象原理。但是，这种原理仍然作为一种去人格化的神来进行无条件的绝对统治。理论上来说，经验论造成的变化几乎不值得一提：权力变了，这就是一切。根据这种认识论来看，科学就是传统认识论的有点肥大的赘疣，仅此而已。然而，在实践上，正如我们所见，二者的差异是巨大的。培根（Bacon）的著作和皇家学会（Royal Society）的经验论者的教条所带来的知识形式，完全不同于过去的一切知识形式——[291]前苏格拉底（the Presocratics）自然哲学是可能的例外。现在，我们知识中的每个要素都能被改变。现有的经验结果和现有的纯思想结果都没有被排除在改变之外。新理论中的经验原理等同于理论思考——没有把它们塞到不重要的角落，但它们也不是神圣不可侵犯的。科学是非权力主义知识的第一个详尽的范例。

科学家与前苏格拉底思想家（必须把他们视作非权力主义知识的发明者）的差异在于如下两点。第一，哲学伴随着科学的兴起。前苏格拉底哲学家在认识论上是幼稚的：他们大胆创立理论，没有太多关注知识的基础。第二点差异在于如下事实（我们已经强调过此事实了）：这种相伴随的哲学保有权力，声称经验是知识不可动摇的基础。它不像某些科学家希望使他们自己信服的那样，仅仅是一种哲学附庸，没有真实的功能。总的说来，它对科学发展影响很大，而且起阻碍作用。对于小人物（他们单纯

198

的天性不够坚强，从而不能适应独断认识论与科学批判活动之间紧张性）而言，它已成为不可忍受的紧身衣。但是，重要的科学家却利用经验概念的模糊性。他们把在最邻近范围获得的"经验"（experience）引入其自己的理论思想中，设法根据经验来得到这些思想。在这方面，牛顿证明万有引力定律是典范。这也同样适用于他的光学理论。令人惊异的是，在使皇家学会的激进经验论者确信其研究的纯经验特征方面，牛顿竟然取得了成功。毫无疑问，成为其结果基础的"经验"并不是日常经验；在抽象物理概念（如折射率的概念）的意义上，它来自数学的重新解释。某些皇家学会成员（如胡克）有顾虑。但是，一旦新理论明显硕果累累，他们的顾虑就消失了，而且也变得熟悉新"经验"了。在其《颜色理论》（*Theory of Colors*）中，歌德（Goethe）说明：他理解那个过程，并能批判它。这种发展证明：实践中描绘经验论具有很大的弹性；同时，也还没有抛弃独断论（独断论是标志经验论的第二个要素）。

我已经指出：[292]在 20 世纪，独断认识论与批判科学（标示经典物理学）之间的紧张性终结了。相对论和量子理论的革命性发现表明：经典基础不仅不牢固，而且根本不存在。此外，我还描述了对这种状况的两种反应。爱因斯坦承认：在物理学中，我们不拥有任何根深蒂固的基础，而且也不应当寻求这种基础。爱因斯坦及其之后的波普尔，是第一批有意把完全假设的知识这种思想引入物理学的认识论家——在这种思想中，经验和理论具有同等地位，而且，两者都能根据新的（经验的和理论的）思考来变化。经验和理论都没有给我们提供绝对知识。但是，两者共同作用，建构了一种以融贯方式来统一感觉和抽象要素的世界图像。这种世界图像比纯形而上学观点更加难以捉摸，而且也更加难以建构。确实，它必须满足很多完全新的条件。此外，它吸收更多的人类精神反应，从而形成（比那些把感觉经验作为不相干东西而弃之不顾的说明）更加令人满意的说明。确实，由这种世界图像提供的知识不是以经验为基础，而是把经验考虑进去了。它比纯抽象知识更丰富，也比纯经验知识更丰富，而且，在更大程度上需要改善。此外，它也更加人性，因为它认真对待如下陈述：一切知识来源于人，因而充满人的错误。

　　第二种反应（上面更充分地描述过）在于尝试把经典物理学赋予（如果不是在实际上，那么，至少在话语上）经验的权力转移给经验。此外，它还寻求拒绝如下可能性——不断通过更精确和更明确的定义来重新解释"经验"（experience）。现在，极为重要的是要认识到：不能拒绝这种过程的可能性。有可能把我们的知识分解为两种成分（一种是"经验"，另一种是"理论"），然后，要求"经验"保持不变。毕竟，理论是我们自己的工作成果；如果我们不想放弃某些论点，那么，我们就不必这样做。但是，这种程序是否也可取呢？这是非常开放的问题。总是把确定性看作哲学的美德。（能够产生的）那种洞见应当把我们从这种信念中解放出来，并教给我们这一点——每种体系，不管其创立得多么安全，事实上，它仅仅是我们自己的影子。无论我们把这种安全性归属于思想还是经验，这都没有差别。[293]只有总是需要改善的知识（即完全假设的知识）才能保证：我们有时将接触到某种不同于我们自己的工作成果的东西。

200

201

⑨
微观物理学问题（1964）

[1]经常有这样的假设：物理学发展由长期成功和短期危机组成（短期危机中断了长期成功）。成功时期受单一理论统治，或者受几种互补的理论统治。用这些理论来说明已知的观察事实和预测新的事实。尝试说明某一特定事实可能是困难的，需要很强的创造力。不过，几乎不怀疑这一点：理论是正确的，终有一天会克服困难。因此，不认为困难具有任何根本的重要性。在其最新著作《科学革命的结构》（*The Structure of Scientific Revolutions*）中，库恩教授通过把困难称为"谜"（puzzles）而不是"问题"（problems）表明了这种态度。解谜可能需要巨大的智力投入，却不需要修改基本理论。

危机时期具有非常不同的特征。标志着成功时期的乐观主义一去不复返了，并出现了一些这样的问题——它们好像表明需要巨变。产生大量建议，许多不同的理论被提出、被研究、被抛弃。科学研究成功时期（或者正如最新所称的常规时期）最显著的特征是如下事实——运用单一的观点，并严格坚持它。反之，危机却导致大量的理论涌现。常规科学是一元论，而危机却是多元论。

有一种评价几乎总是（至少是不明言的）补充科学史的这种事实阐

202   释。根据这种评价，常规科学是可取的，而危机或革命却不是想要的。当然，危机导致发现公认理论中的根本弱点，并由此促成进步到新的、更好的理论。危机促使提高改善。然而，首先仅仅把它看作是通向提高改善和常规科学过程中的一个阶段。常规科学仍然是目标。其次，经常补充这种说法：如果足够小心地阐述以前的理论，那么危机就不会发生。总之，大家相信科学本质上是常规科学。危机是困局，是令人困惑的时期——应当尽可能快地过去，不应当过分延长。

大家普遍反感危机时期，这对人们称之为科学共同体的"行为规范"有明显影响，而且还影响了这种共同体"委任"的法庭历史学家（科学史家）。让我首先来讨论后者。通常，科学史家一心想延长常规科学活动的任何成功时期，[2]直到它几乎囊括了从所谓16世纪和17世纪的科学革命到大约1900年的全部科学历史。把16世纪和17世纪的革命描绘为一种危机，这被认为是非常合理的——毕竟，它是科学从神话和形而上学中的突现。不过，也不可能忽视由发现作用量子所带来的最新变化的根本特征。但是，常常把这两段时日之间的时期表述为连续成功的时期，即这样的时期：已接受的理论处理了越来越多的已知事实，并发现了越来越多的新事实。

也许，偏爱理论一元论对科学家共同体的影响甚至更加明显。任何减弱现存困难影响的程序都是受到欢迎的。任何增强这种影响的程序如果还建议这些困难完全破坏了已接受的意见，那么它将遭到反对。用激进的方法来反对那些进行这种破坏活动的方法。当然，不再可能诉诸暴力以消灭对手。然而，或者通过拒绝发表他们的作品，或者拒绝认真对待其工作，仍然是使对手保持沉默最有效的方式。

一些最卓越的思想家不得不遭受科学共同体的折磨——科学共同体不愿意改变标志常规时期的困难和成功之间的脆弱平衡。当然，这种保守主义并不是事情的一切。几乎没有另一个知识领域像科学一样充满大胆的创新和独特的思想。不过，千万不要忽视保守主义，因为它将影响正式的原则，因而将有助于形成如何评价现存困难的方法。这直接适用于我们的主题——当代微观物理学的理论问题。

在科学史中，量子理论的历史是最有趣且最少被探讨的历史时期之一。它是最非凡的一个研究范例，证明哲学猜测、经验研究和数学创造力共同促进了物理理论的发展。为了正确地理解量子理论的解释，我们必须简略叙述一下从大约1600年到现在的科学发展历史。当然，这种叙述将必定是肤浅的。不过，我希望它将提供一些洞见，以便来洞察今天被看作科学方法的根本要素的原则。

我们必须区分三个时期。第一个时期由亚里士多德学派的哲学统治。这种哲学包含一种高度复杂的物理学，而这种物理学却是基于有些激进的经验论。许多历史学家仍然把伽利略时代的亚里士多德学派描述为没有头脑的独断论者，该学派反对地球运动的论证的真实力量[3]以及支持日心体系的这些论证所造成的困难，几乎都没有得到正确认识。

第二个时期是伽利略、牛顿、法拉第和麦克斯韦的经典物理学时期。在知识史中，这是最奇特的时期之一。正式的哲学仍是经验论——而且，确实是一种非常好战的经验论。猜测受阻了，假设遭到厌恶，人们把实验和源自观察结果的推导视作获得知识的唯一合理方法。这相当程度上扩大了事实知识的范围。基于这种新材料的理论是人类心灵最敏锐的发明。同时，这些理论看起来完全符合经验论的理想：它们绝大多数好像是从经验通过严格数学推导而获得的。现在，我们知道（主要是由于迪昂和爱因斯坦的研究）：这些所谓的推导都是无效的，被辩护的理论超越了现有的观察结果，二者也不一致。

因此，我们目睹了这些人的惊人表演：他们发明了大胆的新理论，他们相信这些理论只是可观察事实的反映，他们用表面上的演绎程序来支持这种源自观察的信念，他们以这种方式来欺骗他们自己及其同时代的人，而且，他们还使同时代的人认为其严格遵循了经验哲学。由此我们进入了精神分裂的时期（其标志是哲学理论和科学实践之间完全断裂）。这是一个这样的时代：身处其中，一位科学家做一件事情，坚持他正在做的事情，却又必须做另外的事情。

确实，有一些人注意到哲学理想和现实实践之间的差异。贝克莱和休谟就是典范。但是，用经典物理学的成功揭穿他们的论证，而且把这些论证展示为典型的哲学诡辩。与发明相对论和发现作用量子相连的危机终结了这个精神分裂的时期。

怎么评价这些变化带来的震荡，都几乎不可能过分。差不多250年来，人们相信：他们拥有正确的方法，并正确地应用了它，而且还用这种方法获得有价值的可靠知识。当然，有时必须修改理论或观点。但是，这类事件被视作微不足道，或者，甚至被完全忽视了。现在的结果是，人们一直把他们的探究建基于错误的基础之上。看看科学家如何对这种发现作出反应是有趣的。

爱因斯坦得出了正确的结论：科学与经验方法不相容，至少是与许多经典物理学家所构想的经验方法不相容。科学家凭直觉发明这样的理论：这些理论总是超越经验，因而易受到未来思考的批判。一种理论（或一种普遍观点）的失败并不是表明方法的缺陷；[4]对于科学而言，失败的可能性是必不可少的。爱因斯坦还相当明确地打破了这种传统——这种传统把新理论描绘为由事实演绎的结果。他的第一篇相对论论文《论动体的电动力学》（"Zur Elektrodynamik bewegter Körper"）不是从阐述事实开始，而是从原理（例如，光速在所有惯性系中保持不变的原理）开始。量子理论的发展基于非常不同的哲学。

首先，存在一个试验时期，而在此时期，几乎没有任何基本定律未受到挑战。哲学家丁格勒自己用非常批判的眼光来看待这一时期，他写道："给每个学习物理学的学生都进行推翻基本定律的技能训练。"于是，这个时期所进行的研究（主要是在玻尔的指导下）带来了奇特的结果：存在这样的经典定律——在微观物理学领域内，它们仍然保持严格有效。这表明：经典物理学尽管必定不是充分的，但仍然不是完全错误的。它似乎包含一个事实的核心，而且，必须把该核心从非事实的外表中分离出来。绝大多数物理学家倾向于把经典经验论作为正确科学方法来保留，这加深了这种猜疑。

现在，经典物理学的失败向他们证明了这种经验论没有被正确应用。或者，换言之，这向他们证明了：经典物理学仅仅有一部分是物理学，它还包含形而上学的成分。把这种哲学信念与经典定律仍严格有效的事实发现组合到一起，他们现在提出：（1）给经典物理学所有有价值的部分提供一种阐释；（2）给这种阐释增添依赖于作用量子的特征；（3）为描述（1）和（2）发现一种融贯的形式工具。使用对应原理的目的是发现这种形式体系的组成部分；量子化方法把对应原理更加直觉的内容转变成力学程

205

序，以便后来取代它。

最为重要的是要认识到，用上述方式得到的理论非常不同于普遍理论（如爱因斯坦的相对论）。爱因斯坦理论的概念能被毫无限制地应用于世界。它们确实是关系概念，但是，这些声称有效的关系是客观的，独立于为确定这些关系存在而使用的特定实验装置。

因此，可以对相对论进行实在论解释，而这种解释把它转变成一种关于我们所在世界客观（关系）特征的描述；不管实验是否进行，这种描述都是正确的。由玻尔及其追随者构想的新量子理论却不能是这种理论，因为虽然其描述的概念仍是经典物理学的那些概念，但是，已经剥离了它们可能被视作其形而上学外表的内容。因此，[5]原初认为概念（如位置概念）是普遍适用的——经典粒子总是具有明确确定的位置。

尝试发现经典物理学的经验核心，并尝试把它用于预测和说明。现在，与这些尝试相联系的概念大清洗正好排除了普遍适用的这种可能性。只有首先满足某些实验要求时，我们才可以使用位置概念和相应的更普遍的粒子概念。许多描述概念受到类似方式的限制。因此，不再把理论看作是一种微观层次的阐释，因为它独立于观察和实验而存在。只能说如果它首先满足了某些实验条件，什么将会发生。它不能为实验之间发生了什么提供一种阐释。因此，它只是一种预测工具。关于这种预测工具如何工作，玻尔的互补性原理给出了一种非常显著的直觉阐释，因而至少提供了微观世界的部分图像。

现在，用我们刚概述的这种解释来做一些有关量子理论未来发展的重要预测。量子理论的基本结构、运用具有作用于希尔伯特空间（或者其适当扩展）的非对易变量的形式体系及世界中互补方面的对应直觉特征是一种分析（这种分析揭示了经典物理学的观察核心）的结果。这种结构和这些特征最后以经验为其牢固的基础，因此是最终的、不可改变的。哥本哈根的罗森菲尔德教授写道：这里呈现给我们的，不是"……一种我们可以（根据其是否与某种哲学标准一致）接受或拒绝的观点，而是因我们的思想适应新实验状况而造成的一种奇特结果"。

当然，确认无疑的是：为了能够处理新现象，量子理论将不得不经历某些决定性变化；为了描述新事实，将要求物理学家提出新概念。此外，尝试不同的方法和发展不同的形式体系［例如，丘关于强相互作用的 S 矩阵理论（Chew's S-matrix theory）和海森堡的统一场论等］，这些也被认为是合理的。不过，将要指出的是：这些变化无论多么大，这些形式体系无论多么不同，它们将总是使刚提到的基本要素保持不变（无论如何，都需要赋予这些要素经验内容）。因此，未来的发展只能朝向更加非决定论的方向，而且进一步远离经典物理学的观点。这种看法严重影响了对微观物理学现有理论问题的评价。

显然，这类问题现在看起来是次要的"谜"，因而不需要修改量子理论的基本结构。[6] 理所当然的是，为了使理论和实验之间更加一致，将需要新的数学技巧。不过，将要强调的是，仍然需要解释这些新技巧，而且，必须用惯常的方式和互补性思想来完成这种解释。此外，确认无疑的是，为了阐释互补性之外的特征而引入的一些观念可能是有缺陷的，需要限制它们。弱相互作用中的宇称不守恒就是恰当的例证。

207

不过，这类修改并不影响非决定论的框架。因此，我们在此开始了新的常规科学时期。常规时期特有的标志（如在根本问题上，反感不同方法）已经存在。此外，完全可以期望这种常规时期永远持续下去。从前的危机是由于在科学基础中存在形而上学成分。这些成分已经被清除了。因此，进一步的发展在于逐渐补充新事实，在坚固的基础上逐渐建造事实的高楼。小危机仍可能发生，但是，它们仅修改高楼的上层，不需要重建高楼的地基。

现在，应当显而易见的是，这种预言的理由不是可以接受的。其中，理由之一是非决定论框架、互补性思想及其推论直接表示了实验事实。这并没有赋予它们独特地位。实验只是把近似有效性传递给用来描述它的定律。因此，给定一组实验结果，总可能设想几组与它们相符的替代实验定律（在所用设备的误差范围内）。

因此，正统学界所坚持的那组基本实验定律只是众多可能组中的一组。支持正统观点的另一种论证是：我们需要经典物理学的描述术语来表示实验结果，正因如此，替代阐释注定要失败。这些替代阐释可能在创造形式体系方面取得成功，然而，在试图给这种形式体系赋予经验内容时，又不得不一起使用经典术语和互补性观点。关于这种论证，必须注意：当然，一种新观点也将必须为描述观察层次提供新术语。

假定观察术语比理论术语具有更大的稳定性，这是非常不合理的。通常，观察术语就是一些理论术语，只不过它们在最常见的环境中得到应用，所以变得熟悉了。然而，熟悉性并不能保证适当性。恰恰相反，过去已经发现：某些观察术语（如在亚里士多德学派物理学中所使用的术语）[7]是不适当的，需要替换。没有这种替换，就极不可能变革为伽利略和牛顿的物理学。

因此，抛弃某种给定的观察术语，并用不同的术语来替代它，这是可能的。顺便说一下，这证明在某些当代物理学家（特别是海森堡和魏茨扎克）的那种论证中存在荒谬性，因为那种论证坚持这种主张：既然赋予物理学家经典观察词汇，那么，他们将永远不能以不同方式来观看可观察的东西。显而易见，在伽利略时代应用此原理，会给亚里士多德学派巨大的安慰。

重申一次，抛弃某种给定的观察术语，并用不同的术语来替代它，这是可能的。但是，我们应当这样做吗？显然，如何做出决定依赖于我们自己是否确信正在使用的术语是不适当的。只有存在非常根本的困难，才可能有充分的说服力。因此，我们必须发现目前的量子理论是否确实面临根本困难。

显然，危机时期和常规时期之间的区分没有帮助我们回答这个问题。这种区分是从外部描述这种状况（在某种程度上），而且是在科学家做出决定之后。一位个体科学家的个人决定将促成库恩教授非常清楚地描述的那种现象，但是，这位科学家不能基于所做决定的结果来做出他的决定。在这一点上，库恩教授的书似乎在暗示（尽管或许不符合作者的意图）：历史状况可以提供有价值的指导，而且不应当忽视这种指导意见。

它暗示：通过未解决问题的积累，通过感到普遍的不安和挫败，危机时期会宣告自身的到来，不需要个体科学家独立分析总体的理论状况。在我看来，这意味着本末倒置。对于产生真正问题而言，以及对于使人想到需要基本修改（而不仅需要微小调整）来说，仅仅"谜"的积累既不是必要条件，也不是充分条件。起初，牛顿的天文学面临不断增多的困难——但是，没有人（或者，只有极少的人）从这种迹象中看出牛顿的理论是错误的。该理论过去的胜利、它提供的新梦想、惊人的初期成功激发了充足的信心。

另外，在相对论之前并没有困难的积累。现在能引证为支持发现相对论的绝大多数问题，已经被洛伦兹（Lorentz）的电子理论解决了。爱因斯坦探寻的是普遍原理（可与热力学第二定律相比拟的普遍原理）——在围绕发现作用量子而产生的变化中能够依靠的普遍原理。[8]他从相当简单的思考（包括经典力学和经典电动力学的对称性质）中得到这种原理，而不是在不利经验材料的压力下得到它的。

进一步的发展通向广义相对论。正是这种新观点促使把某些令人讨厌的"谜"（如水星近日点进动）转变成真正的问题，从而促成进步。情况不能是另外的样子。毕竟，只有在一种新观点的背景下来看谜的积累（这种新观点强加给谜的积累一种融贯性，但这种融贯性不同于公认原则所假定的融贯性），谜的积累才不再认为是对以旧理论为基础的计算构成了挑战，而是认为出现了真正的新问题。

因此，是否把问题看作根本性的，这依赖于（除公认理论外）新观点的发展。当然，这种新观点可能被将来的研究反驳；但是，没有它，就不可能有根本的进步，也不可能马上以非常细致的方式来发展新观点——在大多数情况下，起点是模糊的形而上学思想。除了这些更抽象的思考外，科学史中的许多事件（特别是原子理论自身的历史）会确证新观点卓有成效。

因此，常规科学的排他性及"强烈反对使用偏离公认思维模式的新观点"的道德说教是有悖初衷的。如果它们成功了，那么，这将阻止物理学

209

家发现其所喜爱理论的弱点。提出下面这些建议（正如狄拉克教授在最近的演讲中所讲的）是有点天真：对物理学家而言，理论的更普遍的或更"哲学的"（philosophical）困难并不重要，物理理论的进步将自动解决它们。情形正好相反。

哲学困难产生于物理理论与更普遍观点的比较中：更普遍的观点还没有得到细致发展，也与物理理论的基本原理不一致。正如我们前面已经指出的那样，这种比较是推进科学的原动力；如果我们不仅想获得几种微调，而且还想取得根本的进步，那么，解决由这种比较造成的困难就是必不可少的。极为重要的是要重申：根据这些思考来看，常规科学的标准意识形态最终阻碍了这种进步。理论多元论应当受到鼓励，不应当受到打击。只有这种多元论（不是"谜"的积累）才能促进知识发展，才能防止它变成纯粹不朽的僵尸，纵然它曾在某一时期是激动人心的发现。

当然，结论是，科学中（不像在政治中）的战斗口号应当是——永远革命！

⑩
自然知识的特性和变化（1965）

211

[197] 自然知识几乎出现于各个民族中，而且在所有时代都是如此。但是，它通常凭直觉，没有条理，并充满迷信。甚至，古埃及人也是根据经验法则而不是根据综合理论来行事，尽管他们的建筑能力仍然令我们惊叹，他们运送重物的技术还是完全不可思议的。当然，他们有其世界图像，从而使得他们把个体事件整理进更广泛的背景之中，并使这些事件成为可理解的。然而，支撑其图像的假设过分依赖于情感、充满太多的宗教信念，因而不被认为是对实在的客观描述。关于自然的理性客观的思想（即理论物理学）始于古希腊人，尤其是前苏格拉底学者（Presocratics）。

只有少数思想家正确认识到这些非凡人物的成就。所有人都会同意这一点：如果没有他们，哲学和自然科学就不可能发展。但是，前苏格拉底学者为自然科学所作贡献的独特性和重要性是什么？自然知识和自然神话有什么不同？对于这两个问题，却没有找到唯一而令人满意的答案。资料详细记载说：泰勒斯（Thales）、阿那克西曼德（Anaximander）和阿那克西美尼（Anaximenes）力图把天地中千变万化的现象追溯到少数原理（理想的情形是追溯到一个原理）。所选的原理是唯物论原理。赫拉克利特（Heraclitus）的原理是不断运动，从而用如下思想（这种思想对近代物理学和自然哲学极为重要）丰富了前苏格拉底学者的知识宝库：世界不是由稳定事物构成，因为一种稳定的事物受到外部作用，[198] 就会慢慢衰败（或变化）为另一种事物；而是世界由过程构成。这些过程能在某些空间区域保持其平衡，从而造成稳定事物的现象。毕达哥拉斯学派（Pythagoreans）承认数学对沉思自然具有最为重要的作用。德谟克利特（Democritus）发展了原子论的原始形式，阿里斯塔克斯（Aristarchus）提出了哥白尼世界图像的原始形式。古希腊人提出令人惊异的大胆的宇宙假设，研究

212

天体运动，并用普遍原理来说明天体运动。在各个领域，前苏格拉底哲学家都给我们留下了极为丰富的思想。即使仅仅对这些思想进行勉强的了解，在这里也是不可能的。新事物被不断发现、分析、批判、修正和拒绝。我们回顾约 300 年的这段历史时期，会惊讶地发现：在此期间，当代自然科学（天文学、物理学和生物学）的几乎所有基本思想都得到萌芽，并被非常清楚简单地表达出来。

然而，现在要问最关键的问题：在所有那些新事物中，要发现什么？进步是什么？如果一方是前古希腊（pre-Greek）文明和当代神话特有的神话世界图像，另一方是爱奥尼亚人（Ionians）的新思想，那么，在双方之间存在什么差别？

不能否认神话文化的发明财富。正如占星术和数字魔术所表明的那样，神话文化常常崇拜数学。唯物论没有乍看上去那样进步：当人从神话中消失，并被抽象原理所取代（正如在亚里士多德哲学中所做的那样）时，神话仍然是神话。确实，众所周知，唯物论正像任何宗教一样教条和不科学。如果前苏格拉底学者真正取得进步，如果这种进步使他们成为理论天文学和理论物理学的创立者和最早的受训者（那可以与他们的思想内容无关），那么，进步必定与这些思想在他们的思维中所起作用颇为相关，而且，这种作用根本不同于自然神话、独断哲学或僵化宗教在人类思维中所起的作用。

三个差别

在理解自然知识方面，神话与非神话之间最重要的差别有三个：第一个是态度的差别，第二个是为假设辩护方式的差别，第三个是两种思想构造的逻辑结构差别。

态度

神话被认为是正确的，没有任何其他问题。关于其真理性，不存在疑问。问题不在于发现神话的适用限度或弱点，而在于要正确地认识神话和运用神话。如果出现困难，那么，[199]要把它们归咎于缺乏认识、错误运用或自以为是，绝不能把它们当作神话自身弱点的标志。这是绝对恰当的。

显然，一种这样的态度（完全服从于一种思想体系）是罕见的。时时处处总有怀疑者。我们的科学有时仍然（或者，直到最近为止）与神话构造相同，正如 18 世纪晚期、19 世纪早期甚至直到 20 世纪早期的物理学和哲学，把牛顿天体力学当作不可改变的根本真理。困难不是被看作理论自身的困难，而是被看作理论应用于粗糙实验的困难。现在，许多物理学家相信：在微观物理学问题中，互补性是定论，是绝对的定论。批判者受到傲慢而怜悯的对待，类似于某些宗教的拥护者对待非信仰者那样。物理学总是根据理性行事，这绝对不是真的。然而，除物理学外，深蕴心理学（depth psychology）也是说明下面论点的绝好例证：所谓的科学进步并未必一定使我们远远超越我们最原始的祖先。神话的内容已经发生变化，但是，其独断论和追随者的轻信仍然与我们同在。

正如波普尔最合理论证的那样，前苏格拉底学者（尤其是爱奥尼亚自然哲学家）对待他们自己理论的态度完全不同于神话创作者的态度。这些思想家是理性主义者。他们生活在通过贸易和商业发展壮大的相对新的城市；他们有意改善这些城市的构成和生活条件；他们是实践者，是思想家和政治家，深知一切人类制度的缺陷，但对改善的可能性抱乐观态度。在他们看来，一种理论（一种世界图像）就像任何其他人类产物一样，受到错误困扰，需要得到改善，而且能够得到改善。因此，最重要的任务是发现这些错误。恰当的态度是批判态度：理论（世界图像）是有缺陷的人类力图认识世界的尝试，因而必须受到无情批判。批判可以对准世界图像的形式，可以指责其缺乏简单性，或指责其不能为有疑问的现象提供令人满意的说明。但是，批判也能够借助于事实。如果正确运用批判，那么，世界图像就不会长期保持不变，不是围绕一个古老神话（或现代神话）保持理智沉默，而是会迅速进步，出现越来越好的理论。

214

辩护

"你如何知道那个？" "有什么理由相信你的信念？" "你如何为你的假

设辩护？"我们经常（而且完全合理地）对一种神话或独断的哲学体系提出这些问题。我们不想被某种花招欺骗。如果没有批判，那么我们至少应当有理由接受一种理论而不是另一种理论。诉诸某种权威、神的决定、聪明人所言来回应消除疑虑的要求——必须无条件接受这种权威。重要的是，要注意到，这种权威不必是一个人。思想的哲学基础（例如，笛卡尔提出的"清晰明确的思想"，或者经验论者的经验）具有类似的权威功能：人们依赖它们，但是，对它们的言语从未有过怀疑，或者，仅仅有少许怀疑。

相反，爱奥尼亚自然哲学家提出的那种理性理论（即像相对论那样的一种理论）不能得到辩护。它们源于人脑，作出关于世界作为整体的陈述，或者，至少作出关于具有给定性质的一切事物的陈述。它们远远超越单个个体。当然，我们可以借助于权威来克服人类知识的有限性和限制。但是，理性主义者并没有把一个权威的陈述当作未受检析的陈述。权威的话语——例如，"经验教训"（lesson of experience）——必须受到批判检析，可能经受住批判存活下来，成为构建其他知识的坚实基础。这种态度赋予思想和宇宙论思辨很大的自由。人们没有担心，没有不断地问这些问题——"我如何为那个辩护？""我为这个假说提供的理由足够充分吗？"——而是，首先提出一种理论，然后从中寻找必须被拒绝的东西。爱因斯坦出色地表明了这种批判理性主义的态度，他把理论刻画为人类精神的自由创造。也许，显而易见的是：不是所有物理学家都享有爱因斯坦的态度；一些人求助于女神"体验"，正如萨满教僧或神医求助于其部落神的启示，二者的信仰完全相同。但是，更详细的论述留待后面的部分。

逻辑结构

215

前面我说过，无条件相信神话。这似乎在暗示：接受神话的所有人都将受假象支配，而为了看清世界的真实面目，只需要唤醒他们。这种想当然的想法忽视了如下事实：一种神话为无条件的信仰态度辩护，不是仅仅因为诉诸权威，而且还因它为几乎周边一切事物提供说明。没有任何事件能反驳一种理想的神话。不管发生什么，总可能发现一种说明来解释该事件如何符合这种神话的基本假设。我们能把神话的这种特征表述为：它们是绝对真理。

神话信仰者已经知道自己拥有一种万能的工具（稍加变通），而且总是把这种特征视作一种独断体系的胜利。这种体系不是幼稚或僵化那么简单。无论如何，[201]它不是仅仅建立在自己的格言上。它在每种具体情形下都设法证明：表面困难源自无条件假定的基本原理。它由此吹嘘一种无所不知，而这种无所不知给各个时代的聪明人留下深刻印象，从而使他们远离理性批判研究。甚至在某些物理学领域，人们也要试图发现一种理论，或者至少找到一些非常普遍的假设，作为在危机时期要坚持的界标。现在，很容易证明这种探寻不值得为之付出努力，不值得为实现它不断付出努力。首先，因为确定性仍然纯粹是与人有关的：通过描述经验达到确定性，而经验与确定性矛盾，以致使得与原理冲突变成纯粹的文字游戏。其次，一种绝对确定的理论是空的：世界上发生的一切都是真实的。因此，这种理论不能区分实际发生的和想象虚构的。

科学方法的发明

爱奥尼亚自然哲学家直觉知道关于认识自然的事实。因此，他们拒绝保护他们的理论免于受到批判，而是这样来发展它们：给予批判和自然最佳可能的机会来显示可能的错误。从这种观点看，必须把他们看作是科学方法的发明者。理论（世界图像）不是不可改变的绝对真理，而是思想探索，是不完美的人类理解周围世界的尝试。世界图像具有真理内核的期望不能得到辩护。不存在这种权威，传播它们就能取代我们缺乏知识。经验最终也只是一种人类事件，其本身要受制于错误和批判。发展理论，必须使其易于接受公开批判，必须使其受到无情批判。确定性——"确定的结果"（sure results）——既不是可以实现的，也不是想要的。证明一种结果是"可靠的"（secure），同时，也证明它不是客观相关的。甚至很长时间以来，接受并不是真理的标志；因偏见或缺乏多方面的批判，而可能忽视一种明显的弱点。本质上，这就是科学方法。当然，还有许多细节待补

216

充。但是，就如下论点来说，这些细节并不重要：物理学、宇宙学和天文学要求批判思维（即思辨，思辨受批判支配）适用于自然。这种方法的发明者是爱奥尼亚人。在 20 世纪，爱因斯坦和波普尔极为清晰地描述了其特征。

这种论点和关于其历史的评论是我的论述的目的。但是，问题绝不是如此简单。情况并非如此，一旦爱奥尼亚人用批判方式思考（神话思维），就一劳永逸地消除了对于确定性、辩护和最终永久结果的要求。[202] 自从柏拉图以来，哲学（只提一个学科）就已经使得以理性形式（即用更加了不起的明智）来重新引入神话思维成为其任务。然而，在物理学中，自从所谓 16 世纪和 17 世纪的"科学革命"（scientific revolution）以来，情况变得异常复杂。人们所说的和所做的完全不同，试图根据所说来解释事实，而没有强力和曲解，就不会变成现实。更具体地来说明一下：正像爱奥尼亚人一样，今人也发明了其没有为之辩护的大胆理论，而给这些理论赋予独断确定性是绝对不适当的。但是，他们把这些理论呈现为好像是源自权威。他们是发明者，是坏了良心的天才。而这种坏良心来自如下事实：知识的神话学形式，以及追寻确定性、可靠基础和权威，仍然被认为是值得追求的知识理想。

让我们来看看牛顿的例子。他把他发现万有引力定律呈现为好像直接来自观察事实（即来自开普勒定律）。许多思想家（其中包括玻恩）由此得出结论认为：引力理论并没有太多新的东西，实际上，它只是观察事实的简略描述。这绝对是错误的。事实上，细致的分析表明：牛顿理论与开普勒定律相矛盾，因而前者不能把后者当作基础。因此，在牛顿的时代，把牛顿理论看作一种思辨体系；牛顿理论批判所谓的事实，因而没有"牢固的事实基础"（solid foundation）。牛顿理论与泰勒斯的思想（万物由水构成，或者至少是源于一种物质）完全属于同一种理论。泰勒斯的这种思想直接受到毫无偏见的观察反驳。所以，我们可以认为理论不同于神话，但把它展现为神话。运用错误的数学推导，物理学家试图把理论与牢固的经验基础联系起来，从而为它辩护。"该辩护是成功的"这一信念导致形成一种非常独断的态度：这种态度把科学性与牛顿主义等同起来，而且使得爱因斯坦得到认可变得异常困难，因为他自己具有完全不同的思想。我们能普遍概括地说，从 1700 年到大约 1920 年，绝大多数物理学家发现他们自己陷入一种人格分裂的状态之中：他们做着一种事情，却设法使众人和自己都相信他们正在做着完全不同的另一种事情。他们追随爱奥尼亚人的足迹，他们思辨，即使有时有点害怕，但常常不顾偏见，甚至常常不顾经验。他们试图给人留下这样的印象：从可靠的事实开始，他们慢慢构建一种只能（而且仅仅应当）是现代神话的牢固思想体系。

现状

20 世纪标志着物理学中的这种人格分裂状态的终结。[203] 与相对论和量子理论密切相关的革命性发现揭示了 19 世纪物理学家的自命不凡：他们构建大厦，基础牢固，一砖一瓦，逐步增建。这些发现证明那些所谓的基础不仅不牢固，而且甚至根本不存在。面对这种情形，两种可能的主张亮相了。

第一种主张在于果断承认：物理学根本没有基础，我们不应当探寻基础。爱因斯坦的主张有时就是如此。第二种主张在于力图避免任何远离经验的有意或无意的尝试。当代大多数物理学家的立场都是如此。第一种主张认可构建理论的"经典"（classical）实践，但拒绝其激进的经验论哲学。第二种主张接受这种哲学，但拒绝自然知识的思辨构建方法。让我们不要对如下事实感到困惑：当今，许多事物不断变动；形式体系容易得到发展，同样也容易被拒绝。确实，形式体系明确免于任何解释。它们对世界没有任何言说；它们是预测一些事件的唯一方式，因为经验决定这些事件的性质。正如我们前面所述，这种决定非常容易：无论哪儿出现困难，只要我们决意要搪塞过去，只要我们愿意通过形式使一种理论如此复杂化，使得它能通过添加变量容纳任何问题，那么，我们就能长期确信几乎没必要进行任何修正。因此，下面的这种说法并不过分：今天，我们在物理学中发现重复着一种分歧（这种分歧促使爱奥尼亚自然哲学的兴

218

起）——存在于神话思维方式（在得到确定结果后，神话思维方式被抛弃）和批判理性主义（它要求思辨，并能接受没有最终的确定结果）之间的那种分歧。

这种状况要求一个明确的决定。我们应当支持爱因斯坦的传统吗？我们应当大胆提出理论（完整的理论，不仅有其形式体系，而且还包含关于其内容的解释），并运用批判来修正它们，而不使自然知识的任何成分免于批判吗？或者，如果一种思想体系许诺可靠性，但只不过是新的宏大神话，那么，我们应当参与逐步构建这种思想体系吗？这是一个基本的决定，今天，物理学家必须作出这个决定。作出这个决定是非常需要的，这就表明，物理学远没有成为大大超越当前争论的一种客观知识体系，相反，物理学就陷于这些争论之中。物理学与意识形态密切相连。虽然出现一种新神话（充满大量公式）是一件令人烦恼的事情，但是，我们知道能否战胜它取决于我们，从而仍然能够获得安慰，因为物理学（正如知识的每个组成部分一样）不是从外部强加给我们的东西，而完全是我们自己的精神创造。

⑪
辩证唯物论和量子理论（1966）

[414] 如果在一个社会中，其基本原理没有得到普遍认可，那么，讨论（或者，甚至只是描述）其中的程序和事件就总是棘手的事情。所述主题的困难及进一步发展该主题的那些人所犯的极为自然的错误，常常被归因于不受喜爱的意识形态，并被认为是其弱点和不足的明显证据。研究辩证唯物论的历史发展，尝试评价这种哲学的影响，都始终免不了这种结果；此外，还遭受其作者对科学问题无知之苦，因而遭受其相当原始的科学哲学之害。今天，在这个领域内，像列宁（Lenin）了解他所在时代的科学一样了解当代科学的作者并不多见，没有人能拥有那位令人惊叹的作者的哲学直觉。[1] 威特（Wetter）的书充满了有趣信息，是很好的起点。[1] 但是，它完全失败了，因为威特关于科学和意识形态之间如何相互影响的思想相当原始。布辛斯基（Bocheński）也同样如此。间或，作者承认其缺点，正如卢卡奇（Lukacs）在《理性的毁灭》（*Zerstörung der Vernunft*）的序中所写的那样。因此，唯一强调的是，需要一种把科学考虑进去的描述。格雷 **220** 厄姆（Graham）先生描述了科学史中的重要事件，有趣、知识丰富、通俗易懂，因而在很大程度上满足了这种需要。[2] 然而，一种纯粹描述（诸如他的描述）并不能满足需要。[2] 可以把它看作是又一个例证，来证明科学家

---

1. 在这里，我主要考虑黑格尔（Hegel）的《逻辑学》（*Logik*）和《哲学史》（*Geschichte der Philosophie*）。《唯物论和经验批判主义》（*Materialism and Empiriocriticism*）的情况不同。

{1} Gustav A. Wetter（威特），*Der dialektische Materialismus：seine Geschichte und sein System in der Sowjetunion*（《辩证唯物论：其在苏联的发展历史和体系》），Vienna：Herder（维也纳：赫德），1952。英文版由希思（Peter Heath）翻译，*Dialectical Materialism：A Historical and Systematic Survey of Philosophy in the Soviet Union*（《辩证唯物论：苏联哲学的历史和体系研究》），London：Routledge & Kegan Paul and New York：Praeger（伦敦：劳特里奇和保罗，以及，纽约：普雷格），1958。

{2} Loren R. Graham（格雷厄姆），"Quantum Mechanics and Dialectical Materialism"（《量子力学和辩证唯物论》），*Slavic Review*（《斯拉夫评论》），25，3，1966，pp. 381–410。

2. 几乎是纯粹的描述，因为存在足够大量的暗示使人们了解作者自己的观点。

在某些国家必须忍受限制自由并卷入无关的、耗时的争论之中；而且，也可以把它看作一种间接请求，请求把纯科学事务完全留给它自己处理吧！这可能导致忽视某种微妙关系，而这种关系一方面存在于人们喜欢称之为的纯科学和意识形态之间，另一方面也存在于人们喜欢称之为的科学与政治之间。[3] 因为有人可能想说：现代科学（特别是量子理论的创立者）提出的思想太重要、意义太深远，因而不能被几个专家控制；[415] 急需更普遍的和"意识形态的"（ideological）讨论。此外，有人还可能想说：政治家也必须认真对待这些思想（因为它们具有普遍性），必须检析和批判它们。当然，党派讨论倾向于变成片面的、独断的。然而，人们不能无视如下事实：党派路线并不限于政治，而是正好出现在科学中心。[4] 然而，这些评论太笼统了！下面，我们将深入讨论细节。

根据辩证唯物论的标准来判断科学家的具体工作并非易事，因为辩证唯物论哲学至今都未发展出一种可以指导科学家进行研究的方法论。[5] 当然，人们时常听说好的科学家依照辩证原理进行研究。但是，这些辩证原理是什么？一位还没有取得伟大成就的科学家应当如何进行研究呢？这些问题正是没有明确答案。然而，即使没有系统的方法论，却还有几个组成部分，以便人们可以尝试把它们组合为一种融贯的观点。这几个组成部分是：

221 （1）强调如下事实——在自然界，不存在孤立的要素，一切都是相互联系的；（2）强调存在非连续性，表明我们的知识具有本质的限制；（3）由此进而强调知识的近似特征；（4）要求实践与理论相统一，使得既没有未反思的实践，也没有空洞的理论；（5）在我们的知识发展过程中，概念的变化（运动）。通常，把（2）、（3）和（4）统一在归纳主义的要求中，要求认真对待实验实践的结果，并对其进行概括，但要意识到所有概括的限

---

3. 尽管作者自己在文章末尾有告诫。

4. 党派路线存在于科学中心，但被隐身为"实验事实"（experimental facts）。如果正确理解"哲学必定是偏袒的"这一原理，那么，就会使它们暴露无遗，从而使它们可以受到批判。

5. 经验论也没有发展出这种标准，但是，它至少在这方面已经取得了一些进展——从牛顿法则和卡尔纳普（Carnap）及其学派的研究来看，这一点是显而易见的。当然，卡尔纳普原理是高度可疑的，但至少在这方面，我们有一些我们能够检析和批判的材料。

度。[6]（1）又强调我们的知识具有本质的不完整性，即强调绝对不能把刻画一个特定对象的所有关系考虑进去。从（5）与（4）得出如下结论：我们的知识中没有任何组成部分是免于变化的；把永恒真理建基于概念思考之上，是没有意义的。

现在，在我看来，玻尔的观点正好合乎这种方法论框架，而且，他也接受上面所列举的绝大多数原理。哥本哈根学派在 1924 年前所做的全部研究都旨在发现一种关于原子过程的新理论（实在论）。在此尝试中，人们力图找到经典物理学中仍导致形成正确预测的那些实践部分，并把它们分离出来；同时，[416]希望一种关于原子层次的融贯新解释有一天从大量实验材料（如果与经典物理学的这些保留部分相结合）中突现出来。因此，与具体物理实践的关系总是非常密切的，因为那种本质限制是经典思想框架（或者，就那方面而言，任何其他思想框架）所固有的。[7]一再强调需要更灵活地处理经典概念。在这方面，哥本哈根学派的方法与爱因斯坦的方法有决定性的差别，因为爱因斯坦更加愿意发明极端的观点，使一种孤立事实成为一种新世界观的起点。要注意的一点是，我们在这里不是谈论最后结果，而是谈论由问题和理论结果发展成理论的方式。不能否认，在 1924 年后，即在玻尔、克拉默斯和斯莱特（Slater）的理论被实验反驳之后，玻尔放弃了发现那种新的经典融贯理论的希望。此外，还必须承认的是，从 1925 年起，玻尔的观点不再影响实际的研究，而是越来越成为一种辩驳，为公认量子理论的基本特征辩驳。尽管这样，观念论的指责也没有得到辩护；（5）和（特别是）（1）仍然得到遵循；而且，（1）被扩展，使其包含人类观察者及其独特性。不像人们可能倾向于认为的那样（正如我以前倾向于认为的那样），这种扩展不只是简单重复康德，而是为如下事实的蕴意提供客观标准：在理论化中，我们受限于我们自己的（物质）

222

---

6. 对于（2）、（3）和（4），可能有一种更加"观念论的"（idealistic）阐述，而这种阐述允许实践和思想在开始时有冲突，并期望经验修正将导致进步。然而，从早期反对爱因斯坦的相对论来看，这些说法并不是非常流行。

7. 玻尔非常喜欢的例子（他一再讨论它）是，通过 2 的平方根的发现和后来数的概念的扩展来反驳最初的毕达哥拉斯学派信条。

结构。[8]我们现在知道，玻尔受到詹姆斯（William James）哲学的影响很大，这种哲学思想允许简单易懂的唯物论解释（像许多其他的观念论思想一样）。[9]因此，我们不得不得出这样的结论：那些批判玻尔是观念论者或实证论者（他自己总是断然否认的一种指责）的哲学家，并不了解他的思想和工作。既然如此，那么，他们又从哪儿得到他们的批判材料呢？

他们从人们可以称之为的二流哲学（即这样一类哲学，它们的哲学观点虽然在研究中不是有效的，但过后被用来笼统说明结果）中得到这种材料。约尔丹（Jordan）和琼斯（Jeans）夸夸其谈的演说，惊人地宣称观察者和对象之间的界线消失了，都属于此类别（海森堡虽然积极参与早期研究，并作出了重大贡献，但遗憾的是，他也属于此类别，因为他很快在他自己的研究活动和实证论之间确立一种关系，并用实证论术语来报告这种研究结果）。[10][417]这类寄生哲学根本不是一种新现象。它们通常是从前有

223 效观点的残余，而这些残余已经过了有效期，但仍然得到独断的坚持。[11]内行哲学家应当能够把它们和那些首先导致创立量子理论的思想区分开来。实际并非如此，量子理论与其寄生解释相混淆，甚至因为作者注意到的某种曲解的通俗化而有时受到批判。如果思想受到认真对待，其普遍结果受到细致检析和批判，那么这是可喜的。但是，如果不允许真正有趣的思想涌现出来，仅仅注意虔诚的马后炮，那么这是令人遗憾的。

然而，诸如方克（Fock）和布洛金采夫（Blokhintsev）的物理学家的

---

8. 请参见：Abner Shimony（史摩尼），"Role of the Observer in Quantum Theory"（《观察者在量子理论中的作用》），*American Journal of Physics*（《美国物理学杂志》），XXXI, No. 10（Oct. 1963），特别是 768 ff.；G. Ludwig（路德维希），*Die Grundlagen der Quantenmechanik*（Berlin, 1954）（《量子力学基础》）（柏林，1954），Chap. VI（第六章），特别是 p. 171。

9. Klaus Meyer–Abich（迈耶 – 艾比希），*Korrespondenz, Individualität, und Komplementarität*（Wiesbaden, 1965）（《对应、个体性和互补性》）（威斯巴登，1965）。

10. *Physical Principles of the Quantum Theory*（Chicago [1930?]）（《量子理论的物理原理》）（芝加哥，1930）。玻尔对这本书并不是感到很满意。

11. 列宁认识到：在我们思想发展的某些历史时期，观念论能够起正面作用。他写道："正是粗俗的、形而上学的和过分简化的唯物论者把哲学观念论看作仅仅是废话" ["Concerning Dialectics"（《论辩证法》），in Lenin, *Aus dem philosophischen Nachlass*（Berlin, 1949），page 288（见：列宁，《哲学笔记》，柏林，1949，第 288 页）]。然而，他并没有把这个原理应用于马赫（Mach）。可是，正是马赫通过其反对力学的无上权威而开辟了通向更辩证观点的道路。

情况却全然不同。但是，现在人们必须想一想这些问题：是否容忍哲学（更普遍地说，意识形态）干预纯科学事务？或者，把科学留给它自己处理，这是否更好呢？

　　把科学留给它自己处理吗？应当保护纯科学，从而免受意识形态干预吗？这种干预阻碍科学进步吗？更加特别的是，意识形态能够对科学发展作出积极贡献吗？对于这最后一个问题，绝大多数科学家和科学哲学家似乎要给一个否定的答案。哲学家今天对科学的敬畏如此之强，而对哲学改善我们知识状况的能力的信任如此之弱，以致哲学家现在准备做的全部事情就是，或者"分析"（analyze）科学（即用他自己的语言来描述其结果和方法），或者使科学成为哲学概括的基础。但是，所有这一切都忽视了如下事实：科学充满意识形态，尽管通常把它的意识形态承诺伪装成"明显的方法论法则"或"牢固确立的实验事实"。[12] 现在，显而易见的是，只有用一种非常大胆反对科学的哲学才能检析这类承诺。马赫提供了这样一种哲学。[13] 这种反对存在于某些东方国家，甚至政治家把这种重要性归属于哲学、人类思想，"哲学能改善我们的知识"这种乐观的信念：与在西方发生的相比，所有这一切都是非常受欢迎的景象。为了使这些特征更加有效，我们需要的全部就是进一步的制度民主化。但是，一旦承认哲学的力量，这几乎将是水到渠成的事情。

224

---

　　12. 请参见我的论文："Problems of Empiricism"（《经验论的问题》），in *Beyond the Edge of Certainty*（见《超越确定性的边缘》），ed. R. G. Colodny（科勒德尼编），（Englewood Cliffs，1965）（恩格尔伍德·克利夫斯，1965）。

　　13. 请参考他与普朗克的争论，见《两篇文章》（莱比锡，1916）[*Zwei Aufsätze*（Leipzig，1916）]。

225

⑫
论非经典逻辑在量子理论中的应用（1966）

一、本体论解释

[351]考虑量子理论的某种形式体系（如冯·诺依曼的形式体系）以及这种形式体系与经验的某种联系（如玻恩法则，它在冯·诺依曼描述中的表述形式）。如果一种理论的解释源自其形式体系与经验的联系，那么，我们把这种解释称为它的经验解释；如果一种理论的解释源自理论陈述和经验陈述的合成结构，那么，我们把这种解释称为它的预测模式。如果一位思想家仅仅看到理论在预测中的作用，那么，他只对理论的经验解释感兴趣。

但是，在科学的历史中，有许多尝试试图从理论中得到更多的东西，而不只是预测。人们不断尝试把理论理解为普遍阐释世界结构的世界图像。这要求给形式体系和经验对应法则补充其他要素。这些要素允许得到关于相对独立于观察的关系的结论，使得理论家有可能借助于经验解释过的形式表述而用相对独立于形式特性的统一方式来看世界。我把这种要素的整体称为本体论解释。

几乎全部经验论哲学家所接受的一个信条是：科学（甚至每种有用的知识）必须仅仅处理经验解释，任何超越于此的东西都不能受经验控制，必须遭到拒绝。然而，自从康德以来，普遍的世界图像（不管是否以经验为基础）就受到更大范围的哲学家的质疑。[352]我们不否认这些图像具有

226 心理作用——像酒精、咖啡或性猎奇一样，它们能激励或阻碍思想家。但是，这与所检析理论的内容无关。

在下面的评论中，我将尝试反驳这种广泛质疑的基础。此反驳利用如下证明：论证赞成或反对同一预测模式及所用例证的各种本体论解释，是可能的。该证明不是令人信服的，但是，它实际上意味着如下评论：一种

本体论解释比一杯咖啡要复杂得多。

我将举例提供三种不同的量子理论解释，即所谓的哥本哈根解释、爱因斯坦的客观统计解释和基于非经典逻辑的解释。我将尝试证明：爱因斯坦的解释比其他两种更好。

二、哥本哈根解释

隐藏在"哥本哈根解释"（Copenhagen interpretation）这一名称背后的各种思想，很难具备一种共同特征。1913 年至 1926 年，在大量讨论具体问题的基础上，这些思想得以发展；1926 年，它们第一次被系统表述；在爱因斯坦于 1935 年的重要批判之后，这些思想形成最终形式。关于这种最终形式是什么，不能达成一致意见。海森堡、约尔丹和泡利赞同一种近似于实证论的形式；魏茨扎克和（最近）海森堡补充了康德哲学的成分。亚里士多德的"潜能"概念被海森堡和玻姆激活了，而且，也被哈维曼（Havemann）在其畅销的小册子《没有教条的辩证法》（*Dialektik ohne Dogma*）中充分利用（但是，此书的哲学水平不是很高）。罗森菲尔德看到了与辩证唯物论的联系，而玻尔自己却脱离与哲学学派的联系。只能有点艰难地从文献中来提取玻尔自己的观点。既然如此，人们就必须设法建构一种一致的图像来尽可能接近于文献，但不能保证历史正确性。[1] 这种程序与玻尔的作品密切相关。

在任何这类建构中，玻尔的"现象"（phenomenon）概念必定起着非常重要的作用。现象就是实验结果，外加对引起现象的测量工具的描述。[353] 它是一种复杂的微观事件，能用日常语言来描述，或者，如果需要细节和精确度，那么，也能用经典物理学语言来描述。被称为斯特恩–革拉赫实验（Stern–Gerlach experiment）的现象还包含：描述粒子辐射波源和

227

---

1. 更细致的分析，请参见我的论文："Problems of Microphysics"（《微观物理学问题》），in *Frontiers of Science and Philosophy*（见《科学和哲学前沿》），ed. R. Colodny（科勒德尼编），Pittsburgh（匹兹堡）1962，London（伦敦）1964；"Quantum Theory, Philosophical Problems of"（《量子理论：其哲学问题》），in *Encyclopedia of Philosophy*（见《哲学百科全书》），ed. Paul Edwards（爱德华兹编）{ 前者被重印为本论文集的第 7 章；后者以前从未发表过，首次收入本论文集第 25 章 }。

其聚焦方法，显示磁体和场力强度，以及显示粒子撞击感光片的最终分布（这里，一个粒子通过磁体后的坐标是其旋转的经典标志）。现在，量子理论的任务被认为是仅仅在这种意义上的现象的相互关联（即某些经典事件的相互关联），此外，别无他事。这意味着我们一定要小心，别把熟悉的计算特征（如波函数现象）解释为真实的客观过程的征兆（存在客观真实的波）。例如，在分析斯特恩-革拉赫实验时，有人把波函数指派给入射粒子流，然后产生它们的旋转本征函数。这导致本征函数与相互作用粒子的位置坐标的关联相分离，最后（当粒子撞击感光片时）使得这种定域扇形展开的波函数收缩为波包。例如，关于感光底片上的宏观可确定位置，这种形式体系（能够如此想象它）做出正确的预测。然而，如果假定这种图解表示模式描绘了发生在波源和底片之间的真实过程，那么，根据哥本哈根解释，这种假设将导致出现困难，必须被放弃。这里不是详述这些困难的地方，只要表明下面一点就够了：矛盾与在量子理论中仍然有效的定律（例如，能量守恒定律、动量守恒定律和干涉定律）一起出现。这些是回答如下问题的物理学理由：为什么此形式体系仅仅承担产生现象间相互关联的任务呢？显然，这些物理学理由完全符合预测模式的哲学倾向。这有时产生如下错误印象：量子理论只是某种哲学的后代，除这种遗传联系外，再没有别的理由来提出哥本哈根解释。因此，从本体论观点来看，微观对象不外是宏观情形的集合，仅仅是明显的附属建构，从而使我们处理形式体系变得更加容易。互补性原理近似提供了那些集合的要素出现的条件。

三、爱因斯坦的解释

[354]爱因斯坦对量子理论的解释允许在具有不同普遍性程度的假设之间存在差异。我在这里仅仅探讨最普遍的假设（存在隐参量的假设）。爱因斯坦间或思考的具体决定论模式没有受到这些论证影响，因而没有为它们辩护。

根据爱因斯坦，存在可以用所谓隐参量（即量子理论未考虑的量，它们可能不遵循量子力学定律）描述的事件。依照这种解释，通常的理论是不完整的，必须用个体过程的动力学来扩展。在这方面，它类似于统计力学。统计力学的量给出平均值，需要其他量（即隐参量）来完整地描述个体过程。然而，纵然在这方面已经做了各种非常令人感兴趣的尝试，却既没有准确认识这些量之间的相互联系，也没有准确认识它们与量子理论的量之间的联系。下面的论证没有过多处理现有理论，而是探讨这样的问题：如果发展隐参量理论，那么，这在科学上是卓有成效的吗？这将促进科学进步吗？

哥本哈根解释的倡导者用否定来回答上述问题，非常简单明了。他们这样来论述：在能"原则上"回答每个问题（其答案都能由实验来决定）的意义上，量子理论是一种完整的理论。"原则上"，即或者利用希尔伯特空间（Hilbert space）的厄米算符（Hermitian operator）的基本形式体系，或者利用新变量（它们补充此形式体系，而没有消除其固有的不确定性）。但是，隐变量要么将重复该理论所言说的，仅仅意味着一种无用的形式清理；要么将做出与该理论相矛盾的预测，由此产生高度确证该理论的经验。因此，在这两种情形中，它们都不是科学上卓有成效的。

这种流行的论证，有时用详细证明隐变量思想和通常理论之间的矛盾（或所谓的矛盾）来扩展，但不能保证有效。首先，这里"完整"（complete）仅仅意味着关于现象预测（在玻尔的意义上）的完整。但是，我们无法保证现象穷尽了世界中的一切事实。其次，一个理论没有因为它与另外一个理论相矛盾而受到反驳，即使这另外一个理论在经验上得到高度确证。总是仅有有限数量的观察，[355]甚至，这些有限的观察也仅在有限模糊范围内是确定的。理论远远超出这种有限信息。因此，完全可能的是，诸如存在隐变量之类的假设，尽管与高度确证的理论（如量子理论）相矛盾，但仍然是经验上不可反对的。但是，这里有一种实践上的反对理由：如果我们已经实现了科学的唯一目标（与事实相符合的有效理论），可是还要苦思冥想虚幻的可能性，这难道不是纯粹浪费时间吗？难道，我们不应当把我们的一切精力集中于此理论，改善它，把它扩展到新的领域，研究它的哲学意义吗？生气勃勃地、乐此不疲地不断发明新而又新的思想，这难道

229

没有阻碍这种希冀的精力集中吗？

无疑，一种能够产生结果的理论必定占据兴趣的中心，必须接受不断的检验，来检验其正确性。理论要以事实为基础，但其表达的却要多于事实。因此，发现新事实能够反驳理论。事实上，人们不能避免（根据新思想）寻求最终与受检验理论相冲突的决定性事实。[2] 这些思想的数量越大，理论的经验内容就越丰富。因此，运用与当代量子理论相矛盾的思想，在经验方法中具有非常重要的意义。我们由此证明：与哥本哈根解释相比，爱因斯坦解释具有优越性，因为前者拒绝建构替代者，而后者却鼓励建构替代者。

四、莱辛巴赫的解释

现在，我们开始检析这样的一些解释：它们假定量子理论证明了经典二值逻辑的不足；因此，为了达到事实与理论更加一致，它们修改逻辑。我没有打算要明确证明这类解释是不可能的。但是，我相信将要讨论的案例会导致得出不受欢迎的结论，而这些结论明确表明这类解释比不上刚刚讨论的解释。我将首先讨论更简单的（但是形式上仍然不能令人满意的）莱辛巴赫（Reichenbach）解释，接着讨论发展得好得多的米特尔施泰特（Mittelstaedt）解释。

莱辛巴赫解释的巨大损害，能够用普特南（Putnam）教授（莱辛巴赫的学生）几年前的建议得到最好说明。[3] 普特南评论道：[356] 量子理论（这里，他意指基础量子理论）与定域性原理不相容。他想保留定域性原理，因而建议应当修改逻辑，以便消除矛盾。让我们暂且假定能够进行这种修改，而且不会对其他领域造成致命影响。在这种假设的前提下，我们来思考结果。

定域性原理得到高度确证。在刚才所述矛盾的基础上，它的确证例证

---

2. 关于细节，请参见我的论文："A Note on the Problem of Induction"（《关于归纳问题的评注》），*Journal of Philosophy*（《哲学杂志》），Vol. LXI（1964），pp. 349ff.

3. "Three–Valued Logic"（《三值逻辑》），*Philosoph. Studies*（《哲学研究》），Vol. VIII（1957）pp. 73ff. 请参见我的批判：*Philosoph. Studies*（《哲学研究》），Vol. IX（1958），pp. 49ff.

（间接）反驳了量子理论的例证（反之亦然，在那个矛盾的基础上，量子理论的确证例证也间接反驳了定域性原理的例证）。普特南的做法排除了这些例证，因而缩减了量子理论和定域性原理的经验内容。这种做法与如下基本原理相矛盾：具有更多经验内容的理论优于具有更少经验内容的理论。因此，它遭到拒绝。

现在，让我们假定理论的经验内容仅仅依赖于其直接反驳的例证。此外，两个非常基本的原理之间的矛盾总是要求判决性实验来直接排除一个原理（或另一个原理），从而促使科学家做得更好。在普特南所讨论的案例中，其论证方式就是如此。人们发展相对论理论（例如，狄拉克的电子相对论理论以及各种相对论场论），并据此进行预测（如存在正电子）；然后，利用确证正电子存在来反驳非相对论理论，并增加它们的经验内容。普特南的方法消解了这种程序的吸引力。如果广泛应用它，那么，这将导致科学停滞。现在，极为可能的是，把基本发现限制于一个狭窄的领域，放弃科学的其他领域。例如，有可能发生的是，引进光速不变假设，而在力学方程变换中没有预先假定相对应的变化。但是，这减弱了我们的知识的可证伪性，从而缩减了其经验内容，摧毁了向新的更普遍理论发展的动力。普特南的方法阻碍了科学进步。

231

对于莱辛巴赫更复杂的研究，也必须同样这样说。[4] 莱辛巴赫注意到：在量子理论中，存在所谓的反常，从而使得量子理论与经典物理学区分开来。有时，他的描绘给人留下这样的印象：[357] 反常是罕见的（以前被忽视的）物理过程。为了更细致地检析此案例，让我们考虑一束光波射向一个光电倍增管。我们降低光强，以致在一个宏观时间段，只有一个光子到达光电倍增管。光电倍增管有反应。光波会发生什么现象呢？让我们假定它仍然未受到干扰。于是，为了满足守恒定律，我们必须要求它不再携带任何能量。让我们假定光波收缩成一个点：这是不能用波动方程来描述的

4. *Philosophic Foundations of Quantum Mechanics*（《量子力学的哲学基础》），University of California Press（加州大学出版社），1946{费耶阿本德关于此书的评论重印为本论文集第 23 章}。关于细节和其他文献，还请参见在脚注 3 中提到的我的批判。

事件，也是不能用任何方式来详细追踪的事件。没有能量的波，不可及，突然收缩——这些就是莱辛巴赫称之为反常过程的例证。

更进一步的一个反常，是微观粒子在干涉过程中的奇异行为。与任何能量消耗完全无关的力场似乎迫使粒子进入适当的轨道。这些例证说明：反常只是奇异描述的过程，这些过程反驳关于微观粒子的某些思想。例如，光电效应反驳了这样的假设：光是一种物质波动现象。没有能量的幽灵波的引入（或在波动条件中引入不可观察的变化）是通过用奇异方式进行描述来掩盖这种状况（有人能把白乌鸦称为生病的黑乌鸦，并进而讨论"所有乌鸦都是黑的"这一定律的反常）。与之相似，干涉的出现反驳了"光仅仅由粒子构成"的假设，但这再次又通过说没有能量的相互作用而被掩盖了。总而言之，关于反常的描述完全是人为的特设性假说，这必定掩饰了对某些假设（光由粒子构成，光由波构成）的反驳。从这种观点看，反常不是特殊的问题。如果消除特设性假说，认真对待反驳，设法建构一种比简单的粒子理论（或波动理论）更成功的理论，那么，这些反常就消失了。

232   莱辛巴赫选择了另一种方式。他保留特设性假说，并使它们的真值成为"不确定的"（indefinite），以便缓解其困境。因此，缩减了经典思想（它们的错误隐藏在这些假说后面）的经验内容，但没有用更好的思想来取代这些思想。缩减经验内容本身的目的在于保留经典思想，[358]尽管可能出现困难。除所有这一切外，莱辛巴赫的方法还具有纯逻辑的困难。因此，它遭到拒斥。

五、米特尔施泰特

米特尔施泰特（Peter Mittelstaedt）是慕尼黑普朗克物理学和天体物理学研究所（Max Planck Institute for physics and astrophysics in Munich）的科学家。他提出经典逻辑的另外一种变化，而这种变化循着冯·诺依曼和伯克霍夫（Birkhoff）所遵循的思路，清晰明确，引人注目。[5]因此，简略

---

5. *Philosophische Probleme der Modernen Physik*（《现代物理学的哲学问题》），Mannheim（曼海姆），1963。

地援引和批判他的结果是可能的。

在干涉实验中，我们探讨了粒子穿过狭缝 S 和 S' 后的结果。让 A 代表这样的陈述：某一粒子出现在感光片的某一位置。让 B 代表这样的陈述：上述粒子穿过狭缝 S。于是，"上述粒子已经穿过狭缝 S'" 这一陈述就是 B 的否定 $\overline{B}$。从概率演算的基本陈述中得出下式：

$$P（A）=P（AB）+P（A\overline{B}） \tag{1}$$

然而，由于干涉，实际的公式如下：

$$P（A）=P（AB）+P（A\overline{B}）+I \tag{2}$$

在（2）式中，I 是干涉项。米特尔施泰特主张陈述 A、B 等不再形成布尔格（Boolean lattice），从而来说明（1）和（2）之间存在的矛盾。在这个特例中，下列方程

$$AB \vee A\overline{B}= A \tag{3}$$

不再有效。现在，唯一有效的是

$$AB \vee A\overline{B} \to A \tag{4}$$

而不是

233

$$A \to AB \vee A\overline{B} \tag{5}$$

现在，显而易见的是，通过建构（1）和（2），我们已经接受了一种关于粒子的描述。只有我们讲到粒子时，B 和 $\overline{B}$ 才有意义。干涉实验的结

果是（2），这与常见的粒子图像矛盾。因此，干涉实验属于粒子图像的经验内容。通过去除（5）仅保留（4）而带来的逻辑变化（我们非常清楚地看到逻辑变化如何与弱化对理论的可能批判密切相关：以前有效的结论现在被删除了），从粒子图像的经验内容中去除了干涉实验；而且，缩减了这种图像的经验内容，却没有在别的任何地方得到补偿；于是遭到拒斥，因为它与经验方法相冲突。

六、总结

[359]已经检析了量子理论的三种本体论解释。这些检析表明：某些改变逻辑的方式缩减了我们的知识的经验内容，却没有带来其他优势（当然，除了保留珍爱的旧思想这种"优势"外）；因此，它们应当遭到拒斥。此外，这些检析还表明：爱因斯坦解释的具体实施将增加我们的知识的经验内容，因此，在爱因斯坦解释和哥本哈根解释之间，要更加支持前者。双方的结论证明：关于本体论解释或"形而上学"解释（可以这样来称呼它们），我们能够进行争论；因此，不能把这些解释降级到心理学领域。

⑬ 234

论第二类永动机的可能性（1966）

一

[409] 在其迄今论述物质运动理论的经典论文之一中，冯·司默鲁霍维斯基（von Smoluchowski）承认说："无疑，第二定律常见的克劳修斯（Clausius）和汤姆逊（Thomson）表述形式需要修改。"然而，他用通俗易懂的术语否认涨落可以形成"永久财源"（a perpetual source of income）。他的论点是：单向阀、盖子以及由此为把涨落转变为这种"永久财源"而设计的一切奇妙的机械装置本身就要受涨落支配。"这些机械装置在正常的环境中运转，因为它们必须保持在与最小势能相对应的平衡状态。然而，就分子涨落来说，除最小能量状态以外，还可能有其他状态；而且，它们依照总功的数量来分布。单向阀有它自己的涨落趋向；要么弹簧是如此强固，以致它根本无法张开；要么弹簧是如此脆弱，以致它一直在涨落，注定不起作用。因此，永动机看起来是有可能产生的，只要有人能建造一种极为不同的阀门，没有涨落趋向。但是，实现这种可能性，我们今天没有看到一点希望。"（4，p. 248；费耶阿本德译）

司默鲁霍维斯基补充说：如果一位人类观察者像超神（deus ex machina）一样，"总是知道确切的自然状态，能够在任意时刻开启或终止宏观过程，而不必耗费任何功"，那么，他或许能够确定存在于微观现象和宏观现象之间的相互关联，[410] 而对于永久而系统地违背第二定律来说，这种关联是必不可少的。（4，p. 3961）

二

235

众所周知，上述评论如何通过西拉特（Szilard）、布瑞洛因（Leon Brillouin）和其他人的研究而导致形成对热力学性质极为主观主义的阐释。下面，可以简单概述一下这些步骤。（1）西拉特尝试证明：获得确定所需关联必需信息的过程，伴随着熵的增加，而这种熵增正好等价于使用这种信息而产生的熵减。关于这种等价的普遍证明不是由西拉特给出的，他把自己限制于分析相当复杂的特例。（2）普遍"证明"（proof）只是很久以后才出现的。它以一种信息定义为基础：这种定义正好把产生补偿所需的值归属于信息。把这种程序看作是所要求的普遍证明，这几乎是不可能的。下面的观点也没有基于测量过程的物理分析而得到证明：测量过程将总是引起保证第二定律有效的熵变化。恰恰相反，此定律的有效性是理所当然的，并被用来定义与获得信息相关的熵变化。（3）这种循环定义本身在主观主义的意义上被误解了。最开始，如下"信息"（information）——粒子 P 位于更大体积中的一个组成部分 V'——意味着把 P 物理限制在 V' 内。去除墙 W 后的"信息损失"（Loss of information）意味着这种物理限制不再存在，已经产生新的运动可能性。现在，"信息"表明关于粒子是什么的知识，而不是表明粒子具有什么位置可能性。在最初的描述中，系统的熵可能增加，尽管我们关于其组成部分的知识保持不变（P 在更大体积内运动，但是，我们仍然知道它在何处）。在新近的描述中，这种知识阻碍了熵的增加。思考由混合这两种描述而形成的一些含糊言辞是非常有趣的。布瑞洛因写道："熵度量关于系统实际结构的信息缺乏程度。这种信息缺乏导致产生各种不同微观结构（我们……不能对其进行相互区别）的可能性。"（1，p. 160）[411] 这意味着存在我们不能对其进行相互区别的系统状态（第二种描述）。因此，系统能均等地处于这些状态（第一种描述）。因为我们缺乏知识，所以轻易就去除了世界上的一切物理障碍！（因此，根本不是真正缺乏知识。）

236

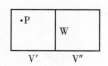

三

如果继续这种批判，那么，更多的就是在娱乐，而不是在启迪说明。

更加富有成效的策略似乎在于指出：无法给出西拉特最初设想的普遍证明，因此，其循环替代是没有意义的。有可能把涨落与装置以如此方式相互关联起来，以致获得"永久财源"。当然，我们将必须假定无摩擦的装置。冯·司默鲁霍维斯基和西拉特使用它们，因此，我们在这里也可以使用它们。我将引入的地狱机（Höllenmaschine）是对皮尔斯（J. R. Pierce）机器的一种改装。他使用这种机器是为了确立完全相反的主张，即"在传递使机器运转的充足信息的过程中，我们用光了机器的全部输出。"（2, pp. 200–201）圆筒形容器 Z 内含活塞 P（其中心片 O 能被去除）和单个分子 M。活塞 P 由细线 S 保持平衡，而 S 经过两个转轮 L 和 M，连接到秤盘 C 和 D。在每个秤盘的上面，一根小棒（分别是 A 和 B）悬挂在两个叉钩上（请观察 Z 下面的顶视图）。整个装置保持在温度 T。我们开动地狱机，打开 O，并使 M 在整个 Z 的空间内自由运动。然后，我们关闭 O。现在，如果 M 在 O 的左边，那么，它将向右边挤压，拉升 C，从而拉升 A 离开叉钩，使其上升到更高的高度。如果 M 是在 O 的右边，那么，D 和 B 将会发生同样的现象。此过程能够无限重复下去，而没有因观察 M 出现熵损失。在这里，我们得到一种冯·司默鲁霍维斯基认为是不可能的"永久财源"。他的论证的缺陷是什么呢？

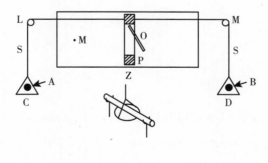

四

237

为达此目的，请考虑一个单向阀 V：[412] 其向上运动与一种类似于第一节提到的机械装置相连。根据冯·司默鲁霍维斯基，这种装置不能起作用，因为它必定要在 1 和 2 之间涨落，还因为 2 和该装置之间的相互关联预先假定了只有超神才可获取的知识。正是此特例的这种特征（V 在 1 和 2 之间随机运动）导致知识侵扰进入物理学，开启了主观主义倾向。但是，如果能把 V 固定在 A，那么，还能阻止 V 下降到 1（比如通过圆环 AB）。当然，V 仍将在 0 和 2 之间来回涨落。但是，V 以如此方式涨落，不是因为它"本身的倾向"（own tendency，像冯·司默鲁霍维斯基似乎相信的那样），[1] 而是因为快速运动粒子的影响。[2] V 将以这种方式运动，因为它接收沿优先方向行进的粒子的运动，因为它起"永久财源"的作用。

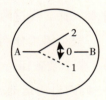

五

总而言之，企图拯救第二定律免于系统偏差，除了循环定义和基于模糊使用"信息"这个术语外，它也是考虑不周的，因为这种偏差原则上是可能的。[3]

238　**参考文献**

［1］Brillouin，Leon（布瑞洛因）. *Science and Information Theory*（《科学和信息理论》）. New York：Academic Press（纽约：学术出版社），1956.

［2］Pierce，John R（皮尔斯）. *Symbols，Signals and Noise*（《符号、信号和噪

1.［4］，p. 395。请参见第一节中的引文。

2. 请参考司默鲁霍维斯基关于扩散情形中类似错误的阐释，参见：［4］，p. 536。

3. 要把此评注看作是波普尔论文（参考文献 3）（特别是该论文第 4 部分）的附录。

音》）. New York：Harper（纽约：哈珀出版社），1961.

　　［3］Popper，Karl R（波普尔）. "Irreversibility；or，Entropy since 1905"（《不可逆性，或自 1905 年以来的熵》），*British Journal for the Philosophy of Science*（《英国科学哲学杂志》），8：151–155（1957）.

　　［4］Smoluchowski，Maryan von（司默鲁霍维斯基）. *Oeuvres*，Vol. Ⅱ（《全集》第二卷）. Cracow（克拉科夫），1928.

239

⑭ 捍卫经典物理学（1970）

[59] 1965 年，在伦敦科学哲学国际会议上，波普尔发表了开幕演讲，其题目是《理性和探寻不变量》（"Rationality and the Search for Invariants"）。[*] 在这次演讲中，波普尔批判了"把科学限制于探寻不变量"的信条，并提出如下猜想："虽然在一切科学事业中，探寻不变量无疑是最重要的事业之一，但是，它没有构成（或决定）理性（或科学事业）的界限"（WP, p. 154）。对此，我有不同看法。我认为把自己限制于探寻不变量可能是一种优势，放松这种框架可能带来一些非常不幸的后果。更为特别的是，我想论证说：经典框架被过早抛弃了，人们应当继续使用它，充分利用它。本文将更加详细地论述波普尔在演讲中表达的观点。（引自此演讲的引文或段落用首字母 KRP 来标注。）[1]

240

一、三种人类知识观

波普尔在演讲中呈现的巴门尼德世界观区分了两个界域。一个是完美的界域，其特点是简单的、不可改变的、可逆的因果律。另一个是完全不同的界域，即我们的世界，"现象和假象的部分"（the way of appearance and illusion），在其中充满了不规则性，近似、不完美、变动、突现和偶然是永久的秩序。考虑到这"两个部分"（two ways），我们可以接受如下三

---

[*] 波普尔的这篇演讲于其去世后出版，作为第 7 篇论文被收入下面的著作：Karl R. Popper（波普尔），*The World of Parmenides：Essays on the Presocratic Enlightenment*（《巴门尼德的世界：论前苏格拉底的启蒙》），edited by Arne F. Petersen and Jørgen Mejer（彼得森和梅耶编），London–New York：Routledge（伦敦 – 纽约：劳特里奇），1998，pp. 146–250；其标题是 "Beyond the Search for Invariants"（《超越探寻不变量》）。费耶阿本德对这次演讲的引用将用 *WP* 及其相关页码来标注。

[79] 1. 拉卡托斯（Imre Lakatos）和马斯格拉夫（Alan Musgrave）讨论批判了这篇论文的早期版本。在当前的版本中，我采纳了他们的建议，非常感谢他们。美国国家科学基金会支持该研究，我对此也表示衷心感谢。

种程序中的任何一种。

（1）我们可以保留完美的世界，并通过宣称我们的世界（即我们利用我们的感官、工具和理论来探索的世界）是假象来抛弃它。这看起来是巴门尼德的观点。那些为了消除他们的理论和事实之间存在的明显不一致而利用主体（或主体无知）的物理学家，无疑也持有这种观点。[60]因为这种"巴门尼德辩解"（Parmenidean apologies）的特征是下面这样的：用纯文字的方式引入主体，把它作为另一种描述这种不一致的方法，而不是作为一种能被独立检验的关于这种不一致的说明［KRP（*WP*, pp. 147、150和各处）］。没有尝试构造能用合理方式来检析的假说，更没有尝试把这些假说用来说明如下问题：当用人眼观看时，为什么完美的、不可改变的世界应当看起来如此非常不同呢？根本没有做这种尝试，而只是简单地宣称——这种差异是观察者的缺陷。

某些形式的量子测量理论是最佳例证。假定我们想要测量一个基本粒子的位置，而且已知其具有明确确定的动量。[2]在这种情形中，与不同位置相关的粒子状态相互干扰，导致此粒子在确定位置时没有出现物理结果。我们不能因此假定此粒子（当处于这种情形中时）具有明确确定的位置，但是又无法知道此位置。然而，测量总是导致粒子出现在几乎明确确定的位置，而且，一个粒子的行为又独立于其他同源粒子的行为：不同位置状态之间的干扰消失了。不能把这种干扰效应的消失解释为此粒子和测量工具之间相互作用的结果。恰恰相反，任何相互作用如果导致形成宏观状态（指针读数）和微观状态之间的相互关联，那么，它将只是使初始状态 $\sum c_i \psi_i$（ψ_i 是被测量量的本征态，在我们这里情形中，ψ_i 就是位置）转变为 $\sum A_i \psi_i$（A_i 是测量确立的与 ψ_i 关联的那些宏观状态）。因此，干扰在理论上并没有消失，但事实上却消失了。所以，如果不补充其他要素，那么，理论并不足够充分，从而与事实一致。这个其他要素就是有名的波包收缩。

现在，正如一些物理学家构想的那样（但是，比如玻尔就不那样构

241

---

2. 现在，我们忽略由于相对论效应和平方可积性而带来的复杂性。

想），波包收缩是一种非常奇特的过程。当系统不受干扰时，波包收缩不会独自发生；它也不是没有物理结果（正如用更精确的描述来取代模糊的描述一样）。第一点暗示涉及非物理的东西。第二点暗示这种非物理东西的作用具有物理结果。于是，出现这样的宣言：观察者侵入世界。但是，这种宣言没有任何解释力。我们没有带入观察者，[61] 因为我们具有某些关于观察者的独立知识，而这些知识将帮助我们认识波包收缩。[3] 恰恰相反，关于观察者的谈论只是简略重复了刚刚提到的两点。换句话说，我们在这里正在处理特设性假说的经典例证。

波普尔自己讨论的另一个例证是热力学第二定律的信息理论形式。大致说来，其论证过程如下。有人发现了似乎违背热力学第二定律的情形。马上就有人探寻人们是否可能忽视了某些熵源。这是完全自然的过程。探问观察者是否可能有失误，这仍然是自然的。观察者是复杂的热力学系统，完全可以影响其探察的对象。然而，却无法给出这样的阐释：观察者的热力学性质能够说明偶尔的熵损失。简单地假定：任何熵损失如果不能用简单易懂的方式来解释，具有一些神秘的性质，那么，就应当把它归因于观察者。此外，还说观察者提供的熵的数量，正好等于为保留热力学第二定律所必需的熵的数量。关于观察者的谈论没有增加我们的知识，只是描述了在理论和事实之间存在冲突，但这种描述方式却使这种冲突深藏不露。它仅仅是另一种特设性假说。[4]

---

3. 这仅仅适用于测量理论的一种特定形式，不是适用于所有测量理论。例如，路德维希（Günther Ludwig）和意大利学派的成员尝试通过证明如下论点来说明波包收缩：波包收缩是一种近似，涉及关于测量工具的某些假设。然而，他们的阐释有其他缺点。玻尔关于波包收缩的阐释也是不会招致反对的，摆脱了主观要素。请参见我的论文《论新近对互补性的批判》的第三部分："On a Recent Critique of Complementarity"，*Philosophy of Science*（《科学哲学》），35，1968 和 36，1969，82–105{重印为《哲学论文集》第一卷第 16 章（PP1, ch. 16），标题是 "Niels Bohr's World View"（《玻尔的世界观》)}。文中也讨论了路德维希方法的困难。

4. 牛顿的假设"上帝恢复了在非弹性碰撞中损失的动量"正好与此假说属于同一类型。今天，出现在最受喜爱的特设性假说中的词汇是"观察者"（observer），而不是"上帝"（God）。关于热力学，也请参见我的简短的评注："On the Possibility of a Perpetuum Mobile of the Second Kind"（《论第二类永动机》)，*Mind，Matter and Method：Essays in Honor of Herbert Feigl*（《心灵、物质和方法：敬献给费格尔的文集》)，Minneapolis（明尼阿波利斯），1966{重印为本论文集第 13 章 }。

　　因此，第一种程序在于系统阐述如下特设性假说——它们用纯文字游戏来消除在"真实的部分"（true way）和"现象的部分"（way of appearance）之间存在的冲突。

　　（2）第二种程序只有在一点上与第一种不同。它承认在"真实世界"（true world）与"现象世界"（world of appearance）之间存在很大差异。此外，它还猜想这种差异与观察者有关，与其工具有关，与其观察宇宙的独特（物理）位置有关。但是，这种猜想（尽管是难解的、原始的）不再是特设的。或者，至少只要它们是特设的，人们对它们就不会感到满意，而是要设法发现独立的检验。

　　伽利略对哥白尼的态度是第二种程序的一个完美例证。伽利略赞赏哥白尼，因为尽管在其理论与观察事实之间存在明显的冲突，但后者一直坚持他自己的理论。哥白尼构建假说，意在跨越在地球运动思想和熟悉的日常感觉世界之间存在的鸿沟；[62]他设法用这种方式来拯救前者。他使所拯救的假说经受无情的检析，从而产生新的明显独立的证据。[5]最终，[6]这种证据使得"真实世界"和经验世界之间形成内容增加（content-increasing）的一致性。[7]确实，这似乎是在亚里士多德学派的观点与伽利略、布鲁诺（Bruno）、开普勒和牛顿的"新天文学"之间存在的最重要的差异。因为亚里士多德消除任何与经验相矛盾的东西，并尝试以几乎直接反映我们世界的假设为基础来构建物理学；[8]然而，16世纪和17世纪的思想家却提出

243

---

　　5. 关于更详细的阐释（包括17世纪科学某些惊人的方面），读者请参考我的论文 "Problems of Empiricism，Part Ⅱ"（《经验论的问题：第二部分》）的第2—7节，载于著作：*The Nature and Function of Scientific Theories*（《科学理论的特性和功能》），ed. Colodny（科勒德尼编），Pittsburgh（匹兹堡），1970。

　　6. 关于"最终"（eventually）这个词（严格说来，它意指无限的过程）的意义，请参见下面紧接着的正文。

　　7. "内容增加"（content-increasing）这个词汇非常恰当，它是我从拉卡托斯的论文中得到的。关于拉卡托斯的论文，请参见：*Criticism and the Growth of Knowledge*（《批判与知识增长》），Cambridge（剑桥），1970。

　　[80]8. 例如，请参见下面著作第17章中作者所描述的元素理论：H. Solmsen（索尔姆森），*Aristotle's System of the Physical World*（《亚里士多德的物理世界体系》），New York（纽约），1960。关于更普遍的阐释，请参见：G. E. L. Owen（欧文），"ΤΙΘΈΝΑΙ ΤᾺ ΦΑΙΝΌΜΕΝΑ"（《观察现象》），*Aristote et les Problèmes de la Méthode*（《亚里士多德和方法问题》），Louvain（勒芬），1961，83-103。**（转下页注）**

了这样的定律——它们乍看上去与我们生活的世界没有任何关系，而是在描述一个完美的"巴门尼德"（Parmenidean）世界，没有摩擦、没有折射、没有大气干扰、没有震动、没有感官假象，等等。令人惊异的是，人们很快就克服了对这些奇异而陌生的定律的拒斥，并很快就把它们用作说明日常事件的一种新框架。（当然，我们在这里忽视神圣罗马教会的态度，它拒斥哥白尼的观点，但接受伽利略的望远镜发现和力学。）在这种说明过程中，人们试图证明一种方式——通过这种方式，能够把我们世界中常常无规律的复杂过程理解为在如下情形中的突现结果：首先，把这种定律用于具体的、高度复杂的、"不完美的"（imperfect）条件（例如，在地球表面，风、云、材料阻力和不规则性干扰每个实验）；[9] 然后，用具有其自身特异性的仪器（眼睛、镜片、放大镜、望远镜和温度计等，它们中大多数过分复杂，不能立刻被理解）来检析。于是，确实提及了观察者，却是以内容增加的方式。因为其意图是，关于观察者及其环境所说的一切都应经受独立检验——即使不是立刻经受独立检验，也应在将来某一时间经受独立检验。预期在第二种程序和第一种程序之间存在的差异到这里就描述完了。

　　世界定律不是纯形式地显现给我们，而是因干扰而被遮蔽，同样，预期在第二种程序和第一种程序之间存在的差异常常在实践中消失了，可以长期隐藏不见。理由显而易见。什么算作相关检验，什么不算作相关检

（接上页注）关于亚里士多德学派思想在中世纪的发展，请参见：A. C. Crombie（克龙比），*Robert Grosseteste and the Origins of Experimental Science*（《格罗斯泰斯特和实验科学的起源》），Oxford（牛津），1953。亚里士多德的相关著作是：*Anal. Post.*（《后分析篇》），*De Anima*（《论灵魂》），*De Sensu.*（《论感觉和所感》）。关于地球运动，请参见——*De Coelo*（《论天》），293a 28f："但是，其他许多人会认同这种观点：让地球占据中心位置，这是错误的。*他们寻求确证理论，而不是寻求确证观察事实。*"（斜体为我所加）

　　9. 关于伽利略对金属片浮动的解释，请参见：Ludovico Geymonat（盖莫纳特），*Galileo Galilei*（《伽利略》），trans. Stillman Drake（德雷克译），New York（纽约），1965，p. 64。盖莫纳特把伽利略的程序描述如下："他的优点是认识到——他正在处理特殊现象，例外的行为根源于特殊情形，例外不会像阿基米德（Archimedes）那样导致推翻普遍定律……"此外，请参见：Galileo Galilei（伽利略），*Discourse on Bodies in Water*（《论水中的物体》），trans. Salusbury（索尔兹伯里译），ed. Drake（德雷克编），Urbana, Ill.（伊利诺伊州厄巴纳市），1960，55ff。人们应当注意到：这里还解释了表面张力，但几乎是用特设的方式。

验，这依赖于受检验的理论，还依赖于关于认识过程的通用观点。在亚里士多德学派的哲学中，这种观点包含如下假设：具有其天赋的正常观察者与宇宙和谐，[63]能够给出关于宇宙各个方面的适当报告。在评论这种特征时，[10]布鲁门伯格（Hans Blumenberg）写道："传统的自然观念与一种可见性假说相联系，而这种假说既对应于宇宙的有限广延性，也对应于如下思想——人是宇宙的中心。在世界中，应当存在人类不可企及因而根本不能看到的事物（不仅现在或暂时不可企及，而且因为人类的先天禀赋，所以原则上也不可企及）——在古代后期和中世纪，这种观点是不可想象的"。然而，新的哥白尼天文学正好蕴含了这种观点（特别是在布鲁诺所提供的激进形式中，纵然这种形式不是由伽利略提供的，也肯定不是由开普勒提供的）。观察者不再处于宇宙中心；而且，因为其观察位置（运动的地球）的特殊物理条件，因为其主要观察工具（人的眼睛）的特异性，所以，观察者与真实的宇宙定律相分离。因此，哥白尼宇宙学是需要受检验的，不仅是其预测与所见之间的简单的直接比较，而且是在"完美世界"和"我们的世界"之间插补高度发展的气象学（在气象学很古老的意义上，它处理月球以下的事物）和同样高度发展的生理光学科学——这种生理光学科学既处理视觉（包括望远镜视觉）的主观方面（人脑），也处理其客观方面（光线和透镜）。有人马上会说：依照古老的亚里士多德学派的视觉观点得到的证据，注定与新天文学冲突，因此，人们完全有理由认为这种冲突是无关的。

245

然而，在这种奇特的复杂情形中，最重要的要素——那些不考虑我们背景知识的全部方法论（正如波普尔那样）都忽视了这一要素——是时间

---

10. Galileo Galilei（伽利略），*Sidereus Nuncius*，*Nachricht von neuen Sternen*（《星际信使》），Sammlung Insel，vol. ⅰ（岛屿收藏丛书第一卷），Frankfurt（法兰克福），1965，p. 13。亚里士多德自己的思想更加开阔："（关于天体现象的）证据仅仅由感觉提供，很缺乏；然而，关于容易消亡的动植物，我们却有大量的信息，因为它们是活物，我们生活在它们中间，只要我们足够尽力，就可以收集关于它们所有各种各样的大量资料。但是，这两方面都有其特殊魅力……"请参见：*De part. anim.*（《论动物的部分》），644b26ff。

因素。[11]

哥白尼的观点与依照更古老的认识观所收集的证据相冲突，而且二者直接比较。这不是一种相关的检验。相关检验必须在基本定律和观察者感知之间插补气象学干扰和生理学干扰。现在，没有保证的是，在发现新天文学后，将直接可获得这些增补的科学，从而来补充这些干扰及其定律。恰恰相反，这种事件进程是极其不可能的，因为人们必须考虑现象的高度复杂性。[64] 在第一个合理的假说出现之前，这可能要耗费数百年的时间。但是，与此同时，千万不要抛弃新天文学及其所包含的巴门尼德定律。我们必须保留它，甚至，为了保持其活力，我们必须尝试发展它；而且，必须尝试进一步充分表述发明和改善增补科学的目的。当然，影响这种延缓的最好方法之一是宣传和使用特设性假说。伽利略充分利用了这些方法，但是，他自己对它们进行了独特的改进。

在关于其望远镜发现的最早出版物《星际信使》（*Sidereus Nuncius*，1610）中，伽利略暗示这些发现证明了哥白尼的观点。在《关于两大世界体系的对话》（*Dialogues Concerning the Two Chief World Systems*）中，这种暗示变成了公开的断言。但是，如果我们更仔细一些审视这种情形，那么，我们就会发现伽利略不能用关于望远镜视觉与真实世界关系的独立证据来支持这一断言（请参见前面的脚注5）。给我们提供的一切，就是一种新的陌生的感知源，而这种感知源有时显示哥白尼所说的事物存在方式，有时又产生令人困惑的明显虚假的图像。严格说来，如果使用16世纪后期的证据和认识理论，那么，人们将不得不说：哥白尼的世界观和"关于真实世界，望远镜（分开来说）比裸眼提供了更好的描绘"这一思想都受到反驳；但是，前面这两种观念虽然受到证据侵蚀，但却能相互支持。伽

246

---

11. 辩证唯物论者熟知我将要说明的这种"阶段差异"（phase-differences）。于是，托洛茨基（Trotsky）在《共产国际的第一个四年》（*The First Four Years of the Communist International*，New York，1953，vol. II，p. 5）中写道："问题的要害在于——历史过程的不同方面……并不是沿着平行线同时发展的。"请参见：Lenin（列宁），*Left Wing Communism，an Infantile Disorder*（《左派共产主义幼稚病》），Peking（北京），Foreign Languages Press（外文出版社），1965，p. 59。

利略正是利用这一相当奇特的情形来阻止消除这两种观念中的任何一种。[12]
这同一程序正好保留他的新动力学。这种科学也仅仅与我们自然环境中的
要素有模糊联系[13]——但是，它给予地球运动思想的支持，现在看来使得
它们二者更可接受，纵然与（"我们的"世界的）实际现象的关系是通过
如下方式建立的：运用完全特设的方法；把摩擦和其他干扰当作观察差异
所限定的倾向，而不是当作用摩擦理论（为此理论能够获得新的独立证
据）来说明的物理事件。[14]

---

12. 在我所见过的关于此问题的阐释中，哈默（Franz Hammer）的阐释是最好最简明的。他说：
《星际信使》……包含两个未知的东西，一个借助另一个来解答。"——请参见：Johannes Kepler（开
普勒），*Gesammelte Werke*（《全集》），hgg. M. Caspar and F. Hammer（卡斯帕尔和哈默编），Munich（慕
尼黑），1941，vol. IV，p. 447。

13. "辛普里西奥（Simplicio）：因此，你没有做过一百次检验，甚至一次也没有做过，然而，你
却如此随意地宣称它是确定无疑的？……萨尔维亚蒂（Salviati）：没有实验，但我确信将会出现我
告诉你的那种结果（即使船运动，石头也将下落到桅杆底部），因为它必定那样发生……"——请参
见：Galileo Galilei（伽利略），*Dialogue Concerning the Two Chief World Systems*（《关于两大世界体系
的对话》），trans. Stillman Drake（德雷克译），University of California Press（加州大学出版社），1953，
p. 145。在许多方面，爱因斯坦的态度与伽利略的非常相似。在给朋友贝索（Besso）的信中，爱因
斯坦写道："通过微不足道的结果"（through little effects）来检验他的普遍理论，这并不是太重要，即
使它得出否定结论。他说："物感"［sense of the thing（die Vernunft der Sache）］"太明显"。——请参
见：Gerald Holton（霍尔顿），"Influences on Einstein's Early Work"（《对爱因斯坦早期工作的影响》），
Organon（《思维工具》），3（x966），p. 242。在 1953 年 1 月写给西利格（Karl Seelig）的信中，他也
表达了同样的态度。在评论太阳附近光线偏斜测量的高精确度时，他写道："对于知道这些事情的某
个人来说，它不是非常重要，因为理论的重点——不是理论被微不足道的结果确证，而是在于理论
提供的整个物理学基础的极大简化。然而，只是几乎没有人将能正确理解这一点。"——C. Seelig（西
利格），*Albert Einstein*（《爱因斯坦》），Europa Verlag（欧罗巴出版社），Zürich（苏黎世），1960，p.
271。此外，爱因斯坦与伽利略（和玻尔）都共同拥有关于次要结果本性的令人惊叹的直觉。——请
参见：Shankland（尚克兰德），*American Journal of Physics*（《美国物理杂志》），31，1963，46ff。关
于伽利略，请参见前面的脚注 9。

14. 特鲁斯德尔（Truesdell）评论道："当古人准备好对行星运行做出精确的数学陈述（不论对
错）时，他们关于地面上运动的研究方法在很大程度上是定性的，使用诸如在生物学和医学中的因
果和倾向语言。伽利略继续坚持这种天空几何学与地面力学的分离，他虽然做了大量工作来宣传
匀加速运动的运动学性质（经院学者在他 300 年前就正确地推导出来了），但是，他通过如下方式
使理论力学和实践力学现象之间的鸿沟变得更宽了：首先，他拒绝把天空运动和地上运动以任何
方式联系起来；其次，他把仅在理想（或真空）介质中有效的定律确立为支配周围熟悉运动的定
律。[81]伽利略是不幸的实践者，他不得不在真实的地球上开展研究工作，受到这些效应（名义上
认为这些效应是由于阻力和摩擦；但是，在伽利略非常蔑视的亚里士多德学派物理学范式中，却
把这些效应解释为性质或倾向）的阻碍……"——请参见：C. Truesdell（特鲁斯德尔），"A Program
Towards Rediscovering the Rational Mechanics of the Age of Reason"（《一种纲领：再发现理**（转下页注）**

247   读者将会认识到，像这样更细致地研究历史现象会给下面的观点造成相当大的困难：由前哥白尼宇宙学转变到伽利略力学在于用一种更普遍的猜想取代了受到反驳的理论，而且，这种更普遍的猜想说明反例，作出新的预测，并通过为了检验这些新预测所做的观察而得到证实。或许，[65]读者将看到一种不同观点的长处，因为这种观点声称：虽然前哥白尼天文学处于困境（面临一系列反例），但哥白尼理论甚至陷于更加艰

248   难的困境（面临更严重的反例）；[15]但是，因与其他不充分的理论一致，哥

（接上页注）性时代的理性力学》），*Archive for the History of Exact Sciences*（《精确科学史档案》），1，190，p. 6。在特鲁斯德尔的文章中，对于在尝试建构上文提及的那种"气象学"（meteorology）中所遇到的困难，有很好的阐释。他指出——只有通过发明另一种巴门尼德框架才逐步解决这些困难："在这种最困难的问题上，欧拉（Euler）的成功在于他分析概念。在多年的试验后——其间，有时与实验数据采取半经验的折中（现在，波普尔在演讲中又推荐这种折中）——欧拉认识到不得不暂且把实验抛在一边。今天，有些实验仍然未获充分认识。通过建立一个简单流体场模型（由一组偏微分方程来确定），欧拉在物理学中为我们开启了一个新的视野"（同上，p. 28）。——此外，请参见特鲁斯德尔为《欧拉全集》（*L. Euleri Opera Omnia*，1954，I956，p. 2）第 12 卷和第 13 卷所写的导论。对伽利略程序中所包含的概念变化和他的独特说服技巧的详细检析，请参见我的论文："Bemerkungen zur Geschichte und Systematik des Empirismus"（《论经验论的历史和体系》），*Metaphysik und Wissenschaft*（《形而上学和科学》），ed. Paul Weingartner（魏因加特纳编），Salzburg，Anton Pustet（萨尔茨堡：普思特出版社），1968；"Problems of Empiricism，Ⅱ"（《经验论的问题，第二部分》），*loc. cit.*（同前）；"Against Method"（《反对方法》），vol. Ⅳ of the *Minnesota Studies in the Philosophy of Science*（《明尼苏达科学哲学研究》第四卷）。

15. 有一种很好的阐释，请参见：Derek J. de S. Price（普赖斯），"Contra–Copernicus：A Critical Re–Estimation of the Mathematical Planetary Theory of Ptolemy，Copernicus，and Kepler"（《反对哥白尼：关于托勒密、哥白尼和开普勒的数学行星理论的批判性再评价》），*Critical Problems in the History of Science*（《科学史中的关键问题》），ed. M. Clagett（克莱格特编），Madison（麦迪逊），1959，197–218。普赖斯仅探讨了这种新观点的运动学困难和光学困难。考虑哥白尼系统的动力学困难会进一步增强他的论据（正如伽利略自己承认的那样）。请参见我的论文："Problems of Empiricism，Ⅱ"（《经验论的问题，第二部分》），*loc. cit.*（同前）。

在量子理论中，玻尔表述了非常相似的情形。他说：他的目标不是"要提出一种关于光谱定律的说明"，而是"要指出一种方式——通过这种方式，有可能使得光谱定律与元素的其他性质（基于目前的科学发展状态，这些性质似乎同样也是无法得到解释的）密切联系起来"。——请参见：*The Theory of Spectra and Atomic Constitution*（《光谱理论和原子构成》），Cambridge（剑桥），1922，115。玻尔和伽利略的程序正好相同。不同之处是，玻尔没有使用诸如"追求真理"（search for the truth）之类的措辞（这类措辞给伽利略的一些崇拜者留下了极为深刻的印象）来掩盖这种情形及他自己贡献的实际结构。关于这种 17 世纪的程序和语言描述之间的分裂，请参见我的论文："Classical Empiricism"（《经典经验论》），*The Methodological Heritage of Newton*（《牛顿的方法论遗产》），ed. R. E. Butts and J. W. Davis（巴茨和戴维斯编），Toronto（多伦多），1970。这篇论文分析了最极端的例证（牛顿）。伽利略思想开放得多，他虽然认为，为了支持哥白尼必须有一些操作，但是，他更加高度意识到这些操作的真实性质。此外，请参见下一个脚注。

白尼理论获得力量被保留下来，并通过特设假说和明智的说服技巧使反驳变得无效。[16] 此外，或许读者也将明白，这样的情形根本不是不受欢迎的。

正如前面所指出的，检验描述巴门尼德世界的新宇宙学牵涉关于认识和"气象学"（meteorologies）的理论，而这种理论的发展可能需要耗费相当长的时间。这种理论所解决的主要问题之一，是发现独自存在的巴门尼德世界与呈现给感官的巴门尼德世界之间的正确关系。在找到此问题的满意答案之前，必须使新宇宙学继续有效，因为只有到了那时，才能进行适当的检验。此外，为了使此问题更加明确，进一步发展新宇宙学，这也是明智的。刚刚描述的这种程序满足所有这些必备条件，它使得不充分的观点（即相对于证据是不充分的）成为聚合其他不充分观点的结晶点，并通过宣传戏法和特设假说（事实上，特设假说只不过是临时替代者，替代还

249

---

16. 例如，请参见脚注 13。在那里，伽利略说：他能"不借助于实验"来预测在特定情形下什么将发生。但是，没有实验的帮助，他不会继续前行。恰恰相反，其读者全部丰富的日常经验宝库都被用于论证，但是，却以新的方式来组织要求他们回想起来的事实；进行近似，勾画不同的观念路线，使得产生了一种新的经验（几乎是无中生有）。然后，暗示读者一直都熟悉这种新的经验，从而强化它。于是，一个独特的论证（为了证明月球表面是粗糙的）总结道："辛普里西奥，你（现在）能明白：你自己如何真正知道地球不比月亮少发光；不是我的讲说，而是仅仅追忆某些你已经知道的事物，就使你对它确信无疑……"——请参见：*Dialogue*（《关于两大世界体系的对话》），trans. Drake（德雷克译），89f。另外，萨尔维亚蒂（"代表哥白尼"，同上，第131页）对辛普利西奥（亚里士多德学派的学者）说："解答（地球自转产生的离心力问题）依赖于一些你我同样相信的熟知的数据，但是，因为这些数据没有给你留下深刻印象，所以，你对那个解答视而不见。因此，我不是把这些数据教给你，因为你已经知道它们，所以，我仅仅让你回想它们，从而将使你消解反对的理由。"辛普里西奥："我经常研究你的论证方式，它给我留下这样的印象——你倾向于柏拉图的观点'我们的知识是一种回忆'（nostrum scire sit quoddam reminisci）……"科瓦雷（Koyré）把这部著作称为一本"争辩的……教育的……宣传的……书"，[82] 这是完全正确的。——请参见：Koyré（科瓦雷），*Etudes Galiléennes*（《伽利略研究》），vol. iii（第三卷），Paris（巴黎），1939, 53ff。但是，必须补充说：在伽利略发现自己所处的奇特历史情境中，这种宣传对于推动知识进步是必不可少的。此外，考虑到每种有趣的问题情境都具有类似的特征，人们必须承认：没有宣传的"诚实"（honest）论证经常是无效的，或者导致绝佳观点过早消失。关于这一点，请参见我的论文："Against Method"（《反对方法》），vol. IV of the *Minnesota Studies in the Philosophy of Science*（《明尼苏达科学哲学研究》第四卷）。

没有存在的认识理论）来保护稳定的生长包。[17] 这种替代能持续数个世纪，其理由是——为什么只是因为人类的创造力迄今还没有创造出必要的内容增加联系，一种合理的猜想就应受到反对呢？在哥白尼的案例中，伽利略和其他人的特设假说确实实现了优佳目标，因为只是到了现在，望远镜视觉的理论才逐渐得到发展，[18] 我们才有希望得到一些更多关于连续体行为的洞见。[19] 从这类事件当中得到的教训是，在"真实的"（true）世界和"我们的"世界之间的张力应当总是得到保持，即使这意味着欺骗和似是而非的论证。此外，因为我们不是先知，所以必须承认：任何不充分的观点，不管其是常常受到反驳，还是不管其多么不合理，都能成为一种新世界图像的结晶点；而这种新世界图像与新的（而且或许是乌托邦的）知识论相结合，最终可能证明是更加有效的，比现有的最有吸引力的和得到高度证实的要素更为有效——没有任何方法确保通向"真理"（truth）。

[66]（3）关于"两个部分"（two ways）的第三种主张与新近的科学发展（特别是，与生物学、热力学、宇宙学和原子物理学）有密切关系，具有我们时代的强烈的经验论倾向。根据这种主张，我们必须至少抛弃完美

250

---

17. 米尔（John Stuart Mill）的自传记述了此原理的一个奇妙例证（尽管是从个人历史领域来探讨的）："在那时，说明（米尔的父亲传授给他的逻辑方法）根本没有使我弄明白那个问题；但是，不能由此得出结论说，说明是无用的；说明成为我观察和反思的*结晶核*；对我而言，他的一般评论的意义通过我*随后*注意到的特例得到解释……"（斜体为我所加）——请参见：John Stuart Mill（米尔），*Essential Works of John Stuart Mill*（《米尔著作精要》），ed. Max Lerner（勒那编），Bantam Books（矮脚鸡书社），New York（纽约），1965，p. 21。哥白尼的理论正好形成一种后代"观察和思考"（observations and reflections）的结晶核。如果因为还没有出现这种"观察和思考"，就拒斥哥白尼理论，那么，这将会是灾难性的。

18. 请参见：V. Ronchi（朗奇），*Optics*，*The Science of Vision*（《光学：视觉科学》），trans. E. Rosen（罗森译），New York（纽约），1957。在某种程度上，因为发明了照相底片，所以使这种理论成为多余的了，但是，照相底片的发明引起完全类似的问题。请参见：Mees（米斯），*The Theory of the Photographic Process*（《关于照相法的理论》），New York（纽约），1954。关于某些照相"幻觉"（phantoms）与视错觉的相似性，请参见如下著作中的绝妙讨论：F. Ratcliff（拉特克利夫），*Mach Bands*（《马赫带》），Holden Inc.（霍尔顿公司），San Francisco（旧金山），1965，235ff。

19. 请参见：C. Truesdell and R. Toupin（特鲁斯德尔和涂平），*Encyclopaedia of Physics*（《物理学百科全书》），vol. ⅲ/1（第三卷第 1 部分），Springer（施普林格），Berlin（柏林），1960；C. Truesdell（特鲁斯德尔），*The Elements of Continuum Mechanics*（《连续介质力学基础》），New York（纽约），1966。

世界的一些特征，因为它们为解释我们的世界所做的尝试失败了，没有经受住某些检验。下面的猜想正好就是这样：量子理论的概率方面将不承认基于决定论定律的说明。这导致抛弃巴门尼德框架的一种非常重要的特征。此外，我们在这里还可以提到一个更进一步的猜想——相对于经典力学所认可的来说，不可逆性将不得不起到更本质的作用。我们可以说：这第三种程序源自（2）中所概括的经典经验论，并进一步发展成一种更广泛的观点——这种观点还允许使用（不进行任何尝试来缩减）乍看上去与经典物理学没有任何关系的更"经验的"（empirical）陈述和定律。

如果我对波普尔的理解是正确的，那么，他似乎在说：现在，物理学家还没有普遍认识到需要（甚至）修改非常基本的"巴门尼德"（Parmenidean）假设。物理学家也已经开始完成必要的变化。但是，物理学家试图使他们的物理学与事实相符，同时，他们也试图使其尽可能巴门尼德化（有几个明显的例外）。他们这样做，是相信"寻求不变量……构成或决定科学事业的……限度"［KRP（*WP*, p. 154）］。因此，为了消除他们的物理理论和新的科学研究发现之间的不一致，他们不得不退守程序（1），并不得不使用特设性假说。在这些特设性假说中，他们借助观察者，从而把它们转变成"巴门尼德辩解"（Parmenidean apologies）。这种辩解是非常令人不满意的；但是，波普尔似乎这样说——它们也是完全不必要的。它们是不必要的，因为科学和理性不必受限于巴门尼德框架。科学能够在非巴门尼德范式中前进（而且，有时已经这样做了）。这类试探性尝试必须受到一种这样的哲学强化，因为这种哲学能把他们从其糟糕的良知中解放出来，并表明抛弃纯粹的巴门尼德框架意味着拓宽（而不是放弃）理性，还能为研究提出正确的建议。波普尔着手发展的哲学正是这样的一种哲学。

现在，我非常赞同波普尔的看法：（如果直接面对）新近的科学发展具有明显的非巴门尼德的、[67]高度亚里士多德化的特征。确实，科学已经至少部分抛弃了巴门尼德框架；但是，科学没有消失；或者，变得更好了，没有认识损失，没有丧失"科学的"（scientific）标签。不过，我也确信：这是一种不受欢迎的变化。即使抛弃巴门尼德框架的极小部分，也没有任

251

何益处（除了增强与今天这种经验论的和反形而上学的倾向一致外）。恰恰相反，我将试图说明这必定带来许多危害。考虑到这些缺陷，我确信：在任何时候，"支持一种完全巴门尼德化的物理学"都是一个很好的策略。人们应当支持这种物理学，不是因为"理性论证能够确证"巴门尼德观点的真理性［KRP（*WP*, pp. 152–153）］，而是因为能够证明一种完全巴门尼德化的观点拥有一些非常明确的优势。此外，我以为：不是像波普尔似乎认为的那样，尝试保持科学的完全巴门尼德化是很无望的。事实上，在我看来，一种特定的巴门尼德框架（即经典物理学框架）已经被过早地抛弃了，并没有耗尽它的资源，它的理论和构成其背景的机械论和唯物论哲学成为（而且，将总是成为）一种最强有力的工具，来说明和批判其他思想。[20] 然而，特设性假说（可能出现在我们尝试保持理想的巴门尼德世界和"我们的世界"之间的丰富张力过程中）根本不必是有害的，反而可以把它看作是临时的替代者。即使一种关于人类及其自然环境的观点超越了我们已经拥有的任何高度确证的定律，我们也要对其保持开放态度。下面，我将对使我确信巴门尼德框架（特别是经典物理学）具有优势的普遍

---

20. 对经典物理学的兴趣很大程度上被迪克（R. H. Dicke）教授的研究复活了。这些研究表明：认为经典物理学无法说明水星近日点进动，这还为时过早。——请参见他的论文："The Observational Basis of General Relativity"（《广义相对论的观察基础》），Chiu–Hoffmann（eds.）（丘宏义和霍夫曼编），*Gravitation and Relativity*（《引力和相对论》），New York（纽约），1964，1–16。迪克研究的实验基础，在 1967 年 1 月的美国物理学会的会议上有相关报告，并发表在期刊上。关于迪克假说的前身，请参见：S. Newcomb（纽科姆），*The Elements of The Four Inner Planets and the Fundamental Constants of Astronomy*（《四颗带内行星的元素和天文学基本常数》），Washington（华盛顿），1895。

上述内容并不意味着迪克教授自己的实证理论就是经典的。我全部想指出的是，他使用经典物理学来批判爱因斯坦的相对论。因此，关于下面三种理论，我们在此得到一种非常有趣的关系：受到批判的理论；施加批判的理论；以及在批判收到效果之后期望接替的理论。作为一种实在描述，施加批判的理论未被认为是充分的。此外，既然在接受广义相对论的过程中，施加批判的理论已经起了关键作用（毕竟，支持广义相对论的43″是结合经典摄动理论由观察获得的），那么，如今在拒斥广义相对论的过程中，该理论同样也能够起关键作用。读者还应当意识到如下事实：经典力学最近经历了一次复兴，而"这次复兴拓广和深化了此学科，强化而不是取消其古老部分"。——请参见：Truesdell（特鲁斯德尔），*The Elements of Continuum Mechanics*，Ⅰ｛《连续介质力学基础：Ⅰ》｝，此文献涉及连续介质力学和一般力学科学，而一般力学科学是由伯克霍夫（Birkhoff）创立的。关于经典力学在批判量子理论中所起的作用，请参见我的论文：section 7 of "Problems of Empiricism"（《经验论的问题》第 7 部分），*Beyond the Edge of Certainty*（《超越确定性的边界》），ed. Colodny（科勒德尼编），Prentice Hall, N. Y.（纽约：普林蒂斯－霍尔出版社），1965。

论证进行简单总结。

二、巴门尼德方法的普遍论证

与程序（2）相结合，巴门尼德框架很有吸引力，这主要是因为它具有多种功能。经典物理学定律（特别是经典力学定律）并不是与这个世界中的过程直接相联系，所以，当这类过程以重要方式发生变化时，并没有反驳这些定律。经过的恒星对行星系统造成重大扰动，这将给亚里士多德学派的物理学带来严重困难，[68] 因为这种物理学描述如下现象：当从未受扰动的地球上观看时，未受扰动的行星（在牛顿力学的意义上未受扰动）看上去如何运动。在经典力学中，未出现这种困难。当然，在新的条件下，这种理论所做的预测可能是错误的（当经过的恒星非常重或者运动速度非常快时，情况就是如此）。然而，问题是能够做这种预测，而亚里士多德学派的观点却深陷未受扰动情形的困境。21 经典力学能够进行这种预测，是因为它没有被限制在我们的世界之内，它反而能处理不同的情形，甚至能处理完全虚构的情形。于是，一方面，我们有很大的自由来建构和批判检析特定自然过程的大量不同的模型；另一方面，这种自由也没有给我们的想象带来太大负担，因为我们无法任由我们天马行空，所有的模型要遵循同一基本形式体系。任何企图在理论层次上容忍更加适合"我们的世界"，这将会消除多功能性，并将使发明替代假说变得更加困难。因此，应当反对它，纵然它当然可以一举解决"所造成的与已知事实的内容增加的一致性"难题。

上述评论在今天很受关注。理论与事实密切相符几乎成为当代所有科学的最基本要求之一："在理论中，不应当出现原则上不能确定的东西。"22

---

21. 同样的评论也适用于——玻尔兹曼（Boltzmann）为了说明（局域）时间方向而援引的世界过程的不同阶段。请参见他第二次给策梅洛答复的第 4 段：Zermelo（策梅洛），*Ann. Phys.*（《物理学年鉴》），60（1897），392ff。布鲁施已经翻译和发表了这篇论文——请参见：S. Brush（布鲁施），*Kinetic Theory*（《运动学理论》），vol. 2（第二卷），Pergamon Press（帕加蒙出版社），London（伦敦），1966；相关段落出现在该译文的第 242 页。

22. G. Ludwig（路德维希），"Gelöste und ungelöste Probleme des Messprozesses in der Quantenmechanik"（《量子力学测量过程中已解决的问题和未解决的问题》），*Werner Heisenberg und die Physik unserer Zeit*（《海森堡和我们时代的物理学》），Braunschweig（不伦瑞克），1961，157。路德维希把这个原则称为"海森堡原则"（Heisenberg's principle）。

这种看法与马赫的如下观点有密切关系："宇宙仅仅一次就给我们生成了"；[23]
我们的理论任务就是描述这一个现存的宇宙，此外，什么也没有了。考虑
到如今常常把宇宙看作一种发展的实体，其主要特征受时间变化的支配，
人们已经推知：自然定律本质上也是依赖于时间的。正是在这同一思想意
识的指导下，兰德尝试把概率引入运动学的基本假说中。依照前面的（3），
他想通过修改经典物理学思想来消除这种思想和我们所在世界的某些性质
之间的不一致；他甚至没有考虑如下可能性——他如此夸张地观察和描述
的统计特征可能不是我们的基本定律所带来的结果，而是特殊条件所造成
的结果（因为在我们的特定宇宙中，经典物理学的非统计定律在这种特殊
条件下有效）。[24] 波普尔认为——"气体分子显示出混合的内在倾向"这一
信念，是非常自然的 [KRP（*WP*, p. 184）]。这种看法仍是非伽利略
（non-Galilean）习惯 [9] 的另一个例证：[69] 这种习惯把明显的熟知的经验事
实立刻投射给我们的基本定律，而不是尝试用初看上去讲述一种非常不同
故事的更加综合的观点来说明（或甚至取代）它们。当然，"宇宙仅仅一次
就给我们生成了"，它是真实的，没有人会试图否认它。但是，根本不确定
的是：抛弃巴门尼德定律，满足于明显的经验规则性，将帮助我们发现关
于这唯一宇宙的有趣描述。毕竟，即使是最先进的理论和最先进的观察，
也可能通过反思我们周围环境和测量工具（包括感官）的性质来欺骗我们，
而不可能是通过详尽反思世界定律来欺骗我们。在这种情况下，最为重要
的是，不要与某一特定概念系统有过分紧密的关系，而是要能够得到可替
代系统。这种需要越强烈，理论与事实之间的距离就越小。因此，我们想
非常批判地分析这种观点，因为这种观点把依赖时间的定律、包含单个常
数的定律或纯统计定律等同于（或者，甚至优于）没有这种特征的定律。[25]
重复一下，我反对这种习惯的第一个理由是我有如下信念：这种习惯弱化

---

[83] 23. E. Mach（马赫），*Die Mechanik in ihrer Entwicklung*（《力学发展史》），Leipzig（莱比锡），
1933，p. 222。

24. *Foundations of Quantum Theory*（《量子理论基础》），New Haven（纽黑文），1955，3ff。

25. 诸如此类的思考看起来形成某些新的论证，而这些新论证支持麦克斯韦的自然定律条件和爱
丁顿的"基础理论"（fundamental theory）。

了我们的物理学的多功能性，使其更加依赖于经验，并把思考替代者的任务完全放在我们自己的手中。经典物理学自身能够完成这种任务的一部分。

经典力学的多功能性与另外一种特征有密切关系：我也发现这种特征最有价值，它能使我们对经验采取一种更批判的态度；它自动如此，不需要我们做任何努力，因为它提供了大量纯粹想象的世界。[26] 实验定律（如"金属受热膨胀"）如此受经验支配，以致严重限制了研究的可能性。我们可以重复我们的观察，可以尝试发现新的实验证据（例如，我们可以寻找另一块金属）；但是，我们完全没有任何手段来能使我们不仅怀疑，而且进一步检析我们所收集的那种证据的有效性和相关性。另外，经典力学给我们提供了关于结果和可能世界的丰富宝库，从而甚至可以用这一宝库来检析经验自身。正是在这种精神鼓舞下，玻尔兹曼探究不可逆性"事实"（fact）对力学意味着什么。[27] 乍看上去，我们面对的是"实验定律和理论定律"之间的矛盾。但是，如果我们不能确保没有经典观点的任一结果或者近似于所说的实验定律，[70] 或者在用起初被用作确证这些定律的仪器来检验时而形成它们，[28] 那么，推断出这"意味着明确反对机械论"确实是非常草率的。[29] 相反，所有那些大致上相似于我们在热力学中所得结果的力学结果，

255

---

26. 在机械论学说历史的开端，笛卡尔就已经看到了这一点。

27. 玻尔兹曼的哲学是：（1）多元论的（他为促进知识进步而建议使用竞争理论，并在此基础上，捍卫马赫和其他人发展他们自己的观点的权利）；（2）批判的（他曾给一个期刊提建议，认为应当记录所有失败的实验）；（3）非渐进论的（科学通过革命来前进，而不是通过积累来前进）；（4）反观察论的（"几乎所有经验都是理论"）。关于玻尔兹曼哲学的详细内容及其与波普尔哲学的关系，请参见我的论文："Ludwig Boltzmann"（《玻尔兹曼》），*Encyclopedia of Philosophy*（《哲学百科全书》），ed. Paul Edwards（爱德华兹编）{重印为本论文集第 26 章}。玻尔兹曼的哲学在其著作《通俗科学演讲》（*Popularwissenschaftliche Vorlesungen*，Leipzig，1906）中得到最清楚明晰的表述。不幸的是，这部不同凡响的著作还没有英文翻译。此外，分析爱因斯坦在什么程度上受到玻尔兹曼的普遍观点影响，这是非常令人感兴趣的。毫无疑问，埃伦费斯特（Ehrenfest）和薛定谔受到了影响。

28. 请参见玻尔兹曼给策梅洛的第一次答复：*Ann. Phys.*（《物理学年鉴》），57（1896），777—784。我从布鲁施的著作中引用下面一段："于是，当策梅洛根据'气体的初始状态必须再现（*没有计算这将耗费多长时间*）'这种理论事实得出'必须拒斥（或者，根本上改变）气体理论假说'这种结论时，他就像一个掷骰子的人，计算连续投掷 1000 次的概率不是零，然后得出这样的结论——他的骰子一定有结果偏向，因为他还没有观察到这种连续序列"（同前，p. 223；斜体为我所加）。

29. 请参见下述论文的最后一行：H. Poincaré（庞加莱），"Le Mécanisme et l'Expérience"（《机械论和经验》），*Revue de Metaphysique et de Morale*（《形而上学和道德评论》），1，1893，pp. 534—537。这篇论文的英文版重印在布鲁施的前引著作中，引文见第 207 页。波普尔看起来赞同庞加莱的论证。

促使进一步检验热力学，以及促使进一步检验似乎要危及巴门尼德世界观的"事实"（facts）。所有这一切与波普尔自己的哲学完全一致，而且，很久以前，他就有所论述——特别是在他的经典论文《科学的目标》（*The Aim of Science*）中。[30] 然而，虽然他似乎认为这种尝试对不可逆性（和非决定论）的力学批判已经出现了，并且失败了，[31] 但是，我却因刚刚描述的两个特征（即多功能性和批判）而确信——放弃（2）和经典观点将意味着理性的巨大损失。因此，即使在面对大量不利证据时，我也准备更努力一些去尝试。在某种程度上，我的看法受到自玻尔兹曼以来所取得的知识进步的鼓励，特别是受到伯克霍夫及其学派的鼓励。因此，新的试验看起来是有价值的。

当然，这种新试验将不得不使用波普尔所称的"巴门尼德辩解"。对于波普尔来说，这些是可疑的程序。对我而言，需要使用它们却促使形成支持巴门尼德观点的第三种论证。

256　　　首先，显而易见，不能不加区别地反对借助主体。存在观察者没有注意到的许多事物，还存在观察者注意到的许多其他事物——但是，这些被注意到的事物却依赖于观察者自己的组织结构，而且，它们在客观世界中并没有对应物。仅举一例，宏伟的蓝天穹顶——"黄铜碗"（brazen bowl）状的天空——完全是他自己的创造，必须被如此解释，解释为会犯错的凡人的幻想。[32] 据我所知，关于这种现象，还不存在使其与我们普遍的天文

---

30. *Ratio*（《缘由》），1，1952。

31. 波普尔的相关论述，请参见：KRP（*WP*，p. 171）。埃伦费斯特夫妇（The Ehrenfests）看起来比波普尔更乐观一些，他们说："我们确信不存在这种不一致，这将指引我们的讨论。"——请参见：*The Conceptual Foundations of the Statistical Approach in Mechanics*（《力学统计方法的概念基础》），Cornell University Press（康奈尔大学出版社），Ithaca（伊萨卡），1959，p. 3。正如庞加莱关于此问题的表述一样，一般的看法是，在"前提中的可逆性和结论中的不可逆性之间存在明显的不一致"（请参见前面的脚注 28）。在其分析结束时，他们重申："我们不得不赞同玻尔兹曼，我们能够发现绝没有内部不一致"（p. 24）。

32. *Iliad*（《伊利亚特》）17, 425；*Odyssey*（《奥德赛》）3, 2；15, 329；17, 565；Pindar（品达），*Nemean* 6（《尼米安颂歌》6），3–4。在埃及神话、巴比伦神话和亚述神话中，都能找到类似的表达。然而，更精致的现象描述给我们提供了相同的结果，关于这方面，请参见：D. Katz（卡茨），*Die Erscheinungsweise der Farben*（《颜色的现象模式》），Leipzig（莱比锡），1911，Abschnitt 2（第二部分）。此外，请参见：Ronchi（朗奇），*op. cit.*（同前），sections 102（第102节），119f（该著作探讨了太阳和月球的现象）。

学观点（它与亚里士多德天文学相反，后者认为恒星圈是真实的物理实体）相容的内容增加的说明。[33] 在我们目前的知识状况下，"天穹是观察者的成果"这种假设是一种最糟糕的巴门尼德辩解，它完全符合前面的程序（1）。波普尔想取消这种假设吗？如果他不想取消关于天空的这种阐释，那么，他为什么还批判用类似方式来说明不可逆性的各种尝试呢？对我来说，这是完全可以理解的，[71] 生存于永恒不变宇宙中的活物把他们自己不断变老的情感投射给宇宙。毕竟，生命不必是物质演化的结果（纵然作为一位毫不悔改的唯物论者，我相信生命是物质演化的结果），它可以是一种外来现象，被叠加在这个世界上，否则这个世界就是静态的。这完全是可能的。[34] 但是，我们应当如何检析这种猜想呢？我这样提议（由此，我将转到我的第二个论点）：不是通过把我们的注意力转移到我们自己，而是通过检验关于"具有某种结构的观察者在观看充分的巴门尼德世界时所获取的经验"的假说，或者用不同的术语来表达［请再次参见上述程序（2）的描述］，就是通过检验内容增加（或潜在内容增加）的"巴门尼德辩解"。这是起初如何检析诸如天空或月亮错觉之类的现象，[35] 并且，这是我们能如何

257

---

33. 相关论证，请参见：Ptolemy（托勒密），*Syntaxis*（《天文学大成》），Book One（第一卷），Chapter 3（第3章），ed. Heiberg（海博格编），11ff. 其中写道："……于是，这种感知必定要暗示天空是球形的。""这种感知"是恒星的轨道、恒星运转的规则性、星座尺寸的恒定性以及所有恒星亮度的恒定性。西方的第一本天文学教科书略概述了这些论证——请参见：Sacrobosco（萨克罗博斯科），*De Sphaera*（《论世界的圈层结构》）——我引用自 pp. 120f，桑代克（Thorndike）翻译。在这里，阿尔法甘尼（Alfraganus）被这样引用，他说："如果天空是平坦的，那么，它的一部分（即直接在头顶上的那部分）就会比另一部分离我们更近。"这表明：天空作为物理表面的思想（"观察非常明确地暗示了这一点"）已经得到公认。伽利略的早期著作《论世界的圈层结构》仍然支持这一思想，部分基于形而上学理由，部分借助于观察——请参见：Galileo（伽利略），*Trattato della Sfera*（《论世界的圈层结构》），*Opere*（《全集》），edizione nazionale（国家版），vol. ii（第二卷），特别是215f。

34. 毕竟，我们的世界可能完全是我们的梦境。

35. 亚里士多德（非常典型）尝试借助于地球大气的放大率来说明月球错觉。与之类似，第谷（Tycho）把在一个塑望月中所观察到的月球直径变化解释为是由于真实的脉动作用，而开普勒（构造了一种独创的巴门尼德的拙劣替代者）却把它们归因于观察方法。——请参见：*Astronomiae Pars Optica*（《天文学光学》），Joh. Kepler（开普勒），*Gesammelte Werke*（《全集》），[84] ed. Franz Hammer（哈默编），Munich（慕尼黑），1939，Bd. Ⅱ（第二卷），p. 48（关于第谷的猜想）和 pp. 60f.（包括开普勒的"拙劣替代者"）。开普勒所有光学都是建立在如下"拙劣替代者"之上的："所见对象是视觉作用"（imago sit visus opus）（同前，p. 64）。

希望进一步增加我们关于观察者的知识。我完全赞同波普尔的如下说法："科学哲学……要反对陷入主观论和非理性主义；而主观论和非理性主义……是由于明显不愿意（因而抵制）抛弃无意识持有的信念所致"［KRP（*WP*，p. 199）］。但是，我想把此评论限制于这样的观察者假说——它们很明显是特设性的，除了在"无意识持有的信念"（unconsciously held belief）和相矛盾的证据之间架起一座语言桥梁外，它们没有别的意图。观察者假说或者提出关于我们自己的新假设，或者期望将来可以运用这种假设；因而，其目的是要说明观察和理论之间的不一致，同时要对关于我们自己的知识作出贡献。所以，要鼓励这种假说。36 但是，这种假说还需要关于检验的巴门尼德背景。于是，采用如下方法论原则是明智的：

> 如果假定有两种关于世界（某一时空部分）的阐释——一种阐释使用定律来直接描述其最显著的特征，另一种阐释所包含的定律乍看上去描述完全不同的世界和适当的巴门尼德辩解——那么，总是要偏爱后者，而不是前者。

258　　考虑到关于思维和感知我们知道得很少，还考虑到新近研究的惊人发现——米齐特（Michotte）、转化心理学（transformational psychology）学派和其他人的发现，这看起来是一个非常合理的要采用的原则。我有点担心，把突现、不可逆性、时间依赖性、变异和所有其他非巴门尼德范畴纳入我们的基本定律，这将严重阻碍这些领域的继续进步。[72]这些性质既然已经被投射给了世界，就绝不能再返回到观察者，因此，观察者将依旧是原始的没有组织结构的实体。现在，最重要和最迷人的问题（时间是我

---

36. 例如，这适用于路德维希教授的量子测量理论——这种理论用某些算符来刻画观察者，并证明：给定这些算符和薛定谔方程，高度近似下出现了波包收缩。——请参见：G. Ludwig（路德维希），*Grundlagen der Quantenmechanik*（《量子力学基础》），Berlin（柏林），1954，ch. 5（第5章）。 关于同一研究思路的早期尝试，请参见：D. Bohm（玻姆），*Quantum Theory*（《量子理论》），Prentice–Hall（普林蒂斯－霍尔），New York（纽约），1951，ch. 21（第21章）。然而，要注意的是：新假设不必马上产生，出现所需的内容增加可能要耗费相当长的时间。这种天空现象就是巴门尼德辩解的一个例证，它迄今还没有造成任何明显的内容增加。

们自己看事物的方式吗？或者，时间是世界的一种客观特征吗？）可能完全从视野中消失了。相反，我们必须说：在很大程度上，我们的自我认识依赖于极端巴门尼德框架的进一步发展。

三、经典思想的生存

我想用一些普遍思考来总结这些论证，因为这些思考使我确信：人们应当更加严肃地对待一种特定的巴门尼德框架（即经典物理学，特别是经典力学），应当比人们所倾向的那种态度要更加严肃。毫无疑问，经典力学要比以往的任何一种力学都好得多。[37]但是，它能被取代吗？事实上，它已经被取代了吗？例如，在普遍性和充足性两方面，量子理论或广义相对论已经取代了它，这是真的吗？在我看来，此问题在这两方面都必须得到否定的回答。

首先，有充足的理由来相信：如果不用经典概念和经典假设来补充量子理论，那么，量子理论就不能把经典力学作为特例给我们提供出来。在最近几年，越来越显而易见的是：量子理论在某些程度上仍然依赖于对应原理，它很少能独立生存。[38]显然，我们在这里还没有充分成熟的新的微观世界，因而没有充分成熟的新的世界观，而是在经典物理学和某种未来的乌托邦微观宇宙学之间有一种折中方案。

看到相对论显示了一种非常类似的不完整性（至少部分是因为非常相同的理由），这是出人意料的。首先，迪克教授的研究成果以本质的方式使用经典物理学资源，现在严重危及了广义相对论的充足性（参见前面的脚注20）。至于其普遍性，我们必须记住任何实际的计算都运用广义相对论，并把经典力学运用在前提中。经典思想首先出现在行星轨道的计算中，而这种计算是以经典摄动理论为基础的，只是添加了一点小小的相对

259

---

37. 现在，经典力学正在经历一次新的复兴，这次复兴极大丰富了它，并促发了非常惊人的发展。请参见前面的脚注20。

38. 关于这一点，请参见我的论文："Problems of Empiricism，Ⅱ"（《经验论的问题》第二部分第9节），*loc. cit.*（同前）；以及 "On a Recent Critique of Complementarity"（《论最近对互补性的批判》，第3部分），*loc. cit.*（同前）（这篇论文详尽检析了波普尔关于量子理论的思想）。

论校正。[39] 关于纯粹的相对论计算将产生什么结果（例如，稳定性问题完全是悬而未决的），[73] 我们一无所知。这是实践困难，但是，人们想知道（考虑到某些相对性特征）它是否没有反映出原理性问题。其次，在处理扩展的固体时，我们需要经典思想。其原因是，对于那些在经典物理学中借助于刚体观念得到（近似）描述的现象，我们没有简明的相对论描述。[40] 于是，在所有那些今天被看作相对论的决定性检验的预测中，经典思想本质上都出现了。因此，把这类预测仅仅归属给相对论，并宣称已经带来内容增加和说明力增加，这是极端错误的。[41] 这就是迄今为止的现状。然而，据我推测，广义相对论在原理上也不能推出许多经验预测。我的理由大致

260

39. "星历表是根据牛顿万有引力定律来计算、并用广义相对论来修正的"——请参见：*Explanatory Support to the Astronomical Ephemeris and the American Ephemeris and Nautical Almanack*（《对天文年历、美国星历表和航海年历的说明性支持》），London（伦敦），1961，p. 11。此外，相关的详尽阐释，请参见：J. Chazy（查兹），*Théorie de la Relativité et la Mécanique Céleste*（《相对论和天体力学》），Paris（巴黎），1928，vol. i（第一卷），61，87，135，228。"牛顿理论和爱因斯坦理论的这种混合在理智上是令人反感的，因为两种理论基于如此不同的基本概念。只有当相对论以数学上令人满意的理性方式处理了多体问题时，才能解释这种状况。"——请参见：J. L. Synge（辛格），*Relativity，the General Theory*（《相对性：广义相对论》），North Holland（北荷兰），1964，296f。

40. 请参见：Born（玻恩），*Ann. Phys.*（《物理年鉴》），30，1909，1ff.。在这里，玻恩定义了刚体运动：该定义要求这种运动的相邻世界线之间的距离保持不变。然而，在这种意义下，刚体不能做旋转运动［Ehrenfest（埃伦费斯特），*Phys. Z.*（《物理学杂志》）10，1909，918］，并仅有三个自由度［Herglotz（赫格洛兹），*Ann. Phys.*（《物理年鉴》），31，1910，393；以及 Noether（诺特），*Ann. Phys.*（《物理年鉴》），31，1909，919ff.］。旋转固体必须由相对论流体力学来处理，但是，相对论流体力学还没有得出关于分离体的简明特征。

41. 迪克做了大量研究（参见前面的脚注 20）来把所谓纯相对论预测中的经典要素与"相对论"（relativistic）要素区分开来。人们可能倾向于否定文中的结论，因为经典力学从广义相对论中大量"推导"（derivations）出来了。然而，如果没有表明不仅排除短暂效应，而且也排除长期效应，那么，这种推导就只是形式练习。对于可得到有用天文观察的整个历史时期（超过 3000 年）而言，人们将不得不证明——通常近似中所忽略的微小偏差，不产生可能危及行星系统稳定性的累积效应。据我所知，还没有这种证明。［查兹（J. Chazy，同前，vol. ii，ch. ix－xi）从相对论基本方程近似推导出施瓦西解（Schwarzschild solution），但没有考虑累积效应。因此，对他的陈述"在脚注 39 开头所概述的方法因而被证明是合理的"（182），必须持保留态度。］考虑到相对论多体问题的困难（脚注 39），很快将发现这种证明是不太可能的。但是，如果没有这种证明，那么，对于统一预测的目标来说，所提及的那类"推导"是没有用的。更详尽的检析表明（例如，哈瓦斯的那些检析）：甚至对于更广泛的目标来说（即对于证明爱因斯坦理论和牛顿理论的概念连续性来说），那类推导也是无用的。——请参见：Havas（哈瓦斯），*Rev. Mod. Phys.*（《现代物理评论》），36，1964，938ff.。关于哈瓦斯的论文，请读者不要满足于导论（导论承诺证明牛顿理论和爱因斯坦理论之间的连续性），而是还要查阅其余部分（这些部分的论述是非常不同的）。

如下：广义相对论非常简单，而且也是高度自洽的。这意味着，如果用一条曲线来表示广义相对论的一个定律，那么，任何一条曲线上相互远离点之间都是高度相互依赖的。所以，如果那条曲线的大部分进入任意选择的具有某些简单拓扑性质的范围（如理论实体的范围），那么，中间部分将极不可能离开那个范围（比如，进入可观察实体的范围）。当然，上述最后的思考是高度猜测性的。但是，联系前面的现状描述，它表明关于广义相对论的习惯性哲学评价有严重问题。[42] 这些思考未论及爱因斯坦自己的思想，因为他感兴趣的是"统一"（unification），而不是"被微不足道的结果证实"（verification by little effects）。在所引信件中，他继续说："然而，只有极少数人正确认识到了这一点。"[43]

所有这些论证看起来证明：在我们尝试研究的世界中，经典物理学代表了成功的高地，我们不应当过分草率地抛弃它。有人可能认为这种论证支持修正的康德主义（Kantianism）。在下面的几节，我将论证：希望经典物理学能够容纳波普尔的两个反巴门尼德现象（不可逆性和概率），这并不是太不合理的。

261

四、经典统计

分子拥有内在的混合趋向吗？答案似乎是否定的：如果在没有力作用的一部分世界中，[74] 分子云未受到干扰，那么，它马上将变得没有混合。如果把它密闭在一个容器中，那么，它又将迅速混合起来。这表明混合不是由于分子的内在趋向，而是由于其所处的特殊条件。分子拥有的任何内在趋向，都是由力学定律决定的；这些既不支持可逆性，也不支持不可逆性。例如，如下图所示，一个分子进入一个箱子——箱子高 h，箱子长 l，具有理想的反射墙，在 A 点的角度是 a。

---

42. 当然，物理学已经认识到了这一点。在物理学中，所谓的相对论证据现在要经受一种批判性再检析（这种检析要把推导中的经典要素和相对论要素分离开来）。请参见脚注 20 和 41 及其所提供的文献。

43. 请参见前面脚注 13 中的文献。

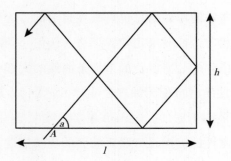

仅当整数 M 和 N 满足关系式 $2h \cdot \tan a \cdot N = Ml$ 时，分子在确定时间段后离开开口 A。如果 $2h/l \cdot \tan a$ 不能用有限小数来表示，那么，逆过程将绝不会发生。

被修改的模型（修改模型只是使模型略微更复杂一些）说明不同波列之间的相干性如何可以被破坏，而且绝不再现。然而，我们还没有引入一个单一的统计元素，缺乏知识也没有起任何作用。所使用的定律是所能想象的最简单的可逆定律。此外，看起来可能的是，让可逆定律在甚至不必是特别复杂的条件下起作用，从而得到不可逆过程（注意，仅仅通过改变容器的长度，就能得到逆过程）。

262　　　下面是一个更现实的例子。一个分子进入一个形状不规则的容器中，它只受到墙壁反射，其他方面没有受到干扰。在什么条件下能期望一个逆过程呢？如果此容器没有显示任何明显的对称性，那么，能发生逆过程的唯一方式是，该分子垂直撞击墙壁，并被反弹回自己的路径。相反，如果假定对于分子路径而言，绝不存在诸如刚才所描述的情形，那么，就能禁止逆过程。如果有人害怕此假定可能导致（通过回归定理）与力学定律相矛盾，那么，我们就引入分子路径的随意干扰，而如下事实证明这些干扰是合理的：[75]"每个分子与整个宇宙有真实的相互作用"。[44] 此外，不可逆性不是产生于定律，也不是产生于运动系统（单个分子）的复杂性，而是产生于约束系统的条件和系统所处的环境。

---

44. Boltzmann（玻尔兹曼），first reply to Zermelo（对策梅洛的第一次答复），Brush（布鲁施），*op. cit.*（同前），225。

我们进一步来探讨这个有趣的例子：两种不同气体的混合——"红色"（red）气体和"蓝色"（blue）气体最初通过墙壁隔离开来。经常宣称的是，仅当我们首先引入一些粗粒化的量，然后追踪它们的发展时，我们才能获得不可逆性。在目前的情形中（宏观观察者和微观观察者都注意到了不可逆变化），这种程序似乎不是必然的。因为对于宏观观察者来说，颜色从红左、蓝右变为全域紫色。微观观察者（在容器的右半部）在其"分子天空"（molecular sky）首先仅看到蓝色星星，然后出现越来越多的红色星星，直到天空几乎均匀地布满了红色的分子星和蓝色的分子星。在一些有限时间后，为什么这些星星没有消失呢？它们没有消失，其原因与第二个例子中给出的相同，唯一的差别是结构排列的复杂性大大增加了。给定某些必定相当精确地实现的初始条件（例如，由专业的台球运动员进行操作），有人现在能设法建构或想象在一、二和三分钟后影响逆过程的容器。这些思想实验立刻表明如下教训：没有巧匠能建构出细节，没有台球运动员能实现对应的初始条件。我们假定——对于隔离气体任何将要实现的初始状态来说，我们的宇宙也没有成功建构出细节。如果这个假设看起来太大胆了，不能成立，那么，人们总能补充说：即使是完美适合于逆过程的一种情形，它很快也会遭到（外部或内部）干扰破坏，因为不存在封闭系统（事实上，这是真的）。

263

总之，如果没有假定趋向于平衡的内在趋向，而只是对某些可逆定律有效的条件给出一种阐释，那么，似乎也能说明不可逆过程（不完美的回声，以及其他类型的不完美）的存在。正如邦德（Bondi）在其评论波普尔演讲中所表述的那样，学会"用'不完美'（imperfect）方式……来更好地思考"，这似乎也不是必不可少的——至少，让这种思考方式侵入我们的定律领域，不是必不可少的。这个领域仍然能够完全是巴门尼德化的。

五、概率

[76]因此，概率登场，不是在我们思考存在不可逆过程的时候，而是在我们想要检析趋向平衡的运动的细节之时。但是，即使在这种场合，力

学看起来也能完成许多任务；或许，没有添加概率假设，力学似乎也能完成一切任务。

　　为此，请思考 N 个台球（ N 是个大数，大约 100 个，这些台球将构成我们的分子）的动力学（不是统计）行为。我们可以问：在合理近似程度上，出现麦克斯韦分布要耗费多长时间（其中，麦克斯韦分布由所有分子的动力学函数 $v_i - \bar{v}^2$ 的行为来刻画）？这是纯粹的力学问题。当然，有人可能把出现平均速度当作导致谈论概率的原因，但是，我认为把平均速度解释为与总动量 $\bar{v} = \frac{1}{N} \sum v_i$ 相当的动力学量更好。这样说更好，是因为它立刻就解释清楚了下面这些论点：包含了新假设；我们的计算仅仅基于通常的初始条件（每个单个分子的位置和动量）和力学定律。[45] 真正的概率理论登场，是在我们决定以不同方式计算平均值的时候，这不是因为建构每个单个分子的路径（建构的方法是：把所得到的值加和，然后用值的总个数来除值的总和），而是因为把 v_i 看作随机变量（这些随机变量使用某些独立假设和中心极限定理的一种形式或另一种形式）。确实，这些是真正新的假设：我们提出这些假设，有时是为了看清它们导向何方；但是，它们经常强加给我们，因为相对于问题的复杂性，我们是无知的。如果人们能获得、处理和消化关于每个单个气体分子行为的信息，而且能借助它在很短时间内计算动力学平均值，那么，谁愿意拒绝使用它呢？不像波普尔那样，在这种特定的求助于无知中，我没有看到任何损害（特别是，因为我们能够设想可以排除这种求助的条件，而且还能知道我们接着如何继续前进）。当然，即使把关于所有分子的完整信息提供给我们，我们也可以决定坚持我们的概率框架。然而，在这种情况下，[77] 检析动力学平均值和概率平均值之间的关系就显得特别重要。毕竟，这两种平均值应当是描述同一种东西：气体（在容器中，以及在开放空间）。"概率方法假定独

---

[85] 45. 上面讨论的这种动力学预测，已经由阿尔德（Alder）和温赖特（Wainwright）讨论过了。请参见他们的论文："Molecular Dynamics by Electronic Computers"（《运用电子计算机的分子动力学》），*Proceedings of the International Symposium On Transport Processes in Statistical Mechanics*（《统计力学中输运过程国际研讨会公报》），ed. Prigogine（普利高津编），Interscience（跨科学），1958，97–131。

立，而动力学方法暗示依赖"这一事实使这种检析变得甚至更加紧迫。[46]
那么，常见的概率假设与力学理论主干有什么关系呢？我冒昧提出如下建
议：尝试从力学推导出它们，这是合理的。[47]

六、伯克霍夫定理（Birkhoff's Theorem）

在统计力学中，我们首先从先验概率出发，然后旨在证明某些物理情
形具有接近于 1 的概率。这种程序的不足是，所考虑的系统另外还应当遵
循力学定律（我现在仅仅探讨经典统计），而且，我们不得不检析先验指
定是否与这些定律一致。当然，有可能把统计力学看作是一种完全新的学
科，忘记其与现有理论的关系。然而，"这种方法准备好承担某种证明困难
所造成的后果；它把物理学分解成支离破碎的、无条理的经验法则，忘记
在物理学中，认识一点也不比计算有用数字不重要"。[48] 因此，我们从能够
进行动力学计算的量出发，如从时间平均值出发。如果有可能不借助系综
理论来计算时间平均值，那么，就把统计物理学还原到了力学本身，反巴
门尼德论证的这种特殊的部分就消失了。但是，这正是伯克霍夫定理所暗
示的东西！根据此定理，几乎在相空间的度规传递部分的各处，任意相函
数 f（它仅满足可微性与可求和性的某些标准）的时间平均值 $<f>_t$ 都等于
相平均值 $<f>_p$。下面，让我们检析此定理的各种思想。

在这里，时间平均值被作为动力学量来计算。当然，平均值还出现在
概率理论中，但是，它们因此与随机变量有联系。在我们目前的情形中，

265

---

46. 因此，波普尔的思想"概率因为我们想要解决的问题而登场"必定不可尽信。在量子理论
中，尤其如此，因为我们知道：在这种理论中，某些明确的非统计问题（电子在何时和在轨道的何
处开始跃升到更高的轨道？）仅允许统计答案。只有在修改经典图像（这种修改迫使我们用非常不
同的问题来取代某些问题）后，概率在计算光谱线强度中的作用才凸显出来。决定性的转折点是爱
因斯坦 1916 年的理论（1917 年发表）：在此理论中，普朗克定律从关于跃迁的纯粹统计假设中推导
出来（邦迪教授在其评论中似乎忽视了这个发展阶段）；而在经典图像中，这种强度只是由经典波动
场的振幅给出。

47. 这似乎也是爱因斯坦的看法。请参见他写给波普尔的信的倒数第二段——收录在《科学发现
的逻辑》（*The Logic of Scientific Discovery*，459f）。

48. C. Truesdell（特鲁斯德尔），*Ergodic Theories：Course 14 of the Proceedings of the Enrico Fermi
International School of Physics*（《遍历理论：费米国际物理学校讲义，第 14 讲》），Varenna（瓦伦纳），
Academic Press（学术出版社），New York and London（纽约和伦敦），1961，41。

这些变量根本不是以随机方式来变化，而是遵循力学定律。

[78]相平均值通常是在统计力学中基于某一等概率假设［微正则系综，托尔曼（Tolman）方法］计算出来的平均值。在此定理中，没有提出这种假设，而是用定理本身来对包含此平均值的公式进行解释，宣称相平均值表示了相关系统的某一远程动力学性质。此外，我们现在有关于统计程序成功的力学说明：这种程序碰巧出现远程力学性质的正确值，因此，还必须给出关于平衡性质的正确阐释。[49]

266

引入"几乎各处"（almost everywhere）这种说法是第一点：在这一点中，可能需要与那些力学假设不同的假设。不得不提出这种假设：关于 $<f>_t \neq <f>_p$ 的那些说法没有物理意义。可是，我不是如此确信，以致应当轻率地提出这种假设，特别是考虑到如下事实——最微小的偏差都可能导致显著的宏观效应（雪崩）。然而，首先，这种假设比传统的等概率假设要弱得多。其次，人们不应当忘记相同的困难也出现在概率理论本身当中。[50] 此外，有可能通过用适当方式限制相函数来取消"几乎"（almost）这个限制词，以致此定理不再适用于所有这类函数，而是仅适用于挑选的类 K 的函数。如果由我们的热力学测量决定的函数形成 K 的一个亚类，那么，问题的这一部分看起来得到了解决。就我所能看到的而言，没有理由来推测此建议将走向死胡同。

就计算实际的时间平均值来说，度规传递性也是一块真正的绊脚石，因为没有简单的方法来识别相空间中的度规传递部分。[51] 然而，这些困难

---

49. 非常可能的是，能够很容易地用概率术语来表示某些力学定理。然而，那将会证明与波普尔想要确立的正好相反的东西！也就是说，将会证明概率定理是根据力学得出的，而没有证明如果不用统计要素补充（或部分取代）复杂系统力学，那么复杂系统力学就不会有效。辛钦（A. I. Khinchin）已经声称：普通力学科学本身就具有统计特征。——请参见：A. I. Khinchin（辛钦），*Mathematical Foundations of Statistical Mechanics*（《统计力学的数学基础》），Dover，N.Y.（纽约州，多佛），1949，10。

50. 它以两种不同的形式出现。第一种形式是，它作为如下问题来出现：是否把 $p（A)=0$ 的意义解释为 A 将不发生（这难以与频率解释相容）？第二种形式是，它作为小概率的问题来出现：只要 $p（A)$ 小于某一非常小的数，人们就应当使 $p（A)=0$ 吗？

51. 这同样也适用于刘易斯第一定理所提出的程序。根据刘易斯第一定理，能够这样计算某些受限的时间平均值：在完整的运动不变量所决定的表面周围，取极小的壳层范围来求平均值。这里，人们又似乎对这种不变量中包含什么相函数一无所知。

似乎与我们的问题毫无关系，因为我们的问题是：概率是否能从纯粹的力学思考中获得？这种棘手状况的实质表明，进一步检析力学将会找到答案。[52]

到目前为止，我们已经检析了所有力学系统的一些共同特征。我们没 267 有引入粗粒密度，也没有运用气体的独特特征——大数分子、哈密顿量（可分离成仅包含一个自由度的组成部分），等等。然而，我们已经延伸得非常远了。这些成为进一步检析力学观点影响力的绝佳理由。

七、结论

[79] 为支持完整的巴门尼德观点（包括模糊的、特设的巴门尼德辩解），我已经提供了一些普遍的方法论论证。在特例中，我尝试证明：情形不可能像波普尔所描述的那样令人绝望，预期力学及其巴门尼德背景的资源还没有耗尽，这是有道理的。这鼓励人们要支持经典观点，即使在明确抛弃它的领域中（如在量子理论中）也要支持它。人们必须这样做，因为只有这样"逆流而上"[KRP（*WP*, p. 147）]，才能形成更批判的态度，对经典物理学和声称取代它的新理论都是如此。

经典物理学代表了我们知识发展的顶点，如果这种说法是真的，那么，这也将是防止我们衰退和失去我们所获成果的唯一方式。

---

52. 必须提及的是，麦克斯韦最初的建议能够造成统计曲解，因为根据麦克斯韦的这种建议，分子与容器壁（对于形状规则的容器来说）碰撞保证能量将是唯一的不变量。然而，不必对麦克斯韦的这种建议进行统计解释，而是能够用前面第四节所建议的方式来审视它。

第二部分　评论和讨论
（1957—1967）

⑮ 271

评兰德的《量子力学基础：连续性和对称性研究》
（纽黑文：耶鲁大学出版社，1955 年）（1957）

[354] 在许多论文和一本书中，兰德（Alfred Landé）教授提出了一种新的量子力学方法。[1] 此主题的绝大多数表述满足如下断言：人们不得不把原子世界的奇特特征（例如，由互补性原理、对易法则或 ψ 函数演算所表示的特征）接受为基本特征，不管正确理解它们可能是多么困难。而兰德也尝试阐明那些特征，其方法是说明如何能够基于某些非常简单的合理假设来理解它们。这些假设是：（a）莱布尼茨（Leibniz）的连续性原理（原因的无穷小变化不能导致结果的有限变化）；（b）下面要提到的一些其他原理。

把（a）应用于两种不同的扩散气体（或者，同一气体的两种状态）将形成如下假设：由混合导致的最大熵增应当依赖于混合成分的相似程度。兰德把这一假设称为"熵连续性假设"（postulate of entropy-continuity）。此假设消除了最早由吉布斯（Gibbs）讨论的一种非常奇特的统计力学悖论，同时，还导致形成一些众所周知的量子力学特征：把状态分类为相互正交状态的集合、分裂效应、跃迁和玻恩解释。

例如，让我们从某一系统（气体）的一切可能状态的类 K 开始，选择 272 状态 A_1，然后选择与 A_1 完全不同的状态 A_2（即在与 A_1 混合时，A_2 产生最大熵增的经典值），继续选择与 A_1 和 A_2 完全不同的状态 A_3，等等，直到

---

1. 关于论文，我仅提到如下几篇："The Logic of Quanta"（《量子逻辑》），*The British Journal for the Philosophy of Science*（《英国科学哲学杂志》），6，1956，pp. 300ff；"Quantum-Indeterminacy, A Consequence of Cause-Effect-Continuity"（《量子不确定性：因果连续性的意义》），*Dialectica*（《辩证法》），8，1954，pp. 199ff；"Continuity, a Key to Quantum Mechanics"（《连续性：量子力学的一种解答》），*Philosophy of Science*（《科学哲学》），20，1953，pp. 101ff（此外，请参见这最后一篇论文中所提供的文献）。

最后没有留下与前面已选择的所有状态完全不同的其他状态。这样，就得到了由"相互正交的"（mutually orthogonal）状态组成的类（A_i）。从余下的状态中选择状态 B_1，继续像前面一样操作，直到最后没有留下与前面已选择的状态 B_i 正交的其他状态，这样就产生了类（B_i）。继续这样的操作，直到最后把 K 的所有组元都挑选出来。[355]这种方法（不是必然明确的）最终把 K 的元素分类为相互正交状态的集合。

再则，在热力学内，状态之间的关系通常由理想实验来确定。当且仅当我们可以用半透膜把两种状态隔离开来时，它们才是不同的。引入相似分数意味着承认在完全隔离与完全缺乏隔离之间存在中间情形。于是，如果 A 过滤器让状态 A 通过，但完全排斥与 A 正交的任何状态通过，那么，可能发生的是，状态 B（$B \neq A$）将既不会完全通过，也不会被完全排斥。B 被分裂成两部分：一部分通过，一部分被排斥。换句话说，一摩尔 B 气体被分裂成——通过的 $q(A, B)$ 摩尔，被排斥的 $1-q$ 摩尔。这形成了一个操作定义，把 q's 定义为通过分数。

此外，根据上述的 A 过滤器定义，已经通过此过滤器的那部分 B 气体处于状态 A：B 气体对此过滤器的反应方式是，一部分跃迁为状态 A，另一部分跃迁为状态 $\overline{A}$。就 B 气体暴露于 A 过滤器来说，只是分裂成 A 和 $\overline{A}$，因此就得到 $q(B, A) + q(B, \overline{A}) = 1$；或者，如果更详尽一些，把总和扩展到（$A_i$）的所有元素，那么，就得到下式：

$$\sum_i q\,(B,\ A_i) = 1$$

q 的对称性源自非常简单的热力学思考。如果给这种阐释再补充这样的假设——任何物质都是由不可分的单元构成，那么，关于概率，我们就得到如下结论：$q(A, B)$ 是处于状态 B 的气体粒子（当被暴露于 A 过滤器时）将通过 A 过滤器的概率——"正确的统计解释（玻恩）直接来自量子理论的热力学源头"（p. 56）。

除了熵连续性原理（我们刚才一直在讨论它的一些结果）外，兰德还

使用（b_1）原理——存在普遍定律使我们可以从 $\{q(A，C)\}$ 和 $\{q(C，B)\}$
推导出 $\{q(A，B)\}$［即具有元素 $q(A_i，B_k)$ 的矩阵］。另外，兰德也使
用（b_2）假设，即相空间中的恒定概率密度假设——兰德错误地把此假设
等同于刘维尔定理（Liouville's theorem）。最简单的（如果不是唯一可能
的）满足（5X）的方式在于假定 $\psi(A，B)=\psi(A，C)\cdot\psi(C，B)$［其中，
$\psi=\sqrt{q}\exp(i\varphi)$］，即在于假定概率幅的"叠加定律"（law of superposi-
tion）。（b_2）直接导致形成玻恩的对易法则。到此就完成了兰德关于普遍
量子力学的阐释。

273

　　如果尝试评价这种阐释，那么，我们就必须马上承认其具有方法论重
要性。我们这里的论述条理分明，这使得更加容易理解整个理论赖以为基
础的原理。但是，所用的具体原理还暗示一种看待这种理论的新方式——
比起当今许多物理学家所喜爱的团体哲学，这种理论要更加接近于经典思
想。因为，[356]通常假定的是，这些问题被所谓的"哥本哈根解释"彻底
解决了。

　　关于哥本哈根解释，人们应当认识到这一点：它不是通常意义上（例
如，在人们讲到玻恩"解释"的意义上）的一种解释。对于把其他方面是
纯数学的形式体系应用于"实在"（reality）来说，或者（如果因为"实
在"明显具有"形而上学"特征而不喜欢它），对于用量子理论来处理物
理问题而言，玻恩解释是充分必要的。因此，其他任何要素不管可能多么
有趣、多么富有成效，它都不是必要的，不会通过物理学、"经验"（expe-
rience）或任何类似的缘由来强加给我们；我们必须根据其成效、内部一
致性和说明力来判断任何一点猜测。这种猜测（如果你喜欢，即玻尔解释
的形而上学特征）经常被人们忽视，因为人们习惯于从量子理论自身角度
来看待量子理论，所以，物理学或简单的分析物理理论都强迫人们采用玻
尔的观点。承认这一点就意味着：在某种程度上，我们可以自由发明和思
考其他的"形而上学"解释。在迄今所提出的全部解释中，兰德的尝试看
起来是"贴近实在"（next to reality）的一种尝试，即它很少超越玻恩解
释，因而应当最适合于阐明量子力学自身。关于次要的论点，不管人们想

到什么，毫无疑问，人们都必须承认：在兰德的论述中，完全缺乏玻尔图像的令人不满意的奇特特征。比起人们通常倾向于承认的来说，量子理论要更接近于经典物理学得多。已经证明了这一点，是兰德研究工作的另一个重要的优势。因为不能确定兰德的方法在热力学范围内是否站得住脚，所以，指出下面这一点是有用的：（兰德主张的）状态的部分可分离性对应于这个众所周知的事实——在量子力学内，当且仅当状态相互正交时，它们才是由半透膜完全可分离的。正是冯·诺依曼首先把此定理与吉布斯悖论联系起来，但是，他没有使此事实成为此理论新呈现的起点——请参见：《量子力学的数学基础》（*Mathematical Foundations of Quantum Mechanics*），普林斯顿（Princeton），1955，p. 370。

应当提到两个关键点，一个是普遍的，另一个是具体的。首先，熵连续性假设和普遍连续性原理自身之间的关系几乎没有像兰德所声称的那样（即直接推导）密切。因为有无数的例证表明：直接应用更普遍的原理将导致不合意的结果。例如，一个质点沿直线 l 匀速运动。一个点把 l 分成两段 l_1 和 l_2。这个质点从 l_1 到 l_2，就包含了非连续性。[357] 因此，在此例证中，引入"在 l_1"（being in l_1）的尺度和"在 l_2"（being in l_2）的尺度，从而完全抛弃连续运动的概念，这似乎不是明智的。因为通过对此过程进行不同的描述，并在误差理论范围内来处理经验部分，就能很容易消除不合意的非连续性。这表明：虽然连续性原理可以被当作指导原理，但是，它不足以从经典力学中推导出熵连续性。另一个评论是有关波函数在兰德的论述所起的作用。兰德认为存在量子理论的这样一种形式（诚然，它极其不可行）：它不包含任何概率幅，而是仅包含概率。换句话说，他认为概率幅没有独立的物理学意义。考虑到波函数和薛定谔方程的对称性的重要性，我不确定关于此问题的这种阐释是否正确。但是，对于那些想要明白物理学的人（这也应当包括那些物理学家）来说，那些极小的困难对兰德的研究工作的价值没有造成任何损害。

⑯

275

与罗森菲尔德和玻姆等人讨论的摘录（1957）

一、与玻姆（David Bohm）、赫腾（Ernest H. Hutten）、普利斯（Maurice H. L. Pryce）、罗森菲尔德（Léon Rosenfeld）和维吉尔（Jean-Pierre Vigier）讨论下面两篇论文：

玻姆的论文《建议用亚量子力学层次的隐变量来说明量子理论》（"a proposed explanation of quantum theory in terms of hidden variables at a sub-quantum-mechanical level"）和罗森菲尔德的论文《对量子理论基础的误解》（"misunderstandings about the foundations of quantum theory"）

[48] **费耶阿本德**：玻姆教授在其演讲中所做的讨论和评论非常清楚地阐明了冯·诺依曼证明的意义。他正确地强调指出："不存在隐变量"这一陈述是量子力学定理，而不是其真理性被永远绝对证明了的陈述。那么，反对玻姆的人说他的理论完全不可能成功，其理由是什么呢？这个理由是一种信念，而这种信念基于如下假设（所有归纳主义的科学解释都假定这样的假设）来相信当今量子力学的一些原理是真理：（a）当今的量子力学是对事实的理性概括；（b）任何未来理论也必须是对事实的理性概括；（c）因此，没有未来理论可能会与量子力学的当今形式相矛盾。真实的情况是，这种观点如果受到质疑，就几乎没有任何物理学家将赞同它，显然，罗森菲尔德教授就不赞同它。但是，如果分析物理学家各种哲学作品（如玻恩的新书），那么，将会表明：这种观点是许多物理学家隐含的确信理由，当今 276 的量子力学（至少作用量子）将必须是任何未来理论的一种必不可少的未受更改的组成部分。在我看来，这是一种非常武断的观点。另一种武断的

观点（它是哥本哈根解释的组成部分）是：从根本上讲，理论仅仅涉及经典可描述的事件；经验是用经典术语来描述的；量子理论本身只是预测经典事态的一种方式。正是这种思想导致形成了著名的"观察者侵入物理理论"。这应当表明哥本哈根解释把许多武断的、也许甚至是错误的东西作为要素来包含在内——正如罗森菲尔德教授自己表述的那样，这远非是"强加给我们的"（forced upon us）（这又是一种归纳主义思想）。罗森菲尔德教授提到的如下事实也没有给我留下深刻印象：作用量子定律在所有领域总被发现是正确的。因为没有什么事比保留一个想保留的定律更容易了，我想知道：在作用量子情形，这种保留是由于许多物理学家力图保留它，还是由于它事实上是真的。给玻姆教授的一个问题是，他说他能从他的模型中推导出玻尔—索末菲条件、狄拉克方程和波函数的对称性。这不足以证明此模型在量子力学层次的适当性。因为在当今的量子力学和（比如）扩散理论之间存在许多形式相似性：这些相似性是非常诱人的，但是，在一点或另一点上，它们总是失败的。因此，有可能的是，玻姆推导出来的只是与量子力学具有形式相似性的一种理论的组成部分，而不是量子力学自身。只有当今理论的全体形式工具的推导与其正确解释一起才将证明：他的模型在量子力学层次上是适当的。

评论在当今量子力学与玻姆新模型之间的关系。[49]当人们听到反对玻姆的人所提出的反对理由时，首先想到的是，19 世纪对原子理论的反对。那些反对可怕得多，因为它们看起来揭示了"把热力学还原为原子集合力学"思想中的矛盾。有洛施密特（Loschmidt）的可逆性反对、策梅洛和庞加莱的重现反对。然而，原子理论最终成功了，甚至能被用来证明现象学阐释不是普遍正确的。相比于今天的量子力学，那时的情况更加明朗得多，经典力学和经典热力学得到更好的理解，而且也很少被哲学迷雾所笼罩。任何人如果已经采用（比如）冯·诺依曼阐释（这种阐释只是依赖于此形式体系和玻恩解释），并把这种阐释与正统观点（除根据玻恩解释中的理论所得到的要素外，这种观点还包含许多其他武断的假设）相比较，那么，就应当清楚哲学迷雾笼罩着量子力学（至少，哥本哈根学派所表述的量子力学）。在关于此问题的任何讨论能够成功前，我们需要做的是"最少呈现"（minimumpresentation）量子力学，即仅"呈现"绝对必不可少的。这还没有实现，哥本哈根解释远没有实现它。……

[52] **罗森菲尔德**：……关于费耶阿本德的评论。他从我的论文中单独引用一句话，而没有引用两三页后的另一句话（在这句话中，我明确说：按照当前情形，量子力学确实不足以处理那些新现象），我认为这不是很公平。没有人认为量子理论的原理具有绝对有效性。所有人都赞同必须对它做点什么；可是，按玻姆的方式来做还是按别的方式来做，这还有待观察；但是，无论做什么，必将意味着对目前量子理论有效性的限制。现在，玻姆说：这种限制是一种对作用量子原理的限制。我已尝试指出的是，到目前为止，我们还没有从这种限制的经验中得到任何归纳。相反，已经发现所有新现象都满足此原理。为什么人们应当仅仅猜测正是此原理有缺陷呢？现在，费耶阿本德博士说：在量子理论中，有一个武断的假设，即这样的假设——必须用经典方式来定义概念。好吧，如果你喜欢，就称它为一个假设。但是，那不是显而易见的事情吗？否则，你如何能进行定义呢？

普利斯：哎，无论如何，你不是那样做。

罗森菲尔德：当然，我们是那样做，可是，我们要小心行事。我们经常忘记这一点。定义位置或动量的唯一方式是借助于某种操作，我们把这种性质归属于这种操作。我们为什么以经典方式和通过经典途径来这样做的理由是，因为经典物理学是适应于我们观察尺度的那种物理学。我们为什么被迫这样做的理由是，因为我们毕竟是由许多原子构成的生物，并被赋予某些感知，而且，我们以某种方式来观察外部世界。于是，如果我们想以可交流的方式来描述我们的经验，使得像我们一样的其他人能够懂得我们的言说，那么，我们必须使用指涉这些观察可能性的概念。在所有人看来，这不是完全显而易见的吗？

普利斯：不是。隐藏在这些插话背后的、我没有明确指出来的论点是，我们不得不把我们的描述还原为"日常"（everyday）概念，即还原为

278

我们实际做的或能够做的，而不是还原为"经典力学"（classical mechanical）概念，因为它们自身是从日常概念抽象出来的。

罗森菲尔德：这非常出人意料。

费耶阿本德：我们一旦有了一种新理论，我们就必须在各个方面使用它，不论是描述经验，还是描述其他东西。

[53] **罗森菲尔德：**是的，但是，那意味着什么呢？我的意思并不是我们必须让每个概念都指涉观察。但是，我们最终必须那样做，方式可以是相当迂回的，而且，在绝大多数情况下，我们不会明确做出来（因此，我们忘记了这一点）。然而，最终，为了与别人交流你的所思或所看，不管你做什么，毫无疑问，你必须使用一种他们能够理解的语言；你必须把他们置于这样一种情境之中，他们才能理解你的意思，能重复你的观察。这是很明显的事情，难道不是这样吗？

费耶阿本德：我可以尝试用一个例子来说明我的意思。以狭义相对论为例。根据这种理论，如果你没有指定某一坐标系，那么，你就不能把长度归属于一个给定对象。在这种意义上，长度概念是一个相对概念。在提出狭义相对论之前，认为长度是对象的一种性质。依照哥本哈根学派在量子力学中所采用的程序，即不用可得到的最好理论来描述经验，而是用某种先前的理论来描述经验，而这种先前的理论与我们经验事物的方式如此密切相连，以致我们几乎不能想象不同的事物，就狭义相对论来说，我们将被迫用非相对论的方式来描述我们的测量结果，即我们将被迫描述它们，却没有指定所用的坐标系。这是一种非常奇怪的程序。此外，下面这种说法也是极为虚假的：仅仅在对所做实验进行理论阐释时，才指定坐标系。这个自然的步骤是要表明：迄今为止，我们的经验已经误导我们相信长度是一种性质，而不是涉及坐标系的一种关系。此外，此步骤还要尝试和改善现状，其方法是：甚至用新的相对论来描述实验结果，而不是用先前的理论（如牛顿理论）来描述实验结果，因为先前的理论对长度的关系特征一无所知。

罗森菲尔德：这是对经典物理学的一种误解。

279

赫腾：我认为逻辑会大有帮助。我们必须总是有一种公认的语言来言说已知的事物。如果你有一种新语言，提出新思想，那么，你必须首先用一种你懂得的语言来表达它们。换言之，我们把经典物理学用作元语言。

罗森菲尔德：但是，在相对论中，情形完全相同。相对论是经典物理学的组成部分。我用经典物理学意指我们尺度的物理学，包括相对论。因此，正如你所说的，只要我们保持在经典现象的范围内，我们就把长度归属于对象，这是真实的，这是一种允许我们在这个层次上所做的近似。与此相联系，我想对波普（Bopp）教授说：在我看来，玻尔已经做了波普教授想要的那种分析。关于这种经验，他仅仅使用了经典语言，因为经典语言是我们描述这种经验的唯一工具，尽管其应用受到独立于我们的自然定律的限制。这把我导向了维吉尔的问题，他绝对想要指责我是实证论者。[54] 我认为，在早期实证论者（我非常敬佩他们，甚至很敬佩马赫，尽管他厌恶原子论）和后期实证论者之间存在很大不同。对于后期实证论者，我没有这种同样的敬佩，因为我认为：实证论的错误之处在于它变成一个体系，而在这个体系中，把我认为是马赫提出的那些美妙观点固化成绝对有效的原理。后期实证论者仍然坚持：科学只是一种语言，人们只能通过把陈述还原为感知材料来决定陈述，等等。马赫自己不是非常一致，而且犯了许多错误，鼓励朝那个方向发展。然而，就量子力学而言，我想说的是：如果不假定存在独立于我们所思并且是我们所有思想的最终源头的外部世界，那么，就不可能理解量子力学。在这种意义上，对于今日实证论者提议的我们的陈述的主观性，我是完全拒斥的。至于原子以及玻姆和其他人援引为隐变量理论成功例证的原子理论，我不得不表明这一点：当然，存在原子，所以，在我们有可能观察原子之前就讲到它们的人是非常幸运的，这也符合菲尔兹（Fierz）所说的偶然发现真理的可能性，但是，如果不得法，那么，就没有机会成功。毫无疑问，培根（Francis Bacon）的情形就属于后者，虽然关于科学，他知道得并不多，但是，他碰巧提出了某些后来被证明是正确的思想，同时还提出了许多最后被证明是错误的其他思想。因此，我认为论证不是很有说服力。关于 19 世纪的原子理论，现在有必要进一步深入其历史发展，追踪这种思想从猜测（无论其真假）发展为科学理论。从我们今天的观点来看，我认为：单个的原子过程在 19 世纪末才被观察到，事实上，这几乎就是一个偶然事件。原子论者，如玻尔兹曼，有非常令人信服的理由来确信原子的实在性，尽管他们从未看到单个的原子过程。对于麦克斯韦而言，现象层次未确定的各种参量之间的联系是一种非常强有力的支持论据，来支持根本机制的实在性。另一个非常重要的观点是，有可能进行预测和发现现象参量之间的关系，而没有深入原子结构的细节。由此，原子理论的随意程度就大大降低了。麦克斯韦发现了其分布定律，这是真实的，但不是必然的。原子理论最美妙的应用是最早的那个应用，即拉普拉斯（Laplace）毛细现象理论。在此理论中，他仅仅假定分子间的作用力是短程力，而且，他仅仅从这一假定中就能推导出毛细现象的所有宏观定律。这表明这种构思中几乎没有随意性。在我看来，只是原子理论的那种早期特征赋予了其科学理论与猜测不同的性质。在马赫批判原子理论时，当然，他犯了错，他不得不为此担责。但是，除此以外，他论述功的守恒（Erhaltung der Arbeit）的论文正好是一种明智的警告，警告原子理论中引入任意要素具有危险性。他的完整观点是：如果人们没有令人信服的实验理由，那么，[55] 人们就无权引入来自宏观物体经验的力学概念，而且无权把这些概念应用到原子。我认为，仅仅由于马赫碰巧得出错误结论就批判他，这是不公平的，因为他的批判是完全适当的。现在，维吉尔给我们举了一个例子，在这个例子中，以两种不同方式来解释相同的物理定律。我不想像他那样来描述这个例子。我想说的是，我们有两种都是自包含的不同理论，即微观描述和现象描述：后者是一种明确的概念体系，而且与数学符号相联系；前者是另一种概念体系，即由大量粒子组成的系统的特性，而且假定这些粒子的运动遵循力学定律；此外，我们在一种理论中定义与另一种描述有独一联系的量，当然，这样定义的量还满足相同的关系。

维吉尔：我谈论的是那个时期，其间，气体运动理论还没有覆盖宏观定律的全部范围。一旦覆盖了全部范围，即覆盖了全部实验和不能基于宏观定律来预测的事物，那么，情形就不一样了。

罗森菲尔德：关于赫腾博士强调的事实（即玻尔提出了一种建议，建议如何处理要求新相互作用的新过程），我现在或许想指出：其他人也正在这样做，而且在基于量子理论发现关于那些耦合的描述方面取得很大进展，甚至在缩减独立的相互作用类型数量方面也取得很大进展。因此，在两种情形中，都同样在追寻简单性。

玻姆：我同意费耶阿本德博士所说的，使用一种新理论来修改关于旧概念的定义。关于狄拉克方程的推导，在近似或极限情形的意义上，有这样的意思。我总认为，在更深的层次上，在这种理论和量子理论之间存在基本矛盾。此外，还产生这样的问题——我们如何从连续性得到非连续性？从德布罗意的思想来看，这是尽人皆知的。在这种思想中，借助爱因斯坦的关系式 $E=hv$，德布罗意把分立能级解释为连续波振动的分立频率。接着，我的下一个问题是如何说明爱因斯坦的关系式，这是我在这里已经开始做的事情。我能够证明：如果存在连续的相分布，那么，连续性要求（适用于积分 $\oint pdq$）正好导致形成蕴含爱因斯坦关系式的玻尔—索末菲关系式。从经典力学来看，这种情形早已司空见惯。在经典力学中，非线性振荡具有稳定的振荡模式，而且携带确定的能量；实际的振荡围绕这种稳定的能量而波动。人们能这样来概括：在物理学和数学中，一种很常见的现象是——你能从一个观念近似推导出相反的观念，以致在某种意义上，一个观念蕴含另一个观念。这就是这里所发生的事情：从源于亚量子力学层次背景的粒子相的连续性，我正好推导出爱因斯坦关系式以及关于能量和动量的德布罗意关系式。[56] 我不想借此说只有连续性是正确的概念，而非连续性就是错误的概念；我想说的是，两种观点都是正确的，但是，每一种观念都仅仅反映了现象的某一方面。每一种观念都在另一种观念中得到反映，这使你能从一种观念近似推导出另一种观念。接着，就出现了关于对称性和反对称性的问题：真实的情况是，从场论出发，你能够推导出波函数是对称的，或是反对称的；但是，这不是用相当随意的方式来做的。在我正在发展的理论中，人们不是一开始就为每种粒子假定单一的

282

场，再进一步假定每种场导致形成对称或反对称的波函数；相反，人们从单一的亚量子力学层次开始，从这一层次产生各种各样的粒子，这些粒子具有作为同一事物不同方面的对称波函数或反对称波函数。此外，这些粒子的相互作用隐含在理论中，而不是被假定的。确实，看到两个粒子相互作用，不是因为首先假定它们是分离的存在，然后让它们相互作用，而是因为它们是同一事物的不同方面。由此可见，它们的相互作用特征是从基本理论中推论出来的，而不是被假定的。因此，这种理论开启了一种可能性来解释如下问题：为什么存在具有不同质量的不同种类的粒子？为什么它们以其方式来相互作用？为什么它们具有诸如此类的性质？本轮问题出现了。我相信我们的理论更像哥白尼理论，常见的量子力学更接近于本轮观点。因为目前存在 20 多种粒子，每种粒子都具有一种场，而且在每两种场之间假定某种相互作用。没有人能否定那种图像的价值。但是，情况仍然是，你必须构思与粒子一样多的场，并必须假定对应的相互作用。此外，从我们的观点来看，存在一个更深的层次，而在这个层次上，所有的这一切都将近似出现。这就解释了如下问题：为什么存在那些粒子，为什么它们以其方式相互作用。这提出了另一个论点，即理论的基本目标不只是获得简单性。强调简单性仅是部分正确的，但是，这样说也不是最好的方式。理论的目标是现象多样性背后的本质或统一性。如果人们已经发现这种本质，那么，一般来说，人们就能把相关理论应用到更广的领域，即远远超出最初的事实领域。换言之，人们已发现的定律不仅适用于先前的旧事实，而且还适用于新事实，不仅是那同一领域的新事实，而且常常是新领域的新事实。世界被如此构建，它拥有这种定律，因而人们能从有限数量的事实中抽取本质，并能获得其内含多于所基事实的理论。于是，科学的重点不是如此专注于概括人们认识的事物，而是要发现那些适用于新领域并预测新事实的基本定律。下面的事实是客观事实：世界被如此构建，大体上说，通过发现多样性背后的统一性，人们将得到其内含多于最初事实的定律。这里，自然无限性登场了：全部科学方法蕴含着——没有理论是最终的。人们总可能漏掉什么。至少，作为一种研究假说，科学假

283

定自然无限性；这种假设远比我们所知的任何其他观点更符合事实。[57]
关于现在作为统计理论极限的决定理论，赫腾提出了下一个问题。但是，
相反的也是真的。昨天，我简单讨论了这一点。如果你有大量变量经历充
分复杂的运动，那么，你能证明：在任意程度上，能从决定理论得到统计
理论的绝大多数本质结果（例如，随机性和高斯分布）。同样，反过来，
在任意程度上，任何决定理论都能被近似为统计理论的极限。这又成为我
们的观念特征。每个特定概念都能在其对立者中发现其映象，而且在其对
立者中，能在任意程度上得到近似。然后，我想提出关于发现原子的这个
问题。而且，我相信这不是一个运气的问题。因为原子理论的基础在于如
下事实：绝对需要解释大尺度理论的某些难题。德谟克利特（Demokritos）
试图解释芝诺悖论（Zeno's paradoxes）的难题，这确实是科学进步的基本
方式：通过提出新的观念，来解决某一层次上的观念难题。我们超越这种
现象，尝试获得更多的东西（多于它所暗示的东西）。最后，我想提出如
下问题：我们将如何定义事物？即关于事物的概念，如位置等。这是费耶
阿本德博士提出的问题。我相信我们必须用一切可用的概念来定义性质
（如位置）。在中世纪，或在此之前，在精确定义位置方面，人们不是非常
成功；后来，几何学发展了，它们能更好地定义位置。然后，随着力学和
波动光学的发展，有可能进一步更好地这样做，因为人们能使用力学参量
和光学参量等。现在，如果我们到达亚量子层次，那么，我们能用亚量子
层次的参量来定义位置。换句话说，当我们越来越深入自然，发现越来越
多的存在时，位置的观念像所有观念一样，可以拥有无限的可能性。我们
不能抛开我们所用测量工具的实际物理性质来测量位置。这是相对论的教
训之一。在相对论中，我们使用以某种方式运动的测量杆和时钟，所以，
我们必须改变我们的位置观念。

284

　　二、讨论下面三篇论文：

　　菲尔兹的《物理理论涵盖一种"客观真实的单个过程"吗？》（Markus
Fierz，"does physical theory comprehend an 'objective, real, single pro-

cess'?"）、科纳的《论物理学中的哲学论证》（Stephan Körner, "on philo-
sophical arguments in physics"）和波兰尼的《科学中的美丽、高雅和实在》
（Michael Polanyi, "beauty, elegance, and reality in science"）

[112] **费耶阿本德**：菲尔兹教授说过：人们（如爱因斯坦等人）想描述
单个过程。而且，他尝试指出：[112]力图进行这种描述将带来经典力学中
已经存在的困难。在尝试证明这一点的过程中，他论证道：（1）我们总是
进行理想化；（2）任何关于个体的断言只能通过把它与其他对象进行比较
来检验。我认为，在说这些时，他已经忘记：在不同的情境中，这两种方
法可能导致形成不同的结果。以经典力学和量子力学为例。在这两种力学
中，我们都进行理想化，都使我们的断言（或理论）以不同对象之间的比
较为基础。但是，两者的理想化是完全不同种类的理想化，而且，爱因斯
坦想要实现的是经典种类的理想化，不是在菲尔兹教授所说的意义上的完
整描述。关于科纳教授和罗森菲尔德教授之间的争论，科纳教授说：我们
能争论调节性原理（regulative principles），有一些自由。罗森菲尔德教授
却反对，并说道：没有太多自由，至少就量子力学来说是如此。罗森菲尔
德教授提出两种论证，但是，我认为它们是无效的。第一种论证是：如果
我们试图使用不同的"元"（meta-）解释，我们就会碰到认识论矛盾。我
的观点是，我们碰到的认识论矛盾是与如下预设的矛盾：要用经典力学
（而不是用可得到的最好的理论）来描述经验。正统学界持有这种预设，
我认为必须对其进行批判。罗森菲尔德教授昨天说，这种预设是自明的、
理所当然的。我认为它不是自明的，因为物理学家迄今为止还没有接受这
种原理，他们总是用可得到的最好理论来描述经验。我认为正是这种原理
造成认识论矛盾。罗森菲尔德教授所用的第二个论证是爱因斯坦-波多尔
斯基-罗森论证。但是，只要没有实验证据证明量子力学所预测的结果事
实上是正确的，那么，这个论证就不是一个真正的论证。

最后，关于玻姆教授的自然无限性的简短评论。他似乎在应当保持分
离的两种解释之间摇摆不定。在一种解释中，自然无限性原理是一种方法

论原理，其意是：物理理论的每个陈述不是最终确定无疑的，而是可能在未来某时被证明是假的。在另一种解释中，可以把这种原理称为一种经验陈述，一种描述世界的陈述，其意是：世界上有无穷多个体，每个个体都有无穷多的性质。

三、与玻姆和维吉尔讨论下面两篇论文：

费耶阿本德的《论量子测量理论》（Paul k. Feyerabend,"on the quantum-theory of measurement"）和绥斯曼的《测量分析》（G. Süssmann,"an analysis of measurement"）

[138] **玻姆**：我想让大家注意一个重要的问题，即薛定谔首先提出来的关于测量理论的问题。他提出一个假想实验，在实验中，单个光子通过半面涂银镜。此光子或者被反射，或者被传送。如果它被反射，那么，什么也没有发生；如果它被传送，那么，它激活光电管开枪射击，杀死小箱子中的猫。

在实验结束后、但在任何人打开箱子查看之前，组合系统的波函数是如下两种函数的线性组合：一种函数表示死猫，另一种函数代表活猫。但是，在此时，不仅不可能说猫是死还是活，而且，甚至不可能说猫死或猫活。当然，在某人看了之后，他或者看到猫死，或者看到猫活。随之来调整波函数。现在，如果我们想要客观处理整个过程（即在处理过程中，观察者没有起任何本质作用），那么，在理论中必定存在比波函数更多的内容。因为像通常认为的那样，波函数并没有为实在提供最完整的可能描述。这表明：量子力学是不完整的；除波函数之外，应当补充其他参量来告诉你在相互作用后，系统的实际状态是什么。在仪器运转结束后，但在任何人查看前，系统已经处于某种状态。然后，观察者查看，并发现是什么状态。客观上出现了波包收缩，但是，这不是借助观察者，而是借助那些补充参量。

[139] **费耶阿本德**：我认为这个创新的程序是不合理的。而且，我认为

286

量子力学能通过其目前的形式和解释来解决此悖论。人们只是必须思考——在相互作用结束后，组合波函数具有如此特性，使得宏观观察者不能在如下两种统计结果之间发现任何差异：一种是该组合波函数所蕴含的统计结果；另一种是混合所蕴含的统计结果，而在混合中，不能说测量仪器（或猫）处于各种不同状态中的任何一种。因此，如果人们考虑如下事实——查看猫（或者，用来测定猫的状态的仪器）的观察者仅能区分宏观的事件和状态等，那么，人们就可以识别这种波函数和混合。如果人们可以进行这种识别，那么，"即使任何人查看前，猫也处于确定状态"这一假设将不会导致任何矛盾。

玻姆：这非常类似于我提出的思想——在大尺度上，存在一些经典变量不满足量子理论。

费耶阿本德：那是一种误解。在大尺度上，存在各种各样的变量。其中的一些能被宏观观察者测量，另一些不能被宏观观察者（或宏观测量仪器）测量。但是，如果一位宏观观察者仅仅考虑那些他能测量的变量，那么，他将发现在如下两方面之间不存在差异：一方面是组合波函数，它禁止他说猫处于明确确定的（尽管或许是未知的）状态（死或活）；另一方面是那种混合，它却没有禁止他说这些。

玻姆：这样，观察者就具有关键作用，"它处于明确确定的状态"这一事实看起来就再次依赖于观察者了。

维吉尔：薛定谔悖论表明如下事实：存在某种东西，它出现在宏观层次上，我们却不能描述它。存在"猫或死或活"的事实，但是，此事实没有进入关于此过程的描述，因为这种描述完全是统计的。但是，这使我们想起下面的论点：我们在宏观层次上拥有的唯一知识就是统计知识……

[146] **费耶阿本德**：我们有一种测量工具，其测量结果通过指针位置来表示（指针仅有两个可能的位置：朝上或朝下）。在与所测量系统的相互作用结束之后，可以问两个不同的问题。第一个问题是：人们能否从系统和测量工具的组合状态中推论出有如下大意的一种陈述——指针将处于明确确定的（尽管或许是未知的）位置？这是玻姆和维吉尔一直在提问的问

题，必须用否定来回答此问题。对测量理论来说，第二个问题很重要，可以把它表述如下：这一陈述"组合系统处于某一组合状态"与另一陈述"指针位置已经是明确确定的"相容吗？根据精确的阐释，这两个陈述并不相容。顺便说一下，这表明：对第一个问题的否定回答，并不意味着量子力学是不完整的（不像玻姆和维吉尔似乎相信的那样）。因为组合波函数不是太"贫乏"（poor）而不能对指针位置有任何言说，而是严格禁止我们对指针位置有任何确定的陈述。因此，精确的阐释迫使我们提出诸如"量子跃迁"（quantum jumps）之类的东西，这把我们从组合状态引向经典层次，而在经典层次，猫必定或死或活，指针有确定的（尽管是未知的）位置。我的论点是：这是由于精确阐释的不完整性。因为精确阐释没有考虑：（a）测量仪器是宏观系统；（b）观察者查看它，或者，观察者查看用来确定它的状态的仪器（照相机），但是，观察者不能测定所有它的更精细的性质。（a）和（b）使得我们可以用混合来代替组合波函数，不是因为量子跃迁实际上已经发生，而是因为不可忽略所包含的误差。于是，考虑相关系统独特（即宏观）性质的完整测量理论就不再产生猫的悖论，并且也没有包含量子跃迁，而是仅包含运动方程和某些关于所测量系统特征的特殊假设。因此，我反对绥斯曼的理由仅仅是：他的阐释是不完整的，尽管是正确的。当然，他对组合波函数并不满意。他想有这种混合，是为 288 了能用几乎经典的方式来描述测量仪器。但是，他没有考虑这种转变所包含的近似，也没有基于测量仪器的特殊性质来为其辩护，而是像他之前的许多物理学家（如海森堡）一样，把跃迁作为未分析的整体来引入。因此，他的精确阐释根本不像其看起来那样精确，因为无论如何，它漏掉了干扰（但是，没有以任何方式来为这一程序辩护）。这就是我为什么不认为他的阐释（或者，任何类似的阐释）是一种令人满意的阐释。这也是对兰兹伯格（Landsberg）的第一个问题的回答。因为在引入宏观观察者之时，我们必须同时引入粗粒密度。事实上，宏观观察者是由某些细分相空间（粗粒）的可能性来定义的。

四、与艾耶尔（Alfred Jules Ayer）、玻姆、布雷斯韦特（Richard B. Braithwaite）、加利（Walter B. Gallie）、罗森菲尔德和维吉尔讨论下面两篇论文：

尼尔的《我们能看见什么？》（William c. Kneale, "what can we see?"）和加利的《预测的极限》（Walter b. Gallie, "the limits of prediction"）

[182] **费耶阿本德**：我想参与所谓的延伸主义者（extensionalist）和斯宾诺莎主义者（Spinozist）或拉普拉斯主义者（Laplacians）之间的讨论。像我所理解的那样，延伸主义者用可预测性来分析决定论，而斯宾诺莎主义者却尝试把决定论分析为一种宇宙性质。现在，我想从一个句法定义来开始下面独立的决定论阐述。这个句法定义是：一种理论关于变量类 K 是决定论的，当且仅当陈述合取 C（其大意是，K 中的某些变量在时间 t 具有某一确定的值）能从这种理论和另一个又只包含 K 变量（这些变量不必与 C 中的变量相同）的陈述合取（并且，此合取断言这些变量在某一别的时间 $t'<t$ 具有某一别的值）中推导出来。在这个定义的基础上，我提出这样来阐述决定论：世界是决定论的，当且仅当能以如此方式把所有变量的类细分成亚类，以致对于每个亚类来说，都存在一种对于此亚类来说是真的决定论理论。对决定论的这种阐释，下面有两个评论。首先，它是关于世界的陈述，因为它包含真理的概念。它根本没有包含涉及观察者的任何东西。其次，能检验它，也能反驳它。因为假定当前形式的量子理论是真的，还假定冯·诺依曼证明是正确的。这意味着，对于基础量子力学的变量类来说，不存在真的决定论理论，于是，这将会反驳我刚才提出的这种形式的决定论。

加利：我承认，能够反驳这种形式的决定论，但是，我认为不能确证它。

费耶阿本德：但是，这没有关系，也许能够确证它。

加利：但是，如果是完全一边倒，那就有问题了。

费耶阿本德：甚至能够确证下面一点：在经典力学内，我们能够确证它，因为经典力学是决定论的；而且，我们也有确证，在所有变量都能用这种理论的术语来定义的意义上，这种理论是普遍的；所以，能够确证它；但是，我不喜欢确证它——能够反驳它。

罗森菲尔德：我可以问一个问题：没有观察者，你怎么能言说真理呢？我认为一个陈述的真理与它可能对观察者有意义相关。

费耶阿本德：我没有用这样的方式来定义这种决定论陈述，即定义序列包含关于观察者和预测可能性等的任何东西。它仅包含决定论理论的观念（这是一种句法观念）和真理概念。如何检验一个真的理论，这是一种完全不同的事情。

加利：如果你只是做一个指涉这些变量亚类之一的检验，那么，仅仅是一个小的例外都将反驳你的决定论。因此，你根本不能改善或增强决定论。

[183] **费耶阿本德**：这只是表明，这种关于普遍决定论的陈述是假说，它是经验陈述。

罗森菲尔德：拉普拉斯是最高权威，我以为，为了那种思想，他提出它与观察者相联系。当然，他的观察者是高贵的存在者，但具有人的特性。

费耶阿本德：但是，在这里，我甚至比拉普拉斯更彻底。我想说的是，决定论陈述是关于世界的陈述，而不是关于观察者的陈述。虽然这种陈述能由观察者来检验，但是，这并不意味着它断言了关于他们的某种东西。

罗森菲尔德：上述最后的方式是理解决定论的唯一明智合理的方式，但是，我还想主张说：它也是拉普拉斯的思想。

维吉尔：因为罗森菲尔德教授的上述陈述，所以，我们又回到了我们最初的争论：在观察者之外，科学陈述有意义吗？我们说有，他说没有。现在，这是一个只能由实践来解决的问题，而不是一个逻辑能决定的问题。地质学告知我们没有观察者存在的时间。我认为，即使在大型爬行动物时代，量子力学定律也确实适用于这类爬行动物体内的分子，纵然我们

290

不能去观察，因为遗憾的是，它们已经消失了。此外，以我们现在研究的定律和事实为基础的宇宙发展的整体思想是一种有效的科学体系。这是我的第一个论点。第二个论点是关于拉普拉斯的。没有人愿意回到拉普拉斯决定论。玻姆和我自己非常强烈反对拉普拉斯所阐述的决定论。这里的核心是无限性问题。如果你发现有限的定律系综和最终的定律集合，那么，你就回归拉普拉斯决定论了。但是，不存在这种有限的定律系综和封闭的定律集合。总是存在更广泛的与境，而能从这种与境来接近这种有限的定律系综。这也与加利教授的悖论有关——这个人（这个喜欢开玩笑的人）超越了预测者团体的预测与境。

罗森菲尔德：关于观察者的第一个论点完全没有价值。在预测未来和回溯过去之间，我没有看到任何差别，两者都是以现在的证据为基础。关于那些大型爬行动物，我们能说的一切，都是基于我们现在能看到的有关它们的东西。关于宇宙最初形成之时的状态，我能说的一切，也是基于已知的物理学定律（当然，在某种理想化程度上）。那些回溯的可靠性（和预测的可靠性）依赖于理想化程度是否过分。在关于中生代世界状态的描述和关于当今世界的描述之间，我不能看到一点哲学差异。两者应用的是同一科学程序。但是，就关于层次的有限性和无限性的最后一点而言，我根本不想认为这是一种新的观点：它是一种熟悉的观点，而且，在世界上，没有人比玻尔更支持这种关于科学和知识的辩证观念。[184]这样来描述他的哲学，我认为没有背叛它。但是，他的哲学仅仅是一种框架，用亚量子怪物还是用你从经验中获知的东西来填充它，这是一个完全不同的问题。

玻姆：预测未来等同于回溯过去，我对此不是十分明白。如果我预测明天将发生的事情，那么，我能等到明天，看事情是否发生。但是，如果我回溯10亿年前地球上存在一种巨兽，那么，我无法回到过去看它是否真正存在。我能做的一切就是，看到这种假说的各种结果继续得到证实。第二个论点是这样：我们发现自己某一时间存在于这里，我们发现我们源自以前存在过的事物，因此，我们认为过去一个时期地球上没有人类。现在，如果我们认为假说的唯一意义就是观察者可以看见的东西，那么，当

291

我们说"有一个时期，不存在智能生物，此后，智能生物出现了，并变得能够感知"时，我们不能理解我们的意思是什么。这就是我为什么想说：我们构建我们的假说不是主要关于观察者可能观察到什么，而是要关于存在什么。然后，我附带说一下：如果某物存在，那么，碰巧在附近的一位观察者就能观察到某些结果。如果他不在那儿，他就不能观察到它们，但是，这并不能改变它们存在的事实。当然，我们必须把整个宇宙包括在我们关于存在意义的定义之中。我们千万不要说：存在的仅仅是我们不存在于其中的宇宙。相反，存在的是我们身处其中的宇宙。我们是存在的组成部分，因此，当我们观察某事物时，我们完全可以改变它。如果这在很大程度上发生了，那么，我们必须记住存在包括我们、我们的心灵、我们的思想和我们的行动等。在这种意义上，玻尔在强调观察者具有积极和消极两种作用（在生活舞台上，我们既是演员又是观众）时，他作出了非常重要的贡献。但是，这并不与如下观念相矛盾：存在生命，存在我们能行动和观察的舞台。我确实不理解下面的这些说法：不存在生命，不存在舞台；只存在潜在（或实际）的观察，这是唯一有意义的事情。

罗森菲尔德：这完全歪曲了我一直在说的话，我抗议。

艾耶尔：我认为，罗森菲尔德教授错误回答了维吉尔教授，而玻姆教授又错误回答了罗森菲尔德教授。当然，在推测过去或未来时，我们确实依赖于当前的证据，罗森菲尔德教授的这种说法是非常正确的；但是，这自然与下面的说法不是完全相同：我们谈论过去或未来，就是谈论当前的证据。维吉尔教授因此来反对罗森菲尔德教授，这是非常正确的。另外，我认为玻姆教授所作的区分不是非常重要。我们将证实我们的一些预测，这是相当真实的。但是，我们活的时间不会相当长，关于未来的绝大多数陈述仍未被我们、他、我或罗森菲尔德教授证实，关于过去的绝大多数陈述也同样如此。我建议：[185] 如果罗森菲尔德教授坚持这种主张，那么，他必须以一种避免维吉尔教授关于大型爬行动物难题的形式来做。他必须这样说：在谈论大型爬行动物时，他不是谈论他观察到的任何东西，而是谈论"如果某人在那儿（即使他没有在那儿），那么，他会观察到的"某种东

292

西。为了使这种理论有效，你不得不用进行相关观察的可能性来达到目标，而不是用实际的观察来达到目标。我认为，这可能是一件困难的事。

罗森菲尔德： 很高兴，你提到了这一点——这正是我的意思。但是，我没有明确提到它，因为我认为它是显而易见的。

费耶阿本德： 我想强调一下艾耶尔教授刚才所说的。在与罗森菲尔德教授的讨论中，玻姆教授和维吉尔教授混淆了量子力学的特殊问题与认识论的普遍问题。以目前的形式和解释来看，量子力学具有某些主观论的倾向，这是真的。但是，在之前关于决定论的讨论中，罗森菲尔德教授走得更远，比这远得多。他看起来假定了"为了检验陈述（无论是经典物理学陈述，还是量子理论陈述），我们需要观察者"这一事实，意味着陈述（每个陈述）也是部分关于观察者的。我已经尝试指出这种干扰完全是不合理的。更为特别的是，我已经建议如何用一种方式来系统阐述决定论问题，但不会使该问题成为关于观察者的问题；纵然，我同时又设法如此来系统阐述它，以致观察者能够检验它，能够确定它是否是真的。

罗森菲尔德： 如果一个陈述不包含关于观察者的指涉，那么，如何能检验此陈述呢？甚至，如何能够理解它呢？

加利： 这里，我也许能做点什么。在我看来，我们不是想把决定论与观察者联系起来，而是想把它与可观察量联系起来。在这种意义上，我意指：存在发生的过程，在任何观察生物生存于地球上之前就存在定律。如果在任何感知生物存在之前就存在定律，那么，（用波普尔的语言）将把这种定律表示为某些系统产生某些结果的倾向。但是，我们只能描述那些结果，好像我们能以某种方式（直接或间接）来观察它们。对于费耶阿本德博士，还有另一点。例如，爱因斯坦提出决定论理论。另外，有理由（如冯·诺依曼证明）否定下面这种观点：在某些领域，决定论理论是可能的。我以为爱因斯坦能这样来反驳：在他的理论中，很好地选择变量，而在别的理论中，却没有——这就是差异。这难道没有反驳你对决定论的反驳吗？

293　　**费耶阿本德：** 那样的话，量子力学将是假的，而我已经假定量子力学是真的。

维吉尔：对艾耶尔教授所说的，我感到非常满意。此外，我也赞同罗森菲尔德教授，因为这是我第一次听到他不同意一个清晰的实证论语句。[185] 我想用更强的形式来表达：我认为存在的事物不等同于可能已经观察到的事物。这就是很明显出现分歧的地方。

罗森菲尔德：我不想那样说。不要再顺着那个思路继续了，因为我没有说：仅仅就能够已经观察到事物而言，事物才是存在的。我们关于世界的所有陈述都必然是关于如果把观察者放到那些特定环境就可以观察到的事态、心灵和物料的描述。

维吉尔：那么，让我们说我们同意世界存在于观察者之外。在没有观察者出现时，量子力学定律适用于世界吗？

罗森菲尔德：当然。

维吉尔：好的。如果你那样说——量子力学定律在那时确实适用，那么，量子力学定律是真实客观的统计自然定律，与观察者无关，无论有无观察者，它们都会被证实。

罗森菲尔德：不对。

维吉尔：你不能改变你的主张，两分钟前说一个东西，现在又说另一个东西。让我们来探讨根本没有观察者存在的时间，于是，你会这样说：世界在那时确实以客观方式存在，量子力学定律确实在那时以客观真实的方式适用。这意味着量子力学定律是与观察者无关（或者与可能已经被观察到的事物无关）的真实客观的统计定律，因为没有人存在，不可能已经有人存在。

布雷斯韦特：但是，只有观察者才能知道这些。

维吉尔：这是完全不同的问题。你通过科学实践和科学阐述来认识自然，这是真的，可是，这只是问题的一个方面。但是，我们所说的是，你得到的定律是对真实客观的物质性质的真实客观的近似。这就是本质上争论的东西。即使根本不存在观察者，量子力学定律仍然有效。一旦承认这一点，你就有权假定可能存在更深的层次，而且有权承认用这个层次来说明统计定律的可能性。

294

⑰
评冯·诺依曼的《量子力学的数学基础》
（由贝耶译自德文版，普林斯顿：普林斯顿大学出版社，1955 年）（1958）

[343] 20 世纪 30 年代早期出现的基础量子力学是一种非常成功的理论，但是，从严谨的观点来看，它也有各种各样的缺陷。主要的两个缺陷是：它使用不容许的（甚至是不一致的）数学程序；它的解释（即哥本哈根解释）虽然对理论家来说是一种有用的指导，对实验家而言是一种好的定向方式，对普及来说是一种激动人心的主题，但是，它的预设究竟是什么，这是远未清楚的问题。

现在所评论的专著出版于 1930 年，能把它看作是一种尝试，尝试描述没有上述两个缺陷的那种理论（没有自旋的基础量子力学）。消除第一个缺陷是通过扩展希尔伯特空间理论，并通过相应地重新表述本征值问题。我们将不关注该著作的这一部分（第一、二章）：这部分几乎没有受到物理学家重视，因为"对于……普通物理学家而言，它马上涉及过分细微和过分棘手的技巧"[肯布尔（E. C. Kemble）]。尝试使整个理论基于这种形式体系和"几个普遍的定性假设"（p. 295），从而部分消除第二个缺陷。虽然这种尝试没有完全成功，但是，它作为一种尝试在发现如下两方面仍具有重要意义：（a）量子力学确切蕴含什么，以及必须把什么留给猜测；（b）为了把这种形式体系变成完全确立的物理理论，必须给它补充什么假设。

人们有时认为哥本哈根解释提供了那些假设。这种观点是不正确的，因为对于把这种形式体系"与实在"（with reality，即与测量结果）联系起来而言，哥本哈根解释既不是必要条件，也不是充分条件。此外，哥本哈

295

根解释也相当独立于这种形式体系，因为它主要在于解释量子假说，并从中得出可以说是构成新（非机械论）本体论要素的结论。这马上就产生下面的问题：在什么程度上，不是通过基于作用量子的猜测，而是通过把这种理论作为一个整体，来为这种本体论辩护呢？或者，更准确地说，它产生了如下问题：这种理论蕴含了那些断言中的哪一些？哪些断言仅仅以猜测为基础？

冯·诺依曼的这部专著尝试回答此问题。在此书评的其余部分，我将批判概述他的回答。

解释。用来把这种形式体系与"实在"（reality）联系起来的法则是：[344]（1）把物理量与这种形式体系的算符联系起来的两个法则（Ⅰ和Ⅱ，pp. 313 sq）；（2）玻恩解释（p. 210）。

法则（1）不是唯一可能的法则。可以使用更弱的法则（例如，事实上已经被魏尔使用了），但是，这些更弱的法则不再能使我们证明下面（a）和（b）所指涉的定理。看起来有合理性很强的理由来采用冯·诺依曼法则。然而，存在更弱的替代者，这表明：所谓的"冯·诺依曼证明"（Neumann-proof）根本不像其乍看上去的那样严格和简单，而它要尝试证明下面的（A）、（B）和（C）并不是独立的假设，而是从量子力学中推导出来的。法则（2）是从法则（1）和一些关于期望值性质的假设中推导出来的。

概率是通过两个步骤来引入的。第一个步骤是，用通常的方式，即作为巨系综内相对频率的极限——冯·诺依曼采用米塞斯（Mises）的概率解释（pp. 289 sq）。这个步骤（它非常清楚地说明了概率在量子力学中的作用）受到如下两个事实暗示：(i) 在简单的经典意义上，玻恩解释是一种统计解释；(ii) 巨系综的统计性质能用小样本实验来研究，不管在这些实验期间发生了什么（p. 301）。于是，系综的统计性质被其所谓的统计算符完全明确地刻画出来了。第二个步骤通常受到那些把量子力学解释为各种经典统计力学的人忽视，而它却证明了：(a) 量子力学系统的每个系综，或者是纯系综，或者是纯系综的混合；(b) 纯系综不包含具有不同于它们自身性质的统计性质的亚系综（它们是"不可还原的"），并且，不是免分散的。除了一组对应法则外（请参见上一段），这种证明（著名的冯·诺依曼证明）还预设了如下（隐含的）假设（我们可以称之为完整性假设）：量子力学系统的任何系综的统计性质都能用非负的厄米算符来表示（或者，换言之，此假设是——量子力学系统的任何系综，或者是纯系综，或者是纯系综的混合）。这种证明允许在相对频率意义上把概率应用到单个系统。此外，还应当证明：普遍决定论假设（甚至"隐含的"决定论假设，它成为微观系统明显统计行为的基础）与（当前形式的和上述解释的）基础量子力学相矛盾——哥本哈根解释的两个重要要素，即（A）非决定论和（B）把海森堡关系解释为限制相关术语的适用性，事实上来源于这种理论。不可能把单个系统与其所属的系综分离开来（如果这个系综是纯系综的话）。[345]这使得（C）与玻尔关于这种现象不可分的思想相符。但是，由于完整性假设是这种证明的隐含假设之一，因此可以说，哥本哈根解释与量子力学一致，而不是这种解释从按照上述法则解释的量子力学中推导出来——关于这一点，请参见：格伦沃德（Groenewold），《物理学》（Physica），12；波普尔在 1935 年也提出类似的观点。

这里，我应当做两个评论。首先，即使（a）和（b）是量子力学定理，冯·诺依曼证明也不能证明（有时假定了这一点）彻底清除了决定论。因为原子现象的新理论必须更有普遍性，将把目前的理论作为近似包含进来，这意味着（严格说来）它们将与目前的理论相矛盾。所以，它们不再需要允许推导冯·诺依曼定理。然而，这并不意味着它们可能包含"隐含的"（hidden）变量（谁可能会捍卫"我们也许有一天将恢复燃素"这种观点呢？）。其次，迄今为止，对冯·诺依曼论证中以完整性假设为基础的那部分进行反驳的尝试都不成功。这也适用于玻姆 1951 年的理论，他的"隐含的"参量并不是严格独立于量子力学参量，而是可以用它们来部分定义的——这与如下事实相联系：关于他的"Ψ 场"（Ψ-field）的陈述和关于在这种场作用下运动粒子轨迹的陈述之间并不是逻辑独立的。玻姆的理论只是反驳了冯·诺依曼已经表明的论点：不可检验的决定论参量的存在甚至都与当前形式的量子力学相矛盾（326）。

测量。冯·诺依曼的测量理论能被看作是一种尝试，尝试对旧的"量子跃迁"（quantum–jumps）思想进行理性说明（p. 218n）。它依赖于如下假设——系统状态可能经历两种不同变化。一种变化是连续的、可逆的，并符合运动方程，只要观察系统，就出现那些变化，不管它与其他系统有多么强的相互作用。另一种变化是非连续的、不可逆的，并且不符合运动方程，而是作为一种测量结果来出现。为这种假设提供了两种论证：一种是归纳论证，尝试把非连续跃迁的存在与经验联系起来（pp. 212 sqq.）；另一种是一致性论证，证明如何能把非连续跃迁纳入这种理论，而没有产生矛盾。

归纳论证是无效的（它以分析康普顿效应为基础，仅仅考虑了在经典基础上能够理解的有关这种现象的那些特征）。一致性论证是合理的，但它导致形成不完整的测量理论（它忽略这样的事实：测量工具是宏观的，[346] 观察者仅能确定其经典性质），并产生各种悖论——请参见我的阐释：《物理学杂志》（*Zs. Physik*），148，1957。冯·诺依曼基于这种理论来为量子跃迁思想辩护，并没有取得成功。

这本书的剩余部分探讨了辐射理论、热力学问题（其中运用和扩展了西拉特高度创造性的思想）和更具体的解释问题。

要尝试评价这本书，我们可以说其主要优点在于如下事实：（1）它给我们提供了量子力学的"最少表述"（minimum presentation），即基于尽可能少的假设的一种表述；（2）它给我们提供了这种理论的一种表述，而且在形式上，这种表述比以前的许多表述更加令人满意；（3）在此基础上，它尝试表明哥本哈根本体论中有多少能够得到合理辩护，因而证明哥本哈根本体论中有多少是物理学的组成部分，而不是哲学的组成部分；（4）对许多特殊的问题，它的贡献是有价值的。因此，这本书对阐明这种理论的基础具有很大贡献。然而，它包含的测量理论是不完整的，从而导致悖论性结果。更令人惊讶的是，为使这种理论完整所需的全部要素却被冯·诺依曼自己在1929年就提出了——请参见：他论述量子力学H定理和遍历

298

定理的论文,《物理学杂志》(*Zs. Phys.*), 57；他的书的第五章第四节。在 1952 年前,这些要素没有被用来尝试创立完整的测量理论。其次,为了完成 (3) 所涉及的纲领而运用的论证,绝不像其乍看上去那样简单。阅读这本书,人们得到如下印象:其中的证明所表述的大意是,一旦人们选择采用量子力学,那么,就不能避免采用哥本哈根解释。这导致形成了下面的神话:哥本哈根解释具有坚实的"数学"(mathematical)支撑。然而,全部能证明的却是,哥本哈根解释与量子力学相容,因而必须用独立的论证(在论证中,一些冯·诺依曼定理起了重要作用)来支持。[1]这样,冯·诺依曼的书在物理学家中造成很多困惑,当然,在哲学家中也是如此——例如,请参见德布罗意的《量子物理学是非决定论的吗?》(*La Physique quantique restera-t-elle indéterministe?*)的导论。

最后的评论涉及冯·诺依曼所使用的形式体系(用统计算符来描述状态)。在关于这种理论基础的哲学讨论中,几乎没有使用这种形式体系。这种讨论或者基于波动力学的形式体系,或者(更少)基于矩阵力学的形式体系。这样做的理由要在如下事实中寻找:[347]波动力学因为使人联想到许多诱人但经常是错误的类比,所以,它具有特别的使其更加合理的经典吸引力。在基于波动力学形式体系分析量子力学的内涵时,哲学家所犯的许多错误无疑表明需要一种对这种理论有更少偏见的系统阐述(仅举一例,内格尔和诺斯洛普的论点:量子力学没有违背决定论,因为波函数满足决定论方程)。每个对量子力学基础感兴趣的人都应当熟知这种系统阐述,而冯·诺依曼的书中就包含这种系统阐述。

---

1. 应当提及的是,玻尔自己没有犯这种错误。

⑱ 299

评莱辛巴赫的《时间的方向》
（伯克利—洛杉矶：加州大学出版社，1956）（1959）

[336] 由严格遵循决定论定律的质点所组成的纯机械论宇宙会带来各种各样的认识难题，其中，两个难题与所评论书的主题有密切关系。第一个难题是，这种宇宙明显没有为存在单方向时间提供任何物理理由。第二个难题是，这种宇宙明显不允许我们阐释包含方向的定律（如热力学第二定律）。50 多年以前，玻尔兹曼划时代的研究就解决了这两个难题。玻尔兹曼提出的解决办法非常简单。根据玻尔兹曼，热力学第二定律仅仅是统计有效的：假定一类封闭的物理系统，它们初始状态相同，而且都是低熵，那些系统中的绝大多数最终将呈现一种更高熵的状态，尽管存在这样的事实——单个系统以理想可逆的方式来运行。宇宙特定部分的时间方向由这种绝大多数系统的行为来决定，因此，它是一种既不具有空间普遍性也不具有时间普遍性的性质；从一个时期到下一个时期，它可能发生变化；从宇宙的一个部分到另一个部分，它也可能发生变化。莱辛巴赫的尝试主要涉及上述的第一个难题，可以认为它是一种对玻尔兹曼解决办法［玻尔兹曼自己用两页纸简述了这种解决办法——请参见他的《气体理论》（*Gastheorie*）第二卷］的阐述，并用许多几乎是题外话的内容来丰富和活跃这种阐述。

该书的核心部分是证明：时间方向不是单一系统的性质，而是系综（它由具有相同初始熵的系统构成）的性质。这种证明以五个假设为基础——莱辛巴赫把这五个假设称为分支结构假说，而且可以把它们看作是 300 对玻尔兹曼自己的预设进行简要阐明。这些假设中有三个（3、4 和 5，见 p. 136）已经被证明是来自经典力学（伯克霍夫及其学派做了这项证明工作），注意到这一点是有趣的。特别是，假设 5（"在巨量分支系统中，趋向更高熵的方向是相互平行的，并与主系统的方向平行"）能被证明是经典力学定律高度可能的结果——对于"宇宙"（universe）轨迹的"几乎所有"（almost all）点来说，此结果都是有效的。这表明有可能为整个宇宙确定时间方向，其方式是用假设"宇宙处于假设 5 严格有效的状态"取代假设 1（"宇宙现在处于低熵状态"）。这种程序应当是可能的（至少对于宇宙发展的某些阶段来说是如此）——这一点还得到了赫克曼（O. Heckmann）首先认识到的一个事实的支持。[337] 此事实是，正如相对论宇宙那样，经典宇宙也是不稳定的，必须膨胀、收缩或搏动。

尽管玻尔兹曼研究机械论宇宙，但是，莱辛巴赫却认为："正如基于牛顿力学的物理学一样，今天的量子力学仍需要玻尔兹曼的思想，因为这种现代物理学在其基本过程中也没有发现不可逆性"（134）。这种断言触碰到了量子理论解释的痛点。因为几乎没有物理学家愿意承认：蕴含在薛定谔方程中的连续可逆的状态变化是量子力学的唯一基本过程。玻尔和冯·诺依曼都断言可逆过程和不可逆过程的二元性；兰德甚至走得更远，完全否认可以把薛定谔方程看作是一种过程方程。另外，尝试把"量子跃迁"（quantum jumps）解释为仅基于薛定谔方程就能在微观上得到认识的宏观现象（如路德维希的尝试），或者似乎对可逆性反对是开放的，或者好像运用一种与宏观层次不可逆性假设等效的假设。既然这样，那么，把玻尔兹曼的程序扩展到量子力学领域看起来无疑是明智的。

阐述玻尔兹曼的理论，只是莱辛巴赫著作的一部分内容。其余部分处理各种各样的主题，如时间的情感意义、熵和信息、量子理论和费曼轨道等。有极好的建议（例如，处理吉布斯悖论，请参见 p. 63）；有大段大段几乎是普及性的描述；也有一些论证和结果是重复的，它们在莱辛巴赫的其他作品中就广为人知了。在读这本书时，人们经常（但不是总是）发现面对相当令人困惑的问题：称之为"科学哲学"（philosophy of science）的那种新学科是否真像它看上去那样新？或者，它是否仅仅是旧的普及事业，只不过是通过使用（除了物理学专业术语之外）一种（或另一种）"科学的"（scientific）哲学专业术语，使其变得新潮流行起来？但是，这类问题已经远远超越所评论书的范围，因为它们几乎涉及整个当前的"科学哲学"。事实上，它们也不适用于《时间的方向》全书，因此，我们把这本书既推荐给科学家，也推荐给哲学家。

302

⑲ 兰德教授论波包收缩（1960）

[507a] 兰德教授在对所谓的量子测量理论的批判中，显示出（在更普遍的讨论中）与量子力学状态观念相关联的模糊性——请参见：《美国物理学杂志》（*Am. J. Phys.*），27，415（1959）。他建议把状态与以特定形式表示状态的期望函数（这种期望函数使我们可以计算转变为其他状态的转变概率）区分开来。因此，依照通常的程序，他强调：一个交换可观察量 α] 的完全集的本征态 $<\varphi\,|\,\alpha'>$，$<\varphi\,|\,\alpha''>$，$<\varphi\,|\,\alpha'''>$……[$|\,\alpha'>$，$|\,\alpha''>$，$|\,\alpha'''>$ 等，[507b] 及另一个可观察量 β]（[$\alpha\beta$] $\neq 0$）的完全集的本征态 $<\varphi\,|\,\beta'>$，$<\varphi\,|\,\beta''>$，$<\varphi\,|\,\beta'''>$……[$|\,\beta'>$，$|\,\beta''>$，$|\,\beta'''>$ 都代表相同的物理状态 Φ。他非常正确地指出，一旦考虑状态的时间发展，那么，就抛弃如下这种程序：$<\varphi\,|\,\alpha^i>$ 和 $<\varphi\,|\,\beta^k>$、甚至 $<\varphi\,|\,\alpha^i>$ 和 $<\varphi\,|\,\beta^r>$ 被解释为属于同一状态的不同期望函数，而 $\Phi(t')$ 和 $\Phi(t'')$[$t' \neq t''$] 被解释为两种不同的状态。兰德教授认为这是一种符号标记中的不一致，还要求把 $\Phi(t')$ 和 $\Phi(t'')$ 解释为属于同一状态的两种不同期望函数。如果采用这种解释，那么，薛定谔方程就不再具有把一种状态转变为其他状态的过程方程作用，[508a] 而是具有把一种状态的期望函数（或表述）转变为同一状态的不同期望函数的方程作用。在这种解释中，如果我们不进行测量（在测量中，会发生突然变化，从一种状态转变为所测可观察量的一个本征态），状态就从来不发生变化。

303　我想指出的是：兰德的程序只是表面上去除了时间变化，严格说来，它只是一种文字游戏。这种程序把时间变化转变为表象，从而使动力学变量变成是依赖时间的，而在兰德批判的通常描述中，这些变量并不随时间变化。然而，大家非常熟知用稳定状态和运动变量表述的量子理论——它是海森堡的表述。因为能够证明这种表述等价于兰德想要抛弃的那种表述，所以，他的批判和建议似乎完全不得要领。

⑳

评格伦鲍姆的《物理学理论中的定律和约定》（1961）

[155] 在我要评论的格伦鲍姆教授的论文中，有三个要点。它们分别是：（A）他批判迪昂的如下论点——在面对不利证据 $\sim O$ 时，通过适当替换最初为推导 O 而需要的附加假设 A，就能拯救任何假说 H；（B）他阐明空时全等的约定特征表示什么；（C）他评论物理学中约定"连续区"的可能性。

（A）从迪昂的论证中得出如下结论：假定（$HA \rightarrow O$）$\delta \sim O$，就总可能发现一个 A' 来使得 $HA' \rightarrow \sim O$ 成立。通常认为，迪昂只是证明了为解释消除不利证据而提出特设性假说的可能性。格伦鲍姆教授非常清楚地说明，这不是迪昂想要证明的内容。根据格伦鲍姆教授对迪昂论点的重新阐述，有效的 A' 类受到如下三个要求的限制：

（a）A' 不是不重要的（例如，实际情况必定不是 $A' \equiv \sim O$ 或 $A' \equiv H \rightarrow \sim O$）；

（b）从归纳观点来看，A' 不同于 A；

（c）A' 是这样的，从而使得 H 的意义保持不变。

[156] 根据以上阐述，迪昂论点是非常有趣的，远非没有价值，无疑需要证实。格伦鲍姆教授的论点是，仍然缺少这种证实。更为特别的是，他声称：（i）从逻辑的观点来看，此论点是不合逻辑的推论。此外，他试图证明：（ii）此论点的结论是假的，因为有时由于经验事实而排除了 A 的修改。在我看来，（i）和（ii）都将经不起更详尽的检析。

首先，在我看来，"迪昂主张下面从（1）到（2）的推理步骤"这种看法就不正确：

$$（HA \rightarrow O）\delta \sim O \qquad\qquad （1）$$

$$（\exists A'）（HA' \rightarrow \sim O） \qquad\qquad （2）$$

　　仅仅基于形式逻辑定律来说，A' 满足上面的条件（a）–（c）是合理的。我倒宁愿认为在从（1）到（2）的推导中，迪昂利用了另外的前提，而且可以把这一前提表述如下：为尝试说明迄今还未被说明的事态，单个科学家（或科学家共同体）在特定时间所使用的替代假说集合非常丰富，足够在任何情形［如在情形（1）］都能提供满足上述（2）和（a）–（c）的 A'。因此，在我看来，（2）所断言的不是不合逻辑的推论——作为逻辑事实，总是存在重要的替代者。（2）所断言的是，科学家经过反思将总能发现适当的 A'，因为科学家所运用的假设集合非常丰富。显然，这个另外的论证前提不必是真的。更为特别的是，希望独断坚持某种观点，排斥所有其他观点，因而将导致出现不会形成替代说明的情形。在这种情形中，反驳可能确实是决定性的，而且可能具有格伦鲍姆教授在其例证中所构想的特征。但是，只要不同的观点受到鼓励，就难以看到任何反驳能够多么具有决定性作用，从而可以永远排除保留 H 的替代阐释（但不是特设性的阐释）。下面，我将不得不证明这一点：这种替代的可能性（因而迪昂论点的正确性）是科学进步的非常重要的先决条件。

　　关于此论证，格伦鲍姆教授（在私人讨论中）答复说，如果不首先确定上面的（2）式对于所选择的任何 H 来说都是逻辑上可能的，即如果没有确立下面的（3）式不是逻辑上假的：

$$(A)(H)(\exists A')\{[(HA\to O)\ \&\sim O]\to P(A')\ \&\ (HA'\to\sim O)\}\ (3)$$

306　[157]［$P(\cdot)$ 是断言满足条件（a）–（c）的谓项］，那么，它就什么也没有证明。很容易能够证明事实并非如此:（3）式等价于下面的（4）式

$$(A)(H)(\exists A')[HA\ \vee\ O\ \vee\ P(A')]\tag{4}$$

　　只有存在 A、H、O 和 A' 满足如下条件时，上面的公式（4）才能是逻辑上假的:（1）HA 不一致;（2）O 是逻辑上假的;（3）$P(A')$ 不一致。

因为此论点的条件是这样的，以致将绝不会满足（1）和（2），所以，无论谓项 $P(\cdot)$ 的形式如何,（3）式都不是逻辑上必然的。我们得出结论认为，格伦鲍姆教授并没有证明迪昂的论点是非结论性的（而他自己却主张已证明了这一点）。

（我主张）他也没有证明此论证的结论是假的。为此，让我们看看所选择的例证。在此例证中，受到检验的是假说 H，其内容为：研究范围的几何学是欧几里得几何学。假定观察结果是这样的，以致 HA（A 是一个假设，它假定变形影响对测量杆不起作用）受到反驳。另外，还假定 A 借助于如下标准得到确证：在所研究的范围内，"两个具有完全不同化学成分的固体杆，如果在一个地方相等，……那么，在其他各处也将相等"。这些观察结果排除了这种可能性（有可能用重要的假设 A' 来拯救 H）吗？我认为没有，因为这些观察结果不能排除下面的 A'：在范围 D 内，存在变形作用力，以类似的方式作用于所有的化学物质；但是，因为那个区域内辐射原子变化可能性中所诱发的轻微改变，使这些变形作用力受到注意。确证 A 的证据也确证 A'。A' 的事实内容不同于 A 的事实内容。A' 不是不重要的。此外，如果我们仅仅要求谱线强度低于在首次提出 A' 时所达到的实验精确度（请把这与哥白尼对反对者的答复进行比较：因为恒星太遥远，所以不容易观察到恒星视差），那么，A' 因"实验证据模糊性所提供的归纳自由度"而成为可能的假设。然而，在面对明显不利的证据时，A' 却能使我们保留 H。

在论证的这个阶段，下面两个评论似乎是适当的。第一个评论是：能以如此方式来选择 A'，使得它让我们可以拯救在 D 范围内的任何几何学。即使几何学假设的变化非常大，我们也只是使强度变化充分小，小到不能探测到就行了。第二个评论涉及格伦鲍姆的断言：鉴于我们的例证，[158]他不再能理解"D 内所有的杆都经受了独立其化学成分的变形"这种断言意味着什么。当然，如果把我们上一段引用的变形标准当作"变形"（distortion）这个术语"意义"（meaning）的（操作主义）定义，那么，情况就是这样。然而，对科学理论的描述术语的"意义"进行这种严格阐释，根本就不明智。最多能把操作（像前面描述的操作）解释为可容许的检验条件，

307

而这些条件甚至可能还需要改善，在某些环境下可以失效（常见的测量温度方法在太阳内部将失效，因为没有测量仪器在那种严格状态下能保留下来）。我们的例证正好讨论了这种环境，而且还说明了这一点：一旦极大提高了谱线强度的测量精度，就可以进行什么新的检验。因此，只有采用狭隘的操作主义的意义理论，格伦鲍姆教授的如下指责才能站得住脚：在我们的例证中，或者已经改变了 H 的意义，或者已经使 A 变得无意义了。

总结上述讨论的内容，我们会得到如下结论：只有缺失对证据的创造性的重要替代说明，反驳才是最终的定论。不能存在有如下大意的论证：在某一特定时间，缺乏这种替代说明将使得反驳成为最终定论。就此而论，非常重要的是，要指出：许多理论的命运非常依赖于其拥护者的信念，相信在未来某一时间，有可能将所有明显的反例纳入其中。例如，早期的信念是恒星和行星都遵循相同的圆周运动定律。行星明显的不规则运动是很强的反对这种信念的证据。然而，人们却希望：基于圆周运动思想，可以用某种方式来说明这种明显的反驳证据；最终，这种尝试成功了。类似的思考也适用于哥白尼天文学（在这里，反驳证据产生于亚里士多德学派的运动理论）和分子运动论等。在所有这些例证中，征服反例的方式是极大地扩大与"所拯救"（saved）理论相容的替代说明的范围，然后，从此范围中选择适当的 A'。因此，如果我们说科学进步常常依赖于对迪昂论证结论有效性的信念，这并没有多少夸大其词。

308　（B）关于这一个要点，格伦鲍姆教授的论点似乎是这样的。通过空时全等约定性所断言的内容如下：[159] 这样来对"全等的"（congruent）进行定义，从而使这个术语既适用于空间连续区，也适用于时间连续区；依照前面的定义，我们发现此定义作为经验事实并不是独一无二的，因为它仍然允许不同的测量标准。根据格伦鲍姆教授，与庞加莱和爱因斯坦的研究相关的"约定性"（conventionality）术语所指涉的就是这种由经验保证的自由度。格伦鲍姆教授显然否认这种自由度可以等同于如下自由度：在定义还根本没有赋予任何意义的术语中，确实普遍的无足轻重得多的自由度。他指出，这种约定性的存在显示了时空的某些性质（例如，它显示这两种实体都不具有内在的测量标准）。因此，他认为爱丁顿有如下大意的论点是完全错误的：只有在"我们语言中每个词的意义都是约定的"这种不重要的意义上，（线段和时间间隔）全等才是约定的。

在评论的这部分，我想说明的是爱丁顿论点的长处，尽管其仍未受到注意。实际上，我相信，爱丁顿论点正确反映了这种情形的逻辑，因此，格伦鲍姆教授过去提出的反对评论不能反驳它。

为此，请看格伦鲍姆教授在其论文中讨论过的"同时"的约定性。这种讨论表明，能把定义词汇"同时的"（simultaneous）的历史过程分为两个阶段。第一阶段是这样的：把意义赋予一个词"同时的"，此前，这个词没有任何意义。当把这个阶段称为"纯粹任意的"（purely arbitrary）和"约定的"（conventional）时，我们确实主张：在"我们语言中每个词的意义都是约定的"这种意义上，它是约定的。此外，人们还应当注意到：这个第一阶段尽管具有任意的特征，但是，它不是没有事实关联的。毕竟，我们不想引入一个没有用途的术语，因此，我们可以说：我们的定义反映了这样的事实（我们对此事实的信念）——在研究的范围内，能够定义对称的、自反的和可递的关系。最后，显而易见，第一阶段不必在单独一个步骤中得到穷尽，它可以有一系列规定，一个规定后接着另一个规定，并没有因此丧失其任意性和纯粹的语言特征。下面，我们讨论此过程的第二阶段。第二阶段（基于进一步的经验研究）在于认识到：如果不补充一些其他规定，那么，迄今所做的任意规定不能给出明确的经验结果。这些其他规定（格伦鲍姆教授讨论了它们，[160]并说它们不是完全任意的）和原初规定（承认它们是任意的）之间的唯一差异是：它们不是早前因缺乏某些经验信息而引入的，因此，它们必须与已有的规定一致，并必须对产生需要它们的情境给予明确的回应。一些反思将表明这种差异是唯一明显的差异。因为原初规定集合（当然）也不得不是内部一致的，而且还必须足以明确描述那时已知的事实，所以，这种差异是明显的。事实上，规定过程的第二阶段与第一阶段相隔大约 50 年，并且基于第一阶段完成时还没有得到的信息，这显然与这种情形的逻辑（它是任意的语言约定的逻辑）没有

309

关系。毕竟，在一开始就可能已经知道存在有限的最大因果链传递速度，我们的"同时性"定义（simultaneity）那时仅仅处于第一阶段，因而承认它是文字上的操作。显然，在第一个步骤和发现因果链之间存在时间间隔，这不会影响这种情形的逻辑。当然，在两个阶段之间存在巨大的心理差异。因为在进行定义程序的第二阶段时，包含在第一阶段中的规定已经被融入使用它们的那些人的行为当中，因而看起来是"自然的"（natural），而不是约定的。与这种习惯的程序不同，新引入的规定的任意特征将更加明显得多。然而，从逻辑的观点来看，不能断言在这两个阶段所做的规定之间存在差异。因此，我总结认为爱丁顿对这种情形的阐释必定仍然是正确的。

（C）连续性。可以把"空时描述连续性是否是约定的"这一问题重新表述如下：在关于事件（和事件组）空时性质的连续描述和非连续描述之间，构想判决性实验，这在逻辑上是可能的吗？如果这种判决性实验最终在逻辑上是不可能的，那么，我们选择连续性而不是非连续性确实是一种约定，因为这种选择不能由事实来决定，而是仅仅由简单性和其他句法因素来决定。现在，当前状况中的困难似乎是由于如下事实：缺少离散数学来替代物理学中目前正在使用的数学。当然，这没有证明任何东西（毕竟，在 19 世纪下半叶前，[161] 还没有发展出充分的连续性理论）。也不能把相对缺乏直觉主义方法看作是一种严肃的反证。因为我们想要的不是用新术语来重复整个经典力学，而是一种能足以描述宇宙和足以表述可能的判决性实验的新数学体系。在我看来，判决性实验是可能的，并不是一种过分的乌托邦。例如，请考虑一种包含经典场的封闭系统。众所周知，这种系统具有无限但可数的自由度。如果我们运用非连续的（但不是稠密的）空时描述，那么，系统内的事件数量（因而自由度数量）将是有限的。通过测量腔内固体比热的黑体辐射，完全可以在经验上把这种差异识别出来。就此而论，当然，将产生众所周知的困难：离散的空间描述不能涵盖诸如毕达哥拉斯定理之类的定理。然而，摆脱这种困难好像也不是没有可能。我们只需假定不同方向的测量不可以交换，然后，我们或许能把毕达哥拉斯定理作为算符方程保留下来。从量子理论来看，这种程序是熟悉的；运用这种程序，物理学家能够使守恒定律（在单个相互作用中）与这类现象（如干涉和穿透势垒等）相一致。总之，在我看来，下面这些都远不是显而易见的：我们无法摆脱连续性，我们将永远不能发现这种描述模式背后的事实理由（和不仅是方便的理由）。

311

㉑
评希尔的《量子物理学和相对论》(1961)

[441] 在其论文的口述序言中，希尔教授提及他作为物理学家在尝试讨论更普遍性的问题（或者，正如人们可以称呼的那样，哲学问题）时所面临的困难。他把这种困难归咎于哲学家和物理学家所使用的语言不同。极其令人遗憾的是，更普遍地理解我们物理知识现状的一种有趣尝试受到某些条件的妨碍，而这些条件既不是必要的，也不是想要的。当现代哲学家（特别是逻辑经验论者）主动承担起改善哲学推理状况的任务的时候，他们引以为傲地相信：通过这种方式，哲学和科学将可能展开密切合作。然而，自从那时以来，情形已经发生了很大变化。没有出现所允诺的合作，相反，我们现在得到一个更加哲学化的学派，而这个学派却具有学派所拥有的一切缺陷（如专业术语和行话）。在物理学和数学领域，可以对其精密性、复杂性进行经验检验，因而物理学的专业术语和数学的形式体系好像是非常适当的。然而，在哲学领域，类似的专业化程度可能导致产生虚假的问题，还可能导致出现这样的情形：使用行话，是为了解决正因为存在这种行话而造成的问题。哲学家和科学家富有成效的合作，能够解决无数的问题。令人遗憾的是，一些哲学家自我强加的语言障碍极大地增加了这种合作的困难。

　　下面，我开始讨论这篇论文本身。希尔教授已经指出：数学思想影响物理学推理。可以概括一下这种观察。一般而言，语言影响我们看问题和解决问题的方式：亚里士多德的物理学受到古希腊语语法的强烈影响。[442] 然而，存在非常关键的差异：许多传统哲学家（包括一些当代的经验论者）对语言采取一种奇异的态度，并假定"是如此"（事实上，我们正在讲某种语言）也必须是如此（这种语言范畴具有"本体论基础"）；而数学家更可能把语言看作是实现某种目的的人造工具，因此，如果情况需要，

312

那么，就能修改和替换这种人造工具。这样看来，虽然数学确实影响我们，但不是不可避免的，因为我们能抛弃它，使用不同的体系。我完全赞同希尔教授的如下信念：对于描述微观层次所发生的事件而言，粒子概念和波动概念都不是充足的。在我自己的论文 { 重印为本论文集第六章 } 中，我已经说明玻尔如何尝试证明：我们的观察语言将永远不得不是经典物理学语言，因而我们将永远被迫使用粒子和波的术语系统来描述我们的实验结果。当然，这是纯粹的文字游戏。然而，奇怪的是，发现玻尔的许多反对者同样玩弄文字游戏，因为他们想保留的不是全部两组概念，而是至少一组概念。在我看来，两种程序都将失败；为了能够处理事实，我们甚至将需要一组全新的观察术语。玻姆的猜想完全可以导致形成这种新的概念系统。

希尔教授关于广义相对论与马赫原理（格伦鲍姆教授也已经注意到的一个事实）不相容程度的评论极其重要。为了预测和说明，他把他的讨论与强调定律必然性和初始条件联系起来，我发现这是特别幸运的。因为尽管事实上已经认识到（不是很久以前）说明和预测不能仅仅基于定律来进行，但是，常见的分析科学理论的方式却主要是分析它们所包含的动力学定律。几乎不讨论初始条件的空间性质和在特定推导中所用的特殊初始条件的性质。希尔教授已经得到的证明结论是，这种讨论能形成非常惊人的结果。就广义相对论来说，它形成了上述评论。至于量子理论，它形成非常有趣的思考来探讨玻恩解释的普遍适用性问题。我唯一不理解的是希尔教授的一个陈述，其大意是：牛顿理论没有相对论"全面"（global）。[443]因为牛顿力学的初始条件集好像没有比广义相对论的更加受到限制。

下面，我转向探讨量子理论。希尔教授把广义相对论和量子理论都看作是宇宙学理论（即看作研究宇宙整体的理论，不是看作仅研究宇宙一小部分的理论），这是很受欢迎的。然而，这些理论的经验状况看起来是非常不同的。广义相对论实质上只受到三个事实的支持（在这方面，支持甚至也不是非常强），而量子理论在实验方面似乎好得多。确实，似乎存在无数组事实，人们能够用它们来支持量子理论。我的主张是：这幅图像有

313

点误导人；比起其许多支持者所认为的来说，量子理论的事实支持可能弱得多。让我从一个很不重要的评论开始：广义相对论不仅被所提及的三个事实支持，而且还被所有大量与牛顿理论一致的事实支持（在能够认为牛顿理论正确的情况下）。毕竟，广义相对论的充足条件之一就是，它把经典理论作为极限情形包括进来。如果我对情况的理解是正确的，那么，在量子理论中，就缺少这种证明。声名狼藉的 $h \rightarrow 0$ 时的教科书推导，不能被认为是代表了这种证明；埃伦费斯特定理也不能被这样认为。在正确的方向上，新近的研究迈出了决定性的一步，但没有用普遍认可的方式来解决这种问题。因此，在什么程度上可以把经典领域的事实看作是支持量子理论的证据，这绝不是显而易见的。这里，应当补充一种进一步的思考：只有能用理论 T 来表述实验事实 E 时，才能把 E 看作是 T 的证据。就量子理论来说，这要求在宏观层次的某些（可观察）事实与该理论的一些算符之间建立相互关联。但是，有无数宏观性质仍在等待适当的算符来与其相关联。在建立这种关联之前，量子理论与"经验"（experience）之间的关系远不是清楚的；是否像通常以为的那样，量子理论是高度确证的，这也是远未清楚的问题。希尔教授用非常令人信服的方式证明了量子理论和广义相对论之间存在不相容性，鉴于此，使这个问题变得更加清楚一些将是非常重要的。

314

㉒

315

评汉森的《正电子概念：哲学分析》
（纽约：剑桥大学出版社，1963 年）（1964）

[264]在本书第九章（这是其核心部分）中，汉森教授对发现正电子进行了非常详尽有趣的阐释。其哲学意图是要表明：在科学发现中，理论思想和实验结果如何协调。他有如下三个断言：（1）"发现正电子就是发现三种不同粒子"（p. 135）；（2）存在"巨大的……阻力"来抗拒接受带正电荷的电子（p. 159）；（3）这种抗拒阻力既产生于（a）当代"电动力学和基本粒子理论"的概念结构（p. 159），也是由于（b）这样的事实——似乎涉及物质由能量生成（p. 162）。

在这三个断言中，（1）是假的，（3）是极其不合理的。只有（2）具有一些支持证据，尽管从汉森自己所引证的信函来看（p. 223），看起来是夸大其词了。然而，仍存在足够强的证据来反对正电子（一般而言，反对新粒子，促发提出为什么的问题）。汉森对仅仅是心理学的说明感到不满意，因而寻求"概念的"（conceptual）理由（p. 159）——这种理由不仅适用于这个或那个单独个体，而且还对全部物理学家有同样的影响。他与黑格尔相似，相信存在这样的概念：这些概念深入渗透物理学家的思想，并使他们几乎不可能思考不同的思想。对于现在的情形，他提出下面的建议："既然已经认为质子和电子不仅携带电荷，而且几乎就是电荷，那么，超出质子和电子之外的第三种粒子的观念看起来是站不住脚的"（p. 159）。

汉森的普遍信念和具体建议都是不可接受的。让我们先看后者：机械 316
动量和电磁动量的不同变换性质排除了电荷和质量之间的本质联系。另外，对电荷和质量之间偶然关联的信念似乎一点也不强。[265]毫无疑问，韦伯（Weber）的思想（汉森在其历史概述中提到）不再有影响。虽然卢瑟福（Rutherford）一开始就构想了由质子和电子构成的中子（1919），但是，很快（大约在 1929 年，如果不是更早的话）认识到：电子存在于原子核中将导致严重的困难。因此，海森堡认为中子是原始粒子（1932），而不是"正电粒子和负电粒子的平衡组合"（Hanson，p. 223）。无论如何，对于中微子（1929 年由泡利讨论，并在 1931 年正式公布）而言，这种建议是极其不可能的。真实的情况是，上述的这种假说根本不受欢迎，而被认为是过分"奇异的"（strange）（p. 223）。但是，我的观点是，这种抗拒阻力的产生不是由于质量和电荷在物理学家心中有牢固联系，也不是由于他们反对"质子和电子之外的第三种粒子"（p. 159）。毕竟，长久以来，人们一直在使用这种"第三种粒子"（third particle）——光子，而且也没有对此感到不安。为了说明对正电子的反对，汉森构想了第二个概念障碍，但这个障碍甚至更加虚幻。汉森提出如下建议：质能转换的物理发现"本质上割裂了正电子的历史，从而使其完全不同于中微子的发现和中子的发现"（p. 162）。他暗示：必须假定这种转换——这是又一块绊脚石。他甚至这样说：直到 1932 年，"隐含在质量物理学中的仍然是……质量绝不能变成非质量的东西"；"正电子的发现摧毁了这一假设"（p. 56）。这真是一个惊人的断言！很久以来，爱因斯坦的质能方程 $E=mc^2$ 就激发了这种想象。在通俗科学书中，就有内容在猜想推动大型远洋客轮穿越大西洋需要多少物质。在 20 世纪的天体物理学文献中，理所当然地认为，恒星的能量输出是由于质量转换成"非物质"（other than matter）的东西。此外，（在 1920 年）还有关于合成核中质量亏损的相对论说明，这为质能转换的存在提供了非常直接的证据。没有"假设"（assumption）被正电子的发现"摧毁"（crushed）。因此，不存在抗拒的理由。下面，考虑汉森的第一个更普遍的信念，与他所提的建议相比，对新粒子的抗拒看上去更少条理化得多，也更少受"概念"（conceptually）约束。确实，贝蒂（Bethe）所说的"物理学家绝对反对任何一种膨胀"（p. 224），看起来是唯一可以看得出来的普遍态度。[266] 物理学家确实在抗拒。但是，他们的理由比上述（3a）和（3b）复杂得多，而且也各不相同。在过去，这样有趣而丰富的物理思想却经常被以"经验"（experience）为基础的虚假统一替代。这种

317

简单化受到汉森和一些当代历史学家的正确批判。遗憾的是，这些历史学家没有认识到：他们的"概念"（conceptual）思考所创立的统一同样可能是虚假的。断言（1）是：狄拉克预测了一种粒子，安德森（Anderson）发现了另一种粒子，而布莱克特（Blackett）又识别出一种粒子。此断言与发现正电子的特定环境根本没有任何关系，它只不过是极端意义语境论的更加普遍结果的一个例子。这种普遍结果蕴含如下暗示：独立检验物理理论在逻辑上是不可能的，因而它受到反驳。其余的章节探讨了亨普尔（Hempel）的说明理论和量子理论的哥本哈根解释。用各种各样的方式批判了前者关于在说明和预测之间存在的对称性。在我看来，下面的评论是有效的：在历史上，理论仅仅作为预测工具而经常受到批判（p. 35）。对这种历史事实，亨普尔的理论不能给出令人满意的阐释。另一个反对亨普尔的论据是，量子理论知道我们能够说明而不能预测的事件。于是，在干涉实验中，我们不能预测光子将到达何处，尽管在光子到达后，我们能解释它为什么已经到达。但是，此断言是因为不充分的分析所致。我们能说明光子为什么将到达全部区域，并能预测光子将到达全部区域；我们也能说明光子为什么将不到达某一最小区域，并能预测光子将不到达某一最小区域。但是，我们不能说明光子为什么到达平板上的特定位置（如果我们确实不运用隐变量）。汉森的量子理论阐释以前就发表过，而且语句基本雷同。因此，参考我在《科学哲学前沿》[*Frontiers of Science and Philosophy*, Pittsburgh, 1962{重印为本论文集第七章}] 中的评论和批判就足够了。我相信这些批判反驳了汉森的如下主张：那些试图使用隐变量的人要求我们"思考理论上站不住脚的、经验上虚假的和逻辑上无意义的东西"（p. 30；该引文看上去几乎像抄袭自 17 世纪早期的许多反对哥白尼的小册子之一）。微观物理学的未来仍然是完全开放的。

318

㉓
评莱辛巴赫的《量子力学的哲学基础》
（伯克利—洛杉矶：加州大学出版社，1965 年）（1967）

[326]莱辛巴赫教授论述量子理论的书首次出版于 1944 年，现在重印出版平装本。（ⅰ）它为基础量子理论的数学部分提供了一个导论；（ⅱ）它讨论了熟悉的解释问题；（ⅲ）它用三值逻辑提出了一种新的解释。我将仅仅评论后两点。

（ⅱ）是以区分现象（"在与经典物理学不可观察的对象相同的意义上，它是被决定的"）和现象间（interphenomena，"仅仅……在量子力学定律的框架内"，能够引入它）为基础的。没有进一步的论证，就做了如下假设："比起与现象的宏观事件相联系的推理链，[327]形成现象间的推理链要更加复杂得多"（21）。其理由是，"在从宏观材料到现象的推理中，我们常常使用经典物理学定律"（21）。这种孪生假设从一开始就去除了所有那些想用量子力学（如路德维希的测量理论）来理解现象和现象间的解释。此外，它还表明：莱辛巴赫著名的"反常原理"（principle of anomaly）只不过是一种任意定义的没有价值的结果。因为根据莱辛巴赫，此原理主张："现象间的描述类没有包含正常系统"（33）。而正常系统是这样的描述系统：（a）无论我们是否观察，定律都是相同的；（b）无论我们是否观察对象，对象的状态都是相同的（19）。另外，现象和现象间的定义也使得下面两种区分

319 相符：在被观察者与未被观察者之间的区分，在经典物理学与量子理论之间的区分（21）。因此，反常原理只是主张：量子理论定律不是经典物理学定律。多么了不起的原理！

此外，还指出：尝试对现象进行"全面解释"（exhaustive interpretation）会造成困难，或者（像莱辛巴赫自己喜欢称呼的那样）会造成"反常"（anomalies）。对于想象的全面解释，至少有两种非等价的说明（请参见

pp. 33 和 139）。但是，我们能有把握假定：对莱辛巴赫的论证具有决定性作用的那一种说明把明确确定的值赋予所有经典可定义的现象间的量。总是具有明确确定的位置和动量的带电质点是关于特定现象间（单一电子的一段运动轨迹）的一种全面解释。正是这种全面解释导致产生反常。

这种反常是：当运动电子撞击屏幕时，伴随它的波突然塌缩。事实上，在干涉实验中，粒子似乎"知道"（know）在远处正发生什么（par. 7）。现在，显而易见，这些"反常"只是如下假设的反例：运动电子是经典波（第一情形），或者是经典粒子（第二情形）。它们表明：对于任何由量子力学的数学形式体系和某种全面解释构成的理论而言，都存在反例。因此，从逻辑上来说，尝试消除它们（这是全书所导致的结果）与尝试通过更聪明地安排特设性假说来从反例中保护理论属于同一种类。下面，让我们更仔细地审视一下这种尝试。

莱辛巴赫讨论了消除这种反常的四种方法。方法 1 建议我们应当"变得习惯于"（become accustomed）它们（37）。换言之，它期望我们不要对如下事实感到担心：量子理论的经典解释把这种理论转变成一种虚假的理论。方法 2 劝告我们把某种解释仅仅用于其有效的那部分世界，[328] 而且，一旦出现困难，就替换成另一种解释。这种解释和方法 1 的唯一差异是，前者使用两种或多种受到反驳的解释，而后者却仅仅使用一种。方法 3 建议我们应当完全停止解释，并把量子理论的陈述看作是没有认知意义的预测工具（40）。方法 4 建议我们应当改变逻辑规律，以便"绝不能把如下陈述主张为真"——这些陈述表明所选择的解释之一是不适当的（942）。这就是莱辛巴赫自己所采用的方法。

反对这种方法的理由——或者就此而言，反对莱辛巴赫讨论的所有"方法"（methods）的理由是，它们消除理论和事实之间的冲突，不是通过提出新的更适当的科学理论，而是通过对现有理论提出一种解释来从表面上消除其缺陷。当然，期望一个哲学家"干预物理研究方法"，这是太过分了（vii）。但是，人们对他的期望应当更多一些，而不只是为了保持现状而推荐的"概念阐明"（conceptually clarified）（vii）。此外，莱辛巴赫也违反了他自己提出的适当性标准。根据这些标准，每个量子力学定律或者应当具有真值"真"（true），或者应当具有真值"假"（false），但是，绝不应当具有"不确定的"（indeterminate）真值（160）。现在，这种量子力学定律、薛定谔方程或能量守恒定律（再加上全面解释）正好产生了莱辛巴赫想要消除的反常。因此，它们都必须容纳"不确定的"真值。（此外，这也是根据更形式的思考得出的。）只有元陈述（如互补性原理，迄今还没有人把它看作是一种物理定律）例外。因此，莱辛巴赫的建议既不满足认真对待反驳的最基本要求，也不符合他自己创立的标准。

第三部分　百科全书词条
（1958—1967）

㉔
自然哲学（1958）

[203] 自然哲学研究生物界和非生物界的普遍特征，而且也研究能为自然现象提供说明的原理。如果它尝试从科学结果中抽象出这些原理，并用系统联系的方式来呈现它们，那么，它就是归纳的。显然，归纳自然哲学假定自然科学已经存在，因而是相对新近的学科。它并不总是避免折中主义，有时这个标签所指涉的几乎只是成功科学成果的普及。此外，如果提出普遍原理的唯一目的就是使自然变成可理解的，完全不关心这方面的其他尝试，那么，我们便讲到了思辨自然哲学。如果思辨自然哲学主张能明确证明其原理，并否认将来有必要修改其原理，那么，它就是独断的。这使得这些原理更加接近于信仰陈述。事实上，在毕达哥拉斯（前580—前500）之后，柏拉图（前427—前347）是西方世界第一位独断的自然哲学家。此外，柏拉图还想把他的原理作为信仰陈述来辩护，即想借助于一种审判（Inquisition，参见他的"法律"）来为他的原理辩护。相比之下，[204]批判自然哲学承认犯错误是符合人性的。因此，它把最普遍的和最富有启迪性的原理（如因果性原理）视作假说，即视作充满错误的说明尝试（正如提出这些尝试的人一样会犯错误），需要改善，甚至视作可能是虚假的。对自然进行批判的哲学探究始于前苏格拉底时期（Presocratics），几乎被柏拉图主义和亚里士多德主义完全抛弃；后来，在中世纪和文艺复兴时期又复活了，与西方科学（天文学、物理学和医学）的发展密切相关。批判自然哲学从未贬低经验，早在前苏格拉底时期，基于经验的论证就起了重要作用。大家都知道泰勒斯（Thales，前625—前545）解释说明水是世界的本原。在他看来，土、火和气（它们与水一起被看作是世界的四种基本元素）只不过是水的具体形式，世界变化不外是水从一种形式变化为另一种形式。泰勒斯获得这种观点，无疑是以其经验为基础的——水能变成

冰，汽（气）能变成水；同时，他获得这种观点，无疑也运用了这种洞见——生命的生长（也许甚至生命的形成）需要水汽。但是，我们不应当忘记泰勒斯的理论远远超越了每种可能的经验，因为它假定：在我们观察到的变化下面隐藏着统一的原理。阿那克西曼德（Anaximander，前611—前545）转而反对选取水为本原，他这样做，又是基于经验：在他看来，火、土和气，同水一样具有重要作用。他说：泰勒斯的理论不能为水的突出地位辩护——（可观察的）基本材料的说明自身不能以这些材料之一为基础。因此，阿那克西曼德选取"无定形"（undetermined）为其本原。在前苏格拉底哲学中，思辨和经验联系的另一个范例是原子论。原子论始于如下两方面之间存在的矛盾：一方面是存在的不可改变性（思辨）原理，巴门尼德（Parmenides，大约前540）大力倡导此原理，原子论者不想放弃它；另一方面是这个世界上事物变化的经验事实。通过增加存在者（原子）和提出新的本原（虚空）来克服这种矛盾。存在者（即原子）仍然总是不可改变的，[205] 但是，变化得到了说明。这在于更改这些不可改变的元素之间的空间关系。这种思辨方法借助于经验和内部统一性来得到检验，它就是科学方法。科学假说仅仅因为其有更高的精度，因而其有更强的可检验性，所以，不同于批判自然哲学的普遍原理。因此，能把理论物理学、宇宙学和理论生物学正确地称为今天的自然哲学。这种自然哲学并没有使更古老、更普遍的原理变得无效；恰恰相反，在建构科学理论中，这些原理现在作为重要的观念起着决定性作用。如果没有德谟克利特（Democritus）和卢克莱修（Lucretius）的简单合理的思想，那么，原子假说从伽桑狄（Gassendi）到玻尔兹曼和爱因斯坦的发展就是不可想象的，而且，还能被追溯到它们。正如迪昂所证明的，一些关于天体间和谐的占星术思想成为万有引力假说（首先由牛顿用数学形式提出）的先行者。所有这些都强调自然科学和（批判）自然哲学的基本统一性，而且，更详尽地分析科学方法论也完全确证这种统一性。

　　这种统一性受到实证论的反驳。实证论仅仅把它认为是"科学的"（scientific）那些语句看作是有意义的；根据休谟（David Hume，1711—

1776），实证论想要摧毁自然哲学；通过独断的自然哲学，实证论否定科学具有任何获取知识的能力。实证论想保留来自科学的思想，而独断自然哲学想保留来自自然哲学的经验。对于实证论者来说，埃及测量员所采用的法则提供了自然知识的理想；对于独断自然哲学家而言，这种理想主要就是埃及神职人员（他们给柏拉图留下深刻印象）的深深扎根的真理。最终，二者都抛弃了早期希腊哲学的重要成就（即自然观和西方科学思想）。

至于其对象，自然哲学探讨空间、时间、物质、宇宙和生命。本文的剩余部分将简述关于空间、时间、物质和世界作为整体的思想的发展。[206]此外，还将尽可能讨论推动这种发展向前的论证。

中世纪。逐渐变得清楚的是，中世纪的自然哲学并不像肤浅的"进步"（progressive）编史学经常描述的那样统一。然而，保持不变的是，亚里士多德（前384—前322）的物理学和宇宙学及托勒密（Ptolemy）的天文学成为自然哲学讨论的中心内容。让我们更仔细地观察但丁（Dante）非常精彩地描绘的这幅世界图像。世界是有限的（其直径大约与现代天文学中金星轨道的直径相同）。顺便说一下，这意味着空间也是有限的。超出恒星球（它限制了世界），"既没有空间，也没有位置，也没有物体"。因此，空间不能是抽象的平直的欧几里得空间，因为这种空间必然是无限的。对亚里士多德而言，空间是物体的位置和边界的真实变化，不存在虚空。他设法利用各种论证来证明这一点。根据这些论证之一（后来在笛卡尔那儿发现的），虚空和无是同一事物。但是，无（nothing）不能存在，甚至，上帝也不能使无存在。因此，虚空（void）不能存在，甚至，上帝也不能使虚空存在。（1277年，这种论证遭到巴黎大主教谴责。）亚里士多德的运动理论诉诸更多的物理论证。根据这种学说，有限的力如果没有遇到阻力，将产生无限的速度。因此，如果存在虚空，那么，也必定存在无限速度（这被认为是荒谬的）。世界是同质的。在地球（位于中心）的临近范围，存在四种元素：土、水、气和火（它们包含我们日常所称的土、水、气和火的本质）。这些元素的每一种都在争取其"自然位置"（natural place）。土的自然位置在中心，水的自然位置在紧邻圈层，气和火的自然

326

位置在更高的圈层。这种圈层等级不仅是一种物理秩序，也是一种价值秩序。土是普通的材料，火是非常高贵的材料。如果元素处于其自然的等级秩序之中，即如果地球范围［"月下"（sublunary）范围］已经处于其自然秩序之中，那么，什么也不会发生变化。但是，元素是混杂的，[207]每样物质（例如，这里的这张纸）都含有土（即燃烧之后，剩下的灰烬）、水（燃烧产生水汽）、火和气。月下区域的变化是元素缺乏这种秩序而力争处于其自然秩序的结果。在天上的范围，最终秩序已经存在。用社会意义来解释这种秩序：天空是总体秩序的典范，在其中，每种元素具有其指定位置，而且保持在其指定位置上。这就是极权主义哲学家（如柏拉图）为什么有极大的兴趣来证明行星（乍看起来像地球上讨厌的"流浪者"一样无规则运动）的轨道受严格的规律支配。在天空，不可能发生变化，至少通过径向运动（远离地球运动或朝向地球运动）不可能发生变化。圆周运动是天体及其附着的晶状球的本质运动。关于这些晶状球，已经有各种各样的理论。有时把它们构想为粗糙的物质，并把行星构想为不透明的，把行星构想为它们中的反射结。但是，我们也发现有一种更加"数学化的"（mathematical）晶状球观念，它与埃拉托色尼（Eratosthenes）的原初观念非常相似。基于亚里士多德学派的物理学（在这种物理学中，不仅必须说明加速运动，而且也必须说明等速和普遍的每种变化），不得不引入天体突然变化的推动者，正如不得不为抛石或被推体（pushed body）引入推动者一样。在前述两种情形中，运动经过的空气被认为是推动者——在 14 世纪，将利用简单的经验事实来批判这种假设。借助于神灵推动者来说明天体的突然变化（别无选择，因为空气只属于月下范围）：天上神灵推动晶状球，并干预月下区域（这支持占星术，并为它提供理论基础）；为了说明天体运动，引入神灵的性情和冲动。这种幽灵学说成为攻击 14 世纪中叶各方发展的亚里士多德学派物理学的第二个理由。奥雷斯姆（Nicole Oresme）评论说：上帝确实可能给像钟表一样的世界上紧了发条，然后，没有神灵帮助，让世界自行运动。当然，这种观点需要一种新的运动理论。[208]这种运动理论逐步由布里丹（Buridan）、奥雷斯姆、萨克森的艾伯特（Albert of Saxony）和牛津默顿学院（the Merton College in Oxford）的哲学家们建构出来，而且成为伽利略动力学的直接先驱。当运动物体没有遇到阻力时，这种运动理论认为动力来自保持静止（或缓慢下降）的被推体。这种动力相比于铁块在从煤火中取出后会继续发光。但是，这种理论仍是不完整的，允许"冷却"（cooling down），即允许压迫力逐渐消失。（甚至，为了保持宇宙运动，牛顿仍然求助于上帝！）在进一步的发展成为可能前，不得不全面彻底研究宇宙。这是随着提出哥白尼假说而发生的。为了正确评价哥白尼（Nicholas Copernicus，1473—1543）的成就，我们千万不要忽视他的动机缘由，例如：他偏爱圆周运动（认为它是最高贵的运动）；他洞察到托勒密体系没有认真对待这种思想（托勒密引入的许多圆仅仅具有虚构的中心）；他完全信奉新柏拉图学派（Neo-Platonic）的太阳崇拜——太阳拥有绝对权力，依靠"皇冠来统治围绕其运转的行星家族"。[1] 哥白尼从未认真思考过观察：他简单地接受了托勒密的追随者所传播的事实；他这样做很天真，在他的更有经验头脑的追随者［如第谷（Tycho Brahe，1546—1601）］看来，这种天真程度完全是难以置信的。此外，哥白尼的宇宙不能与亚里士多德学派的物理学相协调。（为了看清这种不协调性，人们应当只是逆转它，在托勒密的宇宙中来构建牛顿的引力理论！）另外，我们如何能说明地球自身的变化呢？当月下区域的一切运动都完全是径向运动（或者朝向地球中心，或者远离地球中心）时，地球怎么可能进行圆周运动呢？在托勒密天文学中，地球的不动性不外是一种偏见，或者只不过是对《圣经》的模仿，这种说法是不真实的；地球的不动性是亚里士多德学派物理学的一种必然结果！托勒密所提出的反对地球运动的论证都是物理学论证。首先，地球（作为标准的月下物体）唯一可能的运动是向下运动。这种运动的速度正比于下落物体的重量。[209] 因

328

---

1. Copernicus（哥白尼），*De revolutionibus orbium coelestium*（《天体运行论》），Nuremberg（纽伦堡）：Johann Petreius（约翰·皮特里修斯），1543，fol. 9v，9—10；English translation by Edward Rosen（英文版由罗森翻译），*On the Revolutions*（《天体运行论》），Baltomore（巴尔的摩）：The Johns Hopkins University Press（约翰·霍普金斯大学出版社），1992，p. 22。

此，"因其巨大的超重量"，地球将"深深落下，落在一切物体下面，而分离开来的生物和重物在空气中飘荡，而这一切最终将以极大速度破入天空来终结。但是，仅仅想到这种可能性，就是极其荒谬的"。[2] 其次，地球朝向"下面"（under）某处运动的假设无论如何都是荒谬的，"因为相对于地球而言，在宇宙中，既不存在'上'（above），也不存在'下'（below）"。[3] 再次，地球自转不能与物理学原理相协调：释放出的石块垂直下落到地面，而如果地球自转，那么，它必定落在其出发点后面；如果地球高速自转，那么，"所有物体……必定会明显向西（即向着地球甩在后面的地方）运动一段距离"。[4] 这样，亚里士多德学派的宇宙建构也得到物理学说明，一切现象都被组织在和谐体系之中。这种和谐（这种内部关系）被哥白尼体系摧毁了。一些时日之后，多恩（John Donne）写道："整个世界支离破碎，一切和谐不见了；所有的都只是替代者，全部是关系。"[5] 可以理解的是，许多天文学家把哥白尼假说看作是一种属于高级天文学的"计算技巧"，而这种高级天文学则简化了现象的秩序，但与实在没有任何关系。同时代的天文学教材在序言中提到哥白尼的学说，称之为一种难懂的数学假说，会使初学者感到困惑不解，因此，必须在后面的卷册（这些卷册通常绝不会出版）中来探讨。（大约350年后，相对论也出现了同样的情况。）无论如何，哥白尼自己对其推翻亚里士多德—托勒密体系感到非常满意。他保留许多它的信条：恒星、宇宙有限性（尽管不是空间有限性）和宇宙中心对称结构。实际世界的空间无限性和物质无限性以及物理空间的同质性首先是由布鲁诺（Giordano Bruno，1548—1600）宣布的（不是没有先

2. Ptolemy（托勒密），*Syntaxis Mathematica*（《至大论》），Ⅰ，7；in *Claudii Ptolemaei Opera quae Extant Omnia*（见《托勒密现存作品大全》），edited by Johann L. Heiberg（海堡编），vol. Ⅰ，Leipzig（莱比锡）：Teubner（托伊布纳），1898，pp. 23.20–24.4；*Ptolemy's Almagest*（《托勒密的〈至大论〉》），translated and annotated by Gerald J. Toomer（图默翻译和注释），Princeton：Princeton University Press（普林斯顿：普林斯顿大学出版社），1998，p. 44。

3. Ibid.（同上），pp. 22.22–23.1；English translation（英文版），p. 44。

4. Ibid.（同上），pp. 25.13–14；English translation（英文版），p. 45。

5. John Donne（多恩），*An Anatomy of the World*（《解剖世界》），London：Samuel Macham（伦敦：塞缪尔·麦克汉姆），1611，213–214。

驱），而且，这种思想在牛顿时代首次被接受。然后，开普勒（基于同质性假设；在 20 世纪的宇宙学中，这种假设起了关键作用，但是，所用的经验材料却是错误的）论证反对实际的有限世界；伽利略使这个问题悬而未决；[210] 笛卡尔把实际的［即他所称的"真实的"（positive）］无限性仅仅归因于上帝，并认为世界是没有边界的（即相对于人的认识来说，世界是无穷的）或未确定的。后来，通过新柏拉图学派的神学和莫尔（Henry More，1614—1687）的精神理论的迂回，物理学后来又恢复了实际的空间无限性。在莫尔看来，空间［正如在笛卡尔主义者斯宾诺莎（Spinoza）看来，不是物质］是上帝的属性，因而实际是无限的。在这个问题上，牛顿自己表现得非常谨慎。但是，我们能这样说：他的空间观念与莫尔的密切相关。

使哥白尼宇宙完满所必需的运动理论，是由伽利略和笛卡尔几乎同时提出的。令人惊异的是，在其支持哥白尼体系的论证中，伽利略使用的新事实是多么少啊！事实上，他的论证所基于的经验与亚里士多德学派解释过的日常经验相同。但是，他用完全不同的新方式来整理这种经验，从而使其成为可理解的。认为文艺复兴时期的"科学革命"（scientific revolution）主要在于用事实描述取代思辨，这种看法是一个很大的错误。在其非凡的研究著作《近代科学的起源》（*The Origins of Modern Science*）中，巴特菲尔德（Herbert Butterfield）写道："极为困难的是，通过仅仅更细致地观察事物来突破亚里士多德学派的学说。"[6] 此外，直到后来，从培根（Francis Bacon，1561—1626）那儿才开始忙乱收集事实，而且他的作品成为皇家学会的圣经。伽利略时代所发生的是，为观察和更好地理解同样的旧事实来发展新的观点。例如，发现了如下新事实：在 1572 年，发现新星，这非常引人注目地证明了月下范围的可变性；木星的卫星，它们构成哥白尼体系的一个小模型；太阳黑子，只具有强化这种新观点的功能。在那个时代，炼金术非常勤奋地收集事实，却几乎没有取得任何值得记录

330

---

6. Herbert Butterfield（巴特菲尔德），*The Origins of Modern Science：1300—1800*（《近代科学的起源：1300—1800》），London：Bell（伦敦：贝尔），1949；new edition（新版），1957：p. 4。

的进步。

　　根本找不到纯粹由伽利略（1564—1642）阐述的惯性定律。伽利略仍然偏爱圆周运动——根据他的说法，抛石运动被描述成是圆周轨道。他不接受开普勒的椭圆理论。因此，在其《对话》（*Dialogues*）中，他提出的世界图像并不具有亚里士多德学派的图像的统一性。空间和力的本性是不清楚的。仅仅极少涉及物质和空间的关系。[211]我们必须认其为新自然哲学创立者的那个人是笛卡尔（1596—1650）。这种自然哲学一劳永逸地把精神逐出了世界。物质的本质在于广延，而精神原理（如灵魂）的本质在于自我意识。因此，在被创造的世界中出现精神和魔鬼，这在逻辑上是不可能的。不要低估这种理论对猎巫运动（15世纪和16世纪，在天主教和新教地区，猎巫运动达到了不可思议的规模）消失的贡献。此外，根据笛卡尔，上帝在世界中没有作用，在其中没有位置（nullibi）。于是，世界的行为现在要独自得到说明。笛卡尔用其惯性定律（根据该定律，世界上所有运动的总和保持恒定）和涡流假说得到了这种结果。根据他的涡流假说，所有围绕中心的运动（如地球围绕太阳的运动）要通过世界物质围绕中心旋转（行星就像微尘一样，这些微尘被世界物质旋转推动而围绕太阳运转；行星被更小的涡流环绕，这些更小的涡流带动其卫星；每颗恒星都有其涡流）和详尽的原子假说来说明。在其所写的发生在一位渴望知识的美女及其老师（但在别的方面却是不成功的情人）的对话中，丰特奈尔（Fontenelle）通俗化了这种世界图像。因此，这种世界图像成为17世纪欧洲大陆受教育者的普通常识。

　　然而，在英格兰，却不是这样。莫尔明确反对笛卡尔把空间与物质等同起来。就主要论点来说，他的论证（实际上部分是物理论证）是非常清楚的。但是，其首要目的是把可穿透的、不可碎的、被延展的存在者（即精神）纳入世界。他关于这类实体的描述完全适合于光（这是中世纪的光占星术和光形而上学的继续）和现代的场概念。莫尔的空间（摆脱了物质）是一种上帝的无限和同质的属性。牛顿（Isaac Newton，1643—1727）所使用的空间具有非常类似的性质，它是无限的、同质的和牢固的，它包含物质（空间没有与物质一起塌缩），物质由微小坚硬的元素（原子）构成。牛顿提供了很强的论证来反对笛卡尔世界的完满性：彗星轻而易举从各个方向穿过太阳系，与笛卡尔的涡流丝毫没有关系（大约 100 年前，第谷提出用彗星来反对存在晶状球！）；[212] 不可能用流体力学来说明行星运动定律和开普勒定律。牛顿用引力来代替涡流。但是，他不情愿把引力当作新的要素：确实，他把存在具有引力特征的物理原理看作是荒谬的。他建议［本特利（Bentley）充分使用了这些建议］：引力必然是由一种精神存在引起的。物质以不可穿透的原子形式存在，力最大可能是由精神存在引起的；两者牢牢嵌入虚而实在的绝对空间中，并牢牢嵌入虚而实在的绝对时间中。这就是牛顿的宇宙。在其《英国通信集》（*Letters Concerning the English Nation*，1733）中，伏尔泰（Voltaire）写道："一个法国人到了伦敦，将会发现那里的哲学（像其他所有事物一样）变化非常大。他已经离开了充满物质的世界，现在找到真空的世界。"[7] 值得注意的是，正是伏尔泰的这些"通信"（letters）把牛顿的世界观念和洛克（Locke）哲学引入欧洲大陆。

　　在 18 世纪初，这种世界观念受到下面两位思想家的攻击：莱布尼茨（Leibniz）一方面进一步推进了笛卡尔的论证，另一方面又发展了他自己的神学的、形而上学的和自然哲学的思想；贝克莱（George Berkeley，1685—1753）是现代实证论的敏锐先行者。两位思想家的动机是，担心牛顿的自然哲学威胁宗教，并必然导致唯物论。除了这种动机之外，这两位哲学家的方法是非常不同的。贝克莱的论证本质上具有认识论性质。他没有企图要证明牛顿关于绝对空间、绝对时间和引力的原理并不存在。他走得更远，提出这样的问题：用来表达这类原理的每个词语是否有意义？在他看来，唯一有意义的词语是那些指示感觉的词语。引力和物质都没有直接指涉感觉。就这些词语本质上有意义来说，它们是缩减的指涉，组织整理一类确定的感觉。从本体论来说，这意味着只存在感觉。引力、质量和原子并不存在；但是，"引力"（gravitation）和"物质"（matter）这些词语帮助经济

332

---

7. François–Marie Arouet（Voltaire）（伏尔泰），*Letters Concerning the English Nation*（《英国通信集》），London：C. Davis and A. Lyon（伦敦：戴维斯和里昂），1733：Letter XIV（第十四封信），p. 109。

地组织整理感觉的表象。在 19 世纪，这种"语义分析"（semantic analysis）方法最终摧毁了自然哲学。[213]贝克莱的空间理论非常有趣，完全独立于他的实证论观点（在其他方面，贝克莱的理论与这种观点有联系）。在其题为《论运动》（De Motu）的短文中，他发展了这种空间理论。能把这篇短文看作是一部分析的杰作：如果科学的目标是协调感知，那么，科学就只能使用空间关系（就这些关系只不过是可感知物体之间的关系而言）。

> 对于向上、向下、向左和向右来说，一切位置和区域都是以关系为基础的，并必然描述和假设不同于运动的物体。因此，如果我们（例如）假定仅存在一个球（毁灭了所有其他物体），那么，将不可能感知它的任何运动。……换句话说，因为运动就其本性而言是相对关系，所以，在给出与它有相对关系的其他物体之前，就不可能感知它。8

莱布尼茨（Gottfried Wilhelm Leibniz，1646—1716）甚至更加彻底地强调时空的相对性。"没有物质，就没有空间"——换言之，空间和时间只不过是"存在事物的关系结构"："一旦我们决定了这些事物及其关系，就不再有关于时间和位置的任何选择；确实，时间和位置本身没有包含任何实在，没有包含任何辨认它们的东西，没有包含能以任何方式来辨认的东西。"9笛卡尔以类似的方式说了同样的内容：两个世界之间（一个世界被毁灭，另一个世界在"一段时间后"被创造）的过渡期是没有时间的。莱布尼茨提出的支持其主张的论证不同于贝克莱的：如果存在诸如虚的绝对的同质空间之类的东西，那么，假定上帝在这里而不是在那里创造第一块物

333

---

8. George Berkeley（贝克莱），De Motu：Sive，de Motus Principio & Natura，et de Causa Communicationis Motuum（《论运动：即论运动的原理和本性，以及运动传递的原因》），London：Jacob Tonson（伦敦：雅各布·唐森），1721，nos. 58–59。

9. "Mr. Leibnitz's Fifth Paper. Being An Answer to Dr. Clarke's Fourth Reply"（《莱布尼茨先生的第五篇论文：对克拉克博士第四次答复的答复》），in Samuel Clarke（克拉克），A Collection of Papers，Which Passed Between the Late Learned Mr. Leibnitz，and Dr. Clarke，in the Years 1715 and 1716. Relating to the Principles of Natural Philosophy and Religion（《论文集：已故的博学的莱布尼茨先生和克拉克博士在 1715 年和 1716 年相互交流的论文，论关于自然哲学和宗教的原理》），London：James Knapton（伦敦：詹姆斯·纳普顿），1717，p. 197，no. 47 和 p. 219，no. 57。

质，就没有充足的理由。对于莱布尼茨而言，充足理由原理是哲学的基石。（根据这一原理，每个判断都必须具有能从其中正确推导出来的理由。）乍看上去，莱布尼茨和贝克莱的论证是非常合理的。然而，我们不能忽视如下事实：他们两位都没有令人满意地解释如何能基于物质元素之间的关系来说明惯性力（惯性力是牛顿最重要的支持绝对空间存在的证据）。这种说明首先是由爱因斯坦（Albert Einstein，1879—1954）提出的——但是，[214] 不是通过丢弃牛顿的绝对空间（绝对空间不同于物质，但是，物质现在不再受绝对空间影响）思想，而是通过修改这种思想。事实上，莱布尼茨不愿意讨论绝对空间概念，而这种讨论仅仅是他批判牛顿世界观念的一部分。为了保持其宇宙运动，牛顿需要上帝干预，而莱布尼茨却对此进行批判。（非弹性推动中推动力消失，是牛顿追随者支持如下假设的物理论据：如果没有超凡力不断地或每隔一些特定时间来干预宇宙，宇宙将停止运转。）莱布尼茨完全在笛卡尔的意义上要求：应当依照世界自身的定律来全面说明世界。莱布尼茨也是（笛卡尔更是，但牛顿不是）拉普拉斯世界机器的先驱。在牛顿看来，空间和时间是上帝的属性。在《原理》（*Principia*）的第二版中，他补充了闻名遐迩的"总释"（Scholium Generale）。在"总释"中，他详细讨论了形而上学思想，并在结尾提出如下论证：

> 关于在低级物体中弥漫和隐藏的某种非常微妙的精神，现在能补充如下一些现象。通过这种精神的力量和作用，物体的粒子在很近距离时相互吸引；当它们接触时，就形成一个整体。带电物体在更远距离作用，排斥和吸引临近的微粒。光被发射、反射、折射、弯曲，光加热物体。所有感觉受到激发，动物的四肢运动受意志支配（即受到这种精神的感应）。……但是，不能用几句话来说明这些现象。10

10. Isaac Newton（牛顿），*The Principia：Mathematical Principles of Natural Philosophy*（《原理：自然哲学的数学原理》），translated by I. Bernard Cohen and Anne Whitman（科恩和惠特曼译），assisted by Julia Budenz（布登兹协助），Berkeley–Los Angeles–London：University of California Press（伯克利—洛杉矶—伦敦：加州大学出版社），1999：pp. 943-944。

牛顿的上帝在这个世界中有效工作，正如《圣经》中的上帝在前六天有效工作一样。这种工作是保持宇宙运转所必需的。莱布尼茨和笛卡尔的上帝是"《圣经》中安息日的上帝，上帝已经完成了其工作，并发现这工作很好"（科瓦雷）。[11]在18世纪，发展了如下坚定的信念：自然哲学和物理学不需要上帝干预的假说。拉普拉斯（Laplace）回答拿破仑（Napoleon）说："我不需要这些假说。"此回答正好表达了这种意思。这就导致形成机械论哲学所提出的世界观念。

机械论哲学。 根据这种世界图像（它很快广泛占据主流地位），引力和所有其他的力被接受为物理本原。虚空中的原子和力是18世纪和19世纪机械论自然哲学（亚里士多德和笛卡尔之后的第三种伟大的独断自然哲学）的标语。[215]在19世纪，机械论哲学不仅是物理学家（除天才法拉第及其追随者以外）的信条，更是生物学家的信条。这个世纪中所有科学的巨大发展为机械论哲学提供了大量论据，但是，也为其崩溃铺平了道路。当今的自然哲学是这种崩溃过程（这种过程非常复杂，绝没有结束）的结果；此外，与其混合相伴的是各种各样的忧虑，首先是那些精神原理，而为了那些原理，笛卡尔主义和机械论哲学使生命变得极为困难。下面，我们将尽可能好地描述在这种崩溃过程中起了作用的某些思想。

此项任务立即遇到如下困难：在19世纪，认识论论证开始在自然哲学中起重要作用。（这种对自然哲学主张的认识论批判及随后发生的自然哲学的部分崩溃，非常类似于智者学派对前苏格拉底学派自然哲学的批判及随后发生的这种哲学的部分崩溃。）这种过程始于康德（Immanuel Kant，1729—1804）。康德的主要哲学问题不是"如何创造世界？"，而是"关于世界，我们能知道什么？"。他深信牛顿世界图像（他用他的宇宙学假说决定性地扩展了这种图像）的正确性，并想要为它辩护。他的辩护具有认识

---

11. Alexandre Koyré（科瓦雷），*From the Closed World to the Infinite Universe*（《从封闭世界到无限宇宙》），Baltimore：The Johns Hopkins University Press（巴尔的摩：约翰·霍普金斯大学出版社），1957，p. 240。

论特性（不是自然哲学特性）：属于一般自然科学的那些原理（例如，因果性原理和守恒定律）以及后来的整个牛顿理论是绝对真的，因为我们的理智准备好要思考牛顿学说。最重要的是，因而存在推理规则，自然由经过这些推理规则整理的感觉（感觉本身是混乱的）构成。这说明我们为什么能认识自然：自然的普遍特征确实是我们自己工作的结果。马赫（Ernst Mach，1838—1916）更彻底地发展了康德的思想。根据马赫，自然概念不再具有任何经验基础，必须被清除。因为科学（在科学之外，不允许存在独立的自然哲学）能够且应当只是系统整理经验；一个概念（或理论）只要有助于这种整理，就要受到容许。这种认识论原理不仅必须处理普遍的自然概念，而且还必须处理关于物质、绝对空间、绝对时间和原子的具体概念；[216] 但是，这意味着它也必须清除机械论世界观的真正核心（即力学）。在这方面，贝克莱带了头，他是第一个从实证论观点来反对牛顿自然哲学的人。正如我们看到的，他也坚决批判了绝对空间、绝对时间、引力和物质。马赫的批判（以及在他之前康德的哲学批判）促发了机械论哲学的认识论瓦解。

在 19 世纪，机械论哲学也面临着物理学障碍。麦克斯韦的电动力学（赫兹的研究使其获得正确性）运用了场概念，而场概念不容许合理明确的机械论解释。释放热量显示方向性，这与力学不相干（温差相等，但没有外部干预，却不会发生），而且（正如能够证明的那样）几乎与之矛盾。玻尔兹曼和爱因斯坦消除了这种矛盾，但其代价仅仅是提出新的非机械论原理（如客观概率）。然而，机械论哲学受到狭义相对论（1905）的致命批判。根据狭义相对论，力学归属于物质、空间或时间的一切性质（惯性、空间广延和时间）都被构想为事件进程与坐标系之间的关系，因此，坐标系的运动状态一发生变化，这些关系就发生变化。此外，根据狭义相对论，每种能量形式（因而引力场能量）都具有惯性，因此，具有物质的特征。但是，相对论时空（不再明确地分为空间和时间）仍然总是客观的，而且，处于其中的事件之间的关系也同样如此。另外，相对论时空具有明确确定的结构：能够通过光信号联系的事件是同时发生的；光锥下半

335

336 部的事件属于过去，光锥上半部的事件属于未来。（在牛顿理论的时空中，光锥在被双倍占用的空间层级中塌缩。于是，牛顿理论时空结构的主要特征是垂直构造、水平分层。）总的说来，狭义相对论认识三种客观实体：时空、物质和场（电磁场和引力场）。大体上，转变到广义相对论（1913）在于把时空和引力场融合在一起。为了形成这种融合，[217] 广义相对论运用弯曲的黎曼时空，而不是运用狭义相对论的平直时空。每个人都知道，弯曲时空或急加速运动使物质惯性显露无遗：力显现了，如离心力和科里奥利力。牛顿确实尝试用这种方式来区分相对运动和绝对运动。因此，时空曲率（不能通过坐标变换来消除）产生了"真正的"（genuine）力［与诸如离心力之类的"表观"（apparent）力不同］，即引力（于是，证明引力是惯性的体现）。反过来说，曲率也依赖于物质分布。重要的是要强调，弯曲的、非同质的和各向异性的广义相对论时空起了完全独立的或"绝对的"（如果人们希望如此的话）作用：牛顿的绝对空间和绝对时间绝没有被相对论清除，只是在黎曼时空中被融合和重塑，而黎曼时空现在接替了"以太"的角色。爱因斯坦说："否定以太，最终是要假定真空没有任何物理性质。力学的基本事实与这种观点并不相符。"[12] 现代实证论者经常把去除绝对空间和绝对时间描绘为他们的伟大哲学成就。上述内容表明：这种主张不仅从历史角度看是错误的（爱因斯坦从未探讨物理主张的意义，他仅探讨它们的正确性），而且从物理学角度看也是虚假的；正如过去一样，物理学需要作为独立实体的空间和时间（尽管受物质影响）！魏尔和卡鲁扎（Kaluza）尝试纳入电磁场，但还未取得成功。然而，更为重要的是第二种尝试：最近，德布罗意及其学派以不同的方式来继续进行这种尝试。爱因斯坦和格罗默（Grommer）的这种尝试要把物质粒子解释为单独实体

337 （即弯曲时空中的结点）。这种尝试已经进行从场方程推导运动方程［爱因斯坦、因费尔德（Infeld）和霍夫曼］，仅保留两种实体（时空和电磁场）

---

12. "Ether and the Theory of Relativity"（《以太和相对论》），Albert Einstein, *Sidelights of Relativity*（爱因斯坦的《相对论拾零》），translated by George B. Jeffrey and Wilfrid Perrett（杰弗里和佩雷特译），London：Methuen & Co.（伦敦：梅休因出版公司），1922, pp. 3–24：p. 16。

作为最终的本原。能把这种大简化当作经典物理学的顶点，即这种物理学把世界看作是一种独立于主体的实体，探寻发现世界的最终本原。[218]根据牛顿，这些本原是那些（神圣的）空间、时间、（原子的）物质和引力。后来，出现了两种形式的场：决定论场（法拉第），各种思想家（汤姆逊、洛伦兹）探索把物质还原为这种场；概率场（统计力学）。爱因斯坦把时间和空间统一为时空，把引力、也许甚至电场和物质还原为时空。现在，时空曲率也允许用新的方式来处理宇宙学问题。牛顿的无限世界是不稳定的（好像是赫克曼首先证明这一点）；但是，在牛顿的空间中，有限数量的物质必须消散（爱因斯坦的发散反对理由）。弯曲时空同样也是不稳定的，但是，容许有意义的动力学；它能搏动（即它能回归先前的状态），还可能形成一种没有边界却有限的世界（仅包含有限数量的物质）图像。（在两维空间中，一个很好的类比是地球表面：它没有边界，但却是有限的——在平滑地球上漫游，漫游者将不会遇到尽头。）这些可能性已经引起猜想，导致形成世界模型——这些模型几乎都解释经验，但是，它们（尽管它们都具有前述共同点）仅呈现了有限的相似性。在这个领域中，不断创造新物质的思想是最新的大胆假说。但是，所有这些尝试及其依赖的自豪的爱因斯坦理论大厦，都受到新的物质知识（以量子理论之名）和其创立者所支持的哲学运动（至少要求抛弃基本原理——即客观性原理和决定论）的严重挑战。下面，我们将描述这种哲学运动。

　　很快就表明，物质元素不像过去想的那样简单。原子及其核都具有结构。另外，这增加了构成物质和场的基本粒子数量（现在，我们认识了许多基本粒子）。但是，尤其正是关于这些基本粒子本性的知识要求彻底改变了经典观点。自从大约 19 世纪中叶以来，人们似乎已经确定：光像波一样运动，从光源向外以同心球来传播。[219]20 世纪前三分之一时间所做的实验导致形成如下看法：在光场中传输的能量不得不聚集缩结为包粒，光和物质之间的相互作用伴随有直接的动量交换（康普顿效应）。只有人们认为光具有内部结构，并把它解释为像一堆粒子的某种东西，才能说明这种经验和其他经验。但是，后一假设并不能给我们提供对与干涉有关的

338

现象的认识，因为干涉严格遵循波动光学定律。于是，我们面对如下事实：一切关于光（正如已经表明的，一般而言，基本粒子）的经验都被分为两组。第一组经验能借助于波动理论来得到精确说明；但是，它们与我们的粒子图像相矛盾，粒子图像假定它们是能被空间定域化的。第二组经验能够借助于我们的粒子图像得到精确说明，但是，它们与波动理论相矛盾。我们把这两个事实称为光和物质的二象性。至关重要的是，辐射和物质双方对应于时空的两个方面（或者两半更好）。从粒子图像和波动图像二元性得出位形（configuration）和运动的二元性：位形由时空中的位置来给出，而运动通过路径的走向来给出。此外，二者也不能一起存在：时空分成方向空间和位形空间（configuration space）；在位形空间中，路径的概念变得不适用了。但是，正如庞加莱很早就注意到的以及海森堡后来详细研究的那样，这必然导致经典物理学的运动概念和时空都会瓦解。

现在，可以这样来假定：伴随这种瓦解而来的是一种综合，而且这种综合将以更广泛的新原理为基础。这种综合将把粒子特征和波动特征构想为一种更抽象对象的两个侧面，并将形成如下猜想：这种二元性强加给我们关于空间、时间、物质和运动的一种进一步的确实客观的概括。绝大多数当代物理学家拒绝这种思想。他们主张二元性是基本事实，而且对这一基本事实，在原理上不能提供进一步的说明。玻尔写道："认为通过最终用新的概念形式取代经典物理学概念来排除原子理论的困难，这种想法是一种误解。"[13] 这有如下意味：我们不得不使我们自己满足于经典世界图像的碎片，[220] 因为并不存在更深层次的统一；我们只能做一件事情，即有效地运用这些碎片来预测事件。在普遍有效原理知识的意义上，自然知识是不再可能的了。

由此得出如下两点：第一，不再能容许决定论（决定论与经典路径概念联系在一起，它是被抛弃了，而不是被取代了）；第二，事物不再独立

---

13. Niels Bohr（玻尔），*Atomic Theory and the Description of Nature*（《原子理论与自然描述》），Cambridge：Cambridge University Press（剑桥：剑桥大学出版社），1934：p. 16。

于观察者［事实上，运用波还是粒子来描述，这依赖于进行哪一种实验；因为两者中的任一描述都没有更深层次的实在做基础，所以，不再可能客观化那种依赖所涉及的关系（相对论的情形也同样如此）］。

我们必须意识到一件事情：这种世界图像是认识论转向（始于康德）的结果，并且，是直接应用马赫哲学的结果（这也得到公认）。二元性是不能被进一步说明的基本事实，为什么要坚持这一点呢？其原因不是自然哲学洞察到不存在更深层次的原理，而是认识论要求（今天，人们会说"语义学"要求）——要求不允许借助于这种原理来进行任何说明，因为这样的说明是"形而上学的"（metaphysical）。因此，不仅抛弃了经典自然图像，而且还抛弃更加普遍得多的规范（从伽利略到爱因斯坦的物理学发展把这种规范用作基础）：不要止于现象，而要通过更深层次的原因来理解现象——事实上，（量子理论倡导者非常炫耀地宣称的）现代物理学革命的主要特征是：转变到实证论认识论，并相应改变物理说明原理。在物理学历史上，第一次有可能提出一种（看起来）不允许任何实在论解释的理论。

显而易见，这种改变容许这些原理——为了认识世界［即精神推动者、美好的精神、"自由意志"（free will，不是在康德的意义上！）］，笛卡尔主义和机械论哲学想要去除的原理：物理学越使自身疏远自然哲学，就越把自身限制于"纯事实"（pure facts），也越容许蒙昧主义者（确实，他们总是寻找机会来把其原理引入世界）有更大的自由。换句话说，[221]除了其方法论的不可能性性外，实证论的错误在于它并没有克服形而上学。实证论只是弱化了好的批判哲学思维，怂恿不受约束的思辨（在实证论范围，这种思辨不再受一点限制）。文献说明了实证论如何得益于物理学从自然哲学中的退却。

340

一段时间以来，爱因斯坦和薛定谔是仅有的反对这种新世界观念（顺便说一下，这种新观念没有发展出任何令人满意的时空理论）的两位物理学家。然而，在过去的大约10年中，出现了一种反对这种新世界观念的回应：这种回应意在回归明确客观的经典物理学思想，拒绝通过"求助于认识论"（recourse to epistemology）来解决物理学难题（薛定谔）。[14] 在这种回应中，我们一方面考虑无争论意图的量子电动力学中所发展的思想——根据这些思想，我们不得不把世界描绘为充满能具有各种激发态的精细以太（不是相对论以太！）。这些激发态等同于基本粒子。另一方面，还发展了关于空间和时间的初步离散理论。然而，一般而言，量子电动力学也以实证论方式来取得进展，作为预测工具，它的内部融贯就很少具有重要性。在这里开始出现了与玻姆和维吉尔的姓名相联系的"反革命"（counterrevolution）：这种反革命还得到德布罗意的支持，甚至在俄国也有长时间的准备。这些物理学家故意把客观描述自然的思想放在其研究的首位，他们给自己布置的任务是：重新用相对论的方式来发展微观物理学，建构量子理论和相对论的一种综合（延误已久）。根据玻姆，我们在特定领域发现的所有定律都只是近似，必须进行精确的研究，以便进一步说明其有限的有效性。在某种程度上，前面提到的定律使得这种研究所发现的涨落成为"不确定的"（uncertain）现象；但是，如果人们深入实体的更深层次（如在布朗运动的理论中），涨落就能得到说明。世界被分成无限多的类似层次：这些层次具有相对独立性，但也相互影响和干扰。因此，每种不确定性（每种非决定论）都能够通过回归到一个（或多个）更深层次来得到说明；然而，在更深的层次上，又出现了不同性质的新的不确定性。[222] 某些规则性适用于所有层次，从而使得玻姆可以通过简单反思某一层次元素中的时间流逝（每个元素都具有内部时间——可以这样说，即一种脉动率；内部时间是更深层次无限多元素的脉动率相互叠加的结果）来推断量子条件（它们也具有普遍有效性）。层次建构自身应当容许通过集合理论思考来说明：其中，这种思考也能表明系统运动的自由度数量［即系统"空间"（space）］。但是，这意味着运动概念（不再是连续的，但是，它仍然满足遍历定理）根本上来自广延概念。玻姆说明：这种世界图像基本上是黑格尔思想的发展。实证结果（它们超越了正统理论的成功）

341

---

14. Erwin Schrödinger（薛定谔），"Die gegenwärtige Situation in der Quantenmechanik"（《量子力学现状》），*Die Naturwissenschaften*（《自然科学》），23，1935，pp. 807–812，823–828，844–849：p. 823.

还没有到手（虽然这种理论如此发展，以致很快就可能有决定性实验）；许多物理学家即使没有完全否定这些"思辨"（speculations），他们也用怀疑论的眼光来看待它们。但是，它们仍然有长处，使我们再一次对自然进行哲学思考。我们再次捍卫如下一种观点：根据这种观点，追求物理学不仅是为了制造原子武器，而且首要的是为了认识。

理论。我们真不需要强调：这种关于无生命自然的思想发展描述是非常粗略的，不得不忽视一些重要的发展。现在，出现了这样的问题：自然哲学的分类是否不应当与其历史一起来考虑？尽管后者总是依赖于偶然因素，例如，有影响的思想家去世，或临时的哲学和学术权力关系。在独断自然哲学（它相信存在永恒的可证明的原理）的与境中，或者在历史哲学（它坚持这一原则：历史道路完全自动地通向理性增长的方向）中，此问题有意义。然而，一位批判自然哲学家只知道如下两件事情：第一，自然哲学的历史——对于他来说，这是自然哲学思想发展的历史，是推动这种发展向前的论证变化的历史，是措施（例如，柏拉图审判所和中世纪宗教裁判所等权力组织所采用的措施，这些措施试图用强力或精明来操纵自然哲学朝某一方向发展）发展的历史；第二，当前公认的理论，[223] 以及导致接受它们并拒绝替代理论的理由。

生命哲学。长久以来，关于物质和宇宙的理论已经使其摆脱了亚里士多德学派思想和问题的习惯影响，并从亚里士多德学派的术语中解放出来。[我们明确地说"理论"（theories），因为在哲学中，这种情况的希望更加渺茫。] 自从亚里士多德学派哲学的巅峰以来，至少产生了两种别的综合自然哲学：笛卡尔的自然哲学和机械论自然哲学。这两种自然哲学都一劳永逸地从无生命的自然领域中清除了目的论。此外，笛卡尔和后来的机械论哲学家还试图基于纯机械论原理来理解活生物（甚至活人）的行为。笛卡尔在其心理学中写道"一种错误是相信"：

> 灵魂是身体……运动的本原……。为了避免这种错误，我们必须注意到：死亡绝不是因灵魂而发生，而仅仅是因为身体的主要部分之

342

一衰败而发生。我们能这样说：活体和死体之间的差异，就像上紧发条的……钟表……与坏了的钟表（或者，其机械运动原理停止作用的钟表）之间的差异一样。[15]

因此，笛卡尔生物学的基本原理是，活生物行为的原因和本原正是普遍控制物质行为的本原。尽管这一原理（尤其在 19 世纪）产生了伟大进步，尽管后期的机械论哲学事实上扩展到心理学（而且不是没有取得成功），但是，仍然总有哲学家和生物学家相信——我们绝不能用这种方式来说明活生物的重要性质。他们确信：生物形式、生物目的行为的事实及生物适应环境的事实要求一种基于非机械论原理的说明。在尝试发现这种原理的过程中，思想家一再求助于柏拉图和亚里士多德最初发展的思想。根据柏拉图，每种尘世的事物都拥有（不可毁灭的）形式或理念，而且它在或高或低的程度上复制了形式或理念。有时，柏拉图用非常抽象的方式来思考理念和事物之间的关系；有时，[224]他又用家庭中父亲与孩子的关系来描述它——孩子在父亲那儿看到了原型，尝试模仿他。事物和理念之间的差异被追溯到物质惯性（事物产生于惯性）和某些相反的倾向（物质内在的倾向）。如果相反的倾向占优势，那么，事物自身就疏远了理念，瓦解崩溃了。这是柏拉图在《理想国》（Republic）中说明政府形式如何从最初的父权制发展到寡头制、民主制，最终发展到暴君制：第一阶段如此接近于政府的理念，以致它几乎不能发生变化，但它本身就带有衰败的种子。阶层混合导致领袖类型的金子（高贵和智慧的政府领导者）受到普通金属（代表其他阶层成员）污染。这种混合使最初的政府远离了理念，促使其瓦解衰败。柏拉图用类似方式来说明物种起源（见《蒂迈欧篇》）。最初的个人是强壮的聪明人，他们仍然非常接近于人的理念。但是，退化也随之而来：男人倾向于健谈，而且不能抑制这种倾向；女人由男人而来，

---

15. René Descartes（笛卡尔），*Les Passions de l'Ame*（《灵魂的激情》），Paris：Henry Le Gras（巴黎：亨利·格拉斯），1649：nos. Ⅴ－Ⅵ，pp. 6–8；reprinted in *OEuvres de Descartes*（在《笛卡尔全集》中重印），edited by Charles Adam and Paul Tannery（亚当和坦纳里编），vol. 11（第 11 卷），Paris：Vrin（巴黎：福林），1947：pp. 330–331。

然后是鸟类和鱼类；最后是兽类，"兽类没有任何智慧"。[16]在这两种情形中，天堂在过去，而现在是堕落没有价值的。这种关于不可变的形式和理念与可变事物（几乎成功模仿了尘世材料中的形式）的形而上学，把柏拉图与科学理论（根据科学理论，只有不可变的东西才能成为科学的对象，而可变的东西超出了可能知识的范围）联系在一起。因此，只有形式是科学研究可以理解的。柏拉图理论就讨论这么多。它几乎原封不动地被观念论形态学及其两个伟大的前辈歌德（Goethe）和居维叶（Cuvier）接纳。观念论形态学给自身规定的任务是，发现在各种具体生物（或化石）（在或高或低的程度上，它们包含了形式）背后的形式。根据观念论形态学，个体仅与它对应于其形式的程度相关。对形式的每种偏离都等于一种畸形，完全没有科学意义。这导致形成一种关于形式的数学理论：在这种理论中，真正要紧的不是实际存在的共存关系，而是理想要素的必然匹配；[225]这种理论最终完全抛弃经验，更确切点说，只有确定形式如何未被完满之时，才使用经验。当然，绝不能以这种方式来获得关于具体形式的因果说明。今天，柏拉图主义（Platonism）在生物学中不再起任何特殊作用：它已经改变了其作用范围，现在，它在格式塔心理学的某些分支中起作用，尤其在深蕴心理学（原型、象征）和文化哲学中起作用。

　　那些对生物行为的原因比对生物形式更感兴趣的生物学家和哲学家，在柏拉图主义中没有得到很大帮助。他们大多数已经接受了亚里士多德学派的理论，并使其适合于他们的目标。亚里士多德的理论假定了形式对具体个体有直接影响。在柏拉图的理论中，事物以其形式为目标来调整自身，并设法模仿其形式。在亚里士多德的理论中，万物是由材料（形成倾向不是材料固有的）和形式（形式构形塑造这种材料，从而创造出一个具有特定形状的具体个体）构成的混合物。亚里士多德的形式起着主动本原的作用，而主动本原控制复杂事物的行为。各种各样的活力论把这种理论当作其基础。活力论旨在运用如下假设来说明生物行为：不仅物理本原控

344

------

16. Plato（柏拉图），*Timaeus*（《蒂迈欧篇》），92 A 7–B 2。

制生物的运动和生长，而且非物质的"隐德莱希"（entelechies）也控制生物的运动和生长。为了解释这一假设，有时提出哲学理由，有时提出经验理由。如果我们思考活力论接受活力存在的理由，很快就会发现它们或者依赖于使人不满意的分析，或者依赖于过分狭隘的"机械论"（mechanical）物理系统观念。一位困惑的活力论者心想：在生物中，所有的化学物理过程如此完美协调，使得即使有严重的问题（如受伤、休克和饥渴等），生物仍保持是活的；这一切如何可能发生呢？他认为只有借助于隐德莱希才能给出答案，因为隐德莱希确保物理过程有序进行。这样，就隐含假定了（完全是在亚里士多德的意义上）：物质本身没有内在的秩序本原，以致没有隐德莱希的物质只能是混乱。这种观点忽视如下简单的事实：每块石头包含大量原子，而当它被抛掷或加热，或者受到其他"干扰"（disturbed）时，这些原子都保持其秩序。[226] 定律（如泡利不相容原理）协调同一物理系统在相互远隔位置发生的事件，从而赋予系统"完整整体的特征"。物理学不仅认识支配单个过程的定律，而且还认识确保无数过程相互协调（由此确保宏观结构稳定）的结构定律。这种最简单的定律是概率定律：投掷一枚正常的骰子6000次，出现1的结果1000次，出现2的结果1000次，出现3的结果1000次（当然，只是近似），等等；发生这种现象，不是因为存在于时空之外的隐德莱希操纵第5001次投掷，以便实现其概率目标（每一次投掷仅仅受到那些直接作用原因的影响，如所用的摇动方法、投掷者手的运动和气流等）；而是因为所有每次独立投掷的初始条件相互之间形成特定关系。迄今为止，还没有提出理由来说明为什么不应当用类似方式［即不受"生命警察"（life police）控制］来探讨生物的"整体统一性"特征。更何况，除了活力论事实上使得物理定律的图像极其糟糕之外，它还与物理定律相矛盾。因为近代活力论不是把自身限制于假定隐德莱希，而是进一步把亚里士多德学派理论的惯性物质等同于物理学物质，因而需要证明隐德莱希控制生物行为（但没有影响任何已知的物理定律）。杜里舒（Hans Driesch, 1867—1941）用这种非常独特的形式来发展活力论，他［笛卡尔也同样如此，在他之前，伊壁鸠鲁（Epicurus）

用更加不确定的形式］猜想：隐德莱希在垂直于生物运动的方向起作用，因而毫无效果。然而，在这样推理时，人们忽略了如下事实：能量定律不是物质必须遵循的唯一定律，还必须提出矢量形式的动力定律（笛卡尔还不知道这个定律）——这禁止粒子（不受物质影响的）运动方向上的任何变化。在量子理论表面上提供解决办法之前，杜里舒及其追随者都不能说明如何能够克服这种困难。量子理论提供的解决办法是：[227] 如果物质系统的运动不是被高度决定的，那么，就存在某种灵活性（即物理规则的空隙；在这种空隙中，隐德莱希能够发挥作用）。然而，这种力图机械论地拯救活力论量子的尝试也必定失败。因为量子理论没有宣称我们不能为明确被决定的系统行为提供任何详细的物理原因，而是表明没有系统总是处于完全被决定的条件。于是，缺乏的不是原因，而是这种原因能对其起作用的系统。因此，我们思考的结论是：一方面，活力论具有糟糕的物质思想；另一方面，近代活力论［这种活力论使亚里士多德学派的物质等同于（不再是无定形的或没有规律的）物理学材料］不能与物理定律相容。

346

㉕
量子理论的哲学问题（1964）

[1]一、导论

哲学思想以三种不同的方式与微观物理学的新近发展相联系。首先，有那些相当具体的思想，它们指导从 1900 年到 1927 年的研究，并对创造量子理论的早期形式有贡献。其次，有用来理解过去所获结果的思想。在这方面，互补性原理起了最为重要的作用。讨论这一原理已经促使详尽检析理论、科学方法和非常专业的论证。这一原理所必需的特定微观物理学解释被称为哥本哈根解释。此外，讨论互补性（这提出第三组思想）还促发更加普遍的思考，这些思考不再受物理学要求来引导，而是受这个或那个哲学学派的标准来指导。希望互补性可以促发对旧哲学问题提出新的解决方法，[2]而且，还期望互补性可以为我们知识中的先验要素提供一种优化解释。一些思想家、物理学家和哲学家从这种纯思想的探险中返回，甚至假定：关于一开始就把他们引向其猜测的那些非常相同的物理现象，现在能给出先验证明。这很早就开始了，至少在发现波动力学之前。这方面的文献浩繁，而且相当有趣，但本文将只是简略地探讨一下。

347　　这种三分法只是部分随意的。随着时间的推移，思想趋向于变得更加普遍、更加缺乏弹性、更少具体、对物理学发展更缺少用处，但是，对于坚持物理学结果的某种解释来说，却趋向于变得非常有用。这特别适合于玻尔的哲学，而这种哲学以某种方式形成几乎一切相关"正统"（ortho-dox）思想的背景。追溯这种哲学并不容易。只有在详尽分析已出版的材料（当然，包括玻尔的物理学论文）和未出版的不怎么易懂的有影响的原始资料之后，这种哲学才突现出来。这种分析表明玻尔起初没有认识到，在物理学和哲学之间及在事实和猜测之间，存在那种惯常的明确区分。在他看来，物理学研究是普遍原理和技术程序之间的一种微妙精美的相互作用：[3] 原理构型塑造程序；反过来，利用这些程序得到结果来修正原理，使原理变得更加具体。只是到了 1927 年（或 1953 年）后，这种相互作用才终结了；哲学要素先是固化成教条，然后，随着年轻一代物理学家的成长，又固化为日益被忽视的"预设"（presupposition）。这一过程被一些"庸俗"（vulgar）看法加速了。这些庸俗看法尽管对玻尔思想的支持只是语言上的空头支票，但是，前者或者把后者简化得面目全非，或者把后者与一些流行的更易理解的哲学（实证论、康德主义、辩证唯物论和新托马斯主义）信条等同起来。很大程度上，旧的担忧现在（1964 年）已经不再会使物理学家的内心感到不安。统治当代粒子物理学的 S 矩阵理论、海森堡统一场论和对称性思考似乎是自足的，不需要用互补性来解释。因此，许多物理学家把继续讨论这种观念看作是一种不必要的投射，把老掉牙（1927 年！）的问题投射进超越它们的时代。正是在这种精神鼓舞下，伊万年科（D. D. Iwanenko）在 1956 年要求我们"马上开始对最新的问题进行哲学讨论"，[4] 不要浪费时间来"与远远落后于研究前沿的反对者进行讨论"。这种要求忽视科学进步及相应的解决当前关注的问题已经常常（而且将可以不断）源于最深层未知领域中的改变。正如狄拉克（P. A. M. Dirac）所暗示的，下面的看法也不是真理：专业物理学的进一步发展将自动处理更普遍的难题——"哲学"（philosophical）难题（例如，狄拉克提到了测量问题），因此，不需要单独处理它们。其原因是：只有通过与一种综合观点相联系，专业发展才会获得融贯性、简单性和目的；这种综合观点常常从哲学问题的讨论中突现出来。因此，像 30 年前一样，批判检析哥本哈根解释现在仍没有过时。

二、作用量子

物理学家发明理论，发展理论，以便他们对相关现象进行详尽解释；而且，理论一旦受到反驳，物理学家就尝试用更好的理论来取代原来的理论。作用量子的发现证明：需要修改理论，也许甚至需要修改牛顿和麦克斯韦的"经典"（classical）物理学的哲学背景。下面的例子将说明这一问题。

[5] 经典物理学和常识告诉我们：选择一个摆作为物理系统，它具有能量 E，在端点 A 和 B 之间摆动，将经过任何中间位置；不管悬线长度是多少，它都将摆动；不管能量多么小，它也将会摆动。此外，理所当然的是，无论是否观察这个摆，它都是客观事物。它在简单观察（如触摸）过程中经受的干扰可能改变其客观结构，可能破坏它，但是，不会将它化成梦幻。

另外，我们有普朗克（Max Planck）首先（1900 年）提出的如下假设：一个与辐射场有相互作用的振动系统，其频率 v 与能量 E 之间的关系等式是

$$E=hv \tag{1}$$

在上式中 $h=6.6 \times 10^{-27}$CGS，就是所谓的作用量子。很快，就有人（爱因斯坦，1905 年）意识到：上式不是受限于普朗克所构想的特定情形（黑体辐射），而是普遍有效的。用"朴素的"（naive）方式把上式应用于前面提到的摆，不用任何进一步的分析，读者就将注意到：（ⅰ）如果能量小于 hv（其中，$1/v$ 是摆的周期），那么，它的"踢"（kick）将根本不会影响摆；（ⅱ）如果摆的摆动能量是 hv，那么，试图减速其运动的尝试或者将失败，[6] 或者将导致突然停止，并释放出整个"量子"（quant）hv；（ⅲ）获得能量的摆将只以一组分立的摆长来摆动；（ⅳ）如果一个摆从能量源获得能量（依据经验，我们假定这种过程耗费有限时间），那么，这个摆就不能与能量源分离，甚至在原理上也不能分离［如果能量转移过程耗时 Δt，那么，即使是"概念的"（conceptual）分离，在 $\Delta t/2$ 后，也使得这个摆仅具有所吸收能量 hv 的一部分，这与式（1）相矛盾］；（ⅴ）因为（ⅳ）适用于每种相互作用，所以，它就适用于每种观察——以一种阻止进一步分析的方式，观察把观察者和被观察对象统一起来；（ⅵ）假如一种特定相互作用具有不止一种可能结果，那么，实际上，突现一种特定结果与相互作用开始

前的状况没有关系——决定论思想不会是普遍有效的；（vii）由于宇宙的每一部分与我们所看到的其他每一部分都有相互作用，最终宇宙是不可分的团块，观察者不能与其相分离，因此，客观性思想不会是普遍有效的。物理科学的可能性也似乎正在受到威胁。

量子理论从 1900 年到大约 1927 年的发展特点是为了"避免"（evade，玻尔的术语）这种结果而进行各种各样的尝试。[7]几乎总是用更复杂的东西来取代普朗克基本公式的"朴素"应用。于是，可以假定：只要忽视某些复杂的不易理解的"隐秘"（hidden）过程，（iv）、（v）、（vi）和（vii）就是正确的；考虑这些过程立刻就会恢复客观性、决定论，也许还会恢复全部经典物理学定律。或者，假定某些特定的经典理论可能失效，但是，更加普遍的决定论和客观性思想仍然是不容置疑的。赞同后一种观点的物理学家试图为基本粒子及其相互作用找到新的模型。一段时间以来（在 1926年前），德布罗意（Louis de Broglie）思考延展的像波一样的实体（实体包含点状核心，导频波理论、双解理论）。在他之前，爱因斯坦已经提出（1909 年）：除波之外，麦克斯韦方程可以具有像点一样的"奇点"（singular）解。后来，爱因斯坦把同一假说应用到广义相对论方程。在这方面，爱因斯坦及其合作者得到这种鼓舞人心的结果：如果广义相对论方程产生奇点，那么，这些奇点将沿着测地线运动，因而就像物质客体一样运动。讨论这些思想和许多其他思想，但是却相信如下这些信念：某些经典理论已经受到反驳，必须清除被反驳的理论，[8]必须寻找新的理论来填补空白；这些新理论虽然正确阐释了实验结果，但是却将去除（决定论和）客观性。

玻尔的程序饶有趣味地不同于这些尝试。他也希望（至少起初如此），假以时日，将会发现一种新的更加令人满意的理论。但是，他也相信，旧的观点已经包含了这种理论的曲解图像。因此，他坚持要把这些旧观点用作研究指南——不仅偶尔如此，而且还要像爱因斯坦所习惯的那样，以系统的方式来进行。他不是完全抛弃它们，而是设法提取其仍然有价值的余留部分，并对之进行有序的组织整理。在他看来，对于新的统一的原子过程图像而言，发现下面这样的一种数学形式体系是必要的一步（或者，至

350

少是非常有用的第一步）：这种体系统一这些余留部分，把它们的预测力运用到极致，吸收诸如普朗克基本公式之类的关系。

显然，这种形式体系（正如玻尔过去常常称呼的那样，即"经典描述模式的理性一般化"）还不是完全意义上的一种理论。理论（如物质运动理论、牛顿的引力理论或广义相对论）兼有两种功能：[9]理论在观察结果之间建立联系，并用某些实体来阐释这些联系及其性质和相互作用。理论是预测工具和本体论体系集于一身。因此，广义相对论不仅很好地预测了行星、卫星、双星、光子和时钟的行为，而且还表明造成这种可观察特征的机制（物体或奇点沿测地线在四维黎曼连续区运动——黎曼连续区的性质依赖于这一区域以及全域的物质分布）。像理性一般化一样，广义相对论纠正了以前的观念，并要求它们只在某些条件下适用。（例如，它把我们的时空断言与坐标系联系起来，从而限制了它们的经典用法。）但是，它还提出一些新的描述概念（例如，四维间隔）：这些概念允许普遍应用，因而能表示新的实在观。能用这些新概念来说明这些限制，其方式是这样的：指出从前被认为是实在的东西（绝对距离、绝对时间间隔）只不过是表象；明确说明特定表象出现的条件（相对于所选参照系的速度）。[10]理性一般化具有第一种纠正功能，但是，不具有第二种综合功能；它所包含的经典概念受到限制，不能普遍适用。非经典概念具有明确的目标来充分利用余留的预测力，它们不描述任何东西。从科学过去发展的历史来看，理性一般化只是向获得新的微观宇宙理论迈出了第一步，但还不是一种新的理论。

351　　现在，我们可以这样来描绘玻尔及其合作者（即所谓的哥本哈根量子力学学派）的观点：在微观物理学中，我们必须满足于理性一般化；或者，更夸张地说，在基本粒子领域，客观实在的概念失效了，这是令人满意的。为什么持有这种观点？支持这种观点的论证又是什么呢？

三、哥本哈根解释

对于实证论者来说，这是其原理的直接结果，因为其原理是：物理学处理预测，客观实在的思想是不科学的。现在，哥本哈根学派的一些成员

（如海森堡、约尔丹和泡利）实际上在使用这一原理，而且还使其进入他们更专业的论证（特别是与不确定性关系相关的论证）之中。[11] 于是，出现这样的现象：从量子理论中得到的奇异结果不是通过无可争议的实验结果强加给我们的，而是通过一开始就被实证论浸染的物理学传递给我们的。这种印象得到如下事实支持：自 19 世纪末以来，物理学中的观念论倾向已经增强了，这些倾向强烈影响了许多年轻的物理学家，当代物理学几乎完全被这些倾向淹没了。为了对这种线索作出反应，某些哲学家认为能够简单地治疗他们视作量子理论疾病的东西，并希望通过坚定支持实在论来重建充足理由（他们的充足理由）。他们忽视了下面一点：虽然量子理论及其历史可以用实证论的外表来装饰，但是，仍然存在一些与这些外表无关的特征，而且这些特征也不能轻易与实在论观点相容。

为了明白这一点，请再思考第二节的（iv）—（vi）项：两个系统 A 和 B 通过交换单个量子来相互作用。"每个系统在相互作用中保持明确确定的（尽管可能是非常复杂的，因而是未知的，*也许甚至是不可知的*）结构"这种假设，导致与经爱因斯坦解释的普朗克基本公式形成不一致（[12] 斜体语句表示我们现在正处理实证论者不可理解的问题）。甚至对于爱因斯坦和德布罗意构想的新模型来说，这种困难也同样存在，因为这些模型仍然具有确定的结构。然而，确定结构意味着在相互作用过程中有确定的中间能量，但是，这是不被容许的。于是，似乎存在这样的情况（如相互作用）：（1）我们必须把系统的能量与它的其余特征（假定这些其余特征仍是明确确定的）分离开来；（2）并且，我们必须放宽其精确度。很快就发现了（反驳玻尔、克拉默斯和斯莱特的理论）不能仅通过从决定论到统计学的变化来满足（2）。所测能量总具有明确确定的值，而且，这种值满足观察定律。因此，放宽精确度必须受限于测量之间的间隔，而且，因为测量能在观察者所选择的任意时间来进行，所以，必定使得放宽精确度依赖于测量。放宽精确度也必定超过放宽保持系统状态不变的可预测性。为了满足这些要求，玻尔提出两个假说。（i）状态描述的关系特征假说：状态描述与实验条件有关系，[13] 一旦这些条件发生变化，那么，状态描述就会

352

发生变化。（这种依赖是非因果性的，可以与下面这种关系的突然变化相比：当 b 膨胀时，"a 比 b 长"。）（ii）不确定性假说：赋予确定能量不仅是虚假的，而且是没有意义的。

马上就能把不确定性假说应用于其他的量。例如，"粒子总是具有明确确定的位置"这一假设不易与粒子也遵循的干涉定律相协调（"基本粒子具有位置并遵循干涉定律"这种事实被称为二象性）。这些干涉定律断言：（a）各种相干频道联合作用所产生的模式不同于每个单个频道所产生模式的代数和；（b）干涉模式并没有随强度变化而变化。（a）必然要求不同频道的事件之间相互依赖。（b）有这样的必然要求：甚至对于单个粒子，也存在这种依赖。这就是德布罗意的导频波理论想要说明的现象。困难的是，在测量时，总是发现粒子拥有全部的能量和全部的动量，以致给场什么也没有留下。另外一个替代建议（其中，兰德和波普尔讨论了这一建议）认为干涉模式是依赖于条件的随机过程。但是，这一建议受到反驳，[14]其反驳证据完全与反驳玻尔、克拉默斯和斯莱特原初理论的证据相同。再一次看到，如下假说是我们的最佳选择：存在这样的情形（干涉）——给粒子赋予确定的位置，不仅是虚假的，而且是无意义的。在目前情形，我们能粗略估算位置—动量本体论的极限。

353

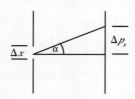

如上图所示，宽度为 Δx 的狭缝把通过它的粒子位置限制到间隔 Δx。就至少达到第一最小值的干涉发生来说，必须放弃轨道思想。把第一最小值表述为角度 α（α 满足关系式 $\Delta x \cdot \sin\alpha = \lambda$，$\lambda$ 是与粒子相关的单频过程的波长）。使用下列等式

$$\lambda=h/p \qquad\qquad （2）$$

［关于动量，上式表示了式（1）关于能量所表示的内容］和 $\sin\alpha=\Delta p_x/p_x$，我们得到下式

$$\Delta x\Delta p_x>h \qquad\qquad （3）$$

式（3）是一种估算范围（在这种范围内，不容许有关于位置和动量的确定断言）。考虑到干涉定律对所有粒子和在所有情形都有效，我们必定得出这样的结论：式（3）也是普遍有效的。这是众所周知的不确定性关系的一种形式。

[15] 在最近的哲学讨论中，不确定性关系已经起了重要作用（但总的来说，是不幸的作用）。因此，让我们非常清楚地说明上述估算及（特别是）不确定性假说所必需的东西。这个简单而独创的物理假说如此经常遭到误解，以致看起来需要说明几句。首先，必须指出的是：它涉及意义，这与现在习以为常的喜好语义分析胜于研究物理条件的态度没有任何关系。存在一些广为人知的经典术语例证：只有首先满足某些物理条件时，这些术语在意义上才是适用的；一旦不再满足这些条件，那么，这些术语就变得不适用了，因而变得没有意义了。一个好的例证是术语"柔软度"（scratchability）。它只适用于刚体，一旦物体开始熔化，那么，它就失去了其意义。其次，应当注意的是，此假说并没有指涉知识或可观察性。例如，没有如下断言：两个相互作用的系统 A 和 B 可以处于我们不知道的某一状态；或者，干涉粒子具有某一未知位置。对于式（1）来说，干涉定律和守恒定律不仅排除关于明确确定（经典）状态的知识或可观察性，而且还排除这些状态本身。[16] 也不要把这种论证理解为断言了如下观点（物理学家的许多论述隐含了这一观点，特别是海森堡的相关论述）：并不存在所讨论的状态（轨道，明确的能量），因为不能观察到它们。因为它运用了处理存在（不是仅处理可观察性）的定律。再次，第三个评论涉及

354

一种建议：提出这种建议，是为了避开关于不确定状态的运动学，而这种运动学常常与波动力学相联系。根据这种建议，在我们尝试说明上述情形时出现困难，是由于如下事实：经典点力学不是处理原子系统的适当理论，经典点力学的状态描述不是描述原子层次系统状态的适当方式。这种建议不是要保留经典观念（如位置和动量），并使得它们不怎么明确，而是要提出完全如此新的观念，使得当它们被使用时，状态和运动将又变成明确确定的了。任何这种系统如果要适当描述量子现象，那么，它必须包含表述量子假说的方式，从而也必须包含表示能量概念的适当方式。然而，[17] 一旦提出这种概念，我们上述的所有思考又都完全马上适用了：虽然 A 和 B 是 A+B 的组成部分，但是，不能说它们二者具有明确确定的能量，因此，新的独创概念组也不会导致产生明确的运动学。这同样也适用于其他变量。因此，不确定性关系告诉我们：就我们所知的全部而言，不确定性是物质普遍的内在性质。这就是支持上一节结尾处断言的第一种论证。显然，这种论证超越了实证论者的坚持，因为他们坚持只承认可观察的东西。这是一种尝试，尝试阐明一系列反驳（这些反驳都涉及关于微观实体结构的确定假说）。

这些反驳使玻尔确信：最关键的东西不只是关于微观过程一种特定观点，而是关于客观时空存在的更加普遍得多的思想。同时，大量消除"经典描述模式"显然不会有作用。一些经典定律（守恒定律、干涉定律）仍然有效，需要经典概念来表示它们：玻尔反对爱因斯坦 1905 年的光子理论的理由是，它使其自身的基本等式［即等式（1）］变得荒谬不堪。在这个等式中，ν 代表频率。频率是由干涉实验决定的。[18] 因此，ν 的内涵依赖于不能与光子普遍适用思想相容的现象（请参见前面的论证）。这种思考（特别是玻尔、克拉默斯和斯莱特理论的崩溃）似乎表明：虽然经典概念具有限制，但是，如果我们不想去除已知真理，那么，我们还必须保留它们。玻尔更愿意接受这种结果，因为它与一开始就在似乎指导他的哲学思想相一致：首先，玻尔相信存在先验概念。像他之前的康德一样，他（但是基于不同理由）认为我们的观察陈述（甚至是最常见的描述）要用

355

（而且必须用）理论术语来阐述。时空观念和因果性思想是这方面的例证。这些概念已经得到完善，其完善程度超越了由经典物理学（包括相对论）进一步完善的可能性；它们是先验的，是客观描述和感知实在的基础。但是，玻尔还相信［也许受詹姆斯（W. James）的影响］：我们的一切概念（包括先验概念）是受到限制的，我们在物理研究过程中发现其限制。他不厌其烦地向学生们表明这样的方式：通过这种方式，[19]即使是最常见的观念，也可能崩溃。此外，他也不厌其烦地让学生们用这种方式来为修改实验做准备。有如下两种原理：一种是存在先验概念，这使得客观描述成为可能；另一种是这些概念受到限制，这形成互补性思想的哲学背景。物理学为它们补充了作用量子限制经典概念的具体方式。其结果如下。

（i）如果经典概念不是普遍适用于微观过程，如果它们仅在某些条件下有效，如果它们是客观描述的唯一概念，那么，在微观层次必须放弃客观存在的思想，必须用依赖条件的现象组思想来代替它们。［这对应于第二节的（vii）和量子力学状态的关系特征假说。］也不能保留决定论思想，不是因为没有充足的前因，而是因为不存在明确的描述，来描述可能受到它们影响的过程。［这对应于第二节的（vi）。此外，这还排除了自由意志问题的量子理论"解"（solution）、量子力学对活力论的辩护及类似笑话。］人们应当注意这种推导的"超验"（transcendental）特征。（ii）经典概念在宏观层次上是有效的。[20]因此，我们对实验结果进行主体间性的阐释，不存在别的描述陈述。这解决了由第二节的（vii）直接带来的问题。（iii）如果我们只是意识到这种投射归属在其出现的情形之外不具有有效性，那么，我们现在可以把具体的实验结果投射到微观领域，并把上述实验结果理解为那里实体的特征。因此，我们可以说发现电子在位置 P，但是，我们绝没有暗示这样的意思：因而在其总是具有某一位置的意义上，电子是一种粒子。我们甚至可以保留微观对象的概念，只要我们把其动力性质（位置、动量，但不是电荷）看作是出现于特定环境中的经典表象，并把对象自身解释为一束没有基质的表象（每种表象都与某些条件有关）。于是，互补性原理说明了这些表象束各个"方面"（sides）如何相互联系及

356

它们在什么条件下出现。当然，"表象束理论"（bundle theory）只不过是以言语的物质模式来呈现的理性一般化思想。这是支持第二节结尾处断言的第二种论证。(iv) 不必把刚才所述的那种表象束理论限制于物理学领域。于是，[21]我们可以把下面的这些东西看作是出现在不同实验条件下的各个"方面"（若没有这些条件，它们就不具有有效性）：活生物的特性、活生物的物质层面及我们常常使之与生命联系起来的那些总体现象。关于意识与其伴随物质的关系，同样可以这样说。显然，与此相同的观点，将把生理学家试图对生命或意识给出统一的"唯物论"（materialistic）阐释的尝试视为基于幼稚的概念错误［非常类似于赖尔（Ryle）教授及其学派所表述的范畴错误］。但是，其他显而易见的是，导致在物理学中形成表象束理论的确定理由在这里是完全缺乏的，而可以保留的类似理由总的说来过分模糊，不能为这种完全限制研究来辩护。

四、波动力学

迄今为止，我讨论了一些思想，这些思想的发展都与旧量子理论（即以卢瑟福和玻尔的原子模型为中心的经典特征和非经典特征不可思议的成功组合）相关。许多物理学家认为旧量子理论是不能令人满意的，尽管它有能力统一其他方面无系统的结果。就目前所知来看，其主要缺陷在于如下事实：它用特设性方式把各种不同假设组合起来，但为的是预测，却没有融贯的理论背景。因此，[22]常常相信它仅是获得一种真正理论的跳板。当然，哥本哈根学派成员在那些极为相同的特征中看到了一种未来希望。但是，对于大多数物理学家来说，这种自信是源自对科学知识偶然的过渡阶段进行推演，是不合理的。这种态度似乎受到德布罗意和薛定谔的新波动力学的支持。在这种理论完成之时，许多人热情地称其为关于微观世界的期盼已久的融贯阐释。不确定性假说和量子力学状态的关系特征假说仅仅反映了旧理论的不确定性和不完整性，不再需要了（就是这样认为的）。更为特别的是，有这样的假设：状态现在是新的明确确定的实体（Ψ 函数）；或者，出现任何不完整性，都是由于这种理论的统计特征（这些假设是关于这种理论的两种出众的非正统解释）。支持第二节结尾处语句和哥本哈根解释的第三种（也许是最强有力的）论证是通过反驳这些假设和通过下面的发现来进行的：波动力学［波动力学产生于实在论哲学，未受到"哥本哈根精神"（Copenhagen spirit）污染，[23] 并给出了史无前例的微观层次阐释；它说明了旧理论中假定了什么，其实验成功是非常惊人的］仅仅是"关于经典描述模式的另一种理性一般化"。这一发现及其在布鲁塞尔（Brussels）第五次索尔维（Solvay）会议（1927 年 10 月）上得到激动人心的证实，使绝大多数物理学家感到信服，从而使得哥本哈根解释从一种可能的假说变成新的正统学说的基础。当然，其结果是能够预见的：玻尔的论证预设了等式（1）和（2）、二象性、守恒定律，因而适用于包含这些定律的任何理论。不过，详尽检析对其自身仍有很大益处。

　　让我们首先分析如下建议：量子理论提供一类新的完整的明确确定的状态（即 Ψ 函数），而且这类状态将取代经典点力学轨道描述。这种建议是由普朗克提出的，类似于薛定谔关于其理论的原初解释，并得到如下事实的支持：Ψ 函数遵循普通时空波的叠加原理。根据普朗克，"物质波构成新世界图像的基本要素。……一般来说，[24] 物质波定律基本上不同于经典质点力学的定律。然而，核心的要点是，刻画物质波的函数（即波函数）……在一切位置和时间被初始条件和边界条件完全决定了"，而且也是完全客观的。为了看清这种解释的不足，请思考两个相互作用的系统 A 和 B［请参考第二节的（iv）—（vii）和第三节的相关评论］。假如用 Ψ 函数 Ψ_{AB}（不等于积 $\Psi_A \cdot \Psi_B$）来表示组合系统 $A+B$ 的状态，那么，能够证明：在这种情形中，"A 和 B 都处于确定状态（即被确定的波函数来刻画）"这一假设会导致矛盾。绝不能说 A 和 B 处于任何状态。根据现有的解释，一切性质都应当包含在波函数中，因此，A 和 B 都不能说具有确定的性质。甚至，一种把 Ψ_s 视作指涉经典集合的统计解释在这里都遇到了困难。因为在关于相互作用对集合（这种集合将阻止这些对要素成为某些其他集合的成员）的思想中，毫无内容。哥本哈根解释断言动力学性质不是被系统绝对拥有，[25] 而只是在某些实验条件下才拥有。因此，哥本哈根解释与如

358

下情形相符：条件 Ψ_{AB} 与允许 A 和 B 具有确定状态的条件不相容。当然，我们可以观察 A，得到它的一个状态 $\Phi(A)$。这种观察引入新的条件。正因为刚才所述原因，在 Ψ_{AB} 出现时，就不能出现它所得到的那个状态。

简言之，上述陈述描述了量子理论中的测量过程。这种过程的奇特性在于如下事实：从所测系统 S 的初始状态 Φ 转变到其最终状态 Φ'（所谓的波包收缩），既不能基于运动方程（该方程或者适用于系统 S 自身，或者适用于组合系统 $S+A$，其中，A 是测量仪器）来得到说明，也不能被解释为我们从概率理论中认识到的各种可能的集合组分之一。例如，错误的是，假定从 Φ 到 Φ' 转变是从不怎么确定的描述转变到（由于选择）更加确定的描述（像在经典统计中，从"结果为 α 的概率是 1/2"转变到"结果实际是 α"）。请思考这样的一种测量：其可能的结果用状态 Φ' 和 Φ'' 来表示；在系统处于状态 $\Phi=\Phi'+\Phi''$ 时，进行测量。[26] 不能把这里的 Φ 解释为断言出现了两种相互排斥的替代状态之一 Φ' 或 Φ''，因为 Φ 并没有导致发生客观的物理过程——在出现 Φ' 时，没有发生；在出现 Φ'' 时，也没有发生（请参考第三节，干涉定律）。因此，在测量时，从 Φ 到（比如）Φ'' 的转变伴随着物理变化；它不能仅是选择的结果。甚至更为糟糕的是：严格说来，当把薛定谔方程应用于系统 Φ 与测量仪器的组合时，所产生的是另一种纯状态 $\Psi=A\Phi'+B\Phi''$，以致现在即使只是看一眼仪器（在看一眼仪器后，我们断言我们已经发现 Φ''），也似乎会促发物理变化，即摧毁 $A\Phi'$ 和 $B\Phi''$ 之间的干涉（薛定谔悖论）。如果我们审慎地把我们关于状态的断言限制于相关条件，并把测量视为一种转变，转变到不能被进一步分析的其他条件，那么，所有这些困难就消失了。

下面，我们将处理第二种建议。根据这种建议，必须把"量子理论描述"视作"不完整的间接的实在描述"，因而 Ψ 函数"不是以任何方式来描述单个系统的状态，而是在统计力学的意义上与许多系统相联系，与'系综'相联系"（爱因斯坦）。根据这种解释，[27] 单个系统总是处于明确确定的（经典）状态，引入的任何不确定性都是由于我们缺乏关于这种状态的知识。显而易见，这种假设与不确定性假说不一致，也与导致形成它的思考不一致。然而，让我们不要忘记：对于不熟悉上一节定性论证的任何人来说，都存在很强的理由来假定它是正确的。这些理由主要在于如下事实：在波动力学内部，是通过统计法则（玻恩法则）来确立理论与"实在"（reality）之间的联系。波普尔写道："直到现在，才充分考虑到这一点，与数学推导不确定性关系相对应的，必定正是推导这些公式的解释。"此外，他还指出：假若只给定玻恩法则，那么，我们必须把公式（3）中的 Δx 和 Δp_x 解释为（巨系综内）其他方面明确确定的量的标准偏差，不要把它们解释为"对可达到的测量精确度强加限制的陈述"，确实不要把它们解释为摧毁经典宇宙清晰图像的陈述。假如我们已经知道所涉系综的要素是什么，那么，这是完全正确的推理。[28]如果这些要素是具有明确确定的经典性质的经典对象，那么，这种论证是有效的，但是过分费力了。如果我们还不知道把什么视作要素，那么，"我们正在处理统计理论"这种仅有的事实将不会帮助我们。我们仍然可以思考至少两种选择：（1）要素在测量前就具有值，在测量过程中保持值；（2）要素在测量前不是必然具有值（至少在普遍情况下不具有值），而是通过测量本身来获得值。为了在这两种选择之间做出挑选，我们需要另外的思考，这又把我们带回到第三节所概述的非正式论证和哥本哈根解释［在这两种选择之间，哥本哈根解释更偏爱（2）］。

360

　　［顺便说一下，不仅不可能把波动力学的统计特征用作支持（1）的论证，而且也不可能把它用作支持（2）的论证。因此，冯·诺依曼"证明"（proof）的通常解释是错误的。］

　　波普尔的论证表面上取得成功，其方式是通过默默假定真正的争论点（即原理 P）：物理系统具有可以被积极的物理干预改变的客观性质（但是，这些性质又独立于所有其他过程）。1935 年，爱因斯坦、波多尔斯基和罗森给出了完全相同种类的论证，只是更加惊人得多。[29]这些作者运用波动力学形式体系固有的某些关联，为的是借助于没有包含任何与系统 S 有相互作用的测量来计算 S 的状态。此外，使用上面的原理 P［这种测量不能创造其所发现的：上面的选择（2）进入选择（1），因为测量没有相互作用], 他们能推知: 每个物理对象必须总是拥有它能够拥有的全部经典性质。既然这样, 波普尔所提出的解释当然是等式 (3) 的适当解释。虽然这种论证反驳了 (3) 的一些原始解释 [这些解释把不确定性归因于物理相互作用造成的干扰 (海森堡)], 但是, 它没有触动玻尔否定原理 P 的观点。其结果还可能涉及违反某些守恒原理。

经过评论这些论证和其他更专业的论证, 人们能认识到波动力学是一种相当不寻常的理论。在过去, 实在论和工具论之间的争论是通过思考理论的内容来讨论的, 而不是通过思考理论真值来讨论的。工具论者指出: 理论术语 (被解释为描述了宇宙的实际状况) 将超越经验, 违反经验论。另外, 实在论者坚持这种超越是知识必不可少的, [30] 仅仅概括观察结果是不够的。双方都假定理论的真值不受解释变化的影响。波动力学似乎是排除实在论解释的第一种理论: 不仅通过哲学操作而且还通过其包含的真正物理假设 [二象性、守恒定律、关系等式 (1) 和 (2) 及干涉定律] 来排除实在论解释。当然, 有可能引入恢复实在论外表的变量。但是, 只要我们保留这种理论的其余部分, 这些变量就将像曾被用来为电磁场定律提供根据的力学模型一样是多余的。这是否表明不可能回归实在论和确定模型呢?

五、微观物理学的未来

大多数当代微观物理学家认为是这样。当然, 没有人否认可能需要修改构成当前量子理论的技巧和成分的组集。这种修改一直在进行。偶尔, 相互排斥观点之间的争论像很长时间存在于哥本哈根和普林斯顿 (Princeton) 之间的争论一样激烈。然而, 尽管存在各种各样的差异, 但是, 对立各方似乎共同持有如下信念: 关系式 (3) 确定了一种物理学将绝对再不会勾销的限制。[31] 无论未来变化多么巨大, 都不会触动这几方面: 不确定性假说、状态的关系特征及最直接表述它们的形式体系的那些组成部分 (希尔伯特空间或其适当扩展, 由这种空间确定的算符之间的对易关系)。如何支持这种看法呢?

除了在简化的实证论论证（它似乎是由海森堡提出的）中，几乎不再使用玻尔原初的论证。得到使用的是：（a）量子理论的经验成功；（b）替代解释事实上将摧毁对称性，而对称性却成为量子理论非常关键的组成部分；（c）冯·诺依曼证明的重要性要弱得多。关于（c），我们已经表明它包含一种从集合性质到个体性质的不合理转变。此外，它把量子理论完整性（Ψ 函数包含关于系统能一致地言说的全部内容）用作明确的前提：它是循环论证。最后，它预设了某种非常独特的理论（由冯·诺依曼阐述的基础量子理论）的正确性，而现在却认为这种理论只是近似有效。（b）经常被用作反对从广义相对论（或经典点力学）观点来尝试处理微观物理学问题。[32] 广义相对论的对称性质不同于正统量子理论的对称性质；显然，两者的组合将具有相当反常的形式性质（至少最初是这样）。顺便说说，这是为什么会发生如下现象的原因：一开始就切断了与广义相对论的联系；这种理论已经退化成为背景。然而，显而易见，即使是最美妙最对称的理论，也不能逃过证明其不足的论证。但是，还没有发现这种论证［我们转到（a）］。正好相反，而正统观点的辩护者将继续坚持，量子理论的历史是一系列连续的成功，一再证明其基本图式的正确性。但是，它当然也是一系列失败，每种失败都需要修正、调整和改善，这种过程绝没有结束。既然期望成功来支持正统观点，那么，我们就不能说"失败破坏了它"吗？我们就不应该建议"有必要寻求新的理论"吗？此外，如果一种理论具有很多可能性来使自身应付困难和避免反驳，但没有面对那种完全不同的理论——它在正统理论已经成功的地方获得成功，[33] 用简单易懂的方式说明正统理论只能通过艰难修改适应来说明的东西，在正统观点有效范围［如公式（3）的有效范围］之外做出确定预测，从而提供一种具有不同优势的真正的替代选择——那么，期望这种理论将承认失败，这难免有点幼稚。不能预先排除那种完全不同的理论，甚至用玻尔自己的推理也不能排除。为了看清这一点，让我们重述一下前文提出的支持互补性的三种论证。重要的是要强调：虽然这些论证反驳了关于基本粒子的某些思想，但是，它们并没有由此证明了哥本哈根解释。它们或许证明了这种解释优于

362

其他解释，但并没有证明它是正确的。这是我们迄今为止所描述的观点。但是，这种观点仍然太强。思考第一种论证。它承认守恒定律、干涉定律和作用量子的普遍有效性，但是，它否认与这些定律不一致的观点（例如，导频波思想，或者爱因斯坦和波普尔的统计解释）。毫无疑问，这意味着走得太远了。所有提到的定律只在有限范围得到检验。我们一点也不能保证它们在其他范围将继续有效。而且，我们上面的几句评论表明：[34] 检验第一种论证所依赖定律的有效性，将需要这样的理论——它们与可得到的（有限）证据相符，但是，在这些定律还没有得到检验的地方与其相矛盾，从而启示新的决定性实验。没有人能预先说所启示的新实验将会有什么样的结果。第二种论证本质上依赖于要超越经典物理学框架的难题。然而，不是把这种难题看作其真正所是的东西（即长期适应的结果，相当稳定），而是把它转变成人类心灵不可逾越的极限。这意味着通过假定人类心灵的超验极限（一些亚里士多德学派学者和某些康德主义者不厌其烦地运用这种程序）来为缺乏想象力辩解。很久以前，"科学的哲学"（scientific philosophy）就已经识破了这些花招，对那些守卫它们的人充满了蔑视。现在是时候了，也应当认识更加"现代的"（modern）先验论究竟是什么。第三种论证是基于基础量子理论和场论的某些特征，而且，它仅当满足如下条件时才有效：（a）如果保留哥本哈根解释——但是，这种解释是以第一种论证为基础的，取消了第一种论证，这种解释也就失去了其独特性；（b）如果能认为对应的理论假设是理所当然的[35]——我们想通过相同的步骤来发现第三种论证禁止我们使用对应的理论假设。结论：物理学的未来仍然是完全开放的。尽管正统意见相反，但是，却没有一种论证来排除（例如）决定论和客观性的未来用处。当然，这不应当阻止任何人相信其喜爱的解释，并进一步发展它。因为只有通过比较由有点不合理的信念所得到的结果，我们的知识才会增长和进步。

文献

建议读者不要一开始就阅读玻尔发表在下面两本书中的哲学文章：《原子物理学和自然描述》（*Atomic Physics and the Description of Nature*，Cambridge，1932）和《原子物理学和人类知识》（*Atomic Physics and Human Knowledge*，New York，1958）。作为导论，它们几乎没有意义。读者首先要使自己熟悉成为那一时期（从1900年到1927年）象征的许多建议、困难和试探性假说。关于哥本哈根解释所用材料的丰富性，这将会留下正确的印象。关于详细资料和文献，请参见：索末菲（Sommerfeld）的《原子结构和谱线》（*Atombau und Spekrallinien*）的早期版本（如第三版）；或者，盖革－舍尔（Geiger–Scheel）的《物理学手册》（*Handbuch der Physik*）第一版，Vols. 4（1929）、20（1928）、21（1929）、23（1926）；[36] 以及维恩－哈姆斯（Wien–Harms）的《物理学手册》（*Handbuch der Physik*），Vols. 21（1927）、22（1929）。约尔丹（P. Jordan）的《直观量子理论》（*Anschauliche Quantentheorie*，Leipzig 1936）本身非常有趣，但是历史综述并不是很值得信赖。截至目前，最好的历史研究著作是迈耶－艾比希（K. Meyer-Abich）的博士论文《对应、个体性和互补性：玻尔对量子理论贡献的历史研究》（*Korrespondenz*，*Individualität*，*und Komplementarität. Eine Studie Zur Geistesgeschichte der Quantentheorie in den Beiträgen Niels Bohrs*，Hamburg，1964），它不仅记录"事实"（facts），而且也处理思想之间的相互作用。关于量子理论在1927年（在那一年，进行过最重要的检验和讨论，从而促使其几乎得到广泛认可）的发展状况，请参见《第五次索尔维会议的报告和讨论》（*Rapports et discussions du 5e Conseil*），索尔维国际物理研究所，Paris，1928。关于这次会议的评价，请参见：de Broglie（德布罗意），《量子物理学是非决定论的吗？》（*La Phyique quantique*，*restera–t–elle indeterministe?*，Paris，1953），Introduction（导论）。这次会议后，爱因斯坦似乎是唯一继续批判哥本哈根解释的物理学家。关于他的观点，请参见："Physics and Reality"（《物理学

364

和实在》），首次发表于 1935 年，在《思想和意见》中重印（London，1954）。玻尔在《在世哲学家文库》（*Library of Living Philosophers*，Illinois，1949）的爱因斯坦卷中发表文章，完美论述了玻尔和爱因斯坦之间的长期争论；在同一卷中，爱因斯坦也对这种争论进行了评述。爱因斯坦、波多尔斯基和罗森的论证发表在《物理评论》四十七卷［*Phys. Rev.*，Vol. 47（1935）］。[37] 玻尔的答复发表在《物理评论》四十八卷（*Phys. Rev.*，Vol. 48）；根据爱因斯坦（爱因斯坦卷，p. 681），玻尔的答复"最接近于公平处理这一问题"。对迄今关于爱因斯坦例证的大量讨论，我的论文《微观物理学问题》（Problems of Microphysics）进行了评论，请参见：*Frontiers of Science and Philosophy*（《科学和哲学的前沿》），ed. Colodny（科勒德尼编），Pittsburgh，1962{ 重印为本论文集第 7 章 }。关于玻尔哲学的清晰而非常独创的描述及其应用于具体例证和波动力学形式体系，请参见：D. Bohm（玻姆），*Quantum Theory*（《量子理论》），Princeton，1952。对基础量子力学形式体系有很好的简短讨论，请参见：G. Temple（坦普尔），*Quantum Mechanics*（《量子力学》），London，1952。

在哥本哈根解释的替代形式中，海森堡的实证论形式已经暴得大名，几乎出现在所有的教材中。原始著作是《量子理论的物理原理》（*The Physical Principles of the Quantum Theory*，Chicago，1930）。关于最好的批判，请参见波普尔的《科学发现的逻辑》（*Logic of Scientific Discovery*，New York，1959；首次出版于 1935年）第 9 章。

基础讨论的现状在专题论文集《观察与解释》［（*Observation and Interpretation*），ed Körner（科纳编），London 1957］中得到很好反思［请参见费耶阿本德自己的论文（《哲学论文集》第一卷第 13 章）和讨论摘录（重印为本论文集第 16 章）］。在《观察与解释》中，玻姆（爱因斯坦的学生）和维吉尔（德布罗意的学生）发展和护卫他们的微观物理学因果模型。此外，人们还应当参考下面的文献：

Philosophische Probleme der Modernen Naturwissenschaft. Materalen der Allunionskonferenz zu philosophischen Fragen der Naturwissenschaft（《现代自然科学的哲学问题：全联盟自然科学的哲学问题会议材料》），[38] Moskau，1958，Akademie Verlag Berlin（柏林学术出版社），1962；"The Foundations of Quantum Mechanics"

（《量子力学基础》），report on a conference at Xavier University（泽维尔大学会议报告），October 1962（1962 年 10 月），*Physics Today*（《今日物理学》），Vol. 17/1（1964），pp. 53ff；以及狄拉克在这次会议上的演讲（本文第一节参考了它），发表于《科学美国人》（*Scientific American*），1963 年 5 月。即使正统观点似乎没有瑕疵，也应当发展替代观点，为什么这样做呢？其理由论述，请参见：波普尔的论文《科学的目标》（"Aim of Science"），*Ratio*（《缘由》），Vol. 1（1957）；我的论文《如何成为好的经验论者》（"How to be a Good Empiricist"），Vol. Ⅱ of the Publications of the *Delaware Seminar*（《特拉华论坛》出版物第二卷），New York，1963{ 重印为《哲学论文集》第三卷第 3 章 }。

366

㉖
玻尔兹曼（Ludwig Boltzmann，1844—1906）（1967）

[334a] 玻尔兹曼是奥地利物理学家和科学哲学家。他出生于维也纳，并于 1866 年在维也纳大学获得物理学博士学位。他曾在格拉茨（Graz）、慕尼黑和维也纳担任数学、数学物理学和实验物理学教授。此外，他还教授方法论和一般科学论课程。

玻尔兹曼身上兼备深刻而精准的哲学直觉、超高的思维能力、极强的幽默感、偶尔的坏脾气以及出色的口才。许多非物理学者也会来听玻尔兹曼的理论物理学讲座，他们能轻而易举地理解课程内容，这是因为玻尔兹曼在讲解问题时会特意避开数学证明。他曾写道："真正的理论家在数学公式的运用上极为吝啬。只有那些所谓的实践思想家为了噱头才会频繁使用公式，而且仅仅是为了显得华丽。"他在自己精心准备的实验物理学课上表现极佳，十分富有感染力。玻尔兹曼还经常邀请其学术对手［如约德尔（Friedrich Jodl）］参加他的哲学讲座，并与他们在学生面前辩论。玻尔兹曼十分喜爱音乐，曾随作曲家布鲁克纳（Anton Bruckner）学习，并弹奏钢琴。他还定期在家组织室内音乐晚会和更轻松愉快的聚会。

玻尔兹曼的教学对年轻一代的自然科学家有着不可估量之影响。1895年，在吕贝克（Lübeck）举行能量学讨论会。在会上，"公牛"玻尔兹曼受到数学家克莱因（Felix Klein）支持，击败了"斗牛士奥斯特瓦尔德，尽管后者的剑术极其高超"。关于此次讨论会，索末菲（Arnold Sommerfeld）写道："我们所有这些年轻的数学家那时都支持玻尔兹曼。"阿伦尼乌斯（Svante Arrhenius）和能斯特（Walther Nernst）曾在格拉茨随玻尔兹曼学习。埃伦费斯特（Paul Ehrenfest）在维也纳听过他的课。爱因斯坦虽不愿听他人讲课，但读过玻尔兹曼的著作，深受其中的物理学和哲学影响。[334b] 奥斯特瓦尔德（Wilhelm Ostwald）称他为"一个在思维能力和对科学

367

的理解上远超于我们的人"。在玻尔兹曼 60 岁生日时，奇沃森（O. Chwolson）、迪昂、弗雷格（Gottlob Frege）、普朗克和马赫等来自世界各地的思想家为他编撰了令人难忘的《纪念文集》（*Festschrift*，Leipzig，1904）。两年后，深受抑郁症困扰的玻尔兹曼自杀离世。

科学哲学

在玻尔兹曼的著作中，物理学以哲学为背景，二者是不可分割的。玻尔兹曼是那些少有的思想家之一——他们既不满足于普遍思想，也对简单收集事实感到不满意，而是设法用单一融贯的观点来整合普遍性和特殊性。他鄙视甚至憎恨那些"学派哲学家"［他提到贝克莱的"荒谬理论"、康德、叔本华（Schopenhauer）、黑格尔和赫尔巴特（Herbart）］。根据他的说法，这些人仅贡献了一些"模糊而荒唐的思想"。他虽然承认这些人"剔除了本质上更落后的理论"，但他批评他们不仅没能走得更远，还甘愿相信真理已经被找到［请参见：*Populäre Schriften*（《通俗著作》），第 18 和 22 章］。他还以相同的方式批判同时期的物理学家，特别是他们的哲学领袖——马赫和奥斯特瓦尔德。这些人认为他们找到了一种纯粹的现象学物理学，它并未超越物理经验，也因此能够在未来的发展中被保留下来。

知识的假说特征

玻尔兹曼对于独断思想体系很不满意，其给出的理由部分是生物学的，部分是逻辑学的。他的生物学论证思路如下：我们的思想是试错适应过程的结果［玻尔兹曼是一位热诚的达尔文追随者，他比奥巴林（Aleksander Oparin）更早地将达尔文的理论推广到生命起源和思想发展上］。在物种演化进程中，这些思想中的一些（如空间的欧几里得特征）被赋予在个体身上，在这种意义上，它们可能是"天生的"（inborn）。这种起源解释了它们的力量，并留下它们无法改变的印象，但是"像康德那样，假定它们因而完全正确，则是谬见"（同前，第 17 章）。在科学研究的协助下，物种未来的发展可以带来进一步的变化与进步。

　　玻尔兹曼的逻辑学论证（同上，第 10、14 和 19 章）如下：诚然，人们可以尽己所能地依托于经验，或许由此能得到一种脱离假说的物理学。然而，首先，并没有得到这样的物理学——"现象学物理学只是表面上包含不怎么主观的假说。两者（即原子论和现象学理论）都源自……于那些适用于宏观对象的实验定律。两者都从它们推导出那些被认为在微观层面上有效的定律。在进一步检析前，后面的那些定律也一样是假说"。其次，完全脱离假说的物理学可能并不令人满意——"一个人在超越经验中越大胆，越有可能取得真正惊人的发现……[335a] 所以，物理学的现象学阐释确实没有理由为贴近事实而感到如此骄傲！"玻尔兹曼的结论是："我们的理论体系不是由……无法否认的真理构成的……这个体系包含大量的主观要素……所谓的假说。"（同上，第 8 章）

　　我们所有知识都具有假说特征，玻尔兹曼意识到了这一点，也因此遥遥领先于他的（甚至还有我们自己的）时代。先验论者和经验论者都声称自己证明了存在不可改变的原理，前者通过"思维规律"（laws of thought）来支撑自己的说法，后者则依靠"经验"（experience）和"归纳"（induction）。而且，大部分思想家不是支持先验论，就是支持经验论。因此，玻尔兹曼根据自己观点得出的这些具体结论，其被认同的过程极其缓慢，而且人们也相当不情愿。这些结论如下。

科学的理论

　　理论以两种方式超越了经验。它们相较于实验结果表达得更多，甚至以理想化的方式体现后者。所以，理论只有部分由事实决定，其余部分（通常，这部分就几乎是全部理论）则须被看作是"人类心灵的主观创造"，并且只能通过其简单性和未来成功来评判。这样说来，我们"可以想象两种理论，它们一样简单，一样符合实验，但是完全不同而又分别正确。这种情况下，声称其中任何一种为真理，这都是主观臆断"（请参见：同上，第 1、5、9、10、14、16 和 19 章）。在《论理论物理学的方法》（*On the Method of Theoretical Physics*，Oxford，1933）中，爱因斯坦论及理论是"人类心灵的自由创造"这一观念时写道："无疑，清晰认识到此观念正确只是相随于广义相对论——广义相对论证明我们能够找到两种本质不同的原理，且使得它们都与经验高度相符。"

演绎法和归纳法

最适合于这种情况的描述方法是演绎法。玻尔兹曼在其一篇力学论文（1897）的序言中论述了演绎法和归纳法。

演绎法从系统阐述基本思想开始，只是到后来才通过特定的演绎与经验建立联系。演绎法强调基本思想具有主观性，阐明它们的内涵，并展现理论的内在一致性。它的缺点是并没有阐释最开始形成理论前提的论点。

归纳法只是表面上消除了这一缺点。它设法证明如何从经验中得到理论思想，但其证明并不能经受详尽检析。尽管付出了巨大努力，推导过程中的间隙还是无法弥合。归纳法将理论思想和实验观念混合起来，这种奇怪的方式不仅导致丧失明确性，还使得不可能评判体系的一致性。"力学原理缺乏明确性似乎与如下事实有关：人们不是立即从（我们心灵架构的）假说图像出发，[335b]而是设法从经验出发。然后，几乎掩盖向假说的转变过程，甚至有人试图建构某种证明，以证明整个体系与假说无关。这就是缺乏明确性的主要原因。"

对于完全由假说构成的物理学而言，其历史发展将会是"突飞猛进的"（by leaps and bounds），巨大变革将会瓦解之前所相信的一切，即使最基础的原理也不能幸免；它不会是一种逐渐发展的过程——不断对已有的事实和理论进行补充，却从不对其进行清理和缩减。

370

批判

知识的假说特征使批判成为最重要的研究方法。在如今与波普尔姓名相关联的观点中，玻尔兹曼发展了重要的组成要素。在为洛施密特（Josef Loschmidt）写的讣告中，玻尔兹曼曾半开玩笑、半严肃地提议创立一份只研究失败实验的杂志［例如，值得一提的是，迈克尔逊－莫雷（Michelson–Morley）实验就曾被认为是惨败的实验］。不仅能够通过与事实比较来进行批判，而且还能通过与其他理论比较来进行批判。"从不同的角度处理问题可以促进科学的发展，因此（我欢迎）所有原创且充满热情的科学研究"。玻尔兹曼甚至鼓励那些归纳法的拥护者揭示他论述中的错误，以便双方都可以从争论中受益。

物理学

即使在实际研究中，玻尔兹曼也保持着批判的态度。其所有著名的研究几乎都以经典力学和欧几里得空间中可定域化质点思想为基础。但同时他十分明白这些观念不是不可更改的，因此他尽可能清晰地阐述它们，以便使将来的批判变得更加容易。他曾猜测有可能对质量、力和惯性进行电磁学说明；他质疑过时间的连续性，甚至连续性观念本身；他曾提出，力学定律以及也许所有自然定律"可能都是平均值的近似表达，且在严格意义上无法区分"；他还指出，质点不必是个体可分辨的；他将欧几里得空间的概念看作是需要进一步检析的东西。这些预示了未来发展，非常引人注目，但玻尔兹曼并没有进一步详细阐述它们。他坚信，现存力学和原子理论的资源虽多种多样，但已消耗殆尽。这种信念一直指引着他的物理学研究。原子理论和统计思维能在当代思想中占有中心地位，在很大程度上要归功于他。

371

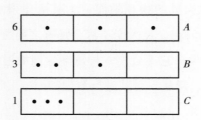

19 世纪末，原子理论几乎被抛弃。玻尔兹曼则被看作是失败事业的杰出捍卫者。大多数法国和德国的科学家为反对原子理论提供了理由，但是，这些理由在某种程度上是方法论的。与热力学理论（它们只假定可测量的量）相比，关于不可见微小粒子的思想似乎是形而上学的。[336a] 在某

种程度上，这些理由基于真正的物理困境：热力学第二定律断言存在不可逆过程，但是，显然无法用原子理论来说明不可逆过程的存在。然而，就任何遵循力学定律的运动而言，其逆运动也遵循相同的定律。对此，玻尔兹曼指出：虽然上述论点正确描述了力学定律的性质，但是，它没有考虑初始条件——"微观状态"（microstates），而在含有众多成分的系统中，微观状态的分布无疑至关重要。也许，正是那些触发逆运动的初始条件在自然中几乎不可能实现。为了说明这一点，首先考虑一种含有三个分子（1、2 和 3）的容器，并假设我们的宏观测量手段（它们正是现象学解释的依据）仅允许我们测出指定空间内的密度差异（见上图）。那么，把情境 A 描述为某种气体，它在容器中有着均匀密度 α。情境 B 是，气体的左侧密度为 2α，中间为 α，右侧为 0。情境 C 是，气体的左侧密度为 3α，其余部分均为 0。通过如下六种不同的个体分子排列，可以有六种不同的方式来实现情境 A：123、132、213、231、312、321。情境 B 只能通过三种方式来实现：[12] 3、[32] 1、[13] 2。实现情境 C 的方式则仅有一种。所以，如果所有排列方式的可能性相同，那么发现均匀密度的可能性就要大于发现不均匀密度的。对于三个分子来说，A、B、C 出现的概率之比是 $6:3:1$。对于 N 个分子，A 与 B 的比例大致是 2^N。就真正的气体而言，N 是一个极大的数字。因此，虽然热力学第二定律代表了统计学上概率最大的分布，但是，微观状态的微小涨落仍是有可能的。

然而，必须要明白的是：截止到现在，我们都允许分子自由运动，并且依据概率定律来确定其位置。事实上，分子遵循力学定律，这意味着它们在不同时间的位置之间存在着依赖关系，且由于碰撞，不同分子的位置之间也存在这样的关系。于是，就无法保证所有排列的可能性相等，也不能确定 A 的可能性远大于 B 的。在某种程度上，所谓的玻尔兹曼 H 定理（由于批判，他还将其修正多次）解决了这个问题。这一定理说明，把力学定律与某些有关碰撞的概率假设相结合，就会得到我们刚刚得到的结果：[336b] 不论初始条件如何，极有可能 H 值会一直降低，直到出现上面所计算的最大概率情形。

熵

与上述研究相联系，玻尔兹曼还在 W（导致某种宏观情境的排列数量）和 S（那种情境下的熵）之间确立如下关系：

$$S = k \cdot \log W$$

这个公式给出的熵的定义比热力学定义更加普遍（后者只适用于平衡态系统）。还可以看出，新定义的熵并不完全满足热力学第二定律，但承认在最大概率情境和其他低熵情境（概率较低，但不完全为零）之间存在涨落。"有人会想到这种情况：在只含有几个分子的微小物体中，第二定律将不再适用。"〔1878 年，玻尔兹曼在《气体理论演讲》（*Vorlesungen über Gastheorie*）中如此写道，并受到了严厉批判。1905 年，佩兰（Jean Perrin）和斯韦德贝里（Theodor Svedberg）确证存在所预测的涨落。〕但是，因为低熵状态转换为高熵状态和高熵状态转换为低熵状态的概率相同，所以，这种解释无法彻底解决不可逆性问题。为了解决这种困难，在《气体理论演讲》中，玻尔兹曼将局域进程与宇宙大区域的整体进程相比较。大范围的进程会为小范围的进程提供一个参照点，并由此在"无时间的"（timeless）宇宙中确立一个局域时间方向。

> 如果将宇宙看作一个整体，时间的两个方向还是难以区分，就像空间没有上或下一样。然而，在地球表面的特定地点，我们将指向地心的方向看作是下；与此相同，一个生物如果身处此类局部世界的某一时期，也能把指向更低概率状态的方向与其反方向区分开，并将前者叫作过去，后者叫作未来。这似乎是容许我们构想第二定律的唯一方法（即在不假定整个宇宙有单向进程的前提下，构想所有局部世界的单向进程）。

所有上述思想都促进了更深远的发展。没有玻尔兹曼的努力，今日的统计物理学（包括量子统计学）将变得难以想象。他提供的框架能够被保留下来，尽管有某些特定假设需要修改。同样被保留下来的，还有与 *H* 定理和遍历假说相关的高度专业化的发展。然而，我们对与其物理学息息相关的一般哲学几乎一无所知，这是十分不幸的；因为他的思想在当代讨论中仍然十分有价值，并成为充满希望的未来探究领域。

[337a] **参考书目**

玻尔兹曼的研究论文收录在由哈瑟诺尔（F. Hasenöhrl）编辑的三卷本《科学论文集》（*Wissenschaftliche Abhandlungen*，Leipzig，1909）中。其包含内容更广的著作是：*Vorlesungen über die Prinzipien der Mechanik*（《力学原理演讲》）（两卷）（莱比锡，1897—1904）；*Vorlesungen über Maxwells Theorie der Elektricität und des Lichtes*（《麦克斯韦电光理论演讲》）（两卷）（莱比锡，1891—1893）；以及 *Vorlesungen über Gastheorie*（《气体理论演讲》）（两卷）（莱比锡，1896—1898）。玻尔兹曼更通俗的作品收录在《通俗著作》（*Populäre Schriften*，莱比锡，1905）中。

由布罗达（E. Broda）所写的传记《玻尔兹曼》（*Ludwig Boltzmann*，Vienna，1955）很好地阐释了玻尔兹曼的物理学和哲学。关于对 *H* 定理和相关问题更专业的讨论，请参见：Paul and Tatiana Ehrenfest（保罗·埃伦费斯特和塔蒂阿娜·埃伦费斯特），*The Conceptual Foundations of the Statistical Approach in Mechanics*（《力学统计方法的概念基础》），纽约州伊萨卡市，1959；Hans Reichenbach（莱辛巴赫），*The Direction of Time*（《时间方向》），伯克利，1956；以及 Dirk ter Haar（哈尔），"Foundations of Statistical Mechanics"（《统计力学基础》），*Reviews of Modern Physics*（《现代物理评论》），1955 年 7 月。

374

㉗
海森堡（Werner Heisenberg，1901—1976）（1967）

[466a] 海森堡是德国物理学家，1901 年出生于维尔茨堡（Würzburg）。他在慕尼黑学习物理时，曾受到索末菲的指导，并于 1923 年获得博士学位。1924 年，他在哥廷根成为一名讲师，同时也是玻恩（Max Born）的助手。而后，他在哥本哈根大学继续自己的学业。这期间，他曾与克拉默斯（H. A. Kramers）合作，并在 1926 年接替克拉默斯成为那里的物理学讲师。1927 年至 1941 年，海森堡在莱比锡当物理学教授；1941 年至 1945 年，他又在柏林当教授，并成为威廉皇帝物理研究所（the Kaiser Wilhelm Institute for Physics）所长。1946 年，他在哥廷根被任命为荣誉教授和马克斯·普朗克物理研究所（the Max Planck Institute for Physics）所长。自 1958 年以后，他一直在慕尼黑当荣誉教授和马克斯·普朗克物理及天体物理研究所（the Max Planck Institute for Physics and Astrophysics）行政所长。他于 1932 年获得诺贝尔物理学奖。

海森堡对物理学的贡献体现在涵盖诸多论题的 120 多篇论文中。这里我们只涉及两个论题：矩阵力学的创立和海森堡最新的基本粒子理论。

矩阵力学

玻尔和索末菲的旧量子理论试图将经典物理学和新的量子定律结合在一起，并设法运用两者的预测力。结果形成的理论是一种由经典观念（其中一些有用，另一些明显多余）、新思想和特设性修正组成的混合体。因此，例如，通过检析原子独立振动部分之运动的傅里叶系数来计算（或推测）跃迁概率和选择法则：

375

$$\Phi_i(t) = \sum_{n=-\infty}^{+\infty} X_i(n, \omega_i) \exp(in\omega_i t)$$

而否定运动 Φ_i 本身具有任何物理意义。此外，这种理论在一些重要方面失败了。它显然只是通往令人满意之原子力学的一个阶梯。从根本上讲，最终的理论要归功于海森堡和薛定谔二人的努力及其完全不同的哲学思想。

根据海森堡的说法，我们必须放弃详细描述原子内部（不可观察的）运动的一切尝试。因为这种运动只是不当运用经典思想造成的结果——在无法直接进行实验检验的领域中，继续运用经典思想。考虑到这些思想或许需要修正，[466b] 最好似乎是建构一种只用"外部"（outer）量（例如光谱线的频率和强度）表示的理论。正式来说，这意味着我们需要直接用 X_i 进行预测，却不能借助于 Φ_i。玻尔的研究已在确定 X 所需的性质上有很大进展。他的理性一般化思想与海森堡的所想不谋而合。海森堡给出了更多的计算法则，它们足够解决一些简单问题（如谐振子问题）。在那时，他并不知道那些是非对易矩阵代数的法则。但玻恩很快意识到这一点，并在海森堡发表第一篇论文的几个月后，与约尔丹和海森堡共同完成了那种形式体系。一种新的原子力学终于出现了，但其含义却很不明确。能以更高精确度来测定其位置和动量的宏观物体，是用无限的复数数组表示的；而在这些复数数组中，没有任何一组通过简单方式与可见性质相对应。在这期间，洛伦兹（H. A. Lorentz）反驳道，"你能想象，我只是一个矩阵吗？"在薛定谔多少有些意外地完成这种理论后，海森堡又在这方面作出了重要贡献，他提出不确定性关系，说明经典观念还有多少能用于微观理论解释。

在 1943 年，为了解决量子场论的某些困难，海森堡又一次通过"由外至内"（from the outside in）的方式用此原理重建了一种理论。他认为这些困难源于 10^{-13} 厘米以下正常空间—时间关系的缺失。于是，他尝试用一种新的形式体系取代场论。对任何相互作用而言，这种体系都在不涉及相互作用自身细节的情况下将渐进前状态转换为渐进后状态。这就是所谓的 S 矩阵理论，丘（Geoffrey Chew）等人曾用它计算强相互作用粒子的特性。这促发开启了一些物理学家所认为的 20 世纪物理学的"第三次革命"，

376

形成了下列思想：粒子都是复合物，从任何子集的相互作用开始，都可以逐步得到所有粒子的性质［"靴襻假说"（bootstrap hypothesis）］。这种体系并未涉及空间–时间关系，也因此不能发展测量理论。此外，将其扩展到其他类型的相互作用，似乎也绝无可能。

基本粒子理论

海森堡最早强调不存在区分"基本"（elementary）粒子和复合物的标准，同时又提出了一种不同的理论。在这种理论中，基本粒子是单个物理系统的定态，即"物质"（matter）。场算符所指的不再是粒子，而是这种基本物质（海森堡有时将其比作阿那克西曼德的无定形）。粒子的质量全部源于基本场方程中非线性所引起的相互作用。不存在"裸粒子"（bare particles）。其他性质理应从场方程的对称性中推导出来。[467a] 在一定程度上，已经基于近似方法研究了自旋为 0 和 1/2 的奇异粒子（这里说的是 1962 年）。只有纲领，但没有精准预测或弱相互作用。

海森堡的哲学猜想一直与其物理学联系紧密，它们是原创且激动人心的。他对哲学问题更一般的见解则并非如此。但是，他不该为两者的差异受到责备，因为无论如何，只有与现实相连紧密的哲学才是妙趣横生和富有成效的。（关于海森堡对量子理论之贡献的论述，详见词条"量子力学的哲学意义"）。

377　**参考书目**

关于海森堡的早期研究及其与波动力学和实验的关系，请参见：*Die physikalischen Prinzipien der Quantentheorie*（德文版《量子理论的物理学原理》，莱比锡，1930），translated by Carl Eckart and Frank C. Hoyt as *The Physical Principles of the Quantum Theory*（由艾卡特和霍伊特译为英文版《量子理论的物理学原

理》，芝加哥，1930）。关于 S-矩阵理论的说明，请参见："Die beobachtbaren Größen' in die Theorie der Elementarteilchen"（《基本粒子理论中的"可观察尺度"》），*Zeitschrift für Physik*（《物理学杂志》），第 120 卷，1943，513–538 和 673–702。关于对海森堡新场论的概述，请参见："Quantum Theory of Fields and Elementary Particles"（《场和基本粒子的量子理论》），*Reviews of Modern Physics*（《现代物理评论》），第 29 卷，1957，269–278；以及 "Die Entwicklung der einheitlichen Feldtheorie der Elementarteilchen"（《基本粒子统一场论的发展》），*Naturwissenschaften*（《自然科学》），第 50 卷，1963，3–7。《原子核物理学》（*Die Physik der Atomkerne*，不伦瑞克，1943）阐明了核物理学以及海森堡的有关贡献。《自然科学的基础变化》（*Wandlungen in den Grundlagen der Naturwissenschaften*，莱比锡，1935）概述了 1900 年至 1930 年的进展与发现。《物理学与哲学》（*Physics and Philosophy*，纽约，1959）囊括了 1955 年至 1956 年的吉福德（Gifford）讲座内容，它在更广泛的历史和哲学基础上来探讨物理学，还讨论了当前对量子理论哥本哈根解释的反对。

关于哥廷根在"黄金 20 年代"（golden twenties）的氛围，请参见：F. Hund（洪德），"Göttingen, Kopenhagen, Leipzig im Rückblick"（《回忆哥廷根、哥本哈根和莱比锡的日子》），in Fritz Bopp, ed., *Werner Heisenberg und die Physik unserer Zeit*（见波普编《海森堡和我们时代的物理学》），不伦瑞克，1961，pp. 1–7；以及 Robert Jungk（容克），*Brighter Than a Thousand Suns*（《比一千个太阳还亮》），纽约，1958。

378

㉘

普朗克（Max Planck，1858—1947）（1967）

[312b] 普朗克是德国物理学家，发现了作用量子（也称作普朗克常数）。他在基尔（Kiel）出生，曾在慕尼黑大学的约利（Philipp von Jolly）指导下学习物理和数学，后来又在柏林大学的赫尔姆霍兹（Hermann von Helmholtz）和基尔霍夫（Gustav Kirchhoff）指导下学习相同科目。在慕尼黑获得哲学博士学位后（1879 年），他便开始教授理论物理学，先是在基尔，1889年后在柏林，作为基尔霍夫的继任者。"在那个时候，"他后来写道，"我是唯一的理论家，也可以说是个独特的物理学家。在这种境况下，我的出道并不容易。"彼时，普朗克已经对认识热现象作出了重要且真正非常根本的贡献，但科学共同体却没有给予他任何关注："赫尔姆霍兹可能根本都没读过我的论文，基尔霍夫则明确反对其内容。"当时的焦点都在玻尔兹曼与奥斯特瓦尔德—亥姆（Georg Helm）—马赫阵营之间的争论上，其中后者支持热的纯现象学理论。普朗克的思想最终能被接受也是由于这一争论，而不是因为其论证力。"这种经历，"他曾写道，"让我有幸得知一个奇特的事实：新的科学真理成功，并不是通过说服其反对者（并最终使他们领悟）来实现，而是要等到其反对者最终消失。"不过，这些早期研究带来的直接结果是，普朗克在 1900 年发现了作用量子（请参见词条"量子力学的哲学意义"），并因此获得诺贝尔物理学奖（1918 年）。1912 年，普朗克成为（当时）普鲁士科学院（the Prussian Academy of Sciences）的终身秘书，

379 随后（除少数中断外）他一直担任着这个职位。他具有敏锐的判断力，利用这个职位促进所有科学家进行国际合作。从 1930 年到 1935 年，他担任威廉皇帝研究所所长，这一机构后来更名为马克斯·普朗克研究所。

在政治上，他比较保守，信奉普鲁士的国家和荣誉理念，忠于威廉二

世（Wilhelm II）。第一次世界大战期间，他多次表达忠于德国人民的团结战斗事业，并获得了威廉德国的一种最高勋章"功勋勋章"（pour le mérite）。然而，他反对纳粹政权。他保护爱因斯坦，先是反对其科学对手，后来又反对他的政敌。尽管受到斯塔克（Johannes Stark）、雷纳德（Phillip Lenard）和缪勒（Ernst Müller）的严厉批判，但是，即使在1933年后，他仍然继续保护爱因斯坦和其他犹太科学家（如能斯特）。他后来又亲自要求希特勒释放被关押的科学家，也因此失去了物理学会（the Physical Society）主席一职，还被拒绝授予法兰克福市的歌德奖（the Goethe Prize of the city of Frankfurt）（他于1946年战争结束后获得了这一奖项），并最终被迫目睹自己的独子（因其和德国反抗组织有染）被处决。虽然他的政治思想或许有些过时，[313a] 但他却把个人正义放在首位，甚至不惜冒生命危险捍卫它。在战争结束时，他被盟军解救，并在哥廷根度过了自己生命的最后几年。

科学方法

"自然中存在独立于人类测量的实在"，这一信念指引着普朗克的研究。他认为"探寻绝对"是科学的最高目标。"我们每天的出发点，"他解释道，"都必然是相对的。我们仪器中的材料随其地理来源而改变，这些仪器的建造取决于设计者和制造者的技艺，它们的操作和使用则依赖于实验者的意图。我们的任务就是发现隐藏在所有这些因素和数据中的普遍有效性、绝对性和恒定性。"

这种观点并未只停留在哲学层面，还影响着物理程序。普朗克反对实证论信条的主要理由之一是因为它不能推动理论进步。"在研究这条道路上，实证论缺少成为引领者的动力。确实，实证论能够扫除障碍，但却无法将它们转化为创造因素。因为……实证论的目光是向后的。但是，进步和发展需要思想与新问题的新结合，而不单是基于测量结果。"

380

科学发现

实际上，普朗克提出了两种新思想。他认识那些将热和纯粹力学过程分离开来的热性质，并明确阐述它们。他提出（不仅是关于物质的，而且还是关于辐射的）原子论结构思想，并应用到具体问题中。在博士论文中，他已经将热力学不可逆性和力学过程分离开来，并将克劳修斯的熵诠释为前者的度量。后来，他（独立于吉布斯）证明了"所有物理和化学平衡态定律都从关于熵的知识中推导出来"。他坚信熵增原理是真实且独立的物理定律，并相信所有物理定律普遍［或者用他的话说，"绝对"（absolute）］有效。这些促使他将热力学思想应用到一些当时被认为是其无法触及的领域中。例如，他发现仅用溶质离解就可以解释稀释溶液的凝固点降低，从而将热力学科学扩展到带电粒子。普朗克将定律应用到其极限而不是限制在其最有力证据的领域，他的这种倾向引发了和玻尔兹曼的短暂冲突，而玻尔兹曼对如下事实并不担忧：在其方法中，系统的熵既能增加又能减少。然而，普朗克的这种倾向也促使他取得最伟大的成就——发现作用量子。他是唯一将辐射相关特征和辐射体的熵（而不是辐射体的温度）联系起来的人。"大量杰出物理学家在（无论是在理论层面还是实验层面）研究光谱能量分布问题时，都仅是在努力证明辐射强度依赖于温度。[313b] 从另一角度看，我猜测其本质关系是熵对能量的依赖性。因为熵这一概念的意义并未受到充分重视，所以没有人关注我采用的方法。这样我就可以完全悠闲地完成所有计算。"这些计算得出的公式与实验相符，并把现有理论结果［维恩公式（Wien's formula）和瑞利–琼斯定律（the Rayleigh–Jeans law）］作为极限情形包含进来。为了探寻这种结果的理论基础，普朗克运用了玻尔兹曼对熵的统计解释，从而发现了作用（能量）的"原子的"（atomic）（即非连续的）结构。

381

实在论、决定论和宗教

除了具体的物理论据外，发现作用量子还要归功于哲学信念（相信存在着按照永恒规律运转的实在世界）。19 世纪末的思潮是反对这种信念的（玻尔兹曼似乎是另外唯一拥护这种信念的重要人物）。这种思潮不仅在哲学的上层结构中有所表现，还影响了物理实践本身。定律被看作是对实验结果的概括，且仅在实验结果有效的范围内适用。然而，正是普朗克、玻尔兹曼和（后来的）爱因斯坦（普朗克从一开始就认为爱因斯坦是实在论者）的"形而上学"（metaphysics），使得有可能产生许多现在常被用来攻击实在论和其他"形而上学"原理的理论。

普朗克从未接受量子理论的实证论解释。他将自己所称的物理"世界图像"（world picture）和"感觉世界"（sensory world）加以区分，并把前者与 Ψ 波的形式体系相等同，后者与实验结果相等同。Ψ 函数事实上遵循薛定谔方程，这使得他能够讲出下面这句话：虽然感觉世界可能显示非决定论特征，但是，世界图像（即使是新物理学的世界图像）却不然。他相信存在客观规律，这还为其宗教信仰提供了重要跳板。普朗克论证说：自然定律是人类心灵的自由创造；与之相悖的是，外界因素迫使我们认识它们。这些定律中的一些（如最小作用量原理）"体现了理性的世界秩序"，也由此揭示了"一种支配自然的全能理性"。他的结论是：宗教和自然科学间并无矛盾；相反，它们相互补充且互为条件。

普朗克的作品

Theory of Heat Radiation（《热辐射理论》），translated by Morton Masius（马修斯译），Philadelphia（费城），1914；2d ed.（第二版），New York（纽约），1959。

Eight Lectures on Theoretical Physics（《八次理论物理学演讲》），translated by A. P. Wills（威尔斯译），New York（纽约），1915（1909 年在哥伦比亚大学的演讲）。

The Origin and Development of the Quantum Theory（《量子理论的起源和发展》），translated by H. T. Clarke and L. Silberstein（克拉克和塞尔博斯坦译），Oxford（牛津），1922（诺贝尔奖获奖演说）。

A Survey of Physics：*A Collection of Lectures and Essays*（《物理学纵览：演讲和论文集》），translated by R. Jones and D. H. Williams（琼斯和威廉斯译），London（伦敦），1925［再版为《物理理论纵览》（*A Survey of Physical Theory*），New York（纽约），1960］。 382

Treatise on Thermodynamics（《论热力学》），translated by Alexander Ogg（奥格译），London（伦敦），1927；第三版修订版，New York（纽约），1945。

Introduction to Theoretical Physics（《理论物理学导论》），translated by Henry L. Brose（布罗斯译），五卷，London（伦敦），1932—1933；New York（纽约），1949。[314a] 其中包含《普通力学》（*General Mechanics*）、《变形体力学》（*The Mechanics of Deformable Bodies*）、《电磁理论》（*Theory of Electricity and Magnetism*）、《光理论》（*Theory of Light*）和《热理论》（*Theory of Heat*）。

Scientific Autobiography and Other Papers（《科学自传和其他论文》），translated by Frank Gaynor（盖诺译），New York（纽约），1949。

The New Science（《新科学》），translated by James Murphy and W. H. Johnson（墨菲和约翰逊译），New York（纽约），1959。包括《科学将走向何处?》（*Where is Science Going?*）（支持决定论，爱因斯坦作序）、《用现代物理学来看宇宙》（*The Universe in the Light of Modern Physics*）和《物理学哲学》（*The Philosophy of Physics*）。

研究普朗克的作品

Schlick, Moritz（石里克），"Positivism and Realism"（《实证论和实在论》），A. J. Ayer, ed., *Logical Positivism*（艾耶尔编《逻辑实证论》），Glencoe, Ill.（伊利诺伊州格伦科），1959。本文是对普朗克批判实证论的直接答复。关于普朗克对实证论的批判，请参见：*Positivismus und reale Außenwelt*（《实证论和外部实在世界》），Leipzig（莱比锡），1931。

Vogel, H.（伏格尔），*Zum philosophischen Wirken Max Plancks*（《论普朗克的哲学研究》），Berlin（柏林），1961。本书是一部非常好的传记，具有详尽的参考文献。

㉙

薛定谔（Erwin Schrödinger，1887—1961）（1967）

[332b] 薛定谔是奥地利物理学家，出生于维也纳。他曾随埃克斯纳（Franz Exner）、哈瑟诺尔（Rudolf Hasenöhrl）和维尔丁格（Wilhelm Wirtinger）学习物理学和数学。在短暂任职于耶拿（Jena）、斯图加特（Stuttgart）和布雷斯劳（Breslau）后，他（1922 年）在苏黎世成为数学物理学教授。也是在这里，他于 1925 年秋创立自己的波动力学。1927 年，薛定谔在柏林成为普朗克的继任者，又于 1933 年（希特勒掌权不久后）离任。在牛津（Oxford）和格拉茨（Graz）度过几年后（他于 1938 年第三帝国吞并奥地利时被迫离开格拉茨），他受瓦勒拉（Eamon de Valera）之邀到都柏林（Dublin）新成立的高等研究所任职。薛定谔于 1933 年（和狄拉克共同）获得诺贝尔物理学奖。他于 1956 年返回奥地利。

思想

虽然海森堡和薛定谔的思想现在常被看作是同一观点互补的两个方面，但是它们源于不同的动机，且最初是不相容的。薛定谔深受玻尔兹曼的物理学和哲学影响。在 1929 年的普鲁士科学院（Prussian Academy）演讲中，他说道："他的思想方法可以说是我的科学最爱。没有也不会再有如此令我着迷的了。"1922 年（海森堡不确定性关系问世前五年），薛定谔批判了"沿袭千年的因果性思维习惯"，并为玻尔兹曼的如下猜想（埃克斯纳和哈瑟诺尔也对其进行了详细阐述）辩护：观察到的宏观规则性也许是内在非决定论的微观过程间相互作用的结果。（他后来坦然道："这遭到了极多的摇头反对。"）然而，在薛定谔看来，"相比于玻尔兹曼纯粹无比清晰的推理发展"，"原子理论的内在矛盾"（这在玻尔的研究中有着至关重要的地位，甚至在一定程度上被他看作是积极的）则显得刺目粗野。甚至，他

"有一段时间逃避它"而进入颜色理论领域。主要是德布罗意的研究激励薛定谔重返原子理论，并最终推动他创立波动力学。

很难有什么比海森堡和薛定谔的程序之间差异更大的了。海森堡曾进行各种各样的尝试，以使经典理论适应新的实验情况，并由此实现玻尔所称的"经典描述模式的理性一般化"。在这些探索中，他专注于可观察量，并明确避免阐释原子内部过程。[333a] 而与之不同，这正是薛定谔着手去做的事情。他的思想始终是实在论的。简言之，这一论证如下：经典几何光学可以由费马原理（Fermat's principle）概括。根据费马原理，由分立光线组成的光束在穿越某个光学系统时，总是使得每条光线花费最短的时间到达终点。利用下面的光传播方式，可以轻易说明这一形式原理：波前在穿过折射率不同的介质时会加速或减速，因而产生转向。经典质点力学也能用使其与费马原理形式一致的方式来阐述：质点系统的路径，会使依赖这一路径的某种积分达到极值。在诺贝尔奖获奖演说中，薛定谔如此描述自己的思绪："看来自然好像两次准确影响同一事物，但以两种不同的方式：第一次在光的情形中，是通过相当透明的波动机制；另一次在质点的情形中，借助的方法则十分神秘，除非人们在第二种情形中也准备相信某种潜在的波动特征。"如果这个类比正确，那么，我们不得不在与假定物质波波长相当的区域内期待产生衍射现象。常用的哈密顿形式体系在原子内瓦解，表明这种区域可能是原子尺度大小，从而原子本身变成"真正就是由原子核截获的电子波所产生的衍射现象"。基于此的计算引出了所有由实验获知的特征，且后来形成了一种原则上能被应用到任何可能情况的融贯理论。在这种理论中，"波函数"（wave function）取代了构成经典点力学初始条件的粒子坐标集合，而所谓依赖时间的薛定谔方程则以完全因果性的方式给出波函数随时间的变化。不能忽视这种理论与经典力学之间的相似性。因为在经典力学中，我们从客观事态出发，然后，客观事态随时间根据因果关系来发展。然而，这些客观性和因果性的表象很快被证明是欺骗性的。例如，对诸如威尔逊云室（Wilson chamber）中粒子轨迹等现象，这种理论不能作出令人满意的阐释。还存在其他困难，并在充分讨论后，这些困难促使形成了对波函数的全新解释（玻恩的解释）；而这种新解释消除了矩阵力学和波动力学间明显存在的分歧（两种理论还被证明是数学等价的）。在新解释中，波不是真实客观的过程，而是仅表明某些实验结果的概率。于是，普遍的变换理论完全去除了波函数的实在论内涵，并将其变成纯粹形式的预测工具。

虽然薛定谔意识到自己独创思想所面临的困境，但从未默许过哥本哈根学派转接给它的解释。他基于物理学理由和哲学理由来抨击这种解释。在物理学方面，[333b] 他质疑用来建立理论与事实间联系的各种近似方法具有一致性。在哲学方面，他反对这种倾向——倾向于"放弃把可观察事物的描述与有关宇宙实在结构的确定性假说联系起来"。他还指出：严格说来，仅在很少的地方建立了理论和实验间的联系；而且，只有在牺牲程序一致性和数学精确性的情况下，才能接受"大量的经验确证"。不幸的是，他的批判影响甚微；而且，他追求的玻尔兹曼式的明确性、简单性和一致性现已基本过时。

参考书目

大众感兴趣的薛定谔作品都收录在《科学、理论和人类》[（ *Science*，*Theory*，*and Man* ），纽约，1957] 中。关于新近对正统量子理论的批判，请参见："Are There Quantum Jumps?"（《存在量子跃迁吗？》），*The British Journal for the Philosophy of Science*（《英国科学哲学杂志》），第 3 卷，1952，109–123 和 233–242。此外，请参见："Die gegenwärtige Lage in der Quantentheorie"（《量子理论现状》），*Naturwissenschaften*（《自然科学》），1935。《我的世界观》[（ *My View of the World* ），剑桥，1964] 论述了薛定谔关于（与物理学没有直接联系的）各种哲学和宗教问题的观点。

386

人名索引

（索引中的页码为英文原版页码，即本书边码）

主题索引

（索引中的页码为英文原版页码，即本书边码）

汉英人名对照表

A

阿尔德　Alder，Berni J.

阿尔法甘尼　Alfraganus

阿哈罗诺夫　Aharonov，Yakir

阿基米德　Archimedes

阿加西　Agassi，Joseph

阿里斯塔克斯　Aristarchus

阿伦尼乌斯　Arrhenius，Svante

阿那克西曼德　Anaximander

阿那克西美尼　Anaximenes

埃克斯纳　Exner，Franz

保罗·埃伦费斯特　Ehrenfest，Paul

塔蒂阿娜·埃伦费斯特　Ehrenfest，Tatiana

埃伦哈夫特　Ehrenhaft，Felix

艾卡特　Eckart，Carl

爱德华兹　Edwards，Paul

爱丁顿　Eddington，Arthur Stanley

爱因斯坦　Einstein，Albert

奥博海姆　Oberheim，Eric

奥雷斯姆　Nicole Oresme

奥斯特瓦尔德　Ostwald，Wilhelm

B

巴茨　Butts，Robert

巴尔末　Balmer，Johann Jakob

巴门尼德　Parmenides

巴特菲尔德　Butterfield，Herbert

巴特利三世　Bartley，W. W. Ⅲ

邦迪　Bondi，Herman

鲍姆林　Baumrin，Bernard

贝蒂　Bethe，Hans

贝克莱　Berkeley，George

贝索　Besso，Michele

贝耶　Beyer，Robert T.

本特利　Bentley，Richard

毕达哥拉斯　Pythagoras

波多尔斯基　Podolsky，Boris

波兰尼　Polanyi，Michael

波普　Bopp，Fritz

波普尔　Popper，Karl R.

玻恩　Born，Max

玻尔　Bohr，Niels

玻尔兹曼　Boltzmann，Ludwig

玻姆　Bohm，David

玻因廷　Poynting，John Henry

伯克霍夫　Birkhoff，George David

布登兹　Budenz，Julia

布尔　Boole，George

布朗　Brown, Robert

布雷斯韦特　Braithwaite, Richard

布莱克特　Blackett, Patrick

布里丹　Buridan, Jean

布鲁克纳　Bruckner, Anton

布鲁门伯格　Blumenberg, Hans

布鲁诺　Bruno, Giordano,

布鲁施　Brush, Stephen

布罗达　Broda, Engelbert

布罗斯　Brose, Henry L.

布洛金采夫　Blokhintsev, Dmitry

布瑞洛因　Brillouin, Léon Nicolas

C

策梅洛　Zermelo, Ernst

查兹　Chazy, Jean

D

达尔文　Darwin, Charles

达马托　D'Amato, Ciro

戴维森　Davisson, Clinton

戴维斯　Davis, John W.

但丁　Dante

道尔顿　Dalton, John

德布罗意　Broglie, Louis de

德雷克　Drake, Stillman

德谟克利特　Democritus

笛卡尔　Descartes, René,

狄拉克　Dirac, Paul A. M.

迪昂　Duhem, Pierre

第谷　Brahe, Tycho

丁格勒　Dingler, Hugo

杜里舒　Driesch, Hans

多恩　Donne, John

E

厄米　Hermite, Charles

F

法拉第　Faraday, Michael

法雷尔　Faraday, Michael

方克　Fock, Vladimir

菲尔兹　Fierz, Markus Eduard

费格尔　Feigl, Herbert

费马　Fermat, Pierre

费曼　Feynman, Richard

费米　Fermi, Enrico

丰特奈尔　Fontenelle, Bernard le Bovier de

夫琅和费　Fraunhofer, Joseph von

弗兰克　Frank, Philip

弗雷格　Frege, Gottlob

弗雷歇　Fréchet, Maurice

伏尔泰　Voltaire

伏格尔　Vogel, Heiko

傅里叶　Fourier, Joseph

G

盖革　Geiger, Hans

盖莫纳特　Geymonat, Ludovico

盖诺　Gaynor, Frank

盖太　Gattei, Stefano

高斯　Gauss, Carl Friedrich

戈尔末　Germer, Lester

哥白尼　Copernicus, Nicolaus

歌德　Goethe, Wolfgang

革拉赫　Gerlach, Walther

克拉夫特　Kraft，Victor

克拉克　Clarke，Samuel

克拉默斯　Kramers，Hans A.

克莱格特　Clagett，Marshall

克莱因　Klein，Felix

克劳修斯　Clausius，Rudolf

肯布尔　Kemble，Edwin C.

库恩　Kuhn，Thomas S.

L

拉格朗日　Lagrange，Joseph–Louis

拉卡托斯　Lakatos，Imre

拉普拉斯　Laplace，Pierre–Simon

拉特克利夫　Ratcliff，Floyd

莱布尼茨　Leibniz，Gottfried Wilhelm

莱辛巴赫　Reichenbach，Hans

吉尔伯特·赖尔　Ryle，Gilbert

查尔斯·赖尔　Lyell，Charles

兰兹伯格　Landsberg，Grigory S.

朗奇　Ronchi，Vasco

勒那　Lerner，Max

雷德黑德　Redhead，Michael

雷纳德　Lenard，Philip

黎曼　Riemann，Bernhard

列宁　Lenin，Vladimir

刘维尔　Liouville，Joseph

刘易斯　Lewis，Robert M.

卢克莱修　Lucretius，Titus

卢卡奇　Lukács，Georg

鲁纳　Luna，Concetta

路德维希　Ludwig，Günther

爱德华·罗森　Rosen，Edward

内森·罗森　Rosen，Nathan

罗森菲尔德　Rosenfeld，Léon

洛伦兹　Lorentz，Hendrik Antoon

洛施密特　Loschmidt，Johann Josef

M

马赫　Mach，Ernst

马斯格拉夫　Musgrave，Alan

马修斯　Masius，Morton

格罗夫尔·麦克斯韦　Maxwell，Grover

詹姆斯·麦克斯韦　Maxwell，James Clerk

迈克尔逊　Michelson，Albert Abraham

迈耶–艾比希　Meyer–Abich，Klaus

梅耶　Mejer，Jørgen

米尔　Mill，John Stuart

米齐特　Michotte，Albert

米塞斯　Mises，Richard von

米特尔施泰特　Mittelstaedt，Peter

缪勒　Müller，Ernst

莫利　Morley，Edward Williams

莫氏　Mohs，Friedrich

墨菲　Murphy，James

N

拿破仑　Napoleon

内格尔　Nagel，Ernest

能斯特　Nernst，Walther

尼尔　Kneale，William C.

牛顿　Newton，Isaac

纽科姆　Newcomb，Simon

诺贝尔　Nobel，Alfred

诺特　Noether，Emmy

诺斯洛普　Northrop，Filmer C. S.

冯·诺依曼　Neumann，John von

威廉皇帝　Kaiser Wilhelm

威廉斯　Williams，D. H.

威特　Wetter，Gustav A.

韦伯　Weber，Wilhelm E.

维恩　Wein，Hermann

维恩卡特纳　Weingartner，Paul

维尔丁格　Wirtinger，Wilhelm

维吉尔　Vigier，Jean-Pierre

维特斯腾　Wettersten，John R.

魏茨扎克　Weizsäcker，Carl Friedrich von

魏尔　Weyl，Hermann

温赖特　Wainwright，Thomas Everett

吴健雄　Wu，Chien-Shiung

X

西拉特　Szilard，Leo

希思　Heath，Peter

希特勒　Hitler，Adolf

辛格　Synge，John Lighton

辛普里西奥　Simplicio

辛钦　Khinchin，Aleksandr J.

休谟　Hume，David

薛定谔　Schrödinger，Erwin

Y

雅各比　Jacobi，Carolus Gustavus

亚当　Adam，Charles，

亚里士多德　Aristotle

亚历山大　Alexander，Peter

伊万年科　Iwanenko，Dmitri

因费尔德　Infeld，Leopold

约尔丹　Jordan，Pascual

约德尔　Jodl，Friedrich

约翰逊　Johnson，W. H.

Z

扎哈尔　Zahar，Elie G.

詹姆斯　James，William

埃里亚的芝诺　Zeno of Elea

汉英专业术语对照表

A

爱奥尼亚人　Ionians

B

摆　Pendulum

保守、保守主义　Conservatism

悲观主义　Pessimism

悖论　Paradox

本轮　Epicycles

本征值问题　Eigenvalue problem

毕达哥拉斯（学派）的　Pythagoreans

编史学　Historiography

遍历性　Ergodicity

标志　Signs

标准　Criteria，Standard

波包　Wave-packet

波动力学　Wave-mechanics

波函数　Wave-functions

波粒二象性　Wave-particle duality

柏拉图主义　Platonism

不规则性　Irregularity

不可反驳性　Irrefutability

不可观察量（的）　Non-observable

不可逆性　Irreversibility

布朗运动　Brownian motion

C

猜想　Conjecture，Speculation

操作主义者　Operationalists

测地线　Geodesic

测量　Measurement

常量　Constant

潮汐　Tides

传统　Tradition

D

导频波　Pilot waves

笛卡尔主义、笛卡尔哲学　Cartesianism

地质学　Geology

第三帝国　Third Reich

电磁学　Electromagnetics

电动力学　Electrodynamics

电子　Electron

叠加　Superposition

定域性　Locality

度规（的）　Metric

对称（性）　Symmetry

对易　Commutation

对易法则　Commutation–rules

对应　Correspondence

对应法则　Correspondence–rules

独断论　Dogmatism

多元论　Pluralism

E

二象性　Duality

二元论、二元性　Dualism

F

发射　Emission

法则　Rules

反驳　Refutation

反常　Anomaly

方法　Method

方法论　Methodology

非决定论　Indeterminism

非理性主义　Irrationalism

非连续性　Discontinuity

非线性　Nonlinearity

分布　Distribution

分离　Separation

分析　Analysis，Analyze

辐射　Radiation，Irradiation

复杂性　Complexity

G

概率　Probability

概率幅　Probability–amplitudes

概率密度　Probability–density

概念　Concept

干涉　Interference

感觉　Sensation，Senses

感知　Perception

纲领　Programs

哥白尼主义　Copernicanism

革命　Revolution

革命者　Revolutionaries

个体性　Individuality

工具论　Instrumentalism

共产主义　Communism

共轭变量　Conjugate variables

关联　Correlation

观察　Observation

观察者　Observer

观察者假说　Observer–hypotheses

观念论　Idealism

惯性系统　Inertial system

光电倍增管　Photomultiplier

光电效应　Photoelectric effect

光谱　Spectra

光学　Optics

归纳　Induction

归纳主义　Inductivism

轨迹　Trajectory

H

H 定理　H–theorem

（原子）核　Nucleus

互补性　Complementarity，

回声　Resonance

回溯　Retrodiction

混沌　Chaos

N

纳粹　Nazi

内容增加　Content-increase

能量学　Energetics

牛顿主义　Newtonianism

P

偏差　Deviation

频率　Frequency

平衡　Equilibrium

Q

期望　Expectation

气象学　Meteorology

前苏格拉底学派　Presocratics

强度　Intensity

曲率　Curvature

全等　Congruence

确信　Conviction

R

燃素　Phlogiston

热力学　Thermodynamics

认识论　Epistemology

融贯性　Coherence

融合　Syncretism

S

S 矩阵　S-matrix

萨满教僧　Shamans

散射　Scatter

色散　Dispersion

熵　Entropy

社会学　Sociology

摄动　Perturbation

神秘现象　Occult phenomena

生理学　Physiology

生物学　Biology

实践　Praxis

实用主义者　Pragmatists

实在论　Realism

实证论　Positivism

势　Potential

视差　Parallax

世界观　Worldview

守恒定律　Conservation laws

数学　Mathematics

衰变　Decay

双缝实验　Two-slit Experiment

说明　Explanation

思想实验　Thought-experiments

思想体系　Ideology

算符　Operator

随机性　Randomness

T

弹性　Elasticity

天体物理学　Astrophysics

天体演化学　Cosmogony

通俗（大众）科学　Popular science

同步加速器　Synchrotron

同时性　Simultaneity

同位旋　Isospin

同质性　Homogeneity

统计（学）　Statistics

投射（影）　Projection

政治（学） Politics

直觉 Intuition

质子 Proton

智者学派 Sophists

中微子 Neutrino

中子 Neutron

主观主义、主观论 Subjectivism

主体间性 Inter-subjectivity

状态描述 State-descriptions

自旋 Spins

自由主义 Liberalism

综合 Synthesis

综合（性） Comprehensiveness

译后记

本书根据费耶阿本德的第四卷哲学论文集《物理学和哲学》(*Physics and Philosophy*)英文版翻译而成。英文原版于 2016 年由剑桥大学出版社出版。本卷论文集集中收录了费耶阿本德的早期物理学哲学作品，时间跨度为 1948—1970 年。全书收录共计 29 篇作品，分为三个部分：第一部分，论文和书的章节，14 篇；第二部分，评论和讨论，9 篇；第三部分，百科全书词条，6 篇。

费耶阿本德的大量物理学哲学作品散见于各种杂志和书籍之中，而且发表和出版时间久远，给阅读和研究带来很大不便。本书基本上涵盖了其主要的物理学哲学作品，为有需要的读者提供了极大的便利。当然，由于各种原因，还有少量作品未被收入，具体情况可参见前面的编者按。本论文集英文版的编者是盖太（Stefano Gattei）和阿加西（Joseph Agassi）教授，他们不但完成了大量的编辑工作，还撰写了长篇导论（在中文版中长达 22 页），介绍和分析了本卷论文集的物理学和哲学争论背景，特别是，详细论述了量子理论及其哲学解释的历史发展脉络。此外，还介绍了费耶阿本德研究物理学哲学（特别是量子物理学哲学）的一些情况。

费耶阿本德的哲学发展大体上可以划分为三个阶段：第一阶段，研究物理学哲学；第二阶段，研究一般科学哲学；第三阶段，研究古希腊哲学。第一阶段的研究是其哲学发展的起始和源头，创生了许多新颖的思想和观点，特别是孕育了第二阶段的一般科学哲学，从而为其经典著作《反对方法》奠定了坚实基础。国内极少有人关注费耶阿本德的物理学哲学，因此，在某种程度上，翻译出版本书是在填补国内学术界的空白。

下面，以本论文集的文献为基础，简略概括其第一阶段的哲学研究。（当然，全面系统分析和概括其物理学哲学研究，还应借鉴和分析其他文献，以后有专文来论述。）首先，把其中的文献分为哲学文献和非哲学文献。非哲学文献就是四个百科全书的科学家词条。这四个科学家分别是玻尔兹曼、海森堡、普朗克和薛定谔，他们都来自德语国家，是科学史上一流的科学家（至少是诺贝尔奖得主级别），创立某个学科或分支学科：玻尔兹曼是热力学和统计物理学的奠基者，普朗克提出作用量子概念，海森堡和薛定谔创立量子力学。此外，他们不仅是科学家，还是思想家和哲学家，至少喜欢哲学探索。

除了上述四个科学家词条外，其他文献都可以归属为哲学文献。这些哲学文献又可以细分为四类。第一类属于自然哲学，包括两章：第 10 章，自然知识的特性和变化（1965）；第 24 章（百科全书词条），自然哲学（1958）。这类文献比较详尽地介绍和分析了自然哲学的历史发展，高度评价爱奥尼亚的自然哲学家，认为他们发明了科学方法，批判柏拉图又重新引入神话思维。在第 10 章中，费耶阿本德认为神话思维和科学方法对立，而且，还主张科学方法就是批判理性主义（其代表者是爱因斯坦和波普尔）。在《反对方法》（1975）中，他主张"怎么都行"，没有一成不变的科学方法。两相比较，能够看出，他的观点前后并不一致，而且变化很大。此外，他还写道："我们再次捍卫如下一种观点：根据这种观点，追求物理学不仅是为了制造原子武器，而且首要的是为了认识。"（英文版第 341 页）"科学的首要目的是认识"这种看法也与其中后期的观点大相径庭。因为在《反对方法》和《自由社会中的科学》中，他从伦理学出发来批判科学，认为人的幸福是第一位的，科学的首要目标是服务于人类幸福，而不是追求知识。总之，从这些自然哲学文献中，能够看出他第三阶段古希腊哲学研究的端倪。

第二类文献是一般的物理学哲学研究文献，包括四章：第 1 章，现代物理学中的可理解性概念（1948）；第 2 章，物理学和本体论（1954）；第 14 章，捍卫经典物理学（1970）；第 20 章，评格伦鲍姆的《物理理论中的定律和约定》（1961）。费耶阿本德的物理学哲学研究主要集中于量子理论哲学，一般的物理学哲学研究比较少。下面，简单总结一下这类文献的主要观点和结论。他得出结论认为："'可理解的'（Intelligible）是这种任何规则性：我们因长期使用而已经习惯于它，其结构从自身来理解。因此，首先，是当地环境的规则性；其次，是我们直接可接近的遥远环境的规则性（天体力学）。"（英文版第5页）他批判传统哲学家和实证论者的如下本体论主张：把科学（特别是物理学）理论看作是一种预测工具，不能从中获得任何世界图像。他坚持认为物理理论是关于世界的陈述，并论证指出：传统的本体论会导致知识终结，而从物理理论中得出的本体论却导致知识进步。他捍卫经典物理学，认为经典物理学及其巴门尼德背景的资源还没有耗尽，因此，为了保持更批判的态度，应当支持经典物理学。他也支持迪昂的论点"经验对理论的不完全决定性"，批判了格伦鲍姆对该论点的批判，认为科学进步依赖于迪昂论点。大体上，这类文献中的观点基本上符合其理论增生和韧性原理。

第三类文献研究热力学与统计物理学的哲学，主要探讨热力学第二定律的哲学意义，涉及两章：第13章，论第二类永动机的可能性（1966）；第18章，评莱辛巴赫的《时间方向》。费耶阿本德用思想实验来论证第二类永动机的可能性，赞同玻尔兹曼的解释，认为在微观可逆性和宏观不可逆性之间并不存在矛盾。他对莱辛巴赫的著作持批判态度，在时间方向的解释上也遵循玻尔兹曼的解释。从文献的角度来看，费耶阿本德在这方面的研究虽然并不多，但是，在学界还是有一定的影响。

其余的17篇文献都属于第四类，研究量子理论的哲学问题。这类研究涵盖了费耶阿本德物理学哲学的绝大部分内容，也是最基本和最主要的内容。他研究量子理论哲学与其所处的时代有密切关系，其时量子物理学蓬勃发展，但是，它的解释和哲学意义却令人困惑，为这方面的研究创造了肥沃的土壤。他紧跟时代步伐，开展相关研究，著述颇丰。当然，具体来说，他在这方面的研究，受到波普尔很大影响。有段时间，波普尔对量子物理学哲学研究用功颇多，而且影响甚大。

从篇幅上来看，第四类文献参差不齐。最长的论文是第7章，微观物理学问题（1962）。该文中文版长达81页，可以单独成为一本小书。它非常全面翔实地论证和分析了量子理论及其哲学问题，包含12个小节：引论，早期的量子理论：波粒二象性，波动力学，EPR 论证，超级状态，量子力学状态的关系特征，互补性，猜测在物理学中的作用，冯·诺依曼的研究，观察的完全性，测量，以及相对论、量子力学和场论。该文前半部分主要介绍和分析量子理论本身，由此可以看出，费耶阿本德对量子理论非常熟悉，功底非常深厚，令人惊叹；后半部分集中探讨了量子理论的哲学问题。其最主要的观点之一是：哥本哈根解释虽然优于其他解释，但它只是一种假说，物理学的未来发展是开放的。这是费耶阿本德的一个基本观点，但似乎也不能贯彻到底。在第 12 章 "论非经典逻辑在量子理论中的应用（1966）" 中，他分析了量子理论的三种本体论解释，认为爱因斯坦的解释优于哥本哈根解释，因为前者符合理论增生原理，鼓励建构替代者，促进科学进步；而后者却拒绝这样做。

　　这类文献中的评论文章，都比较简短，一般不超过 5 页。最短的文章不到 2 页，它是第 19 章：兰德教授论波包收缩（1960）。总的来说，这类文献阅读起来比较困难，既需要一定的量子理论知识基础，也需要有相当的哲学积累。特别是，量子理论的范围非常广，主要涉及下面这些物理学家的理论：普朗克、爱因斯坦、索末菲、玻尔、海森堡、薛定谔、狄拉克、冯·诺依曼和玻姆。因此，这方面基础比较薄弱的读者，可以阅读第 25 章 "量子理论的哲学问题（1964）"，因为它是百科全书词条，相对较为通俗易懂。此外，这类文献的写作时间跨度长达 16 年，而且是零散的作品，不是系统的著作，有重复和不一致的地方，在所难免。例如，第 8 章 "科学（特别是量子理论）中的保守特征及其消除（1963）" 和第 9 章 "微观物理学问题（1964）" 的内容就基本上雷同。因此，系统分析和总结费耶阿本德的量子理论哲学，是一件非常困难的事。广而言之，系统分析和总结费耶阿本德哲学，是一件更为困难的事，因为他对系统性似乎有本能的反感。在他大量的著述中，唯一较为系统的著作就是《反对方法》，其余的就是论文、论文集或未发表的手稿。

　　关于费耶阿本德物理学哲学的简单概括就到此为止，更翔实的研究需要以后的专文来完成。本书的翻译，断断续续，前后耗时两年，特别是在荷兰自由大学访学的一年时间，经历了人生中天翻地覆的一段时光。新冠疫情迅速蔓延全球，病毒和疾病威胁着世界各个角落的每一个人。每个人都焦虑、恐惧，力避病毒和死亡。然而，还是有无数人受染、患病和离世。纵然有医生、护士、护工和各种勇敢的人在全力抗疫，但是，许多人还是感到无奈和无助。

笔者于荷兰病毒大流行即将结束之际，最终完成了本书的翻译。因此，本书来到这个世界上，带有"疫情胎记"，保留了特殊的历史痕迹，特此予以明记。另外，需要说明的一点是，孩子郭俊宇练习翻译了本书的最后四个百科全书词条：玻尔兹曼、海森堡、普朗克和薛定谔（英文版篇幅共计约 20 页）。我对其翻译稿进行了校改，大部分还不错，但是也存在一些问题，如语言拗口、翻译不准确甚至错误等。在此表示特别感谢！另外，翻译中遇到语言疑难问题，经常与他讨论，解决了不少疑惑，非常感谢！他已经进入大学学习，愿他学业有成、万事顺意！当然，翻译中的一切缺陷和错误，完全由本人负责。而且，本人时间和精力有限，各方面的能力更有限，不足和错漏在所难免，因此，非常欢迎高人发现和指出它们。如果有读者和专业人士不吝批评指正，本人将无比感激！

翻译结束后，笔者又补充了汉英人名对照表和汉英专业术语对照表，以便于读者查找和比对。此外，穆内瓦、阿加西和盖太三位教授应译者邀请专门为该书撰写中文版序，笔者对此表示衷心感谢！

本书的翻译得到家人、同事和朋友的大量帮助，笔者对他们表示深深的谢意！首先，感谢中国科学技术出版社出版本书，特别是对辛兵女士、杨虚杰女士、鞠强先生和关东东女士表示诚挚的谢意！他们大力支持本书出版，辛勤劳动，兢兢业业，一丝不苟，创造性地开展工作，值得钦佩。其次，特别感谢同事和朋友韩永进教授，他竭尽全力帮助出版本书。再次，还要感谢弗兰克（Russell Frank）、高声伟和周小兵三位先生，他们是我的朋友，多次帮助我购买书籍和资料，热情而无私，令人感动，本人将永远铭记在心。最后，特别感谢费耶阿本德遗孀格拉茨娅（Grazia Borrini Feyerabend）女士。2024 年是费耶阿本德诞生 100 周年和逝世 30 周年，届时将在世界各地举办各种纪念活动。应格拉茨娅女士邀请，本人将参与相关纪念活动。其中，本书出版将是对费耶阿本德作为物理学哲学家的最好纪念。此外，中国科学技术出版社已出版费耶阿本德的著作《科学的专横》和《知识对话录》，这些著作成为哲学家费耶阿本德的永恒标记和永久纪念。

译者　郭元林

2020 年 7 月初稿写于阿姆斯特丹

2020 年 10 月修改于天津

2021 年 11 月定稿于天津